教育部全国职业教育与成人教育教学用书规划教材
"十二五"全国高校计算机专业岗前实训教材

中文版
Dreamweaver CS5 & ASP
动态网页制作 岗前实训

施博资讯 编著

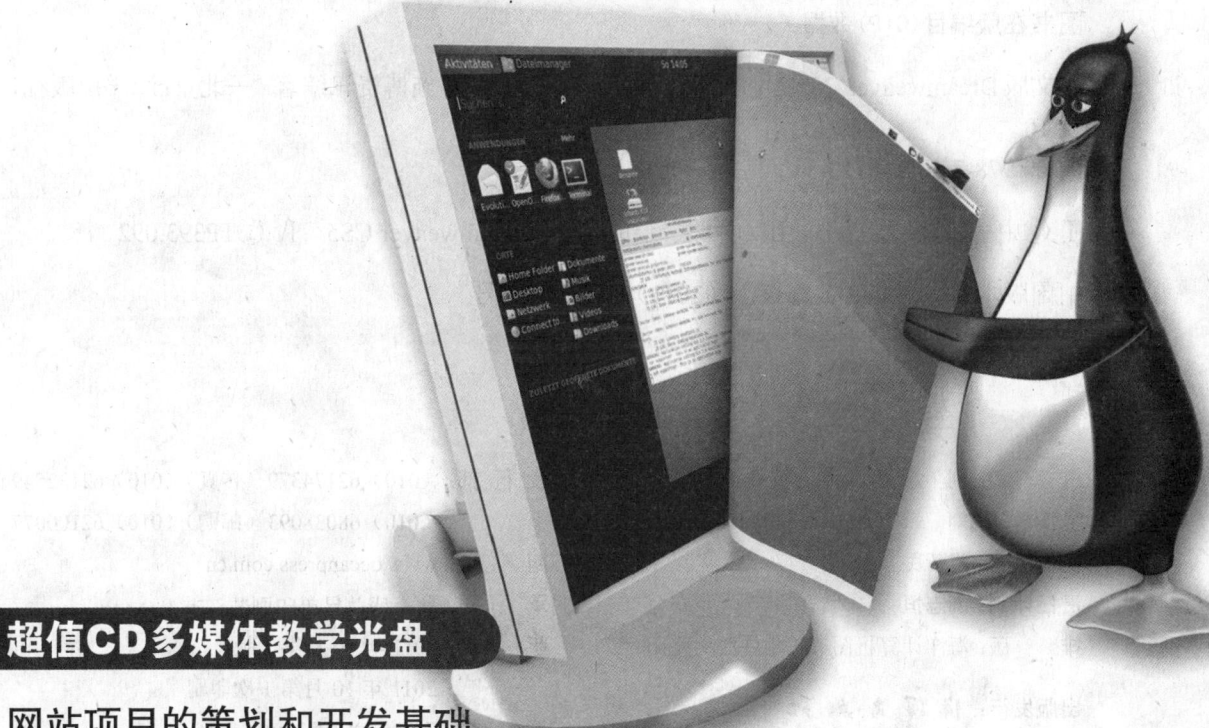

超值CD多媒体教学光盘

网站项目的策划和开发基础
网页文本内容的编排，媒体元素的应用
Dreamweaver CS5和ASP在动态网页开发上的应用

海洋出版社
2011年·北京

内 容 简 介

本书是一本由资深动态网页开发专家精心策划与编写的创新型教材。以"制作分析+制作流程+上机实战+学习扩展+作品欣赏"的结构进行教学，并在课后安排了大量上机实训题，有针对性地帮助有志于从事动态网页开发的读者迅速掌握各种设计技巧，以适应实际工作的需要。

全书共分为 12 章，第 1～2 章介绍动态网站开发知识，包括了解 ASP 语言、网站服务器以及数据库的应用，构建动态网站服务器的方法，Dreamweaver CS5 的基础应用；第 3～6 章介绍网页文本内容的编排，媒体元素的应用以及 CSS 滤镜与特效制作，表单设计方法等；第 7～12 章通过制作会员申请系统、数字留言区、网络公告板、博客系统以及电子报系统等大型项目，全面介绍了 Dreamweaver CS5 和 ASP 在动态网页开发上的应用。配合本书配套光盘的多媒体视频教学课件，让您在掌握动态网页制作技巧的同时，享受无比的学习乐趣！

超值 1CD 内容：113 个视频演示文件+作品与素材

读者对象：适用于全国高校网页设计专业课教材；从事网页页面设计、整站设计、动态网站应用、ASP 编程等领域的人员和 Dreamweaver 爱好者的自学指导书。

图书在版编目(CIP)数据

中文版 Dreamweaver CS5&ASP 动态网页制作岗前实训/施博资讯编著. —北京：海洋出版社，2011.10

ISBN 978-7-5027-8112-5

Ⅰ.①中… Ⅱ.①施… Ⅲ.①网页制作工具，Dreamweaver CS5 Ⅳ.①TP393.092

中国版本图书馆 CIP 数据核字（2011）第 196819 号

总 策 划：刘　斌	发 行 部：(010)62174379（传真）(010)62132549
责任编辑：刘　斌	(010)68038093（邮购）(010)62100077
责任校对：肖新民	网　　址：www.oceanpress.com.cn
责任印制：刘志恒	承　　印：北京盛兰兄弟印刷装订有限公司
排　　版：海洋计算机图书输出中心　晓阳	版　　次：2011 年 10 月第 1 版
	2011 年 10 月第 1 次印刷
出版发行：海洋出版社	开　　本：787mm×1092mm　1/16
地　　址：北京市海淀区大慧寺路 8 号（716 房间）	印　　张：20.75
100081	字　　数：498 千字
经　　销：新华书店	印　　数：1～3000 册
技术支持：(010)62100055	定　　价：35.00 元（含 1CD）

本书如有印、装质量问题可与发行部调换

丛 书 序 言

首先感谢您对海洋出版社计算机图书的支持和厚爱!

在长期的出版过程中,许多热心的读者反映,在他们所接触的计算机教材中,常常有学完之后依旧腹中空空的感觉,在实际工作中遇到问题依旧无法顺利的解决,不能做到学以致用。或者是有些教材编写晦涩,让人很难理解,这些都影响他们迅速地掌握相关的计算机技能。

"十二五"全国高校计算机专业岗前实训系列丛书,是通过我们对大中院校相关专业、企事业单位一线从业人员以及社会相关培训机构长达数年的调研基础上,精心组织了一批长期在第一线进行计算机培训的教育专家、学者、工程师,结合企事业单位岗位需要以及培训班授课和讲座的要求编写而成的。

本套丛书内容通俗易懂,并且辅以大量的上机实战,易学易用,即使是初学者,也容易快速的上手,最大限度的调动读者学习的兴趣,同时知识点广泛,举一反三,环环相扣,意境深远,力图将最实用最完整的知识呈现出来,让读者轻松掌握操作电脑的技能。

我们编写这套书的立足点是"岗前实训",在对职业要求深入研究的基础上,通过大量有针对性的实例练习、项目指导以及技能分析,让您了解职业特点,掌握职业技能,快速成为职场高手!

一、本系列教材的特点

1.理论与实践结合

本系列丛书从行业的基础理论与概念开始讲解,着重于实际问题的分析与解决,针对每个教学案例提供了详细的制作分析,从案例中引出教学和实际工作的需求,从而达到情景式教学的目的,让读者可以从实用的行业案例中了解更多的行业知识和设计技能。

2.完整的内容讲解

本系列丛书重点在快速掌握软件在实际工作中的应用,边讲边练、讲练结合,内容系统全面,由浅入深、循序渐进,知识点丰富而又有层次。每一节都有明确的学习目标,以及相关的重点难点释疑,每章后既有课后思考又有相应的上机实训,巩固成果、学以致用。

3.实用的学习扩展

每个章节讲解完成后,都在章后提供实用的学习扩展内容,从细节中分析项目的制作过程与技巧,以及与项目相关知识的延伸理解。同时针对项目应用的软件功能进行详细的讲解,让读者在掌握项目制作的同时,更掌握软件的应用。

4.丰富的辅助教学

本系列丛书在出版时多方面考虑读者在使用时的方便,书中范例中用的素材文件以及源文件都附在光盘中,重要实例都配备了语音视频文件,犹如老师在身边一般,手把手地教您学习!同时为方便教学需求,有些光盘中还配备了电子教案。

二、本系列丛书的内容

1.中文版 AutoCAD 机械绘图 100 例
2.中文版 Flash CS5 网站动画制作岗前实训
3.中文版 Dreamweaver CS5 & Asp 动态网页制作岗前实训

4.中文版 Illustrator CS5 平面设计岗前实训

三、读者定位

本系列教材既是各大中院校计算机专业首选教材,又是社会相关领域初中级电脑培训班的最佳教材,同时也可作为广大初中级用户的自学指导书。

希望"十二五"全国高校计算机专业岗前实训系列丛书能对我国计算机技能型专业技术人才市场的发展壮大,以及计算机技术的普及贡献一份力量。

海洋出版社

前言 Preface

关于本书

动态网页的开发应用主要建立在特殊的编程语言基础上,在目前业界具有领先优势的 Dreamweaver CS5 网页设计程序,除了完整的提供了网站构建、页面布局、内容设计等操作功能外,还综合了强大的 ASP 动态编程设计,无需经过繁复的程序编写,只要利用功能及行为的添加,就可以快速完成一系列动态设计。Dreamweaver CS5+ASP 两者强强联手为动态网页制作提供了一个强有力的平台。

由于很多用户在进行动态网页设计时,只是应用了 Dreamweaver 的网站构建、页面布局及外观设计部分的功能,而忽略了动态应用设计的功能,特别是多数动态网页设计书籍中,往往是直接添加整段 ASP 程序代码,既不能有效地应用 ASP 语法,同时也将动态编程复杂化。为此,本书先通过多个实例介绍网页制作的基础,然后利用 Dreamweaver CS5 提供的动态设计功能,以 6 个完整的动态网站为例,以执行命令、添加行为等所见既所得的操作方式,详细讲述了动态网页开发的方法和应用。随书附送光盘中提供了本书所有练习文件和素材以及书中各个实例的操作演示影片。

本书结构

本书采用新颖的教学模式,以"制作分析 + 制作流程 + 上机实践 + 学习扩展 + 设计观摩"的结构进行教学。在每个动态网页案例开始前,先介绍该案例网站的内部结构和所用的数据库分析等,再针对案例提供一系列必备的设计前准备,例如动态环境配置、指定动态数据数等,接着进入案例的实际操作设计,包括介绍设计流程和制作功能,再进行详细的操作分析,最后介绍经验总结及相关的作品欣赏等学习扩展栏目,以便读者温故知新。

本书共分为 12 章,每章具体的内容安排如下:

第 1~2 章先介绍动态网站开发知识,认识网站与网站开发、动态网站开发要求、了解 ASP 语言和网站服务器与数据库应用以及学习构建动态网站服务器的方法,接着认识 Dreamweaver CS5 的界面与应用,网页文件管理,网站的维护与发布等知识。

第 3~5 章分别介绍了网页文本内容的编排、媒体元素的应用以及 CSS 滤镜与特效制作的各种实例应用。

第 6 章先介绍动态网站设计前的三项重要的准备工作,接着学习与动态网页设计息息相关的表单设计方法,最后再掌握动网站数据库的应用操作。

第 7 章～第 12 章以会员申请系统、数字留言区、网络公告板、博客系统、购物车程序设计、电子报系统等动态网站开发为例，先介绍动态网站的结构和数据库分析，再分别了解各案例的动态环境配置和数据源的指定设置，最后通过完整的上机实战步骤完成各个动态网站页面的开发。

本书特色

结构新颖　本书各案例均由四个部分组成，第一部分从针对动态网页案例的文件结构和所用数据库进行分析；第二部分清楚交代设计动态网页必备的环境配置、数据数的指定设置；第三部分则以多个流程图为中心、一步步介绍案例的完整设计过程；第四部分将针对案例的要点与操作技巧进行总结，接着提供同类型的优秀网站作为设计参考并加以点评，在巩固知识之余举一反三地激发出案例相关的设计思路。

设计示意图　以类似组织图的方式呈现每个网页案例的结构，并根据案例设计需要展示成果图，将复杂的动态网页案例作品完整而清晰的呈现，不但有助于设计思路的理解，更能提高学习效率与质量。

表格战略　本书所有案例均科学地划分为 3～5 节，再进一步细分为多个小节作为详细的设计过程，在每小节开始前均提供了设计流程表，通过表格并根据需要提供成果图的形式，极大地增强学习的目的性。另外，在操作过程中相似的操作与属性设置，均使用表格的形式归纳呈现，避免了学习中重复操作的枯燥。表格的特点就是简洁明了，通过本书的学习相信您可以充分体会到表格为学习带来的便捷与乐趣。

大量知识补充　通过"提示"形式的补充说明，从软件功能、操作技巧、设计理念、注意事项等多个渠道进行知识补充。

多媒体教学　随书光盘提供了全书的练习文件和素材，读者可以使用这些文件并跟随光盘中的教学演示影片进行学习。

本书由施博资讯科技有限公司策划，由吴颂志主编，参与本书编写及设计工作的还有黎文锋、黄活瑜、梁颖思、黄俊杰、梁锦明、林业星、黎彩英、刘嘉、李剑明、周志苹等，在此一并谢之。在本书的编写过程中，我们力求精益求精，但难免存在一些不足之处，敬请广大读者批评指正。

编　者

目 录 Contents

第1章 动态网页开发知识 ... 1

1.1 网站与网站开发 ... 1
    1.1.1 什么是网站 ... 1
    1.1.2 网站的构成 ... 1
    1.1.3 静态网站 ... 2
    1.1.4 动态网站 ... 3
1.2 了解动态网页开发 ... 3
    1.2.1 动态网页环境需求 ... 3
    1.2.2 动态网页文档规划 ... 4
    1.2.3 配置网站服务器与数据库 ... 4
1.3 了解ASP语言 ... 5
    1.3.1 ASP语言概述 ... 5
    1.3.2 ASP内部对象 ... 6
    1.3.3 ASP和ASP网页的特点 ... 8
    1.3.4 ASP网页的运行过程 ... 9
1.4 动态网页数据库应用 ... 10
    1.4.1 数据库在动态网页中的作用 ... 10
    1.4.2 认识ODBC与ADO ... 10
    1.4.3 Access数据库 ... 11
1.5 本章小结 ... 11
1.6 上机实训 ... 12

第2章 服务器构建与动态网站管理 ... 13

2.1 构建动态网站服务器 ... 13
    2.1.1 安装IIS组件 ... 13
    2.1.2 设置IIS属性 ... 14
    2.1.3 共享为IIS网站 ... 16
    2.1.4 测试IIS服务器 ... 17
2.2 Dreamweaver CS5的界面与应用 ... 17
    2.2.1 Dreamweaver CS5的界面组成 ... 17
    2.2.2 文件面板的应用 ... 21
    2.2.3 应用程序面板群组的应用 ... 21
2.3 Dreamweaver CS5文件管理 ... 22
    2.3.1 新建/打开网页文件 ... 22
    2.3.2 保存/另存网页文件 ... 23
    2.3.3 设置网页文件属性 ... 24
    2.3.4 预览网页文件效果 ... 24
2.4 Dreamweaver CS5网站管理 ... 25
    2.4.1 定义动态网站 ... 25
    2.4.2 管理本地网站资源 ... 28
2.5 网站维护与发布 ... 29
    2.5.1 检查网站超链接 ... 29
    2.5.2 上传网站 ... 29
    2.5.3 更新网站文件 ... 31
2.6 本章小结 ... 31
2.7 上机实训 ... 32

第3章 网页文本内容的编排 ... 33

3.1 编辑字体列表 ... 33
3.2 设置网页标题 ... 34
3.3 编排网站公司简介 ... 36
3.4 编排网站联系资料 ... 39
3.5 利用表格编排网页内容 ... 41
3.6 美化网页表格元素 ... 44
3.7 导入表格式数据 ... 47
3.8 本章小结 ... 49
3.9 上机实训 ... 49

第4章 网页媒体元素的应用 ... 50

4.1 编辑与美化现成的图像 ... 50
4.2 制作鼠标经过图像 ... 52
4.3 制作网页导航条 ... 54

4.4	插入Flash动画	55
4.5	添加网页视频	57
4.6	设置网页背景音乐	58
4.7	本章小结	60
4.8	上机实训	60

第5章 网页CSS滤镜与特效制作 61

5.1	利用CSS样式定义链接样式	61
5.2	制作透明图像的效果	62
5.3	制作灰度图像的效果	64
5.4	制作图像热点分区链接	65
5.5	制作交换图像的特效	66
5.6	设置状态栏文本特效	68
5.7	制作图像飘动的网页特效	69
5.8	使用JavaScript设计闪烁图像	70
5.9	使用JavaApplet设计色彩变幻图像	72
5.10	本章小结	75
5.11	上机实训	75

第6章 动态网页设计前准备 76

6.1	设计前的准备		76
	6.1.1	网页外观设计	76
	6.1.2	建立表单网页	77
	6.1.3	数据库连接与绑定	78
6.2	网页表单设计		80
6.3	动态网页数据库操作		92
	6.3.1	创建Access数据库	92
	6.3.2	设置ODBC数据源	95
	6.3.3	连接并绑定数据库	96
6.4	本章小结		98
6.5	上机实训		98

第7章 会员申请系统设计 99

7.1	会员申请系统设计分析		99
	7.1.1	动态网站结构详解	99
	7.1.2	网站数据库分析	100
7.2	会员申请系统设计前准备		101
	7.2.1	动态网站环境配置	101
	7.2.2	设置ODBC数据源	103
	7.2.3	Dreamweaver动态数据设置	103
7.3	制作会员注册页面		104
	7.3.1	将会员资料添加到数据库	104

	7.3.2	检查新用户名称	105
7.4	制作会员登录界面		107
	7.4.1	制作登录表单	107
	7.4.2	添加用户登录功能	110
	7.4.3	显示登录用户个人信息	112
	7.4.4	注销用户登录	113
7.5	制作会员资料修改与删除页面		115
	7.5.1	在修改页面中显示会员资料	115
	7.5.2	更新会员资料	118
	7.5.3	制作删除会员页面	119
7.6	会员申请系统成果预览		123
7.7	学习扩展		126
	7.7.1	经验总结	126
	7.7.2	设计观摩	127
7.8	本章小结		129
7.9	上机实训		129

第8章 数字留言区设计 130

8.1	数字留言区设计分析		130
	8.1.1	动态结构网站详解	130
	8.1.2	网站数据库分析	130
8.2	数字留言区设计前准备		131
	8.2.1	动态网站环境配置	131
	8.2.2	设置ODBC数据源	132
	8.2.3	Dreamweaver动态数据设置	132
8.3	制作数据留言区主页		133
	8.3.1	显示留言信息	133
	8.3.2	转到留言详细页面	135
	8.3.3	重复显示多项留言	136
	8.3.4	加入留言导航条	137
	8.3.5	设置留言显示	138
8.4	制作留言与回复页面		139
	8.4.1	设计留言表单	139
	8.4.2	将留言信息添加到数据库	142
	8.4.3	为回复页面绑定记录集	143
	8.4.4	将回复信息添加到数据库	145
	8.4.5	制作动态电子邮件链接	147
8.5	制作留言显示页面		148
	8.5.1	显示留言与回复信息	148
	8.5.2	转到留言回复详细页面	150
	8.5.3	重复显示多项回复	151
	8.5.4	加入回复内容导航条	152
	8.5.5	设置回复显示	153
8.6	数字留言区成果预览		154
8.7	学习扩展		157

8.7.1	经验总结	157
8.7.2	设计观摩	157
8.8	本章小结	158
8.9	上机实训	159

第9章 网络公告板设计 ... 160

9.1	网络公告板设计分析	160
9.1.1	动态结构网站详解	160
9.1.2	网站数据库分析	161
9.2	网络公告板设计前准备	161
9.2.1	动态网站环境配置	161
9.2.2	设置ODBC数据源	162
9.2.3	Dreamweaver动态数据设置	162
9.3	公告板主页设计	163
9.3.1	在管理页面显示公告项目	163
9.3.2	转到公告详细页面	164
9.3.3	重复显示多项公告	165
9.3.4	制作公告导航状态信息	166
9.3.5	加入公告列表导航条	167
9.4	制作登录、显示和发布页面	169
9.4.1	制作显示详细公告页面	169
9.4.2	制作发布公告页面	171
9.4.3	制作管理员登录页面	172
9.5	制作公告板管理页面	173
9.5.1	在管理页面显示公告项目	173
9.5.2	转到修改及删除公告页面	175
9.5.3	重复显示多项公告	177
9.5.4	加入公告管理列表导航条	178
9.5.5	限制访问公告管理页面	179
9.6	制作删除和更新公告页面	182
9.6.1	显示修改公告详细内容	182
9.6.2	添加修改公告功能	184
9.6.3	显示删除公告详细内容	185
9.6.4	添加删除公告功能	186
9.7	网络公告板成果预览	187
9.8	学习扩展	190
9.8.1	经验总结	190
9.8.2	设计观摩	191
9.9	本章小结	192
9.10	上机实训	192

第10章 博客系统设计 ... 194

10.1	博客系统设计分析	194
10.1.1	动态结构网站详解	194
10.1.2	网站数据库分析	195
10.2	博客程序设计前准备	195
10.2.1	动态网站环境配置	195
10.2.2	设置ODBC数据源	196
10.2.3	Dreamweaver动态数据设置	196
10.3	制作博客系统主页	197
10.3.1	绑定列表字段	197
10.3.2	制作日志列表	198
10.3.3	显示最新日志内容	200
10.3.4	条件式显示日志内容	202
10.3.5	制作相片浏览功能	204
10.4	制作日志与相片显示页面	205
10.4.1	制作相片显示页面	205
10.4.2	复制文件并设置记录集绑定	207
10.4.3	修改服务器行为	209
10.5	发布日志页面设计	211
10.5.1	编排图片上传栏	211
10.5.2	制作图像上传功能	213
10.5.3	将日志添加到数据库	215
10.5.4	注销管理与限制访问处理	216
10.6	制作博客管理页面	218
10.6.1	制作管理员登录页面	218
10.6.2	绑定日志管理列表字段	219
10.6.3	制作日志管理列表	221
10.6.4	转到详细管理页面	222
10.6.5	注销管理与限制访问处理	223
10.7	日志修改与删除页面制作	225
10.7.1	复制文件并添加记录集	225
10.7.2	为修改页面绑定记录集字段	226
10.7.3	记录集更新处理	228
10.7.4	复制文件并编排页面布局	229
10.7.5	记录集删除处理	231
10.8	博客系统成果预览	232
10.9	学习扩展	236
10.9.1	经验总结	236
10.9.2	设计观摩	237
10.10	本章小结	239
10.11	上机实训	239

第11章 购物车程序设计 ... 240

11.1	购物车程序设计分析	240
11.1.1	动态网站结构详解	240
11.1.2	网站数据库分析	241
11.2	购物车程序设计前准备	241
11.2.1	动态网站环境配置	241

11.2.2	设置ODBC数据源	242	12.2.2	设置ODBC数据源 276
11.2.3	Dreamweaver动态数据设置	242	12.2.3	Dreamweaver动态数据设置 277

11.2.2 设置ODBC数据源 242
11.2.3 Dreamweaver动态数据设置 ...242
11.3 购物车主页超链接处理 243
11.4 加入购物车页面设计 245
　11.4.1 显示商品信息 245
　11.4.2 添加选购记录 246
11.5 制作购物车内容查看页面 249
　11.5.1 显示购物车信息 249
　11.5.2 制作商品数量修改功能 252
　11.5.3 制作删除商品和继续购物功能 ...253
　11.5.4 设置重复区域和显示总价 255
　11.5.5 添加清空购物车功能 256
　11.5.6 添加购买商品功能 258
11.6 删除商品页面设计 260
　11.6.1 显示商品信息 260
　11.6.2 将购物数据从数据库删除 261
11.7 制作统计信息页面 263
　11.7.1 添加记录集 263
　11.7.2 添加动态数据 264
　11.7.3 将相关数据从数据库删除 265
11.8 购物车程序成果预览 268
11.9 学习扩展 272
　11.9.1 经验总结 272
　11.9.2 设计观摩 272
11.10 本章小结 273
11.11 上机实训 273

第12章　电子报系统设计 274

12.1 电子报系统设计分析 274
　12.1.1 动态结构网站详解 274
　12.1.2 网站数据库分析 275
12.2 电子报系统设计前准备 275
　12.2.1 动态网站环境配置 275

12.2.2 设置ODBC数据源 276
12.2.3 Dreamweaver动态数据设置 277
12.3 电子报主页与阅读页面设计 277
　12.3.1 显示已发行电子报信息 277
　12.3.2 制作已发行的电子报列表 279
　12.3.3 制作订阅电子报功能 281
　12.3.4 检查新邮箱名称 283
　12.3.5 制作电子报阅读页面 284
12.4 制作电子报管理页面 286
　12.4.1 显示电子报管理信息 286
　12.4.2 制作发行超链接 288
　12.4.3 制作电子报管理列表 291
12.5 订阅邮箱管理设计 292
　12.5.1 编辑邮件地址信息 292
　12.5.2 制作邮箱地址管理列表 294
　12.5.3 制作删除邮箱页面 296
12.6 制作新增电子报页面 298
　12.6.1 下载并安装设计插件 298
　12.6.2 制作新增电子报功能 301
　12.6.3 将电子报编辑插入数据库 304
12.7 制作电子报更新与删除页面 306
　12.7.1 显示将更新的电子报信息 306
　12.7.2 更新电子报到数据库 308
　12.7.3 制作电子报删除页面 310
12.8 制作发行电子报页面 311
　12.8.1 制作电子报发送列表 311
　12.8.2 添加发送邮件代码 313
　12.8.3 修改电子报发行状态 315
12.9 电子报系统成果预览 316
12.10 学习扩展 320
　12.10.1 经验总结 320
　12.10.2 设计观摩 320
12.11 本章小结 322
12.12 上机实训 322

第 1 章 动态网页开发知识

> 学习动态网页开发除了要认识什么是网站、网站的分类,同时还要了解动态网页的运行环境、服务器配置,以及相关的开发语言和数据库应用基础。本章将详细介绍动态网页开发的必备知识。

1.1 网站与网站开发

1.1.1 什么是网站

网站是由专业的网页设计软件制作的以数字形式存在、并呈现特定内容的网页及相关支持文件的集合。网站的作用是提供信息以及与访客互动等相应服务,所提供的信息主要由网页呈现,例如最基本的文本、图片、声音和视频等内容。所提供信息也并非全部显示在同一页面,而是以不同分类由多个网页分别显示。因为网站是作为一个信息库而存放于网络空间,所以能够让任何人访问。

在网站众多的网页中,一般都会有一个首页(取名为"index"或"default"),浏览者访问一个网站将首先进入其首页,网站首页显示网站中最主要的信息,并提供打开其他分类网页的导航内容。如图 1-1 所示为网络用户访问网站示意图。

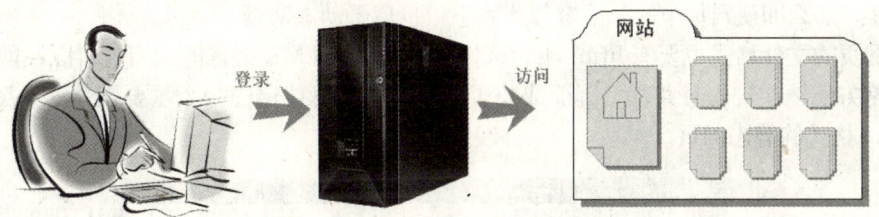

图1-1 访问网站并浏览其网页

1.1.2 网站的构成

网站通常也被称为站点,一般人对网站的初步认识就是由许多网页所组成。其实在网站中,网页的功能是呈现信息和实现交流互动。除此之外,网站还包含其他与网页相关的不同类型文件,例如图像、Flash 等多媒体素材,布局网页的 CSS 样式表,支持网页动态特效的 Java 文件,以及 ASP 动态网页和支持网站后台运行的数据库文件等,如图 1-2 所示为构成一个网站的文件内容。

下面简单介绍构成一个网站的文件资料类型。

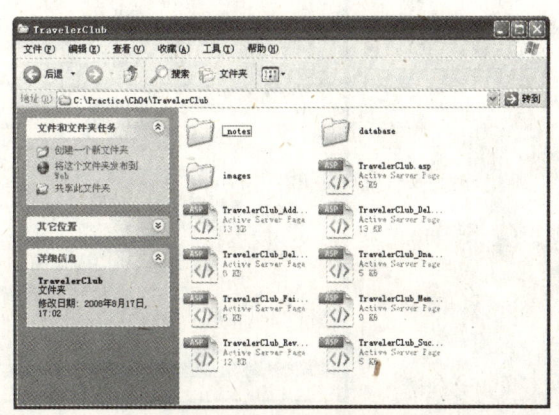

图1-2 网站的文件构成

图像：网站中最基本的内容之一，既包括组成页面外观的装饰图片，又包括制作页面功能的图标（例如按钮元素）和呈现信息的专题图片等，这些图片一般放置在名为"images"的文件夹中。

多媒体：主要包括声音、视频影片和 Flash 等文件类型，通过为网页添加多媒体文件便可以完成声色俱全的精彩网页。

语言支持：包括外部 CSS 样式表、Java 特效文档等，主要是指支持页面中特效运作的插件，以 JavaApplet 特效设计为例，就需要一个格式为 .class 的专属文档支持，才可正常显示页面特效。

动态网页：主要包括 ASP、ASP.NET、PHP 等文件类型，这些文件的特点从表面上看是一个特态的网页，但其中却包含了各种支持动态交互的语言代码，例如本书后面所介绍的实例操作便是以 ASP 文件为主。

数据库：主要应用在动态网站设计中，一般放置在名为"Database"的文件夹内，其作用是使浏览者通过网页对数据库内容进行添加、修改和删除处理，以实现某种交互式操作，例如通过表单网页申请加入会员后，将在数据库中插入一条新会员记录。

1.1.3 静态网站

静态网站是指由静态网页所组成的网站类型，静态网页并非就是页面内容静止不动的网页，而是指未加入动态交互程序，只使用 HTML 语言以及其他静态网页程序编写而成的网页，因此不需要经过服务器端而运行。如此，即使网页具备一些诸如鼠标跟随文字、闪烁的图片等动态特效，若不包括交互程序，同样属于静态网页。

静态网页只是单方面的接受由服务器提供的信息资料，因此，判断一个网页是否为静态网页，可从网页是否有交互功能判定。例如一个拥有搜索引擎的页面，能够让浏览者通过提交关键字进行资料搜索，那么即使网页中其他内容都为静态，也属于动态网页。

静态网页的文件格式主要有 html 和 htm 两种。通过 HTML 语言的编写就可以在网页上显示信息，非常方便地实现信息共享，因而成为了目前网络信息传递的一个重要媒介。如图 1-3 所示是一个 html 格式的静态网页。

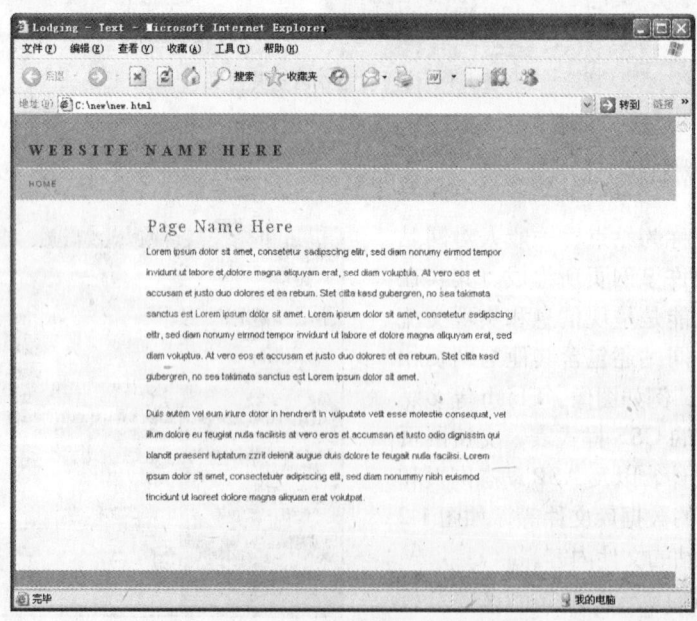

图1-3　由HTML语言所编写的静态网页

1.1.4 动态网站

动态网站除了动态网页，还包括一些支持动态程序的支持文件，以及数据库等内容的网站类型。动态网页是指能够根据浏览者提供的反馈信息，有针对性的显示相关信息的网页文件。目前多数动态网页都是在 HTML 语言基础上加入了动态程序（例如 ASP、ASP.Net、PHP、JSP 等）的特殊网页文件。也就是说它不仅可在页面上显示诸如 Flash 动画、动态特效等内容，还能够连接数据库，与浏览者进行交互而提供指定的信息内容，并且可自动更新、动态显示数据等。

当浏览者打开动态网页时，首先由服务器执行网页中的动态程序，再将产生的结果显示在浏览器上。动态网页中所执行程序类型或条件不同而产生不同的结果，例如浏览者在搜索元件中输入不同关键字进行搜索，所显示的页面内容有所不同。

通过动态程序可以实现自动操作、实时生成页面、数据传递等功能，因此，动态网页具有维护方便、易于更新内容和结构，以及实现浏览者与网站之间交互和交流信息的强大优势。如图 1-4 所示是一个包括动态程序的网页。

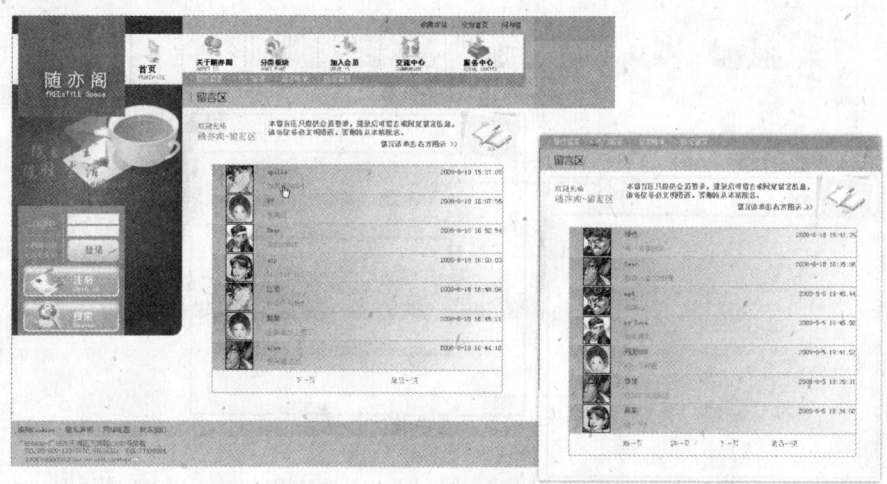

图 1-4 具备动态程序的动态网页

1.2 了解动态网页开发

1.2.1 动态网页环境需求

本章前面的内容已提到动态网页是由服务器端执行生产页面内容，因此，想要开发并运行动态网页必须先配置一个完整的动态环境。下面先简单介绍动态网站环境的三个需求。

（1）为了使动态网页能够正常运行，用于设计动态网页的本地电脑必须具有服务器功能，也就是配置动态网站服务器。

（2）数据库是动态网页开发不缺少的重要一环，只有利用数据库才能实现大批量的、快速的处理数据信息，才可以在动态网页中呈现浏览者所需数据资料，因此，完成配置动态网站服务器后，还需要指定数据源，以便动态网页运行时能够查找所需的数据信息。

（3）在设计动态网页的具体过程中，设计软件必需先定义动态属性的网站，然后再为相关的网页绑定数据库源，从而运用【服务器行为】为网页添加管理数据库资料的功能。

1.2.2 动态网页文档规划

动态网页文档其实就是用于实现各种动态互交功能的文件程序，通常，为了实现一个动态（网站）项目需求，可先设计好动态项目的规划图，再根据该图建立一组关联的动态网页，其中的每一个网页用于实现某个功能并显示指定数据信息。

以一个网络公告板设计为例，若是以 ASP 语言完成该动态网页，可首先规划一组 ASP 网页文件，并用相关功能作为命名，例如系统主界面为"JMusicTop.asp"，用于显示详细公告内容的"JMusicTop_Content.asp"，用于管理员登录的"JMusicTop_Login.asp"，发布公告页面为"JMusicTop_Issue.asp"等，如图 1-5 所示，为一个网络公告板设计的结构图。正是通过这些动态网页的组合产生一个具备显示公告信息、管理员登录、管理公告内容等功能的网络公告系统。

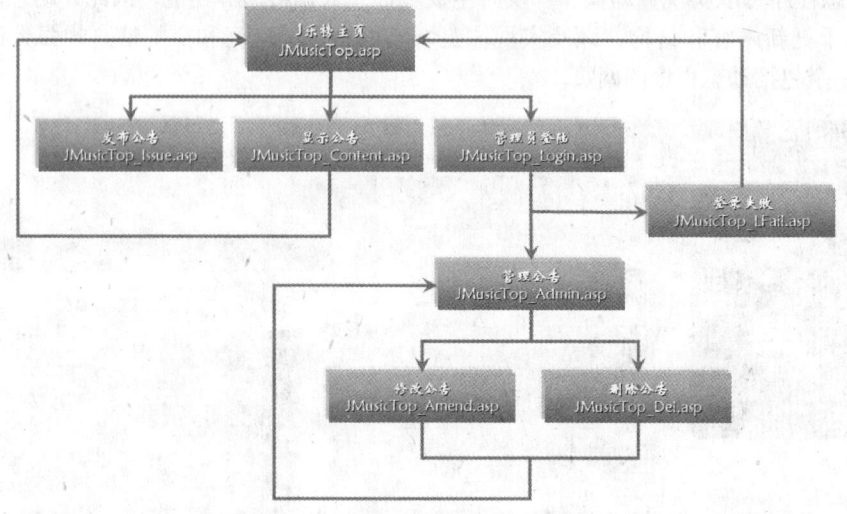

图1-5 新闻公告系统文档规划

预先规划动态网站或项目的结构流程图，并根据该图创建相关的动态网页文档，有利于后续实现各种动态功能的操作设计，设计者再通过 Dreamweaver CS5 软件为不同功能或目的地动态文档制作例如显示、登录、管理等操作的动态需求，从而完成整个动态网站或项目。

1.2.3 配置网站服务器与数据库

本章 1.2.1 节中有关动态网页环境需求的内容中已说明了配置网站服务器是制作动态网页的首要条件，而指定数据库源也是一项必备条件。下面介绍这两项任务的详细操作。

配置网站服务器的作用是将一般的电脑系统变成能够运行动态网页的网页服务器，因此需要额外安装一个简称为 IIS 的系统组件。IIS 组件是 Windows XP 系统自带的非默认安装的组件，通过系统的"添加与删除程序"功能安装 IIS 后，再根据需要设置 IIS 属性，以及进行共享 IIS 网站和测试 ISS 网站等一系列操作，完成网站服务器配置，如图 1-6 所示，在 Windows XP 系统中安装 ISS 组件并设置 IIS 组件后，测试成功的效果图（图件"Internet 信息服务"的简称即为 IIS），本书第二章将详细介绍配置 IIS 的方法。

数据库是动态网站重要的组成部分，若是缺少数据库资料，则动态网站将无法正常运行。因此，在设计动态网页之前，需要先创建数据库资料，并在系统中指定数据源，然后再通过 Dreamweaver CS5 为动态网页绑定数据库项目。完成这一系列操作后，才可以通过网页设计工具在网页中添加诸如显示数据信息、登录、管理数据库等操作。如图1-7所示,先在系统中指定数据源并通过Dreamweaver CS5连接数据库的效果。

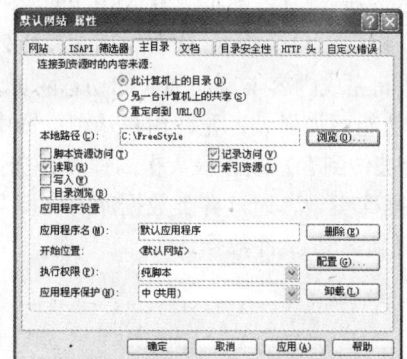 

图1-6　安装IIS服务器并配置网站

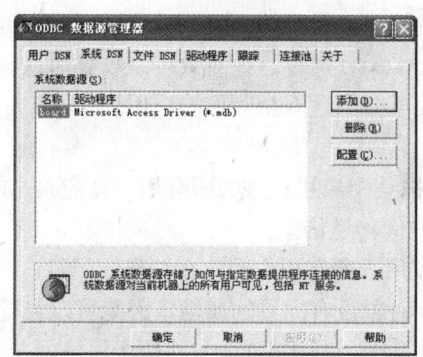 

图1-7　指定数据源并在Dreamweaver CS5中连接数据库

1.3　了解ASP语言

1.3.1　ASP语言概述

　　网页主要分为静态和动态两种,其中静态网页主要是以HTML语言,组合其他一些诸如CSS、Java等特效或程序语言所产生。而制作交互性动态网页则需要利用ASP、ASP.NET、PHP等动态程序语言,其中,ASP是最常用的一种动态语言,本书主要使用Dreamweaver CS5结合ASP语言完成多个动态网页系统。

　　ASP全称是Active Server Page,意思是"活动服务器页面",是微软公司用于代替CGI脚本程序而开发的一种程序语言,可与数据库及其他程序进行交互,轻松实现对页面内容的动态控制,完成例如留言板、公告区、会员注册等动态功能。由于ASP是一种服务器端脚本式语言,该语言结合HTML标记、一般的文本、脚本命令等,产生格式为.asp的动态网页文件。

　　语法简单是ASP语言的特征,开发人员只需要了解SCRIPT语言的基本结构,熟悉常用的各组件的用途、属性,就可以进行编写开发ASP动态网页,因此ASP语言得到了广泛的应用。例如,使用ASP语言中的File System Object(文件管理对象)便可浏览、复制、移动、删除服务器中的文件;而在Active Database Object(动态数据库对象)技术的支持下,可如同使用本地数据库一样管理远程主机中的数据库,对表格数据、记录等信息进行操作,下面简单介绍ASP的几个特点:

(1) 应用灵活性：编写 ASP 文件源程序可使用任何文本编辑工具，例如 Windows 系统的写字本程序，待完成编写后另存为".asp"格式文档即可。所编辑的 ASP 文件无须经过编译便可在服务器端直接执行，并且只要是可执行 HTML 代码的任何浏览器都可浏览 ASP 文件。

(2) 兼容性：ASP 文件可以结合 HTML 标签，也可以包含 Java 和 VB 脚本，此外还可以扩展 ActiveX 组件，轻松创建个人的 ActiveX 组件，从而完成内容丰富而强大的动态网页。

(3) 安全性：ASP 提供了内部对象可以使脚本功能更加强大，允许用户从浏览器中接受和发送信息，并且在 ASP 文件中的 ASP 原程序代码不会被传到客户端，极大提高程序安全性。

(4) 数据库连接：ASP 可以链接绝大多数的数据库类型，通过各类数据库的支持实现高级的网站动态更新，并且会随着数据内容的更新而自动更新 ASP 文件数据。

1.3.2　ASP内部对象

在认识 ASP 内部对象之前，首先来了解什么是对象。所谓的对象是指作为完整实体的操作和数据组成的变量，对象基于特定的模型，浏览者正是通过使用对象的方法或相关函数的接口访问对象的数据，并通过调用对象执行特定的操作。常用的 ASP 内部对象主要有 Server、Request、Response、Session、Application 和 ObjectContext，通过这些对象可以收集通过浏览器发送的信息、响应浏览器以及保存用户信息等，下面将简单介绍这 6 个对象的应用。

(1) Application

Application 的作用是存储和接收可以被某个应用程序的所有用户都能共享的信息。例如：可以利用 Application 对象在网站内为不同用户间传递信息。

Application 是个应用程序级的对象，在用于所有用户间共享信息的同时，还可以在 Web 应用程序运行期间持久地保持数据。Application 对象没有内置的属性，因此可以自行创建其属性。

Application 的方法只有 Lock 和 Unlock 两个。其中 Lock 方法用于保证同一时刻只允许一个用户对 Application 操作，Unlock 则用于取消 Lock 方法的限制。

(2) Request

Request 对象用于读取所提交的表单中数据或 cookies 中的数据，该对象可以用来访问所有从浏览器到服务器之间的信息，即利用 request 对象来接收用户在 Web 页的 Form 中的信息。

Resquest 对象代表由各客户程序发往 HTTP 的请求报文。Request 对象的功能是单向的，它只能接收客户端 Web 页面提交的数据，与 Response 对象的功能相反。

Resquest 接收数据时主要通过两个集合 QueryString 和 Form 来检索表单的数据，具体用哪个集合取决于 Web 页面提交数据的 HTTP 表单的"Method"属性，当 Method 属性值为"Get"时使用 QueryString 集合，当 Method 属性值为"Post"时使用 Form 集合。当省略具体的集合名称时，ASP 使用 QueryString → Form → Cookie → ServerVariables 的顺序来搜索集合，以下为 Resquest 对象 5 个集合的应用。

① Form：取回客户端 Form 中的数据。
② QueryString：取回 URL 中的附加信息。
③ Cookies：取回客户端浏览器的 Cookies 信息。
④ ServerVariables：取回服务器端的环境变量。
⑤ ClientCertificate：客户端用户身份验证的有关信息。

(3) Response

Response 对象的作用是向浏览器输出文本、数据和 Cookies，以及控制传送网页过程的每一个阶段。例如：利用 Response 对象将个人的脚本语言结果输出到浏览器上。其语法如下：

Response.collection|property|method

当使用 Response 对象向客户端浏览器发送数据时，可以通过该对象将服务器的数据以 HTML 的格式发送到用户端的浏览器，它与 Request 组成了一对接收、发送数据的对象，是实现动态的基础。

以下介绍 Response 对象常用的属性和方法：

① Buffer 属性：该属性用于指定页面输出时是否要用到缓冲区，默认值为 False。当它为 True 时，直到整个 Active Server Page 执行结束后才会将结果输出到浏览器。

② Expires 属性：该属性用于设置浏览器缓存页面的时间长度（单位为分），必须在服务器端刷新。其写法为 "<%Response.Expires=0%>"，当 ASP 文件中加入这一行代码后，要求每次请求都刷新页面，因为 Response 一收到页面就会过期。

③ Write 方法：该方法把数据发送到客户端浏览器，写法为：<%Response.write "Hello,world!"%>

④ Redirect 方法：该方法使浏览器可以重新定位到另一个页面地址上，当浏览者发出 Web 请求时，浏览端的浏览器类型已经确定，浏览者将被重新定位到相应的页面。

⑤ End 方法：用于告知 Active Server 当遇到该方法时停止处理 ASP 文件。如果 Response 对象的 Buffer 属性设置为 True，这时 End 方法即把缓存中的内容发送给客户并清除缓冲区。所以要取消所有向客户的输出时，可以先清除缓冲区，然后利用 End 方法。

(4) ObjectContext

ObjectContext 对象用于控制 ASP 的事务处理，它与 MTS（Microsoft Transaction Server）一起在事务处理中管理 COM 对象，其语法为：ObjectContext.method。

ObjectContext 对象有 OnTransactionAbort 和 OnTransactionCommit 两个事件，具体应用如下。

① OnTransactionAbort：由放弃的事务处理事件激发，有脚本创建的事务中止后发生。

② OnTransactionCommit：由成功的事务处理事件激发，在脚本完成处理后发生。

ObjectContext 对象有 SetAbort 和 SetCommit 两个方法，具体应用如下。

① SetAbort：将当前的事务显示为中止，在脚本结束时将取消参与此事务的全部操作。

② SetCommit：将当前事务作为提交，在脚本结束时若没有其他 COM 对象中止事务，参与事务的操作将全部提交。

(5) Server

Server 的作用是创建 COM 对象和 Scripting 组件等。此对象提供用户运用多个服务器端的应用函数。例如：利用 Server 对象来控制个人的脚本语言在超过时限前的运行时间，也可利用 Server 对象来创建其他对象的实例，其语法为：Server.Property|method。

Server 对象有一个属性为 Scripttimeout，有 4 个方法，分别为 CreateObject、mappath、URLencode、HTMLencode。动态网站的许多高级功能都是靠 Server 对象来完成的，因此 Server 成为 ASP 最重要的对象之一。Server 对象提供了以下两个方法的使用。

① MapPath 方法：返回指定文件的相对路径或物理路径。若 Path 以一个 (/) 或 (\) 开始，则 MapPath 方法返回路径时将 Path 视为完整的虚拟路径。若 Path 不是以斜杠开始，则 MapPath 方法返回同 .asp 文件中已有路径的相对路径。

② CreateObject 方法：是 Server 对象中最重要的方法，它用于创建已注册到服务器上的 ActiveX 组件。通过使用 ActiveX 组件能够扩展网页的 ActiveX 能力。

(6) Session

Session 的作用是为单个用户保存数据。一般运用该对象来存储一些普通用户滞留在本网站期间的信息，例如用来储存一个用户访问网站所使用的时间。

Session 其实指的是访问者从到达某个特定主页到离开为止的一段时间，每个访问者都单独获得一个 Session 值。在 Web 应用程序中，当一个用户访问该应用时，Session 类型的变量可供这个用户在该 Web 应用的所有页面共享数据；如果另一个用户同时访问该 Web 应用，他也拥有自己的 Session 变量，但两个用户之间无法通过 Session 变量共享信息，这与 Application 有所不同，Application 类型的变更可实现网站多个用户共享信息。

Session 对象拥有 SessionID 和 TimeOut 两个属性，其应用具体如下。

① SessionID：为返回当前会话的唯一标志，每一个 Session 都会分配到不同的编号。

② TimeOut：用来定义用户 Session 对象的时限。如果用户在规定的时间内没有刷新网页，则 Session 对象就会终止，一般默认为 20 分钟。

Session 对象拥有唯一的方法 Abandon，它可以清除 Session 对象，消除用户的 Session 对象并释放其所占的资源。

1.3.3 ASP和ASP网页的特点

ASP 在动态网页开发方面拥有很多优势，而它在应用上到底有哪些特点呢？下面由 ASP 的全称 Active Server Page 的字面上分别解析它的 3 个重要特点。

（1）Active：ASP 所使用的 ActiveX 技术是 Microsoft 软件的重要基础，它采用封装对象、程序调用对象技术，简化了编程，加强了程序间的合作。ASP 本身封装了一些基本组件和常用组件，加上其他人员开发的组件，用户只需要在服务器上安装，再访问组件便可轻松建立自己的 WEB 应用。

（2）Server：ASP 主要运行在服务器端，因此不必担心用户的浏览器是否支持。ASP 的编程语言可以选用 VBSCRIPT 类型，也可以选用 JAVASCRIPT 类型，VBSCRIPT 是 VB 的一个简集，懂得 VB 语言的人可以快速上手。但需要注意的是，因为 Netscape 浏览器不支持客户端的 VBSCRIPT，所以无法在客户端使用 VBSCRIPT。而在服务器端则无需考虑浏览器的支持问题，Netscape 浏览器可以正常显示 ASP 页面。

（3）Pages：由服务器端所返回的 ASP 页面是标准的 HTML 页面，当浏览者查看返回的页面源代码时，只能看到 ASP 生成的 HTML 代码，而不是 ASP 程序代码，因此可以防止他人抄袭程序代码。

ASP 网页除了 ASP 语言，还包含 HTML、CSS、特效代码等内容，所产生的网页文件以".asp"为格式副档名。如图 1-8 所示为 ASP 网页文件在 Dreamweaver CS5 的"代码"视图中所显示的内容，由于 ASP 本身支持 VBScript 或 JAVAscript，ASP 文件最前方的表头信息加显示"<Script LANGUAGE="VBScript" RUNAT="Server">"或者"<ScriptLANGUAGE="javascript" RUNAT="Server">"指定所用的引擎。其中，VBScript 为缺省应用引擎。而其他包含在"<%"和"%>"符号之间的内容为 ASP 代码，语法跟 Visual Basic 差不多。

ASP 网页一般无法直接双击打开，用户在开发 ASP 网页过程中或完成设计后，如果想要浏览 ASP 网页的效果时，需要在 Dreamweaver 软件中执行预览，或在 IIS 服务器中打开才可正常显示 ASP 网页内容。

Dreamweaver CS5 为开发 ASP 动态网页提供了强大的支持，特别是在语言的运用上是以添加"服务器行为"选项的方式来实现的，也就是说用户无需编写程式码，只要选择所需的服务器行为选项，便能在对话框中进行设置。

图1-8　ASP网页中的ASP语言

1.3.4　ASP网页的运行过程

简单来说，ASP 网页是在被服务器端允许后，将结果以 HTML 代码传回客户端，显示浏览者所需的信息。浏览者打开浏览器并在地址栏中输入 ASP 文件的 URL 地址后，浏览器会将 URL 请求发送给已安装 IIS 组件的服务器主机，服务器主机识别文件为 .asp 格式后，开始处理 ASP 文件所提交的内容，再将处理结果由服务器传回浏览者的浏览器。由于浏览器只执行传回的、已处理完的页面结果，所以使用 ASP 无需考虑浏览器的属性。

在动态网页设计中，主要是利用表单（From）实现 ASP 文件的提交。以申请会员为例，浏览者填写所需的表单资料，完成表单填写后单击【确认】按钮执行提交，表单将浏览者填写的资料数据传到服务器，服务器再把数据传给 CGI 网关并交由 ASP 程序页面进行处理，这时，ASP 将根据提交的会员申请资料产生并返回一个页面给浏览者，以通知会员申请成功，如图 1-9 所示。

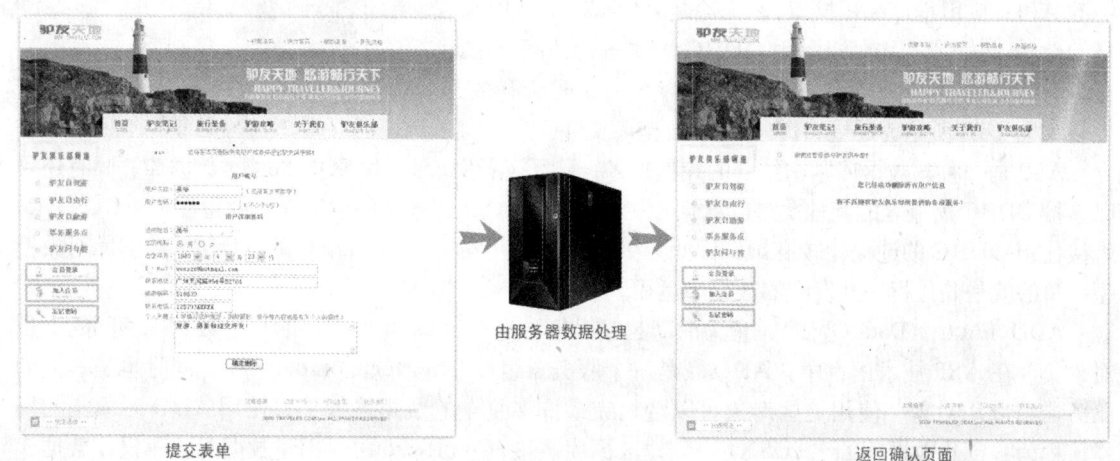

图1-9　提交ASP文件的过程

1.4 动态网页数据库应用

1.4.1 数据库在动态网页中的作用

绝大多数动态网页设计都离不开数据库的应用。所谓的数据库是一个依照某种规则（数据模型）组织数据的一个数据集合，它允许用户进行查询和修改。数据库有多种类型，从保存数据资料的简单表格到容量庞大的大型数据库系统都属于数据范畴。以下为数据库一般所遵循的三个规则：

（1）不出现重复数据，以最佳方式为某个特定应用程序服务。
（2）具备独有的数据结构并且独立于使用它的应用程序。
（3）由数据库应用程序统一进行管理和控制数据信息。

由于数据库系统不同于一般文件管理系统，在应用上具有以下几个优点：

（1）实现数据共享。
（2）减少数据的冗余度。
（3）提高数据的独立性。
（4）实现数据的集中控制。
（5）实现数据的一致性和可维护性。

在动态网页设计中，数据库主要负责记录由浏览者所提交动态网页后收集的各种类数据信息，例如，网页通过会员注册页面，填写表单资料并由数据库所记录从而成为会员；同时，浏览者可以通过登录而获得管理数据库信息的权限，从而根据需要添加、修改、删除数据库中的数据记录，如网站管理者以管理员身份登录后，可以根据情况修改会员的状态或删除会员。

1.4.2 认识ODBC与ADO

ODBC 的全称为 Open Database Connect，意思为开放式数据库互联，是微软公司（Microsoft）开放服务结构（WOSA,Windows Open Services Architecture）中有关数据库的重要组成，它建立了一组规范，并提供一组数据库访问的标准 API（应用程序编程接口）。无论是 Access、FoxPro 还是 Oracle 数据库，均可以利用 ODBC API 进行访问。由此可见，ODBC 的最大特点是能以统一的方式处理所有数据库。如图 1-10 所示为通过 ODBC 添加数据库文件。

图1-10　添加数据文件

ASP 是一种与数据库紧密结合的编程技术，除了连接 Access 和 SQL Server 数据库，同时还可以连接 ODBC 所兼容的其他类型的数据库。为了运用 ASP 连接访问数据库，就得应用 ADO 技术，直接使用 ODBC 的过程比较麻烦，因此，微软公司又开发了支持 ODBC 的 ADO 等数据库对象模型，目的就是简化程序开发中的数据库运用。

ADO（Active Data Object，意为活动数据对象）是 Microsoft 所支持的一组数据库访问的专用对象集。在 ASP 技术语言中，ADO 既是一个服务器组件（Server Component），同时也是一系列服务器组应用对象，使用这些对象可以轻松完成许多复杂的数据库操作。使用 ADO 对象集的操作流程为：创建数据库源名（DSN）→创建数据库链接（Connection）→创建数据对象→操作数据库→关闭数据对象和链接。

1.4.3 Access数据库

Access数据库是由Microsoft Access所创建的数据库文件。Microsoft Access是Microsoft Office套装软件中的一个重要软件，它专门用于数据库的创建和管理。由Access所创建的数据库是关系式数据库，它由一系列数据表组成，且表与表之间可以建立关联。数据表由一系列行和列组成，每一行称为一个记录，每一列称为一个字段，各字段都有相应的字段名称，如图1-11所示。

Access数据库包含"表、查询、窗体、报表、页、宏、模块"7种对象，如图1-12所示，分别说明如下。

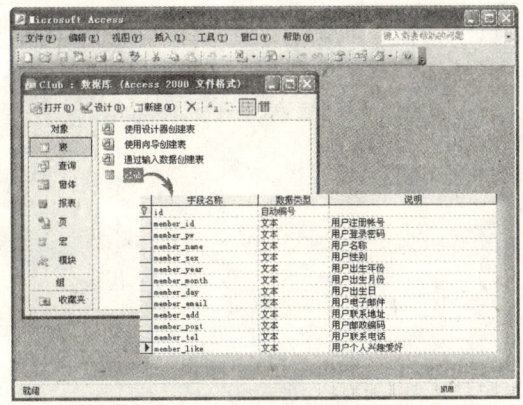

图1-11 Access的数据表

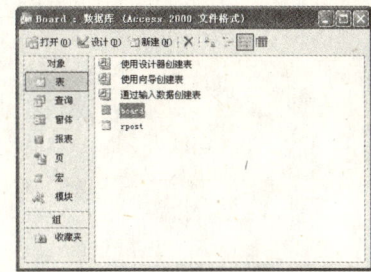

图1-12 Access的数据库对象

- 【表】(Table)：表由记录（行）和字段（列）组成。主要用于储存数据及定义数据的相关格式与信息，是数据库最基础的对象。
- 【查询】(Query)：用于对数据库的数据分析、计算、筛选。通过查询可以在表中搜索符合指定条件的数据，并可以对记录进行修改、插入和更新等操作。"查询"对象是Access表现出对数据有强大控制能力的主要对象。
- 【窗体】(Form)：用于设计直观、友好的控制界面，供用户输入与浏览数据。既可以通过创建窗体以逐条显示记录，也可以对窗体进行编程处理。
- 【报表】(Report)：它的作用是将数据库中的数据分类汇总，方便进行分析、统计和打印。
- 【页】(Page)：它的作用与窗体和报表相似，但只允许用户查看、编辑和汇报驻留在浏览器中的数据和HTML页。换言之，页的作用是将数据库的数据变成网页文件的格式传送给网络使用。
- 【宏】(Macro)：用于将数据库中重复性的多个操作化为单一操作。
- 【模块】(Module)：模块的功能与宏类似，但它的定义比宏更精细和复杂，可以根据需要编写程序，建立Access的新功能及新函数，扩展数据库的应用范围。

1.5 本章小结

本章通过"网站与网站开发"、"了解动态网站开发"、"了解ASP语言"和"动态网页数据库应用"4个部分，详细介绍了什么是网站、网站的构成、动态与静态网站的区别、动态网页开发环境需求、配置服务器、ASP语言特点与构成、数据库相关知识以及在动态网站中的应用等知识。

1.6 上机实训

实训要求：为一个公司网站的留言板系统做一份网页文件规划图。

操作提示：浏览者登陆该公司网站后，首先进入留言区主页，其中可以查看所有留言信息，并针对某些留言信息进行回复，同时可以新增留言信息。回复或新增留言信息后将返回公司留言区主页。整个规划图如图1-13所示。

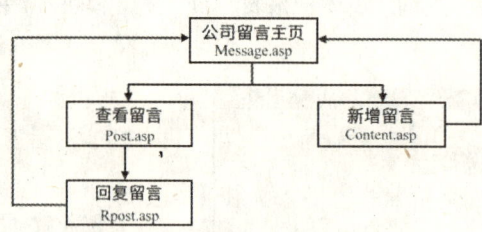

图1-13 公司网站留言板规划图

第 2 章 服务器构建与动态网站管理

> 服务器的构建是 Dreamweaver 开发动态网站的重要前提，本章将讲解 IIS 服务器的安装与设置，同时介绍使用 Dreamweaver CS5 管理网页文件，以及网站定义、维护和发布等基础的操作应用。

2.1 构建动态网站服务器

2.1.1 安装IIS组件

IIS 全称为 Internet Information Server（互联网信息服务），它是 Windows 系统建立服务器的基本组件，其中包括 Web 服务器、FTP 服务器、NNTP 服务器和 SMTP 服务器，分别用于网页浏览、文件传输、新闻服务和邮件发送等方面。

IIS 用于在本地电脑中模拟远端服务器的工作环境，从而实现在 Dreamweaver CS5 中使用 ASP 制作动态网页并测试其动态效果的功能。由于 Windows XP 系统默认没有安装 IIS 组件，因此必须先安装该组件。

上机实战 安装IIS系统组件

01 将 Windows XP 的系统安装光盘放入电脑光驱中，在系统桌面下方的任务栏中单击【开始】按钮，选择【控制面板】命令，从而打开【控制面板】文件夹，然后在"经典视图"中双击【添加或删除程序】图标，如图 2-1 所示。如果【控制面板】显示的是"分类视图"，可以在窗口左侧窗格中选择【切换到经典视图】文字项目，从而切换到"经典视图"。

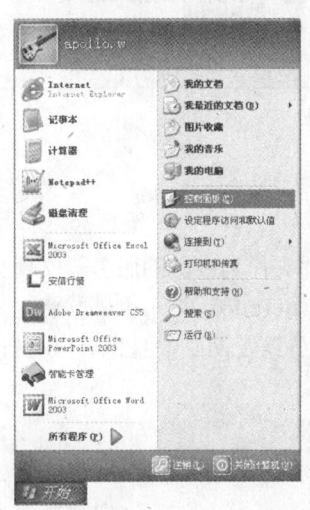

图2-1 打开"添加或删除程序"

02 在打开的【添加或删除程序】窗口中，选择【添加/删除Windows组件】命令，显示

【Windows 组件向导】对话框，再选择【Internet 信息服务（IIS）】复选框，单击【下一步】按钮，如图 2-2 所示。

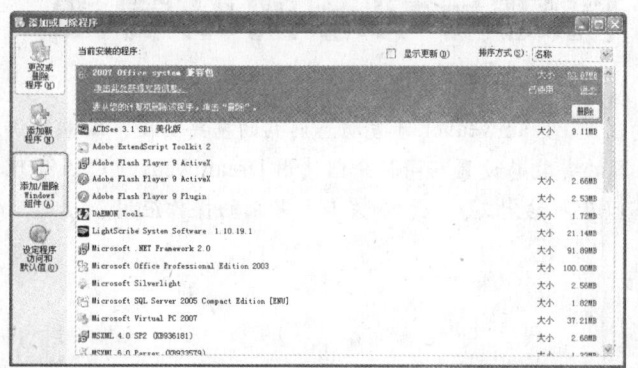 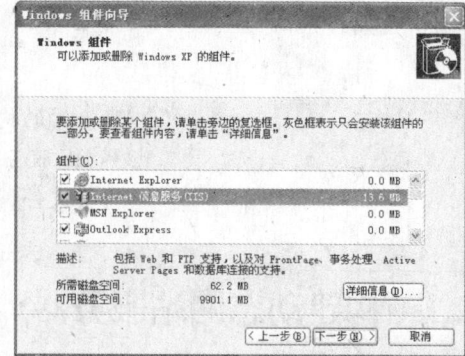

图2-2 添加IIS组件

> **提示** 如果需要查看所选择的组件，可以在选择【Internet 信息服务（IIS）】复选框后，单击【详细信息】按钮，打开【Internet 信息服务（IIS）】对话框，此处显示已经选择了【Internet 信息服务管理单元】、【SMTP Service】、【共享文档】、【万维网服务】以及【文档】复选框，如图 2-3 所示。

03 接下来 Windows 将执行安装组件。待显示【完成"Windows 组件向导"】对话框后，单击【完成】按钮完成 IIS 系统组件安装，如图 2-4 所示。

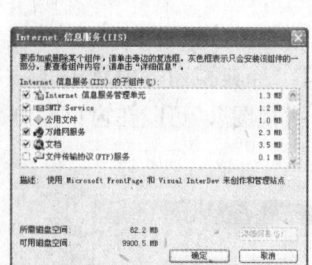 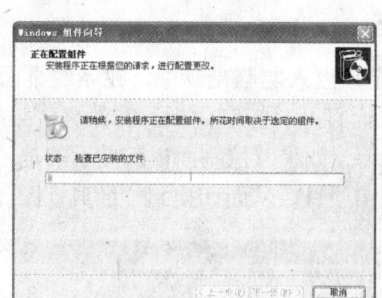 

图2-3 IIS详细信息　　　　　　　　　　图2-4 完成IIS安装

2.1.2 设置IIS属性

系统安装 IIS 组件后，会在 C 盘中自动创建"Inetpub"文件夹作为本机的服务器文件夹，用于存放动态网站文件。IIS 组件会创建默认站点，其目录为"C:\Inetpub\wwwroot"，将完成的动态网页文件放到该目录下，便可在 IIS 环境下打开运行。另外服务器及网站信息也可以另行设置，指定到其他目录的网站文件。

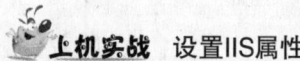 **上机实战** 设置IIS属性

01 在系统桌面任务栏上单击【开始】按钮，选择【控制面板】命令，显示【控制面板】窗口，双击【管理工具】图标，打开【管理工具】文件夹后，再双击【Internet 信息服务】图标，如图 2-5 所示。

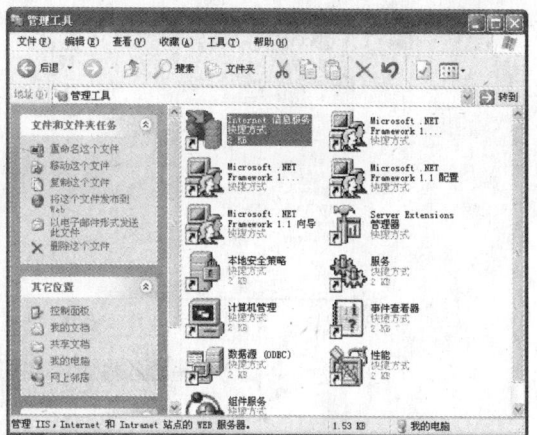

图2-5 打开【Internet信息服务】

02 在显示的【Internet 信息服务】窗口中,打开本地计算机的【网站】列表,然后右击【默认站点】标题,从弹出的快捷菜单中选择【属性】命令,如图 2-6 所示。

03 显示【默认网站 属性】对话框,在【网站】选项卡中设置网站标识,使用默认设置即可,如图 2-7 所示。

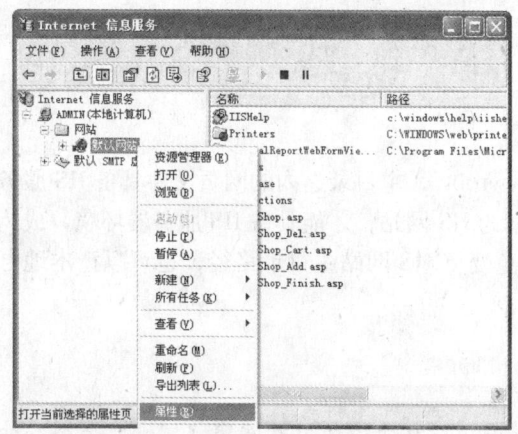
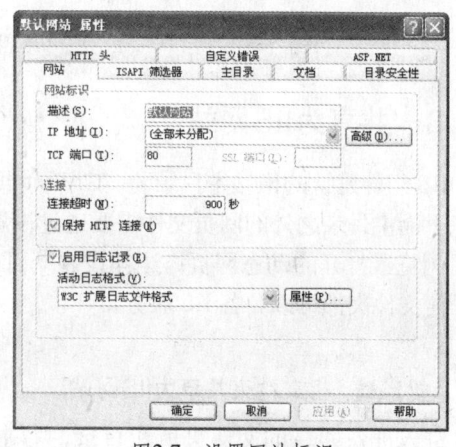

图2-6 选择【默认站点】的【属性】命令　　　图2-7 设置网站标识

04 切换到【主目录】选项卡,设置默认网站的本地路径及访问权限,通常使用默认设置即可,如图 2-8 所示。

> **提示** 在设计动态网页 ASP 程序时,需要启用脚本调试功能,以便于出错时显示详细错误信息。该功能可以通过配置应用程序实现,方法是在单击【主目录】选项卡中的【配置】按钮,显示【应用程序配置】对话框,选择【启用 ASP 服务器脚本调试】及【启用 ASP 客户端脚本调试】2 个复选框,如图 2-9 所示。

05 切换到【文档】选项卡,单击【添加】按钮显示【添加默认文档】对话框,输入默认文档名为 "index.asp",然后依次单击【确认】按钮,如图 2-10 所示,设置网站默认为主页的文档类型,完成 IIS 属性配置。

安装 IIS 并设置其属性后,本地电脑完成的网站便可以在浏览器中访问,当本地电脑已经接入互联网并拥有真实地址时,网站则可以被其他电脑的浏览器访问,而成为互联网网站。

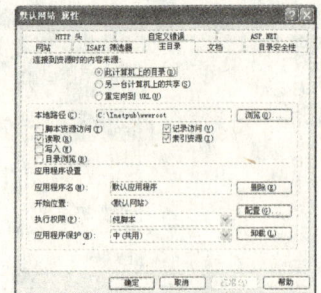
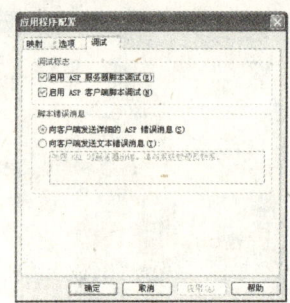

图2-8　设置默认网站的本地路径及访问权限　　　图2-9　启用脚本调试

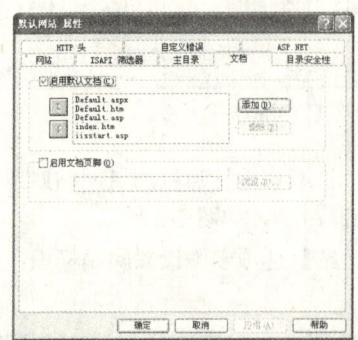
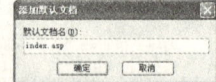

图2-10　设置默认文档

2.1.3　共享为IIS网站

　　IIS组件默认的网站主目录为"C:\Inetpub\wwwroot",主目录之内的网页文件具备IIS服务器环境。而主目录之外的网页文件需要通过设置共享为IIS网站,才能具备IIS服务器环境,成为可以用浏览器打开的动态网页。这样设置既可以避免变更IIS网站主目录路径,也可以让本地电脑中任何文件夹都可以具备IIS服务器环境。

上机实战　将文件夹共享为IIS网站

01　进入准备共享的文件夹所在目录,右击文件夹,打开快捷菜单并选择【属性】命令,如图2-11所示。

02　在打开的文件夹【属性】对话框中,切换至【Web 共享】选项卡,选择【共享文件夹】单选按钮,打开【编辑别名】对话框,再选择【访问权限】区中的【读取】、【脚本资源访问】、【写入】、【目录浏览】4个复选框,如图2-12所示,依次单击【确定】按钮,完成设置共享IIS网站。

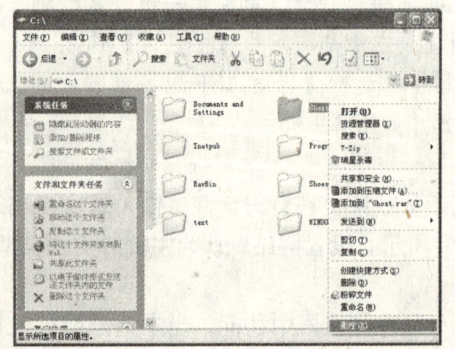
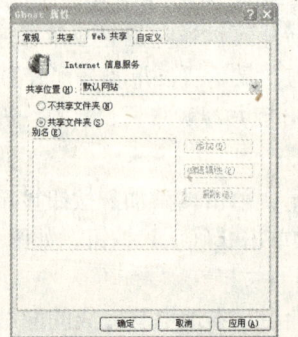
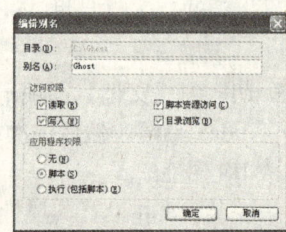

图2-11　选择文件夹的【属性】命令　　　　　图2-12　设置Web共享

2.1.4 测试IIS服务器

安装并设置好IIS服务器之后,还需要测试IIS服务器,确保它能正常运作。测试的方法是打开IE浏览器,在网址栏中输入"http://localhost/localstart.asp",再按下"Enter"键,如果浏览器显示如图2-13所示的页面,就表示IIS服务器能够正常运行。

此外,也可以在【Internet 信息服务】窗口中测试IIS 服务器。方法是选择【本地计算机】中【默认网站】列表,然后在"localstart.asp"文件上右击打开快捷菜单,选择【浏览】命令,如图2-14所示。

图2-13 测试IIS服务器正常运行

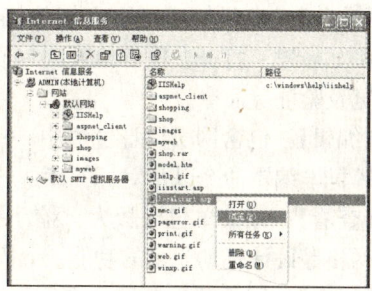
图2-14 通过IIS测试IIS服务器

2.2 Dreamweaver CS5的界面与应用

2.2.1 Dreamweaver CS5的界面组成

Dreamweaver CS5 的界面具有直观、友好、便于操作的特点,能够让人一目了然且容易上手。主要由菜单栏、【插入】面板、编辑区、属性面板以及右边的面板群组组成,如图2-15所示。下面内容分别介绍这几个主要部分的应用。

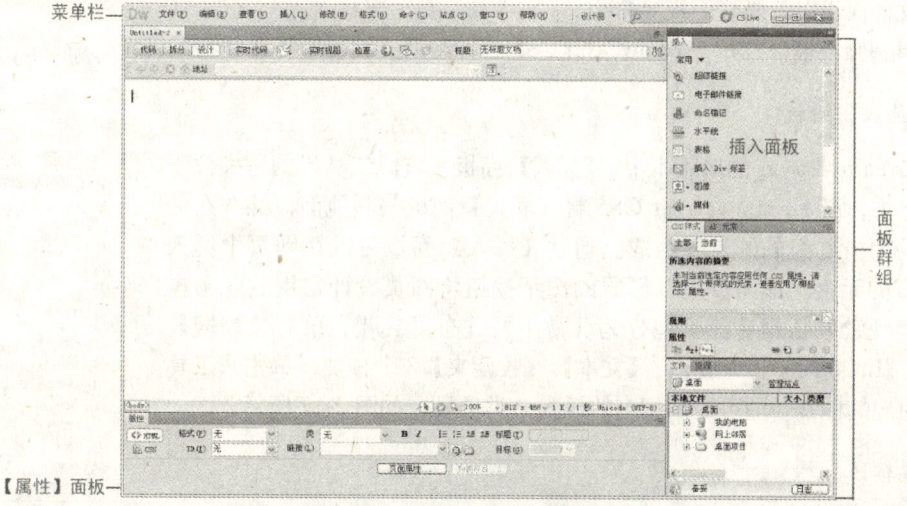
图2-15 Dreamweaver CS5界面组成

1. 菜单栏

菜单栏位于标题栏下方，它包含用于网页及网站设计的绝大部分命令，并分为【文件】、【编辑】、【查看】、【插入】、【修改】、【格式】、【命令】、【站点】、【窗口】、【帮助】10 个分类，如图 2-16 所示。单击任意一个菜单项目即可以打开一个菜单，并可以在选择右侧带有三角图示▶的菜单命令后打开联级子菜单。其中有些菜单命令显示为灰色，表示在当前状态下不可用。

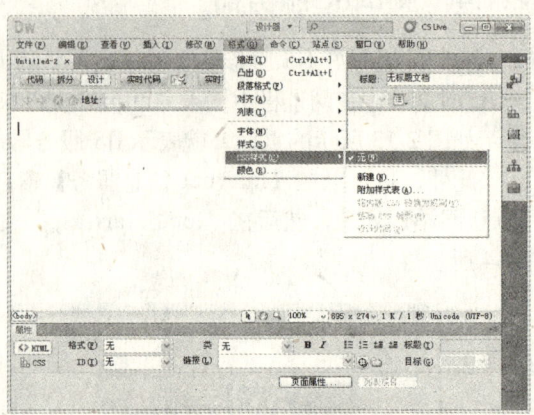

图 2-16 菜单项下的联级子菜单

下面简单介绍各个菜单项目所包含的操作命令：

- 【文件】：提供管理网页文档的操作功能，例如新建、打开、保存以及对网页进行预览及验证等命令。
- 【编辑】：包含网页设计过程中一些常用的编辑功能，例如重做、剪切、拷贝、粘贴、查找等标准编辑命令以及对标签库、快捷键及首选参数进行设置等命令。
- 【查看】：该菜单包含放大、缩小等编辑区视图设置功能以及设计视图的切换、显示标尺、网格等设计辅助元素的功能。
- 【插入】：用于插入各种网页元素，如插入图片、表格、表单、媒体、超链接、模板、Sprt 特效以及定义收藏夹和获取更多对象等命令。
- 【修改】：提供修改网页各种设置的命令，如页面属性、表格、图像、框架集、模板等命令。
- 【格式】：包含设置段落格式及字体格式的命令，如缩进、凸出、段落格式、字体、样式、颜色，以及检查拼写等命令。
- 【命令】：提供用于简化重复操作的开始录制、播放录制、应用源格式命令以及清理 HTML 命令、优化图像等命令。
- 【站点】：提供操作与设置站点的命令，如新建站点、管理站点、获取、取出、上传以及检查站点范围的链接等命令。
- 【窗口】：包含显示与关闭面板群组中各种面板的命令，如属性面板、数据库面板、CSS 面板、文件面板以及隐藏面板等命令。
- 【帮助】：包含打开 Dreamweaver CS5 各种帮助文档与取得在线帮助资源的命令。

2.【插入】面板

在 Dreamweaver 的旧版本中，【插入】面板一直以工具栏的方式位于菜单栏下方，而 Dreamweaver CS5 将【插入】面板与其他面板综合在一起，成为面板群组的的重要组成。通过【插入】面板可以在网页中插入种类丰富的元素。该面板中以形象的图示按钮将网页设计常用的各项操作功能呈现，并根据功能类型分为【常用】、【布局】、【表单】、【数据】、【Spry】、【InContext Editing】、【文本】、【收藏夹】8 个分类，单击该工具栏上方对应的标签，即可显示相应的插入分类项目，如图 2-17 所示。

3. 编辑区

编辑区用于显示正在设计中的网页，它是设计网页的主要区域，包括

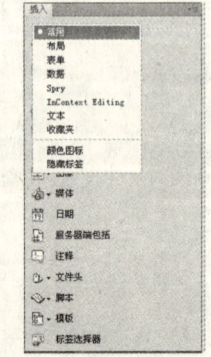

图 2-17 【插入】面板

【文档】工具栏、【视图区域】、【状态栏】几个部分。

【文档】工具栏中包含用于切换视图模式的【代码】、【拆分】、【设计】命令，以及和文档操作相关的【网页标题】、【预览】、【刷新设计视图】、【视图选项】、【验证标记】等命令。

在默认情况下，【视图区域】的左边界和上边界会显示标尺，当鼠标出现在【视图区域】时，标尺会显示坐标线，提示鼠标所在的坐标。

【状态栏】左侧是标签选择器，右侧包括【选取工具】、【手形工具】、【缩放工具】、【设置缩放比率】命令，能方便地查看网页和选择网页元素。最右侧显示【编辑区窗口大小】和【网页载入速度】这两个项目，用于根据个人设计需要调整编辑区的窗口大小，如图2-18 所示。

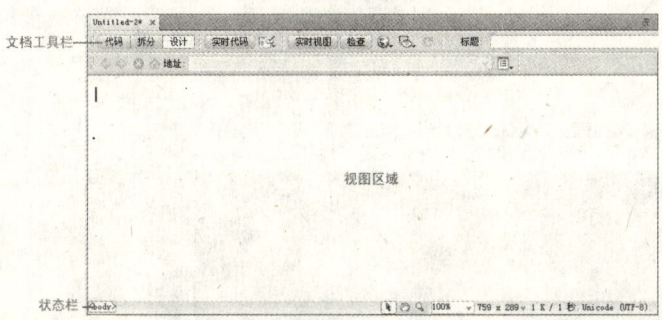

图2-18　Dreamweaver CS5编辑区

4.【属性】面板

【属性】面板也称为【属性】检查器，位于编辑区的下方，用于设置网页元素使其符合设计要求。例如调整元素的大小、样式、边框等。

【属性】面板显示的内容会因选择的元素类型不同而有所不同，例如选择文本或未选择内容时，会显示【格式】、【样式】、【字体】、【大小】等设置项目；而选择图像时，则会显示【宽】、【高】、【源文件】、【链接】等设置项目，如图2-19所示。

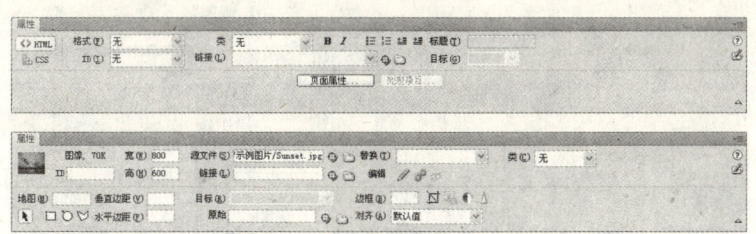

图2-19　选取不同内容时显示不同属性

【属性】面板有常用和高级两部分设置项目，单击右下方的三角图示 ▽ 可以显示/隐藏高级设置项目。当暂时不需要使用到高级设置项目时，可以隐藏高级设置项目，这样可以让编辑区有更大的空间，如图2-20所示。

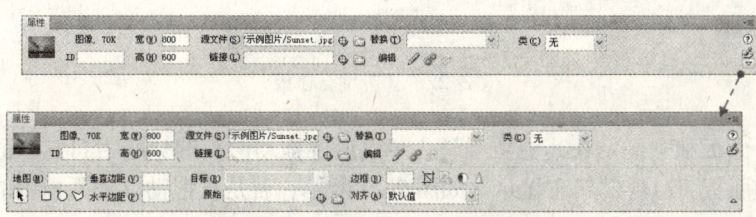

图2-20　打开属性面板高级设置项目

5. 面板群组

Dreamweaver CS5 的面板群组默认位于界面的右边，除了前面介绍的【插入】面板，还包含【CSS】、【标签】、【应用程序】、【文件】等面板群组。每个面板群组中包括多个面板，例如【文件】面板群组中包括【文件】、【资源】、【代码片段】等面板。

Dreamweaver CS5 在面板操作方式与旧版本有很大不同，可以通过单击面板标题栏将面板缩小成一个图示，如图 2-21 所示。当需要再次显示完整的面板时，只需单击这些图标即可。

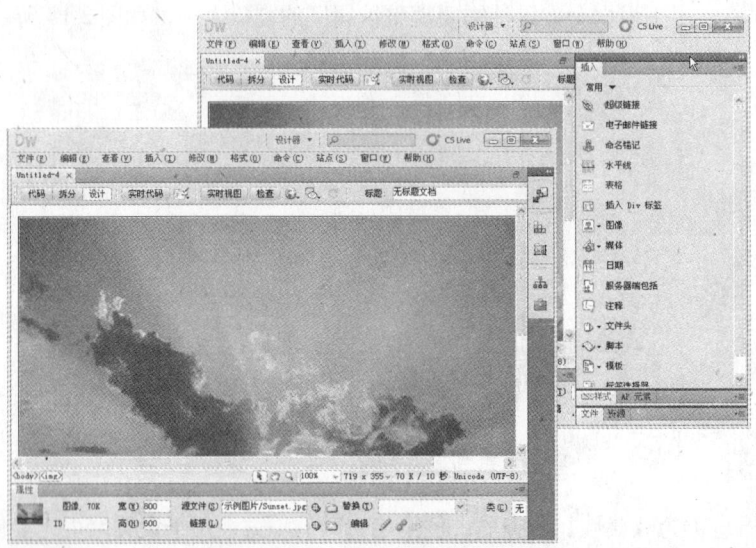

图2-21　面板群组

而在打开群组的情况下，可以再单击某个面板标签栏的右侧，以展开或隐藏某一个面板，如图 2-22 所示，在【文件】面板组中单击标题栏，便可以展开【文件】面板。

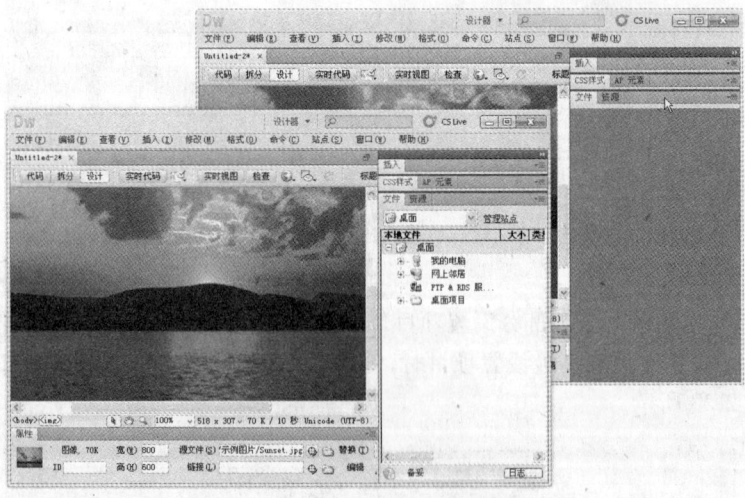

图2-22　重新组合面板

当需要某个面板独立显示在其他位置时，可以通过拖动面板的标题栏将它从面板群组分离出来，分离出来的面板将以浮动状态显示，如图 2-23 所示。若是再拖动浮动面板中的标题栏到面板群组原来的位置，则可以将面板重新组合。

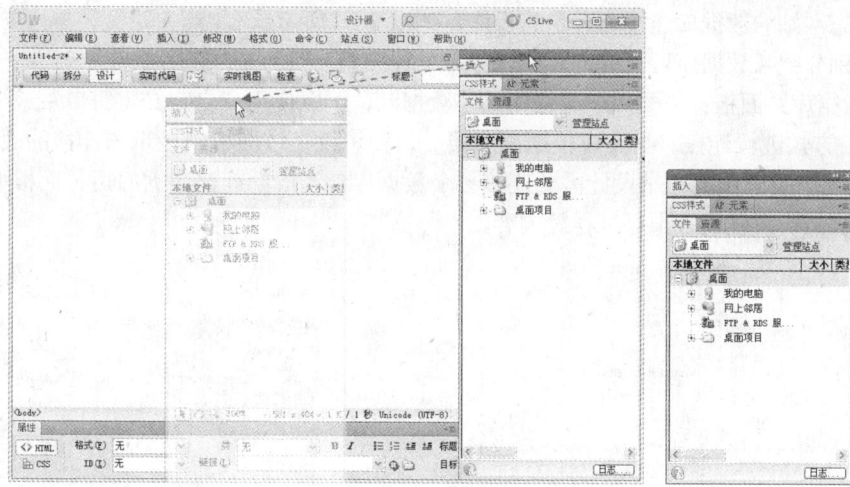

图2-23 分离面板

2.2.2 文件面板的应用

【文件】面板中的【管理站点】功能可以执行新建、编辑、删除和复制网站等操作。用户可以单击【文件】面板上方的【管理站点】链接，或展开【文件】面板上方的下拉列表框，在下拉菜单中执行【管理站点】命令，打开【管理站点】对话框。如图2-24所示。

在显示已有的网站时，【文件】面板上会显示设置网站的各种命令，包括【连接到远端主机】、【刷新】、【获取文件】、【上传文件】、【同步】以及【展开以显示本地和远端站点】等。

在【文件】面板中打开某个网站之后，还可以在面板中针对网站文件或文件夹进行【新建】、【打开】、【编辑】、【删除】等管理操作，当需要打开网站中的网页时，双击网页名称即可。

单击【文件】面板上方的 图标，可以展开网站操作窗口以显示本地和远端站点，进一步管理网站的文件资料、以及上传和同步网站等操作，如图2-25所示。

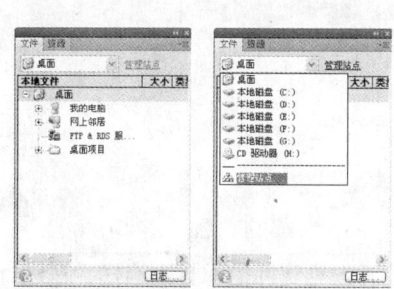

图2-24 执行【管理站点】命令

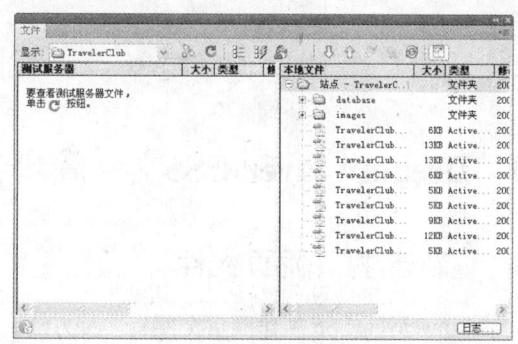

图2-25 展开后的【文件】面板

2.2.3 应用程序面板群组的应用

【应用程序】面板组由【数据库】、【绑定】和【服务器行为】3个面板组成，主要用于动态网站与数据库进行连接和绑定，以及添加各种服务器行为和表单组件设计等操作。

应用程序面板组的使用有3个重要前提条件，分别为"为该文件创建站点"、"选择一种文档类型"和"设置站点的测试服务器"，只有完成这3个条件的设置，在各项目前面显示✓图标，才可以实现动态网站的数据库连接和绑定等操作，如图2-26所示。

下面分别介绍【数据库】、【绑定】和【服务器行为】3个面板的应用。

（1）【数据库】面板：主要用于连接网站与数据源，可以使用"自定义字符串"或"数据源名称（DSN）"方式进行连接。当完成数据源连接后，便可以在该面板中显示所连接的数据源项目，如图2-27所示。可以根据网站设计需要连接多个数据库，当成功连接数据源后，面板中将显示数据库里面的表结构、视图、预存过程等内容。

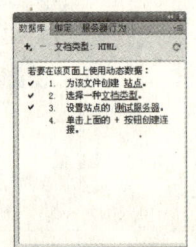
图2-26 完成动态网站数据连接与绑定

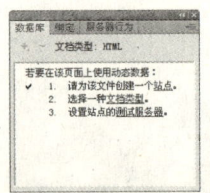
图2-27 【数据库】面板

（2）【绑定】面板：主要用于绑定数据库记录集，绑定记录集后，便可以在面板上显示所指定数据库中各数据表中所有字段项目和与字段相关的汇总，如图2-28所示，从而自由的将数据字段添加到网页，实现在页面上显示动态数据。

（3）【服务器行为】面板：为用户提供了丰富的动态行为，通过该面板可以为网页及网页中的元件添加数据区域、数据记录管理、动态表单元素、用户身份验证等丰富的行为，也可以自行创建和编辑服务器行为，如图2-29所示，从而完成具备各类动态功能的网页设计。

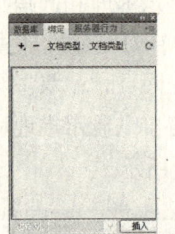
图2-28 【绑定】面板

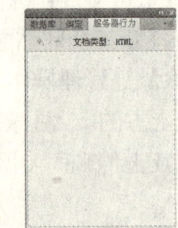
图2-29 【服务器行为】面板

2.3 Dreamweaver CS5文件管理

2.3.1 新建/打开网页文件

Dreamweaver CS5新建网页文件有多种方法，可以在创建时根据实际需求自由选择。在进行网页设计工作中，可以先新建好网站所需的网页，再进行后续设计。

1．新建网页文件

默认情况下，打开Dreamweaver CS5后将显示一个起始页，选择【新建】栏中的文件类型，可以快速创建新网页文件，如图2-30所示。

新建网页文件更灵活的方法是选择【文件】|【新建】命令打开【新建文档】对话框，在其中可以选择新建空白页、空模板页，文件类型应按照实际情况决定，常用的有HTML、ASP、JSP、PHP等，如图2-31所示。

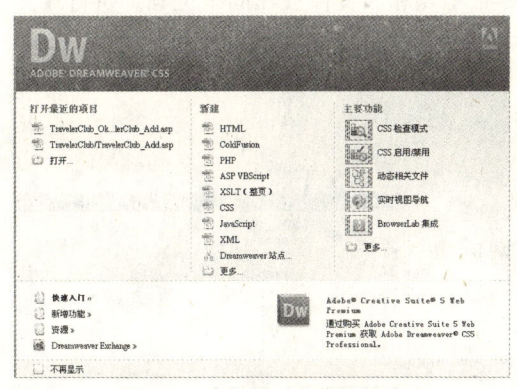

图2-30 在起始页上选择新建

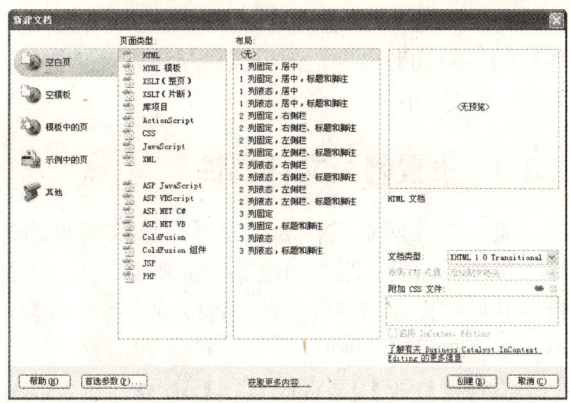

图2-31 新建网页文件

Dreamweaver CS5 在【实例中的页】分类中提供【CSS 样式表】和【框架集】两种模板类型，一共数十个模板项目，可以根据需要选择想要的模板，如图 2-32 所示。

2. 打开网页文件

打开网页文件，就是将网页打开并显示在编辑区中，从而可以查看、修改或设计网页。选择【文件】|【打开】命令，在显示的【打开】对话框中选择文件所在目录，选定要打开的文件，单击【打开】按钮即可打开文件，如图 2-33 所示。

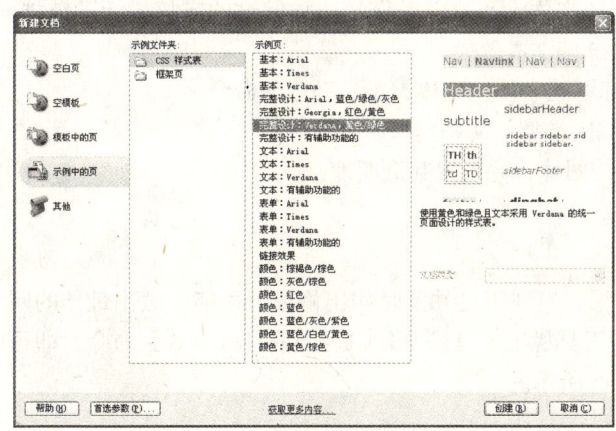

图2-32 【新建对话框】提供的各种模板

图2-33 打开网页文件

2.3.2 保存/另存网页文件

适时保存网页文件是设计时的良好习惯，可以避免因为失误操作、断电、系统崩溃等因素造成损失。

当创建的网页文件需要保存时，执行【文件】|【保存】命令或使用"Ctrl+S"快捷键，显示【另存为】对话框，选择保存目录，确定文件名后单击【保存】就可以把网页的当前内容保存，如图 2-34 所示。

若是保存对旧文件的编辑修改，执行【文件】|【保存】命令或使用"Ctrl+S"快捷键，则会覆盖旧文件进行保存，此时不会显示【另存为】对话框。

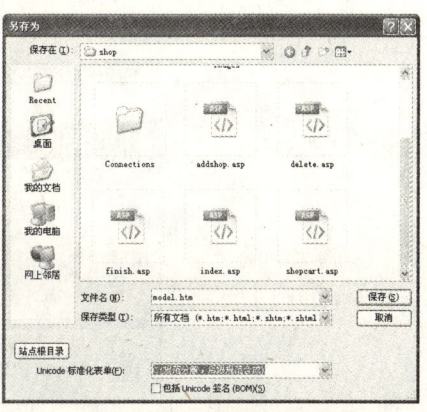

图2-34 【另存为】对话框

【另存为】命令通常是用于备份文件时使用，应尽量不要和原文件放在同一位置。执行【文件】|【另存为】命令，弹出【另存为】对话框，选择目录，确定新文件名后单击【保存】按钮即可将文件另外保存。

2.3.3 设置网页文件属性

通过设置网页文件属性，可以修改网页的外观、链接、标题、编码、跟踪图像等基本外观效果。因此在网页设计开始前设置好网页属性，可以减少操作次数，提高效率，也更容易整体把握。

执行【修改】|【页面属性】命令，或者在未选定任何网页内容的情况下，单击【属性】面板上的【页面属性】命令按钮，可以打开【页面属性】对话框，如图 2-35 所示。

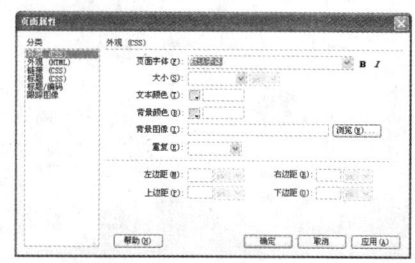

图 2-35　【页面属性】对话框

在【页面属性】对话框左侧的【分类】栏中包含【外观 (CSS)】、【外观 (HTML)】、【链接 (CSS)】、【标题 (CSS)】、【标题/编码】、【跟踪图像】6 个分类，当选择某个分类后，右侧会显示所选分类的详细设置。下面介绍各个分类的详细设置。

- 【外观 (CSS)】：用于设置网页页面上的字体、字体大小、颜色、网页背景、边框等由 CSS 样式控制的网页元素效果。
- 【外观 (HTML)】：用于设置网页页面背景颜色和图像、边距和文本链接等页面外观属性。
- 【链接 (CSS)】：可以设置链接的字体、字体大小，以及链接、访问过的链接、活动链接、下载线样式等由 CSS 样式控制的网页链接文本效果。
- 【标题 (CSS)】：包含设置网页中各级标题的字体、字体大小、颜色的命令。
- 【标题/编码】：可以设置网页的文档编码类型、文档类型。
- 【跟踪图像】：在网页中插入用作参考的图片，并设置其透明度。

2.3.4 预览网页文件效果

进行网页设计时，经常预览网页文件效果，发现不足并及时作出修改，才能够做出最佳的网页。在 Dreamweaver CS5 中，执行【文档】工具栏上的【预览】|【预览在 Iexplore】命令，即可打开浏览器预览当前网页文件效果，如图 2-36 所示。

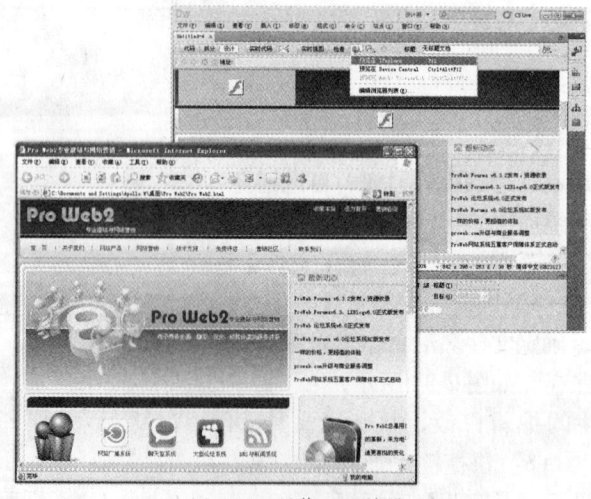

图 2-36　预览网页效果

需要预览网页效果时，必须先保存网页。当网页未保存而执行预览，Dreamweaver 会弹出提示框，询问是否保存对网页的修改，单击【是】可以进行预览。当定义的网站已经设置【测试服务器】，也就是说网站具有动态属性时预览，则会弹出如图 2-37 所示的提示框，询问是否在网页上传至服务器之前进行保存，单击【全部都是】按钮后才可以进行预览。

图2-37 预览网页效果必须先保存

2.4 Dreamweaver CS5网站管理

2.4.1 定义动态网站

定义动态网站是网站设计与管理的第一步，定义动态网站之后，Dreamweaver CS5 会将指定的文件夹识别为网站。定义网站的操作主要包括定义网站名称、本地文件夹路径，以及设置远端站点和测试服务器等。

与旧版本相比，Dreamweaver CS5 在网站定义上不再分为"基本"和"高级"两种方法，而是统一为"站点"、"服务器"、"版本控制"和"高级设置"4 大要素的定义。可以在菜单栏上执行【站点】|【新建站点】命令，在打开的【站点设定对象】对话框中分别设置站点的本地信息、远程信息，以及其他网站建立过程中需要提前定义的规范与资料等。所定义的网站显示在【文件】面板中，如图 2-38 所示。

下面介绍通过一系列完整的设置，特别是"服务器"的定义，一次完成动态网站的建立以及相关的运行环境配置的处理操作。

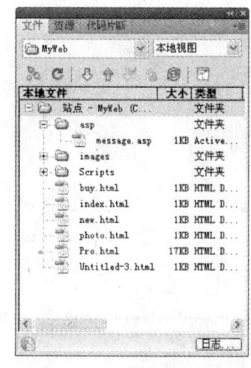

图2-38 创建的网站

上机实战　定义网站

01 在【站点设置对象】对话框中选择左边列表框中的【站点】项目，填写【站点名称】，指定【本地站点文件夹】，如图 2-39 所示。

02 在左侧列表框中选择【服务器】项目，单击【添加新服务器】按钮➕，打开添加新服务器的对话框，先输入【服务器名称】，再分别设置【连接方法】、【FTP 地址】、【用户名】和【密码】等信息（用户需要先申请的主机空间，然后如实填写空间登录信息），如图 2-40 所示。

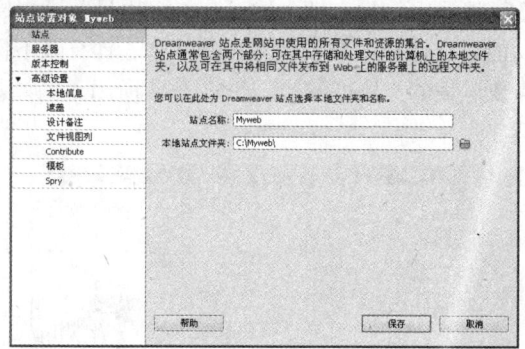

图2-39 设置【本地信息】项目

03 在添加新服务器对话框中单击【高级】按钮，显示远程服务器的高级设置，在下方的【测试服务器】中选择【服务器类型】为"ASP JavaScript"选项，然后单击【保存】按钮，如图 2-41 所示。

04 选择左侧列表框中的【版本控制】项目，先在【访问】栏中选择【Subversion】选项，然后分别设置协议类型、服务器地址、存储库路径、服务器端口、用户名和密码等内容，如图 2-42 所示。

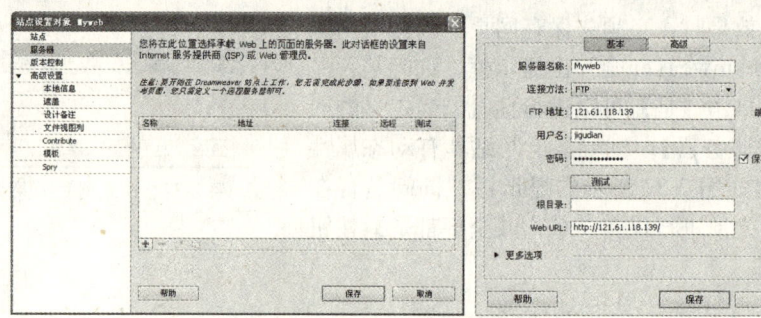

图2-40　设置【远程信息】项目

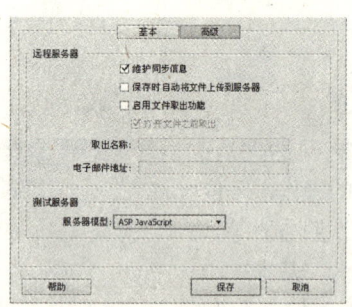

图2-41　设置【远程信息】项目

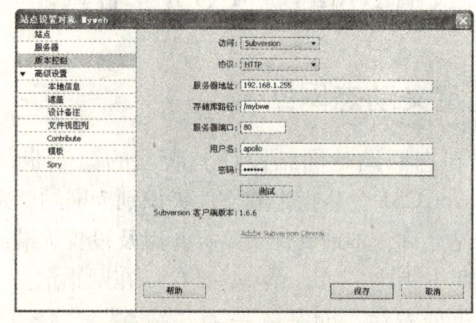

图2-42　设置【版本控制】项目

> **提示**　【版本控制】功能可以用于选择连接到使用Subversion(SVN)的服务器。Subversion是一种版本控制系统，它使用户能够协作编辑和管理远程Web服务器上的文件。

05 在左侧列表框中展开【高级设置】子列表，再选择【本地信息】选项，设置【默认图像文件夹】位置（一般先在根文件夹下创建"images"文件夹，再指定其为默认图像文件夹），如图2-43所示。

06 选择左侧列表框中的【遮盖】项目，设置网站是否遮盖某些扩展名文件。如果需要使用遮盖功能，可选择【启用遮盖】及【遮盖具有以下扩展名的文件】复选框，再在下方的输入框中输入需要遮盖的文件扩展名，如图2-44所示。例如遮盖.fla扩展名的文件，可以阻止浏览者上传Flash文件。

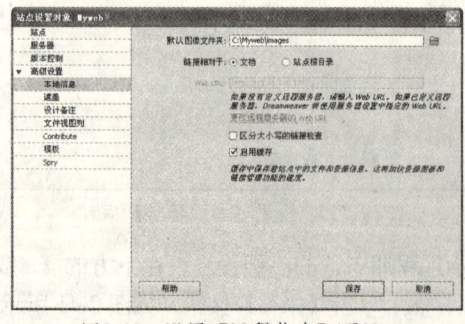

图2-43　设置【远程信息】项目

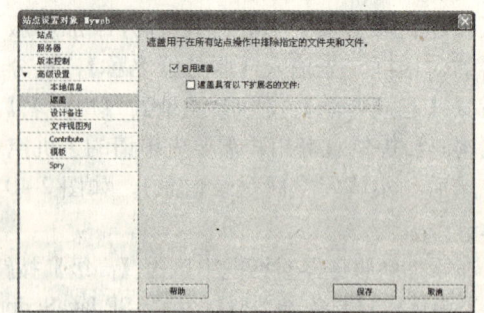

图2-44　设置【遮盖】项目

07 在团队合作设计网站过程中，写备注是一个良好习惯，可以方便互相沟通。设置时在左侧列表框中选择【设计备注】项目，此处默认选择了【维护设计备注】复选框，也可以设置是否【启用上传并共享设计备注】，如图 2-45 所示。

08 在左侧列表框中选择【文件视图列】项目，建议使用默认设置或根据需要添加自定义列。如果选择【启用共享列】选项，【维护设计备注】和【上传设计备注】选项都会被启用，如图 2-46 所示。

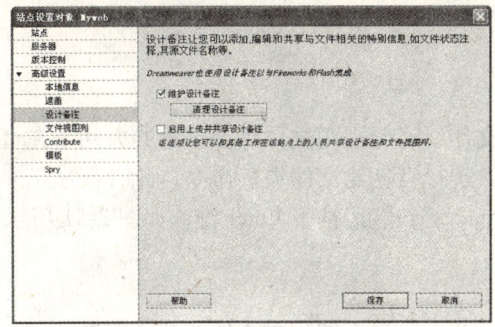 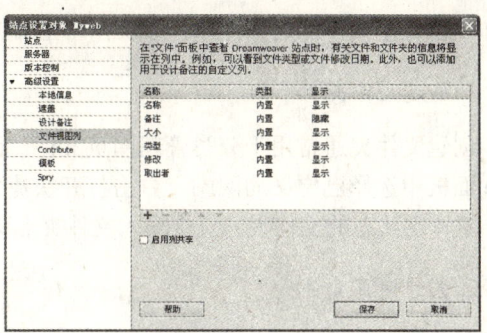

图2-45　设置【设计备注】项目　　　　　　图2-46　设置【文件视图列】项目

09 选择【Contribute】项目，设置是否启用 Contribute 兼容性。必须将 Contribute 也安装在本地电脑后，才能完成 Contribute 应用，如图 2-47 所示。此功能在多人系统工作中才能发挥作用，例如设置 Contribute 用户，更改授予 Contribute 用户角色的权限等。

10 在左侧选项卡选择【模板】项目，设置当更新模板时是否改写文档的相对路径，默认为不改写，如图 2-48 所示。

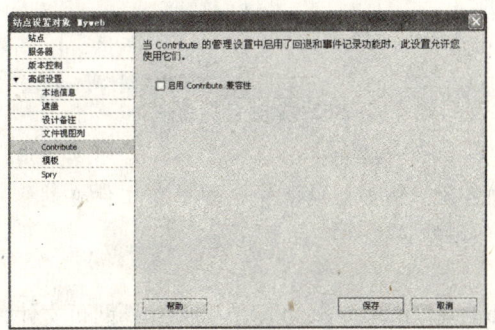 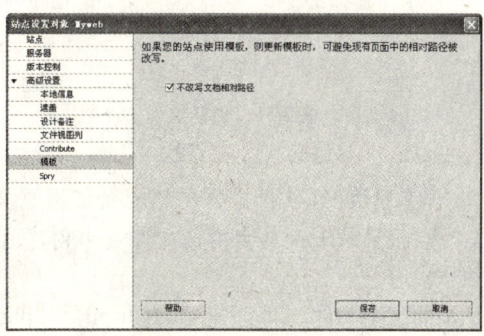

图2-47　设置【Contribute】项目　　　　　　图2-48　设置【模板】项目

11 在【Spry】项目中可以设置 Spry 资源文件夹的位置，默认在站点根目录下新建名为"SpryAssets"的文件夹，如图 2-49 所示。

12 完成所有分类项目的设置后，单击【保存】按钮关闭【站点设置对象】对话框，回到【管理站点】对话框后，可以看到定义好的网站，单击【完成】按钮完成定义网站的操作，如图 2-50 所示。

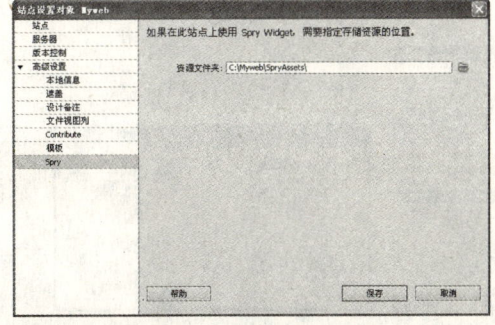 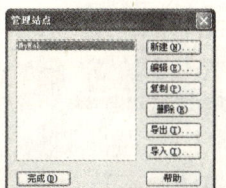

图2-49　设置【Spry】项目　　　　　　图2-50　完成定义站点

2.4.2 管理本地网站资源

定义动态网站之后，该网站还只是空文件夹，因此接下来需要为网站创建、管理各种资源。例如创建文件夹，创建、打开、修改和浏览网页文件等。

1. 创建文件夹

创建文件夹通常用于分类管理网页文件、图像文件、音频视频文件等。创建的方法是在【文件】面板中选择已定义的网站，右击打开快捷菜单，选择【新建文件夹】命令，此时会显示一个处于重命名状态的文件夹，直接输入文件夹名称"images"，然后按下 Enter 键，如图 2-51 所示。

2. 创建网页文件

创建网页文件时，在【文件】面板中选择站点，单击鼠标右键打开快捷菜单，选择【新建文件】命令，新建的网页文件处于重命名状态，输入网页文件名称"index.html"，然后按下 Enter 键，如图 2-52 所示。

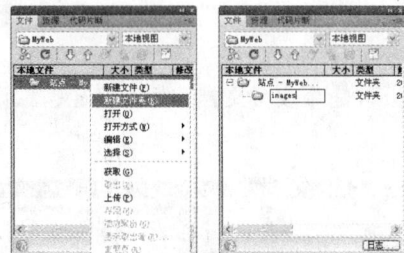
图2-51　创建文件夹

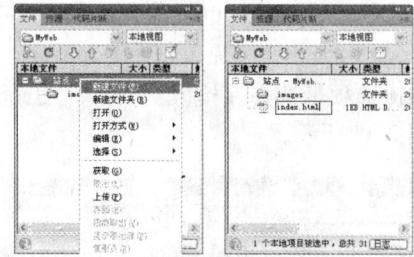
图2-52　创建网页文件

> **提示**　可以根据需要选择新建网页文件的路径，例如此站点中创建的新文件在站点根目录下，站点内的文件夹中创建的新文件则在该文件夹目录下。

按照以上方法，再创建"buy.html"、"photo.html"、"message.asp"、"bbs.asp"网页文件，以及"asp"文件夹，如图 2-53 所示。

3. 移动文件位置

网站内的文件夹和文件位置是可以调整的。当需要调整文件位置时，可以通过拖动的操作方法来进行。例如，移动鼠标至"message.asp"文件上方，再按住鼠标左键不放，然后拖至目标文件夹"asp"上方再松开鼠标，弹出【更新文件】对话框，询问是否更新相关文件的链接，单击【更新】按钮即可移动文件位置，如图 2-54 所示。

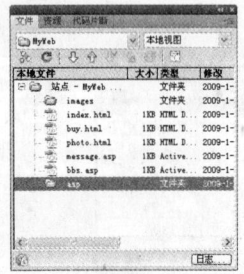
图2-53　创建其它文件

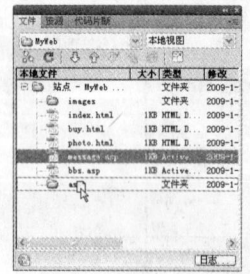
图2-54　调整文件位置

2.5 网站维护与发布

2.5.1 检查网站超链接

在网站制作过程中，往往需要反复增加、修改链接内容，其中可能会造成链接错误或无效链接。因此为保证网站质量，在发布之前应该先检查网站的超链接，确保所有超链接无误。

在网站制作完成后，可以开始检查超链接。如果同时拥有多个网站，可以在【文件】面板中选择要操作的网站，在菜单栏中选择【站点】|【检查站点范围内的链接】命令，Dreamweaver CS5 窗口下侧会打开【结果】面板中的【链接检查器】选项卡，显示网站中断掉的链接，如图2-55 所示，在【属性】面板中重新指定【源文件】路径，即可以修复此断掉的链接。

图2-55 显示断掉的链接

在【链接检查器】中，可以检查【断掉的链接】、【外部链接】、【孤立文件】这3种链接类型。通过选择【显示】下拉框，在下拉菜单中可以选择链接类型，如图2-56 所示。

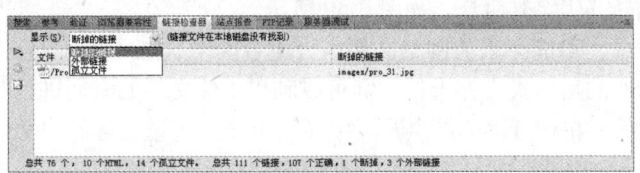

图2-56 选择链接类型

下面对这3种链接类型进行介绍：
- 【断掉的链接】：即错误链接，形成的原因主要有链接对象名称出错、文件类型出错或所在路径出错。
- 【外部链接】：链接到网站外部文件或互联网上某个网站的链接类型。
- 【孤立文件】：未被网站内其他文件建立链接的文件。这类文件可能是尚未使用或多余的。

2.5.2 上传网站

完成网页设计，检查超链接完毕之后，接下来就可以使用 Dreamweaver CS5 提供的网站发布功能把网站上传到远端服务器，使得别人能够访问到该网站。

要使用 Dreamweaver CS5 提供的网站发布功能，必须先定义服务器信息，其中包括指定服务器名称及其目录、登录帐号、密码。定义远程信息后可以单击【测试】按钮，测试能否成功连接到远端服务器，如图 2-57 所示，提示已成功连接到 Web 服务器。

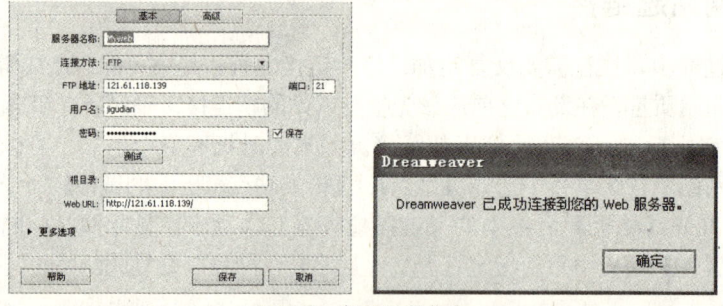

图2-57 定义远程信息

发布网站到远端服务器的方法是首先在【文件】面板中，展开并显示本地和远端站点，然后选择【连接到远端主机】命令，从而使 Dreamweaver CS5 连接到远端服务器，如图 2-58 所示。

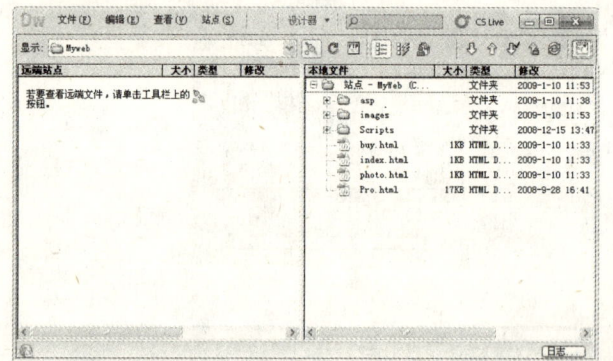

图2-58 连接到远端服务器

在【本地文件】区选择要操作的网站，单击【上传】命令，显示提示对话框，询问是否确定上传整个网站，选择【确定】命令，如图 2-59 所示。

在上传网站过程中，可能会因为网站文件庞大或者网络状态差的原因而花费过多时间，此时选择 Dreamweaver CS5 的后台式文件上传，则可以利用上传文件的时间进行其他操作。

在网站上传完成后，将在【远端站点】区中显示上传到远端服务器的文件，如图 2-60 所示。

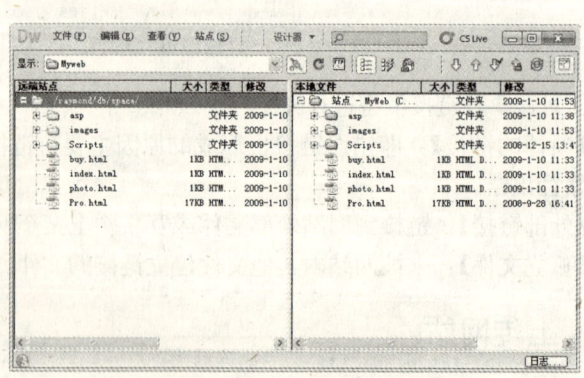

图2-59 上传网站　　　　　　　　　　图2-60 上传网站完成

2.5.3 更新网站文件

网站上传到远端服务器之后，若用户继续对本地的网站内容进行了修改（如更新网页文字、图片，删除不适用的网页，新增网页等）后，想将修改后的网页文件更新到远端服务器，可以在 Dreamweaver CS5 已连接远端网站空间的前提下，使用【同步】功能来实现。

上机实战　更新网站文件

01 在【文件】面板中，展开并显示本地和远端站点，单击选择【同步】按钮。

02 弹出【同步文件】对话框后，在【同步】框中选择要同步的内容是整个网站或鼠标选中的文件，在【方向】框中则选择【放置较新的文件到远程】同步处理方式，选择【删除本地驱动器上没有的远端文件】复选框，最后单击【预览】按钮，如图 2-61 所示。

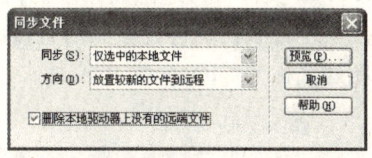

图2-61　完成【同步文件】设置

03 显示【Synchronize】对话框，其中显示了要更新的动作及其文件，确认无误后单击【确定】按钮，执行同步操作。如果远端服务器有需要删除的文件，将会弹出确认删除文件的对话框，单击【是】，如图 2-62 所示。

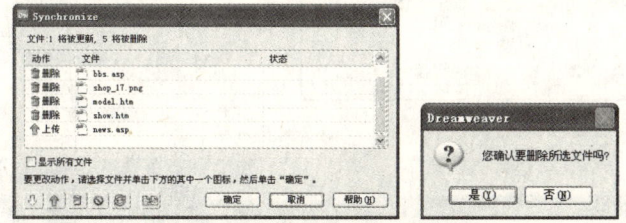

图2-62　确认同步的动作及其文件

完成更新网站文件后，可以看到远端站点与本地站点的内容一致，如图 2-63 所示。

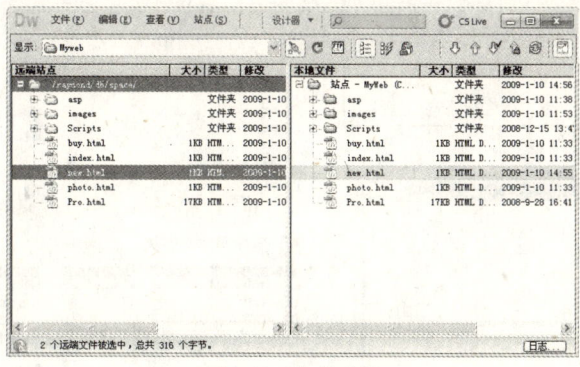

图2-63　完成更新

2.6　本章小结

本章介绍了 IIS 安装、设置、共享和测试 4 种网站服务器构建操作，还讲解了 Dreamweaver CS5 的界面与应用，以及基本的网站管理方法，包括新建／打开、保存／另存、文件属性与预览等网页文件管理；定义、维护和上传等动态网站管理操作方法。

2.7 上机实训

实训要求：通过 Dreamweaver 在"我的文档"文本夹中建立名称为"我的网站"的动态网站。

操作提示：启动 Dreamweaver CS5 程序，单击【站点】|【新建站点】命令，打开设置站点对象的对话框，分别设置本地信息和测试服务器，完成网站定义后，通过 Dreamweaver 启始页新建 HTML 文件，再选择【修改】|【页面属性】命令，打开【页面属性】对话框，在"标题/编码"分类中设置网页标题，然后直接保存网页文件于新建立的网站中，最后通过【文件】面板为网站新建名称为"Images"的文件夹，整个操作流程如图 2-64 所示。

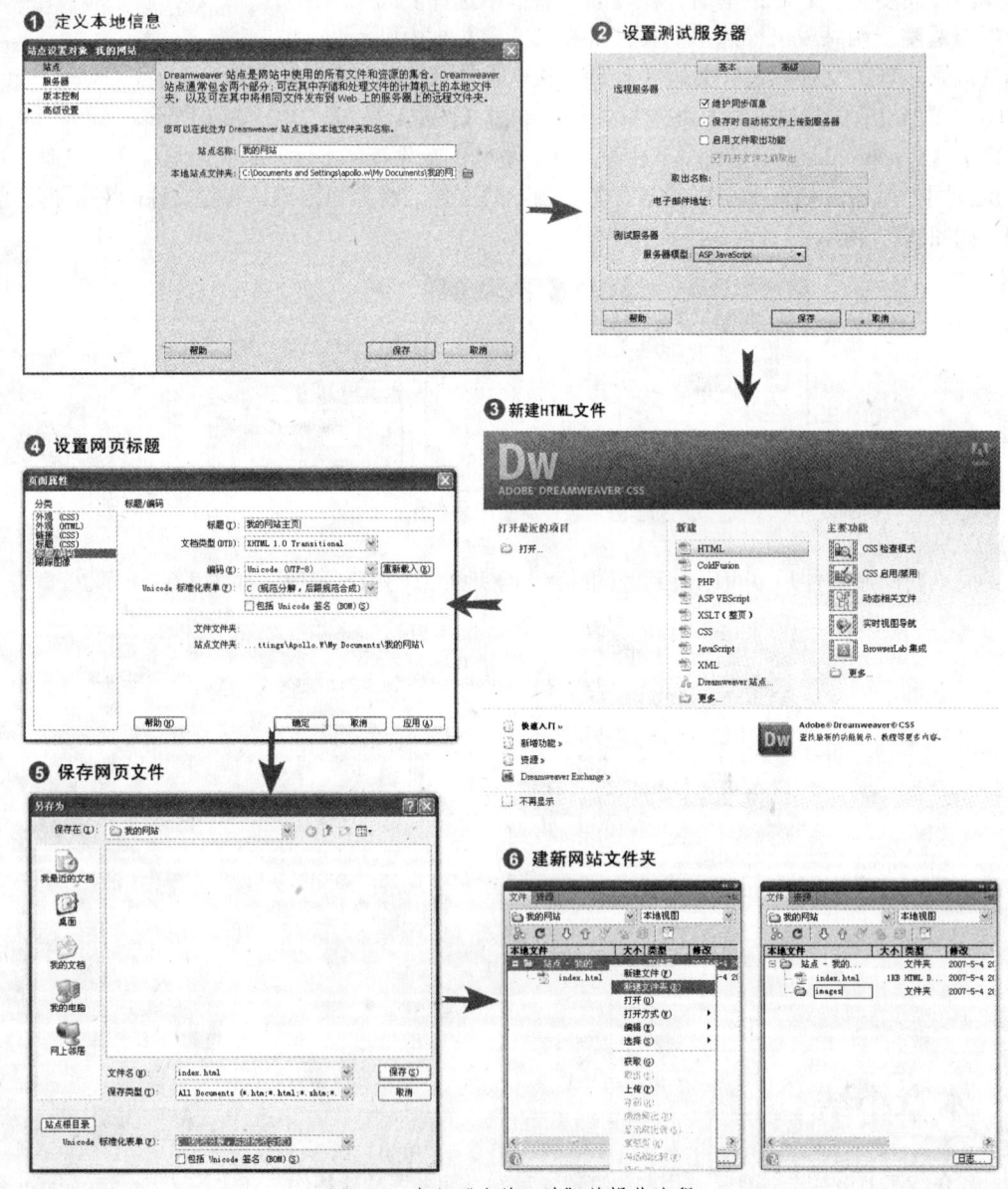

图2-64 定义"我的网站"的操作流程

第 3 章　网页文本内容的编排

> 文本是网页中最重要的内容之一，因此，文本内容编排是 Dreamweaver CS5 网页设计的基础操作。本章将通过一个公司网站中的公司简介、联系资料、产品分类等设计实例，介绍网页文本的编排与美化方法，同时讲解表格在网页内容编排中的重要应用。

3.1 编辑字体列表

制作分析

本实例将通过【属性】面板中的【字体】设置功能，为 Dreamweaver CS5 编辑用于网页文本外观套用的字体列表，结果如图 3-1 所示。

图3-1　编辑字体列表的结果

制作流程

打开光盘中的练习文件"…\Practice\Ch03\3.1.html"，在【属性】面板的【CSS】分类设置中为【字体】功能编辑字体列表，将网页设计中所需的字体项目添加到字体列表中。

上机实战　编辑字体列表

01 按下"Ctrl+F3"快捷键打开【属性】面板，单击【CSS】按钮，切换至该面板的【CSS】分类设置，接着单击【字体】项目右边的按钮，打开下拉列表框，再选择【编辑字体列表】选项，如图 3-2 所示。

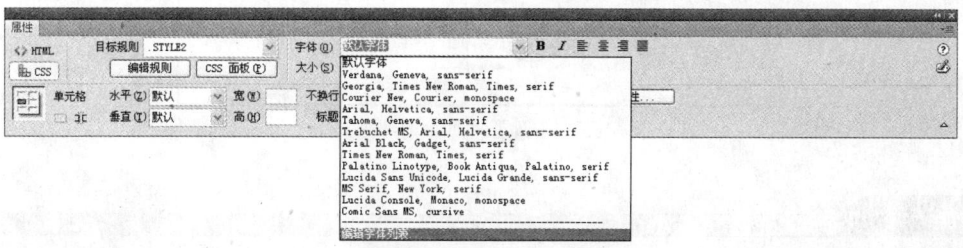

图3-2　选择【编辑字体列表】选项

02 打开【编辑字体列表】对话框,在【可用字体】列表框中选择需要添加的字体项目,然后单击≪按钮,将字体加入到"选择的字体"列表框,如图3-3所示。

03 单击【编辑字体列表】窗口左上方的+按钮,新增一个字体项目。接着在【可用】字体列表框中选择所需字体,然后单击≪按钮,为新增的字体项目指定字体,如图3-4所示。

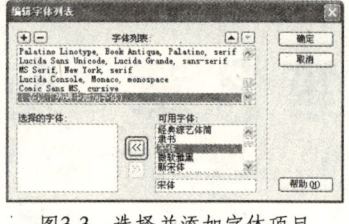

图3-3 选择并添加字体项目

04 根据前面步骤的方法,新增其他字体列表项目,并指定所需的字体,最后单击【确定】按钮,如图3-5所示。

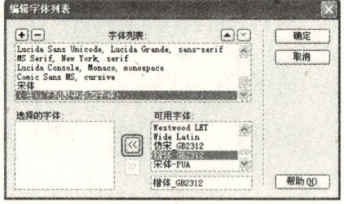

图3-4 新增另一字体项目　　　　　　　图 3-5 完成编辑字体列表

> **提示** 编辑字体列表时,Dreamweaver CS5必须在已打开网页文件的状态下进行,否则将无法应用到【属性】面板,也就无法使用字体功能。

3.2 设置网页标题

制作分析

本实例通过【页面属性】功能和【属性】面板设置网页标题,并在网页中输入标题属性的文本,以编排"产品推介区"各推介项目,结果如图3-6所示。

图3-6 设置网页标的结果

制作流程

打开光盘中的练习文件"…\Practice\Ch03\3.2.html",利用【页面属性】功能,先设置网页文件的标题,然后在网页上输入文本内容,再设置标题文本格式,完成在网页中陈列一组推介标题。

上机实战　设置网页标题

01 选择【修改】|【页面属性】命令,如图 3-7 所示,打开【页面属性】窗口。

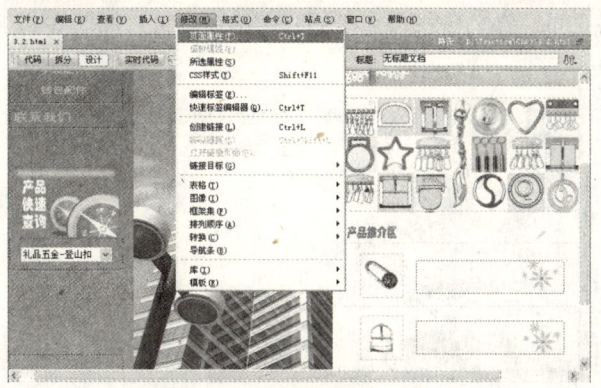

图3-7　打开【页面属性】窗口

02 在【页面属性】对话框左边的【分类】列表中选择【标题/编码】选项,然后在右边的【标题】栏中输入网页标题,如图 3-8 所示。

03 在【分类】列表中选择【标题(CSS)】选项,然后在右边的【标题字体】栏选择【宋体】,单击【确定】按钮完成页面属性设置,如图 3-9 所示。

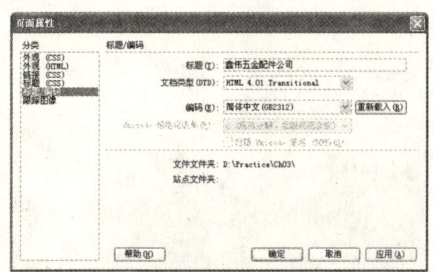
图3-8　设置网页标题

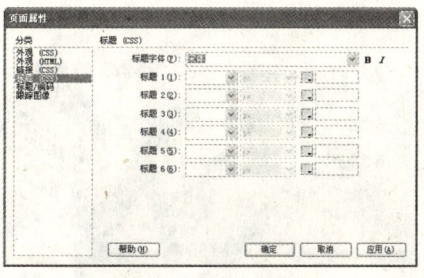
图3-9　设置标题字体

04 返回网页编辑页面,定位光标在"产品推介区"下面第一栏,再打开【插入】面板,切换至【文本】分类,单击【字符】按钮展开下拉选单,选择【不换行空格】项目,在网页指定的位置插入空格,如图 3-10 所示。

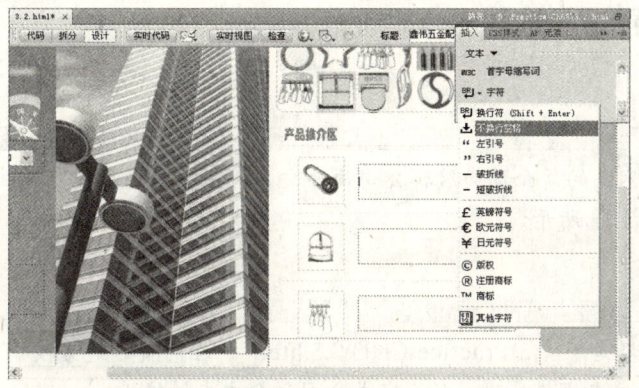

图3-10　插入空格

> **提示** 一般情况下，使用 Dreeamweaver CS5 无法在网页中按下空格键直接输入空格，而必需通过【插入】面板，以插入【字符】项目的方式，插入所需的空格。

05 插入空格后，输入文本内容，接着选取所输入的文本，在【属性】面板中单击【HTML】按钮，展开【格式】下拉选单，在其中选择所需的标题格式项目，如图 3-11 所示，完成网页中标题文本的编辑。

图3-11　输入文本并设置标题格式

06 按照步骤 4 和步骤 5 的方法，在网页的产品推介区中再分别编辑两组标题文本，结果如图 3-12 所示。

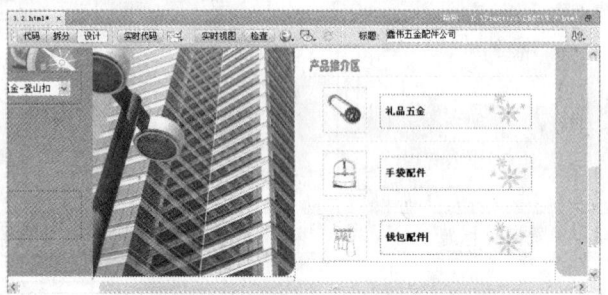

图3-12　输入其他网页标题文本的结果

3.3 编排网站公司简介

制作分析

本实例将为公司网站的简介页面编辑公司简介文本，主要是通过段落文本编排和 CSS 样式设置来完成，结果如图 3-13 所示。

制作流程

打开光盘中的练习文件"…\Practice\Ch03\3.3.html"，在网页右边分段输入文本资料，再通过创建 CSS 样式，美化文本资料外观，从而完成公司简介文本的编排。

第3章 网页文本内容的编排

图3-13 公司简介编排结果

上机实战 编排公司网站简介

01 打开素材文件"3.3.txt",在网页的公司简介区中输入第一段文本,然后按下"Enter"键换行,再输入第二段文本,如图3-14所示。

图3-14 输入简介文本

> **提示** 在网页中直接输入的文本资料不具备任何格式属性,但若是按下"Enter"键换行,则所输入的文本将自动转换为【段落】格式,如此,就不必再通过【属性】面板重新设置文本的格式属性。
>
> 使用Dreamweaver CS5 在网页中输入文本时,若按下"Enter"键换行,将产生新的段落,且行与行(实际为段落与段落)之间产生比较大的行距。而若是按下"Shift+Enter"快捷键执行断行,则行与行之间的行距较小,且新起的行与上一行仍属于同一个段落。

02 选取输入的简介文本,然后在【属性】面板中单击【CSS】按钮切换至CSS分类设置,再单击【编辑规则】按钮,如图3-15所示,准备创建CSS规则。

03 在打开的【新建CSS规则】窗口中指定【选择器类型】为【类(可应用于任何HTML元素)】,再输入【选择器名称】为【text01】,然后单击【确定】按钮,如图3-16所示。

37

图3-15 编辑CSS规则

04 在弹出的 CSS 规则定义对话框中设置默认的【类型】为【Font-size】为 14,【Line-height】为 20,【Color】为 #333,然后单击【确定】按钮,如图 3-17 所示,定义文本段落外观和行距。

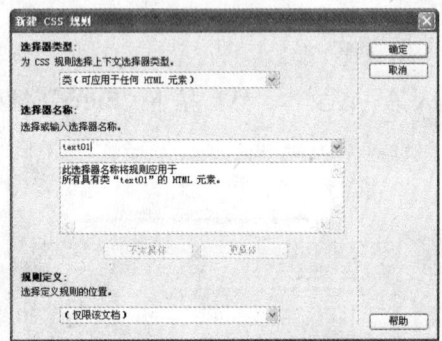

图3-16 新建CSS规则

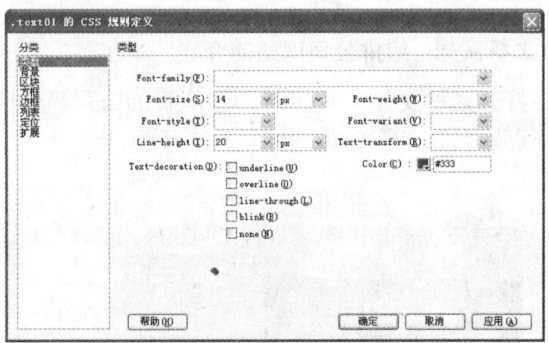

图3-17 定义类型

05 返回网页编辑界面,定位光标在第一行文本前方,打开【插入】面板,在【文本】分类中多次单击【字符:不换行空格】按钮,如图 3-18 所示,以产生段落缩进效果。

图3-18 插入空格

06 按照步骤 5 的操作方法,在第二段文本前插入空格,使该段落首行产生缩进效果,结果如图 3-19 所示。

网页文本内容的编排 第3章

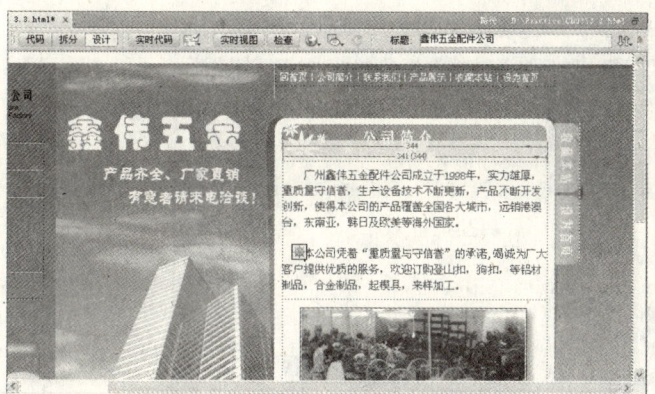

图3-19 设置另一段落首行缩进

3.4 编排网站联系资料

制作分析

本实例将通过定义 CSS 规则，指定图片素材作为列表符号，制作公司联系资料列表，结果如图 3-20 所示。

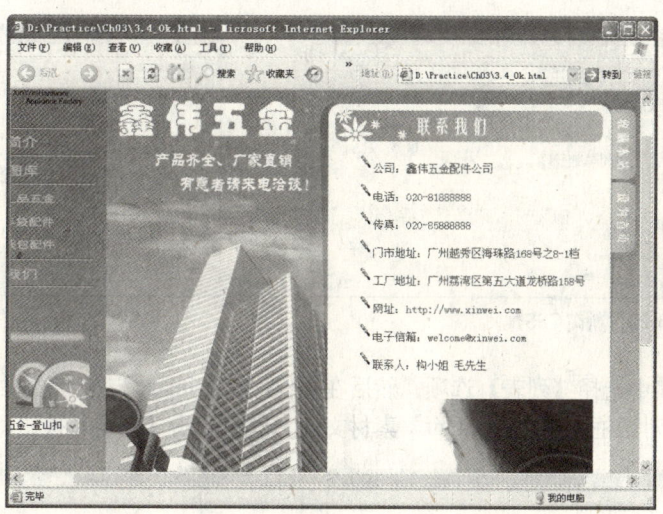

图3-20 编排网站联系资料的结果

制作流程

打开光盘中的练习文件"...\Practice\Ch03\3.4.html"，在网页中输入联系资料文本，然后创建并定义 CSS 规则，指定素材图像作为列表符号，最后为联系资料文本套用 CSS 规则。

上机实战 编排网站联系资料

01 打开素材文件"3.4.txt"，在网页的"联系我们"区中输入第一段文本，然后按下"Enter"键换行，另起段落继续输入资料，如图 3-21 所示。

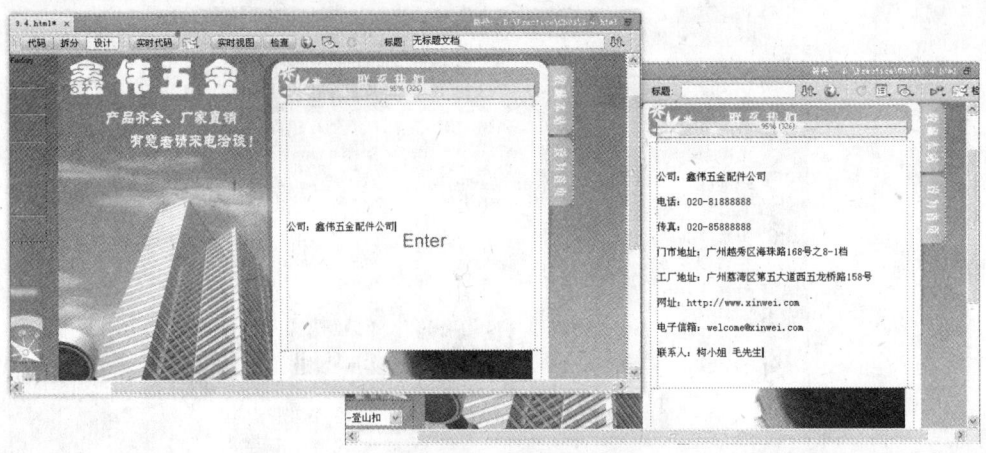

图3-21 输入联系文本

02 选择【窗口】|【CSS 样式】命令，打开【CSS 样式】面板，单击下方的【新建 CSS 规则】按钮，如图 3-22 所示。

03 在打开的【新建 CSS 规则】窗口中指定【选择器类型】为【类（可应用于任何 HTML 元素)】，再输入【选择器名称】为【text01】，然后单击【确定】按钮，如图 3-22 所示。

04 打开 CSS 规则定义对话框，在默认的【类型】分类中设置【Font-size】为 14，【Line-height】为 35，【Color】为 #333，如图 3-23 所示。

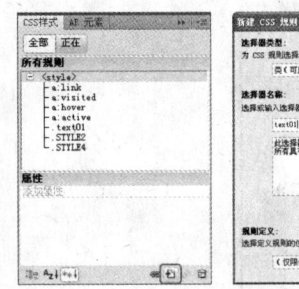 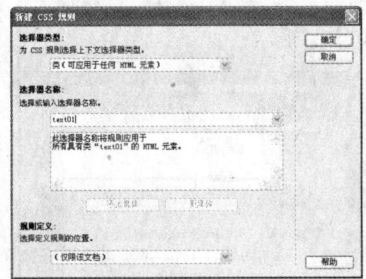 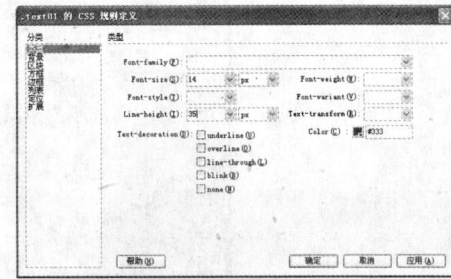

图3-22 新建CSS规则　　　　　　　　　图3-23 旋转并复制椭圆对象

05 在【分类】列表中选择【列表】选项，然后在【List-style-image】栏中单击【浏览】按钮，打开【选择图像源文件】对话框，指定"3.4.gif"素材文件，然后单击【确定】按钮，如图 3-24 所示。

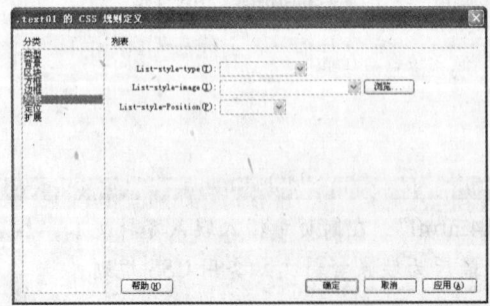 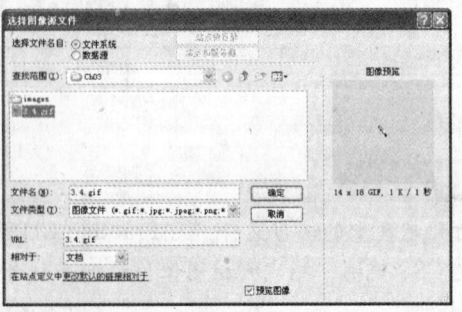

图3-24 指定列表符号素材

06 返回网页编辑界面，选择输入的所有联系资料文本，切换【属性】面板至【HTML】分类，然后单击【项目列表】按钮，并在【类】栏中指定套用"text01"样式，如图 3-25 所示。

提示 "项目列表"只能应用于段落，所以若是多行的文本以断行的方式换行的（则属于同一段落），那么设置项目列表后，多行的文本只会显示一个项目列表符号。Dreamweaver CS5 默认的列表属性为一个黑点，为了使网页内容更加美观多变，除了通过定义并套用 CSS 规则实现以图片作为列表符外，还可以通过设置列表属性修改列表字符样式，方法是选择【格式】|【列表】|【属性】命令，打开【列表属性】对话框，为列表指定不同的【新建样式】，如图 3-26 所示。

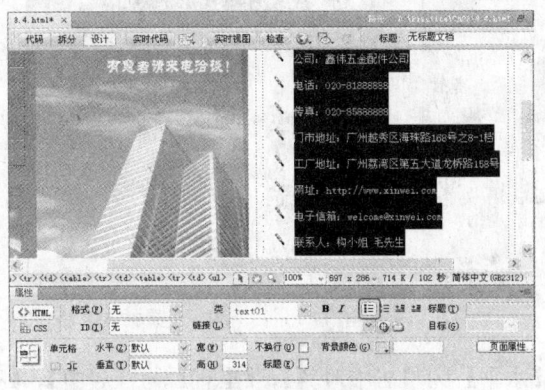

图3-25 设置列表并套用CSS样式

图3-26 设置不同的列表样式

3.5 利用表格编排网页内容

制作分析

本实例将利用表格功能为网页编排图片与文本资料，使网页中的内容按照所需的布局定位排列，结果如图 3-27 所示。

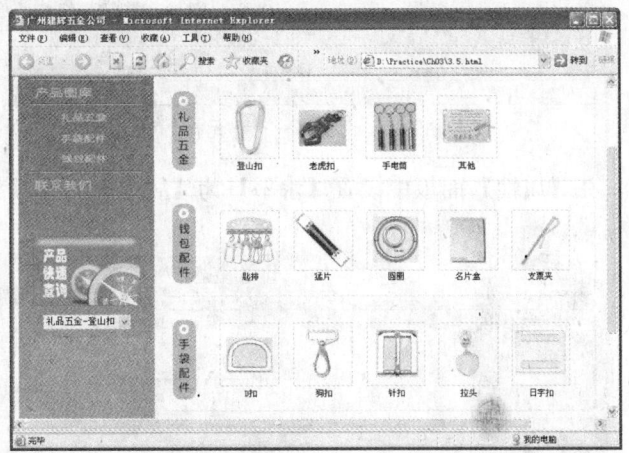

图3-27 利用表格编排网页内容的结果

制作流程

先打开光盘中的练习文件 "...\Practice\Ch03\3.5.html"，在网页中分别插入不同行/列的表格，再调整表格及单元格宽/高，然后插入图片、输入文本资料，完成所需的网页内容编排。

上机实战　利用表格编排网页内容

01 定位光标在"礼品五金"右边的空白单元格内,打开【插入】面板,在【常用】分类中单击【表格】按钮,如图3-28所示。

02 打开【表格】对话框,设置【行数】和【列】参数为2和4,【表格宽度】为412像素,其他参数均为0,然后单击【确定】按钮,如图3-29所示。

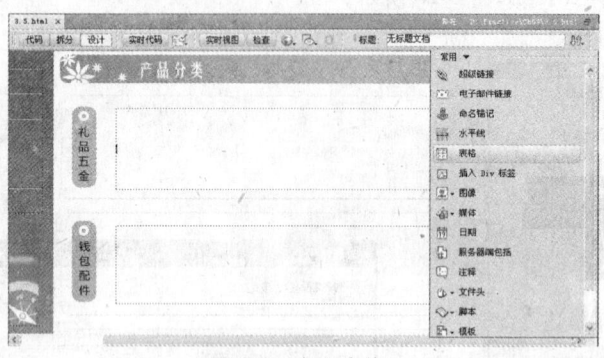 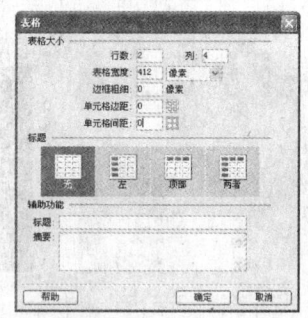

图3-28　插入表格　　　　　　　　　　　　图3-29　设置插入表格

03 选择表格第一行,在【属性】面板中设置【水平】为【居中对齐】,【垂直】为【居中】,【宽】和【高】参数分别为100和92,如图3-30所示。

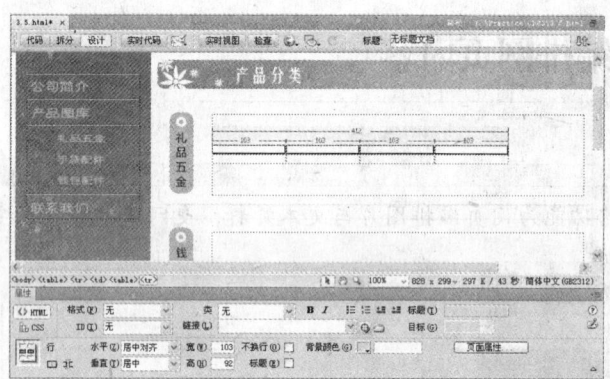

图3-30　设置第一行单元格

04 选择表格第二行,在【属性】面板中设置【水平】为【居中对齐】,【高】参数为12,如图3-31所示。

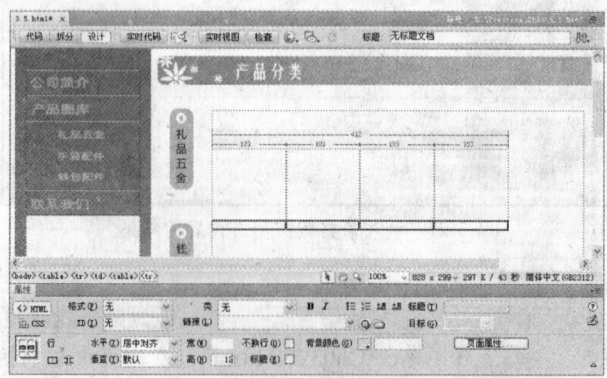

图3-31　设置第二行单元格

05 定位光标在表格第一行的第一个单元格内,在【插入】面板中单击【图像】按钮展开下拉选单,选择【图像】选项,如图 3-32 所示。

06 打开【选择图像源文件】对话框,在 "images" 文件夹中指定 "35a.png" 文件,然后单击【确定】按钮,如图 3-33 所示。

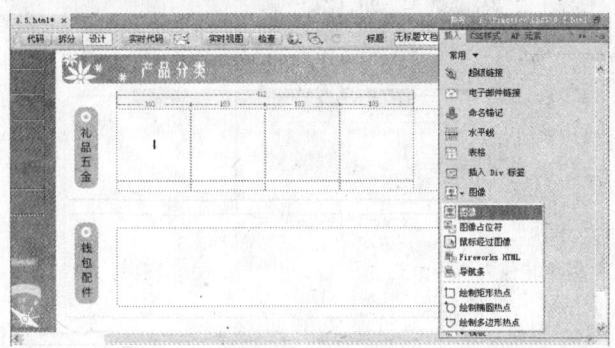 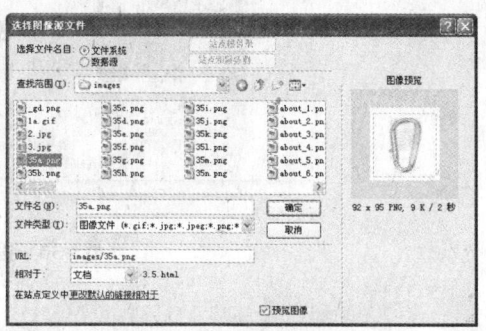

图3-32 插入图像　　　　　　　　　　　图3-33 指定图像素材

07 在表格第二行第一个单元格内输入文本内容,然后通过【属性】面板套用【类】为 "STYLE1" 的 CSS 样式,如图 3-34 所示。

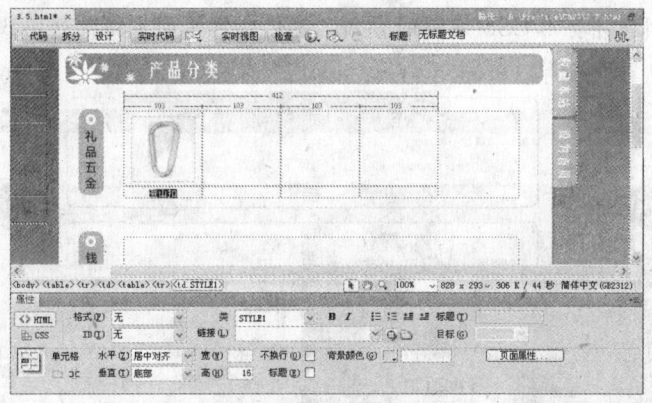

图3-34 输入表格文件

08 按照步骤 5 至步骤 7 的操作方法,分别为表格的其他单元格插入图像素材并输入相应文本,结果如图 3-35 所示。

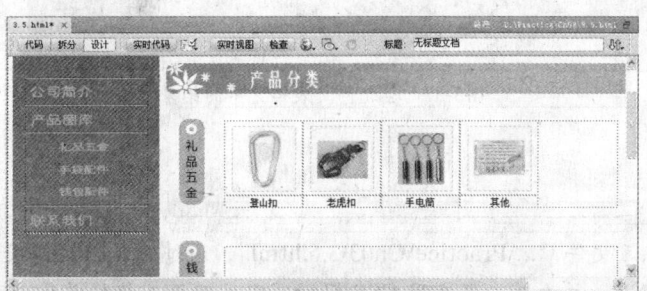

图3-35 为表格编排其他内容

09 按照步骤 1 至步骤 8 的操作方法,分别在网页 "钱包配件" 和 "手袋配件" 右边的空白单元格插入 2 行 5 列的表格,并分别插入图像素材和输入文本内容,结果如图 3-36 所示。

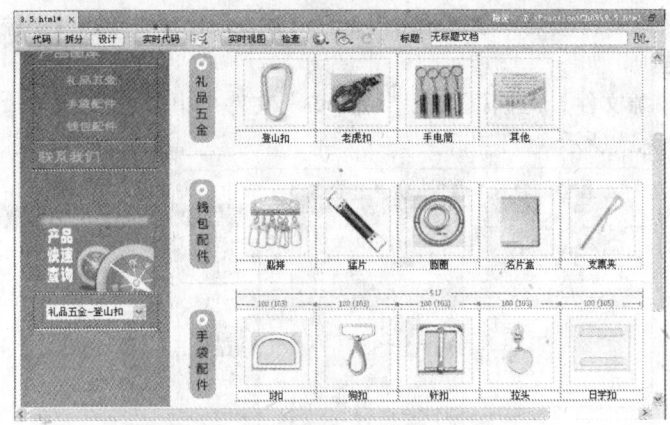

图3-36 插入并编排其他表格的结果

3.6 美化网页表格元素

制作分析

本实例将通过创建并套用 CSS 规则的方式，美化网页中的表格，如图 3-37 所示，使网页中的表格外观符合页面整体风格。

图3-37 美化网页表格元素的结果

制作流程

打开光盘中的练习文件 "...\Practice\Ch03\3.6.html"，通过【属性】面板设置表格及单元格的宽/高，创建 CSS 规则，并为单元格套用 CSS 规则，完成网页表格的美化处理。

上机实战 美化网页表格元素

01 选择整个表格，在【属性】面板中设置【高】参数35，如图3-38所示。

图3-38 设置表格各行高度

02 选择表格第一列，在【属性】面板中设置【宽】参数为65，再选择表格第二列，在【属性】面板中设置【宽】参数为230，如图3-39所示。

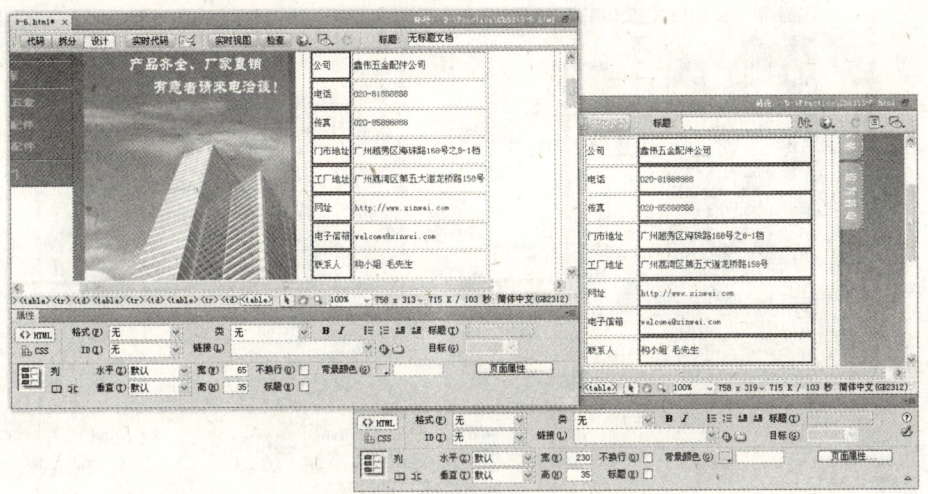

图3-39 设置不同单元格列宽

03 在【属性】面板中单击【CSS】按钮，切换至CSS属性设置，单击【编辑规则】按钮，如图3-40所示。

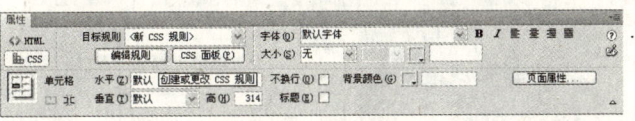

图3-40 编辑规则

04 在打开的【新建CSS规则】窗口中指定【选择器类型】为【类（可应用于任何HTML元素）】，再输入【选择器名称】为【table】，然后单击【确定】按钮，如图3-41所示。
05 打开CSS规则定义对话框，在【分类】列表中选择【边框】选项，然后在右边的【Style】区中取消【全部相同】选项，再分别将【Top】和【Bottom】栏设置为【solid】，如图3-42所示。
06 在【Width】区中设置宽度参数为1px，在【Color】区中设置颜色参数为"#9CF"，然后单击【确定】按钮，如图3-42所示。

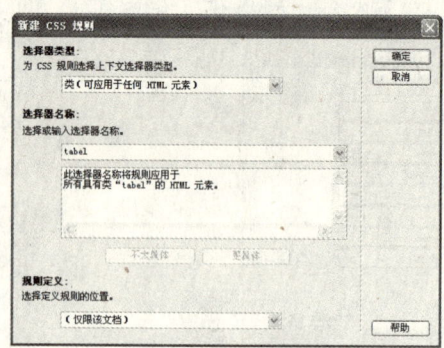

图3-41 新建CSS规则

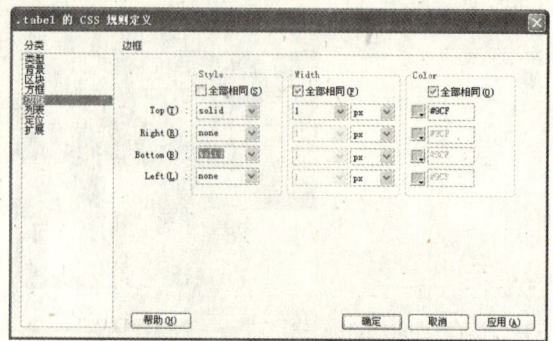

图3-42 定义【边框】属性

07 返回网页编辑界面，选择表格第一列，然后在【属性】面板中选择【类】为"table"，如图3-43所示，为该列单元格套用CSS规则。

08 选择表格第二列，在【属性】面板中选择【类】为"table"，如图3-43所示，为该列单元格套用CSS规则。

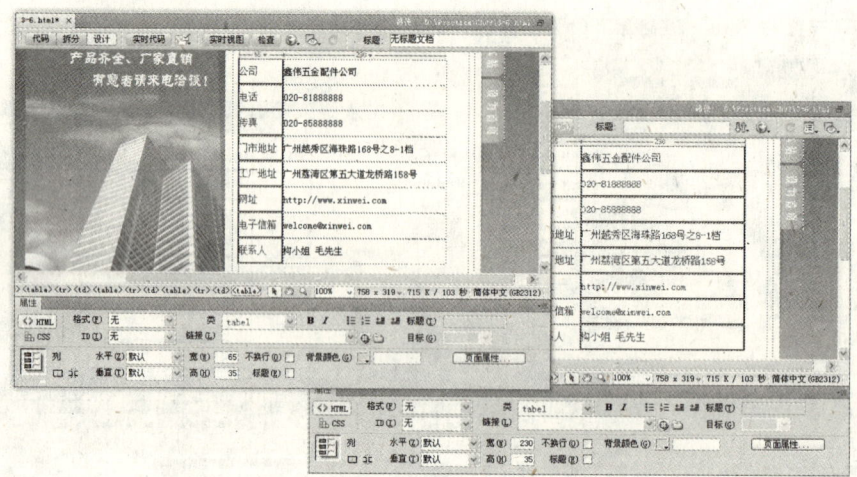

图3-43 为单元格套用CSS规则

09 选取整个表格，然后在【属性】面板中分别设置【填充】、【间距】和【边框】参数都为0，再选择【类】为"table"，如图3-44所示，为整个表格套用CSS规则。

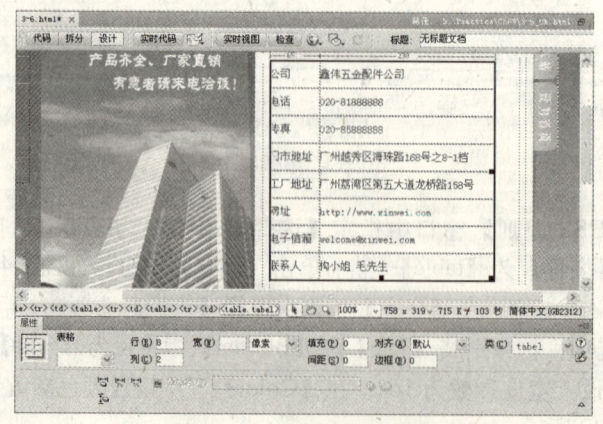

图3-44 为表格套用CSS规则

> **提示** 由于表格与其中的单元格在 CSS 规则套用上是有区分的,因此,本例第 7、8、9 三个步骤分别对表格的不同单元格及整个表格套用所定义的 CSS 规则,这样便可以使整个表格的美化更加具有整体性。

3.7 导入表格式数据

制作分析

本实例将使用【导入表格式数据】功能,以及简单的表格外观设置,为网页快速建立一组表格资料,结果如图 3-45 所示。

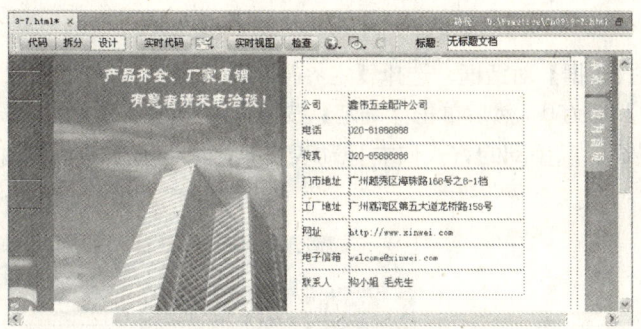

图3-45 快速导入的表格式数据资料

制作流程

打开光盘中的练习文件"...\Practice\Ch03\3.7.html",使用【导入表格式数据】功能,指定表格式数据素材文件,在网页中快速建立一组表格资料,再通过【属性】面板设置表格外观。

上机实战 导入表格式数据

01 将光标定位在网页右边的空白单元格内,选择【插入】|【表格对象】|【导入表格式数据】命令,如图 3-46 所示,准备在指定位置导入表格及内容。

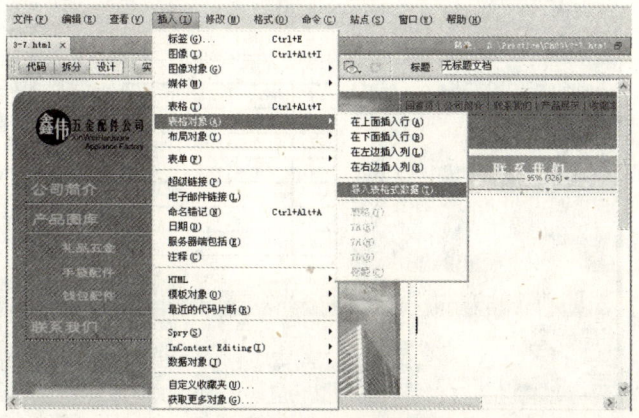

图3-46 导入表格式数据

02 打开【导入表格式数据】对话框,在【数据文件】栏单击【浏览】按钮,显示【打开】对话框后,指定"3.7.txt"素材文件,然后单击【打开】按钮,如图3-47所示。

图3-47 旋转并复制椭圆对象

03 返回【导入表格式数据】对话框,选择【定界符】为"逗点",分别设置【单元格边距】、【单元格间距】和【边框】都为0,然后单击【确定】按钮,如图3-48所示。

04 返回网页编辑界面,以手动的方式向右拖动表格第二条垂直边框,增加表格第一列的宽度,如图3-49所示。

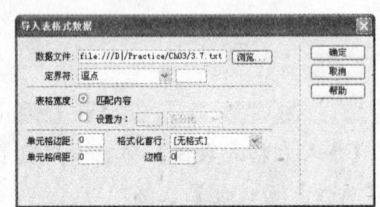 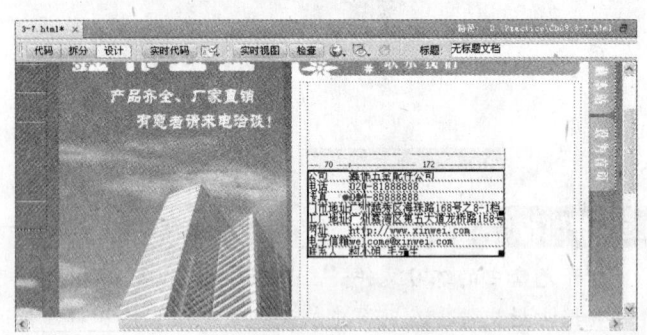

图3-48 设置定界符与表格属性　　　　　　图3-49 调整单元格宽度

05 选取表格中所有的单元格,然后通过【属性】面板,设置【高】参数为30,【类】选项为"text01",如图3-50所示。

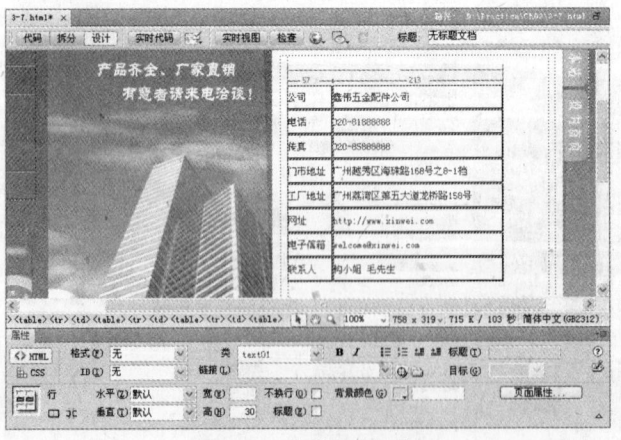

图3-50 套用CSS规则

3.8 本章小结

本章通过多个实例详细地为读者介绍了各种网页文本编排的方法，其中涉及【属性】面板中各项文本设置功能，以及插入与编排表格的功能。由于 Dreamweaver CS5 进一步提升了 CSS 样式规则在网页设计中的应用，本章也以大量的篇幅介绍创建和定义 CSS 规则的不同方法，极大地增强网页的文本及相内容的布局美观性。

3.9 上机实训

实训要求：为网页编排导航文本和页尾信息。

操作提示：打开光盘中的练习文件，首先在网页右上方空白单元格中输入一组导航文本内容，再为网页下方空白单元格插入一个 2 行 1 列的表格，并调整单元格高度，接着在表格内输入页尾信息，然后通过【CSS 样式】面板建立"text01"和"text02"两个 CSS 规则，分别定义文本大小为 12，颜色为白色和灰色，最后选取导航文本和页尾信息，分别为其套用新建立的两项 CSS 样式。网页导航文本和页尾信息的编排流程如图 3-51 所示。

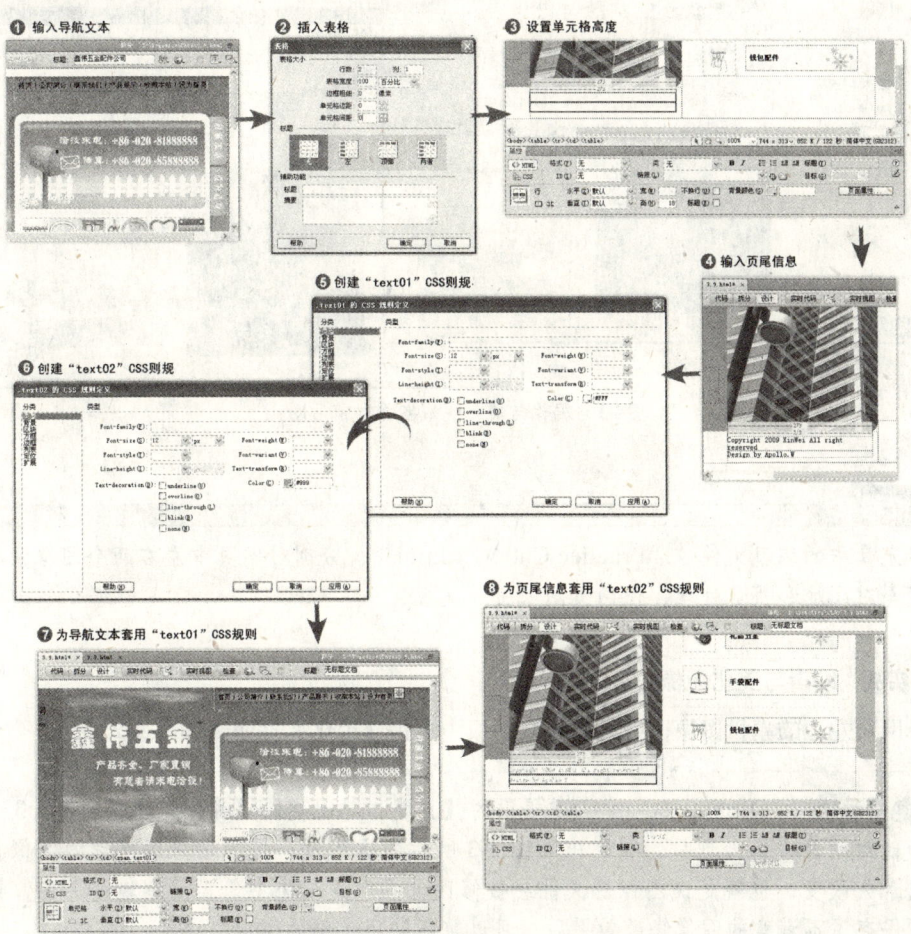

图 3-51　网页导航文本与页尾信息编排流程

第4章 网页媒体元素的应用

> Dreamweaver CS5 提供了多种具备互动效果的图像设计功能,以及不同类型多媒体素材的应用。本章将通过编辑与美化网页图像,插入鼠标经过图像、导航条、Flash 动画、视频和音频等操作,讲解网页媒体元素的应用技巧。

4.1 编辑与美化现成的图像

制作分析

本实例将运用【亮度和对比度】、【锐化】和【裁剪】3个功能分别对网页中的图像元素进行优化调整,其操作前后对比如图4-1所示。

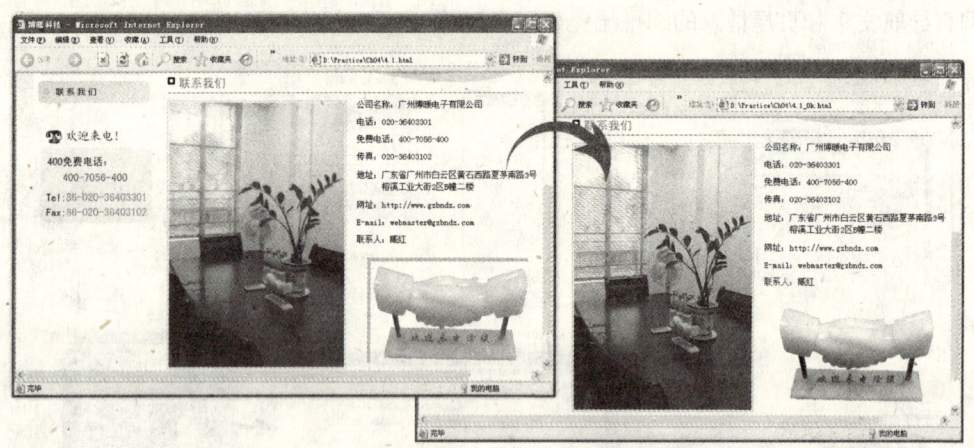

图4-1 编辑与美化现成图像的前后对比

制作流程

打开光盘中的练习文件"...\Practice\Ch04\4.1.html",分别对网页中左右两个图像素材进行锐化、亮度与对比度和裁剪处理,使网页图像更加美观。

上机实战 编辑与美化图像

01 选择网页左边的素材图像,在【属性】面板中单击【锐化】按钮,如图4-2所示。

> 提示 使用 Dreamweaver CS5 提供的【亮度和对比度】、【锐化】和【裁剪】3个功能对图像进行处理后,将弹出如图4-3所示的提示框,提示用户所处理的图像将被永久改变,也就是说图像源文件会被修改,在此建议先备份需要编辑的图像,以便保存了不满意的图像修改效果后,可以重新使用备份的图像。

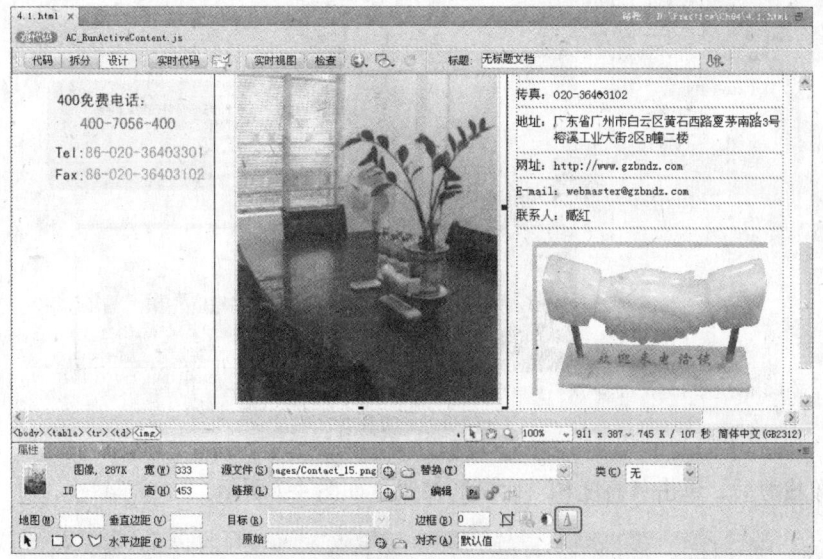

图4-2 锐化图像

02 打开【锐化】对话框,设置【锐化】参数为3,然后单击【确定】按钮,如图4-4所示。

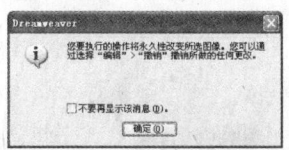

图4-3 编辑网页图像外观时的提示

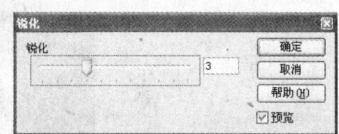

图4-4 设置锐化参数

03 选择网页右边的素材图像,在【属性】面板中单击【裁剪】按钮,如图4-5所示,然后在弹出的【Dreamweaver】对话框中直接单击【确定】按钮,这时图像呈现编辑状态,分别拖动边框上的调整点,确认所需的图像范围,然后双击图像完成裁剪,如图4-6所示。

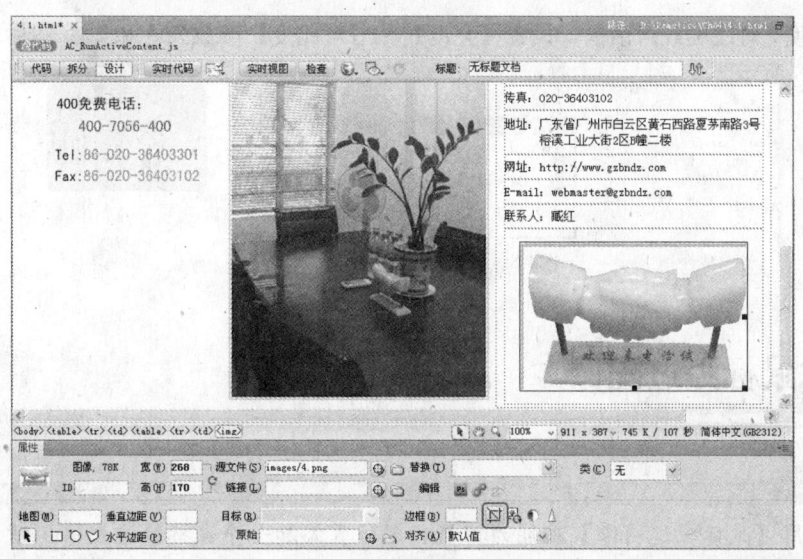

图4-5 准备裁剪图像

图4-6 裁剪图像

04 完成图像裁剪后,单击【亮度和对比度】按钮,如图4-7所示。

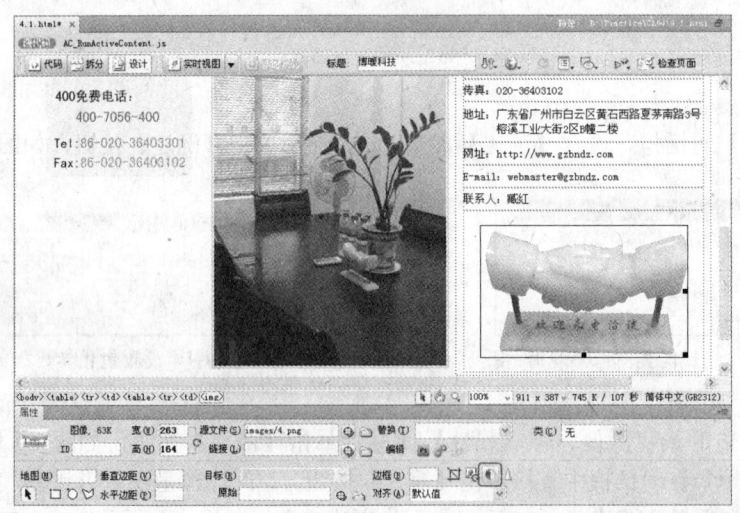

图4-7 准备设置亮度和对比度

05 打开【亮度/对比度】对话框,设置【亮度】和【对比度】参数为5和25,然后单击【确定】按钮,如图4-8所示。

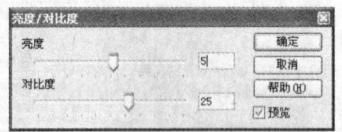

图4-8 设置亮度和对比度参数

4.2 制作鼠标经过图像

制作分析

本实例使用【鼠标经过图像】功能为网页指定位置添加一个鼠标经过图像,结果如图4-9所示,当鼠标经过图片组时,背景由灰色变成浅黄色。

第4章 网页媒体元素的应用

图4-9 鼠标经过图像

制作流程

打开光盘中的练习文件"...\Practice\Ch04\4.2.html",然后通过【插入】面板中的【鼠标经过图像】功能,为网页指定位置插入一个鼠标经过图像,分别指定原始图像和鼠标经过图像素材,并设置替代文本和链接。

上机实战 制作鼠标经过图像

01 将光标定位在网页下方的空白单元格,在【常用】分类的【插入】面板中打开【图像】下拉选单,选择【鼠标经过图像】命令,如图4-10所示。

02 打开【插入鼠标经过图像】对话框,在【原始图像】栏单击【浏览】按钮,打开【原始图像:】对话框,指定查找范围为"images",选择所需的图像素材,然后单击【确定】按钮,如图4-11所示。

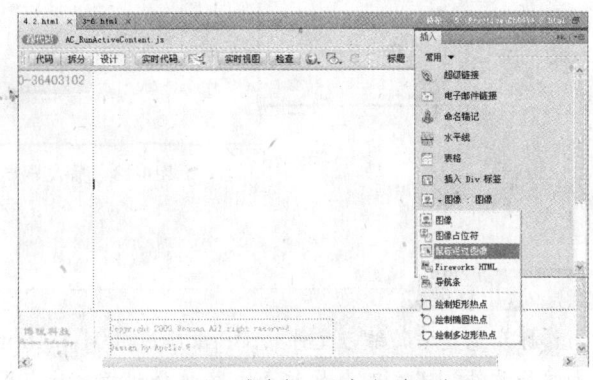

图4-10 准备插入鼠标经过图像

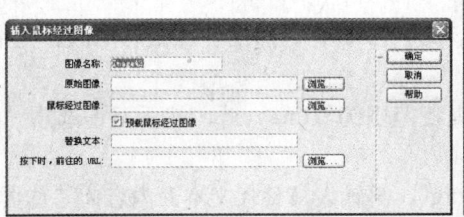

图4-11 指定原始图像

03 按照步骤2的方法，指定素材图像作为【鼠标经过图像】，并在【替代文本】栏中输入替代文本内容，再设置空链接"#"，最后单击【确定】按钮，如图4-12所示。

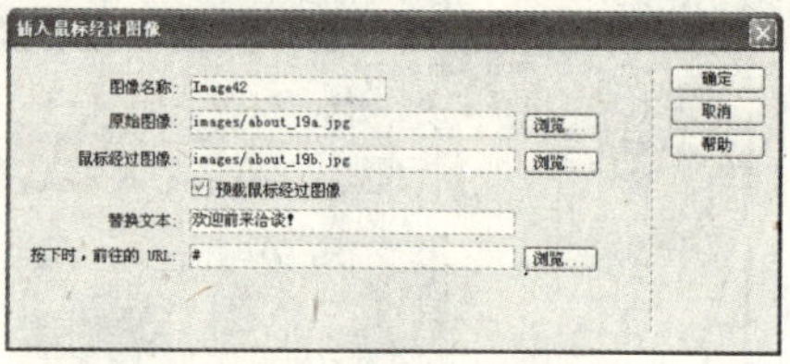

图4-12 设置鼠标经过图像和替换文本

4.3 制作网页导航条

制作分析

本实例使用【导航条】功能为网页左上方添加导航条按钮，结果如图4-13所示。

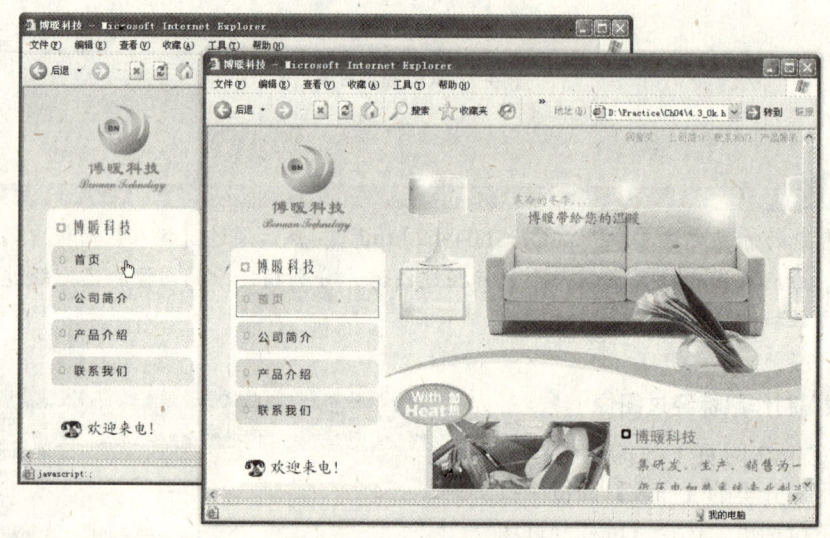

图4-13 插入导航条的结果

制作流程

打开光盘中的练习文件"...\Practice\Ch04\4.3.html"，利用【插入】面板在网页指定位置插入导航条元件，建立四个导航条元件并分别指定状态图像、按下图像、替代文本和空链接，最后设置插入类型为【垂直】。

上机实战 制作网页导航条

01 将光标定位在网页左上方的空白单元格中，在【常用】分类的【插入】面板中打开【图像】下拉选单，选择【导航条】命令，如图4-14所示。

02 打开【插入导航条】对话框，首先设置项目名称为"pic01"，然后在【状态图像】栏中单击【浏览】按钮，如图4-15所示。

03 在打开的【选择图像源文件】对话框中指定查找范围为"images"，然后双击选用"pic01.png"图像素材，如图4-16所示

04 以相同的方法指定【按下图像】为"pic01_a.png"，再输入【替代文本】内容为"首页"，并设置空链接"#"，如图4-17所示。

第4章 网页媒体元素的应用

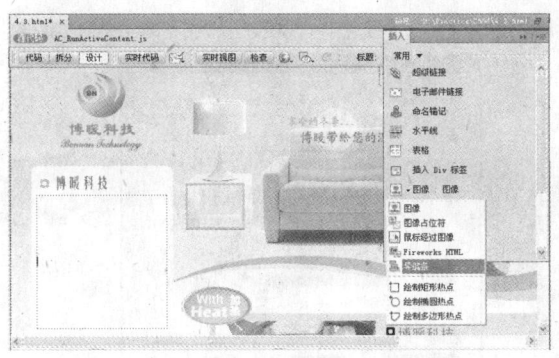

图4-14 插入导航条

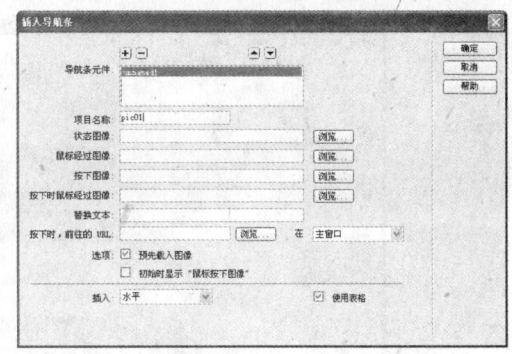

图4-15 设置项目名称

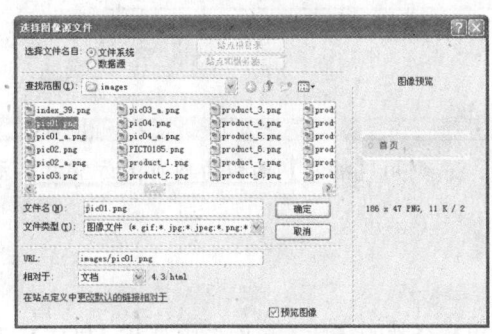

图4-16 指定状态图像

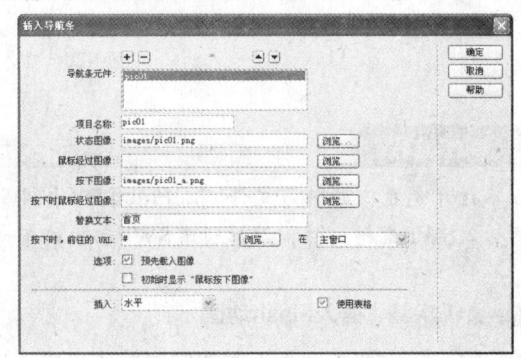

图4-17 完成设置第一个导航条元件

05 单击对话框上方的【添加项】按钮，在【项目名称】栏中输入"pic02"，然后分别设置【状态图像】和【按下图像】为"pic02.png"和"pic02_a.png"，输入【替代文本】内容并设置空链接，添加第二个导航按钮，如图4-18所示。

06 按照步骤5的方法，分别添加"pic03"和"pic04"两个导航元件，最后在【插入】栏中选择【垂直】选项，并单击【确定】按钮，如图4-19所示，完成导航条的制作。

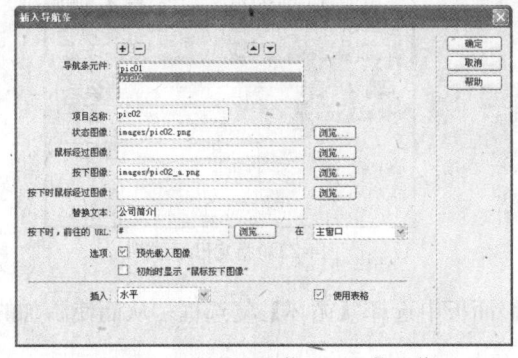

图4-18 添加并设置第二项导航元件

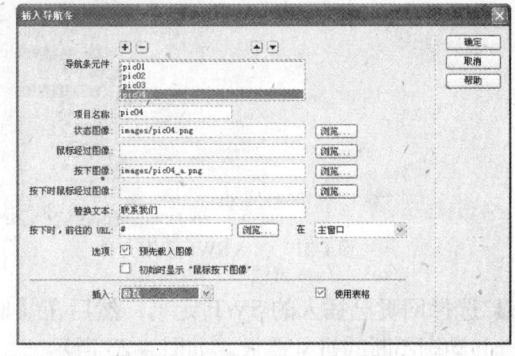

图4-19 完成设置导航条

4.4 插入Flash动画

制作分析

本实例将使用【SWF】功能为网页指定位置插入一个Flash动画素材，结果如图4-20所示。

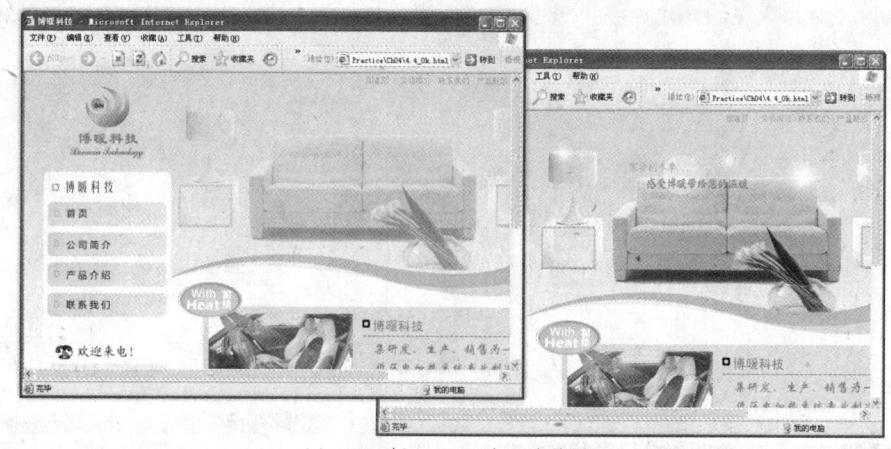

图4-20 插入Flash动画的结果

制作流程

打开光盘中的练习文件"...\Practice\Ch04\4.4.html",利用【插入】面板为网页上方空白单元格插入SWF素材文件,然后设置SWF动画的播放属性。

上机实战 插入Flash动画

01 将光标定位在网页下方的空白单元格中,在【常用】分类的【插入】面板中打开【媒体】下拉选单,选择【SWF】命令,如图4-21所示。

02 打开【选择文件】对话框,指定【查找范围】为"images",再选择"f.swf"文件,然后单击【确定】按钮,如图4-22所示。

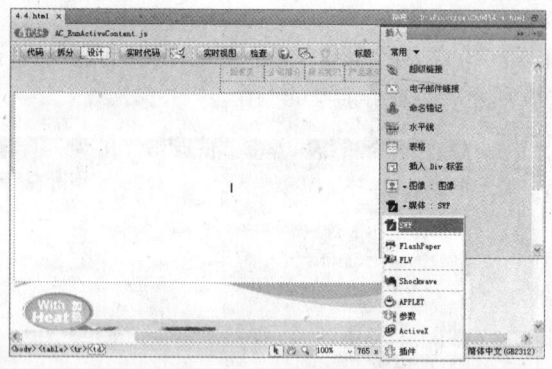

图4-21 插入SWF媒体文件

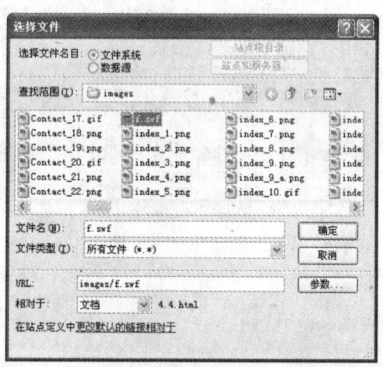

图4-22 指定Flash文件

03 选择网页已插入的 SWF 元素,然后在【属性】面板中选择【循环】复选框,从而使添加的 Flash 动画不断的重复播放,如图 4-23 所示。

> **提示** 使用 Dreamweaver CS5 插入 SWF 文件后,将自动弹出【复制相关文件】提示框,如图 4-24 所示,提示用户已在网页文件所在文件夹(或网站文件)内自动建立"Scripts"文件夹,并分别生成"expressInstall.swf"、"swfobject_modified.js"两个支持文件。而只有保存此文件夹内容在网站中(包括上传至远端服务器)才可以使网页中的 Flash 文件正常播放。

第4章 网页媒体元素的应用

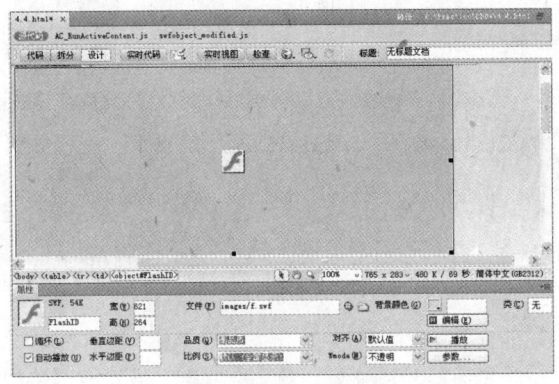

图4-23 设置SWF属性

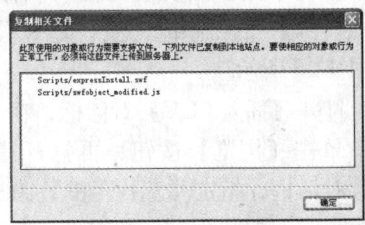

图4-24 复制相关文件

4.5 添加网页视频

制作分析

本实例将通过【FLV】功能为网页指定位置插入一个可以控制播放的视频文件，结果如图4-25所示。

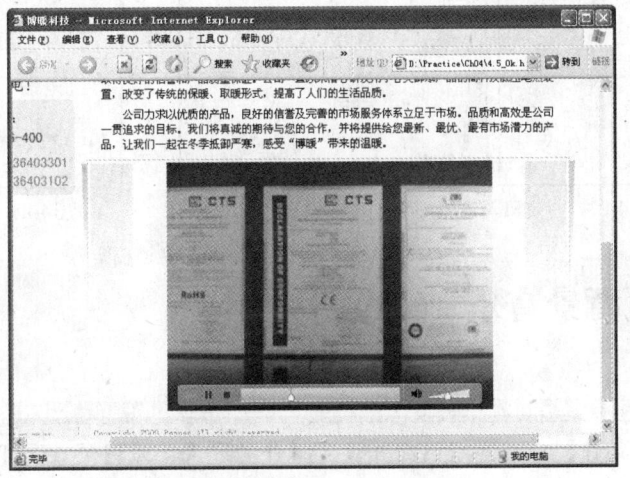

图4-25 添加网页视频的结果

制作流程

打开光盘中的练习文件"...\Practice\Ch04\4.5.hmtl"，使用【插入】面板为网页指定位置插入一个FLV素材文件，然后设置视频外观和播放选项。

> **提示** Dreamweaver CS5 所提供的"FLV"功能可用于指定一个FLV格式的视频素材，设置其宽/高、播放属性等，完成在网页中以Flash动画的形式呈现的视频，该视频效果允许浏览者通过自动显示的控制栏控制播放。由于只支持FLV格式的视频，当需要插入其他格式的视频时，就要将视频素材转换成FLV格式，用户可使用"Riva FLV Encoder"程序，将其他诸如MPG、AVI等常见的视频格式进行转换。

 上机实战 添加网页视频

01 将光标定位在网页下方的空白单元格中,在【常用】分类的【插入】面板中打开【媒体】下拉选单,选择【FLV】命令,如图4-26所示。

02 打开【插入FLV】对话框,在【URL】栏中单击【浏览】按钮,再打开【选择文件】对话框,指定【查找范围】为"Ch04"文件夹,双击选用"mov.flv"文件,如图4-27所示。

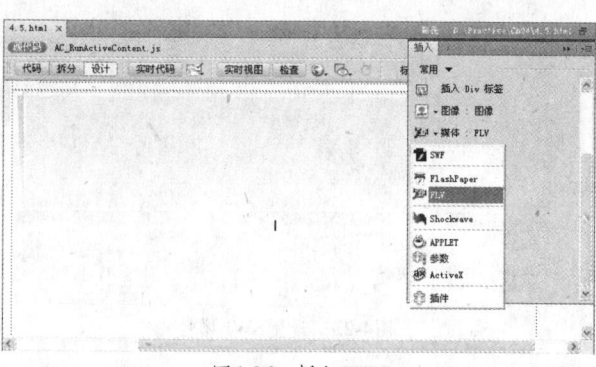

图4-26 插入SWF

03 返回【插入SWF】对话框,在【外观】栏中选择【Clear Skin 3(最小宽度:260)】选项,再设置宽度与高度参数,并选择【自动重新播放】复选项,然后单击【确定】按钮,如图4-28所示。

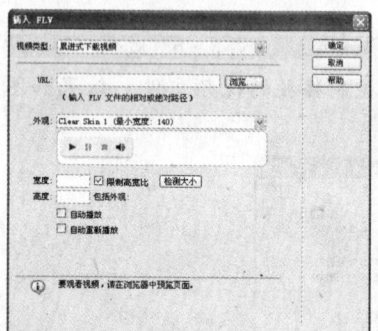

图4-27 指定FLV素材文件

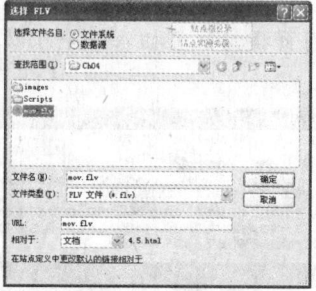

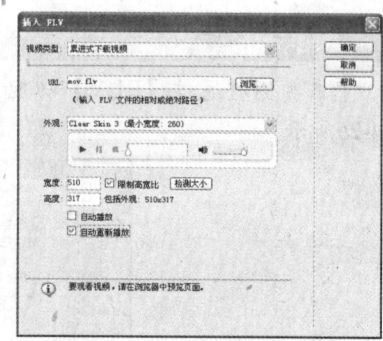

图4-28 设置Flash视频外观

4.6 设置网页背景音乐

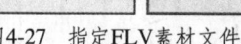 制作分析

本实例将通过【插件】功能,以添加并设置插件的方式,为网页设置可控制的背景音乐,结果如图4-29所示。

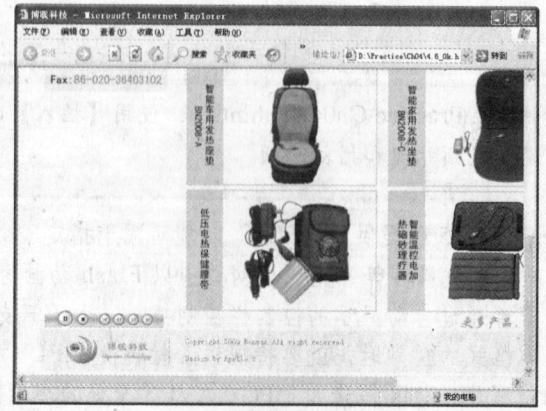

图4-29 设置网页背景音乐的效果

制作流程

打开光盘中的练习文件"…\Practice\Ch04\4.6.html",利用【插入】面板为网页指定位置插入一个插件,然后指定音乐源文件,并设置插件的大小与播放参数。

上机实战 设置网页背景音乐

01 将光标定位在网页左下方的空白单元格中,在【常用】分类的【插入】面板中打开【媒体】下拉选单,选择【插件】命令,如图4-30所示。

02 打开【选择文件】对话框,指定【查找范围】为"Ch04"文件夹,再选择"music.wav"素材文件,然后单击【确定】按钮,如图4-31所示。

03 返回网页编辑界面,选择新插入的音频插件,在【属性】面板中设置宽和高参数别为180和25,如图4-32所示。

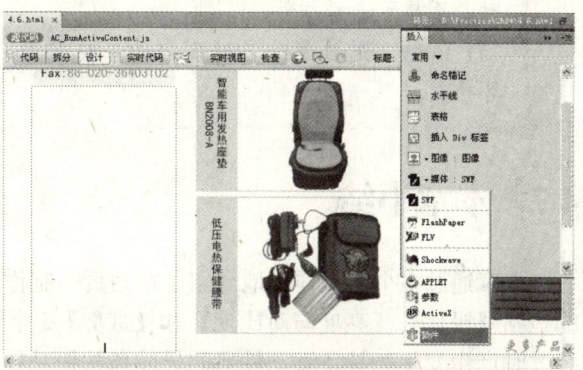

图4-30 插入插件

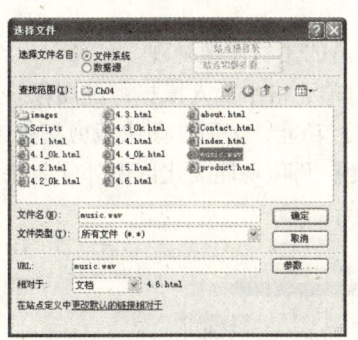

图4-31 指定音乐素材文件

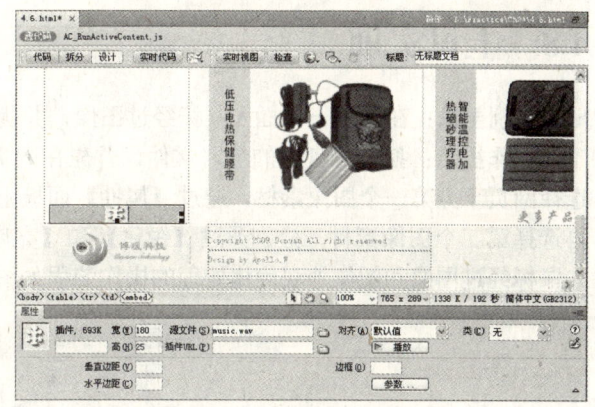

图4-32 设置插件大小

04 按下"F9"功能键打开【标签检查器】面板,单击【显示列表示图】按钮,分别设置"autostart"和"loop"的参数值为"true",如图4-33所示。

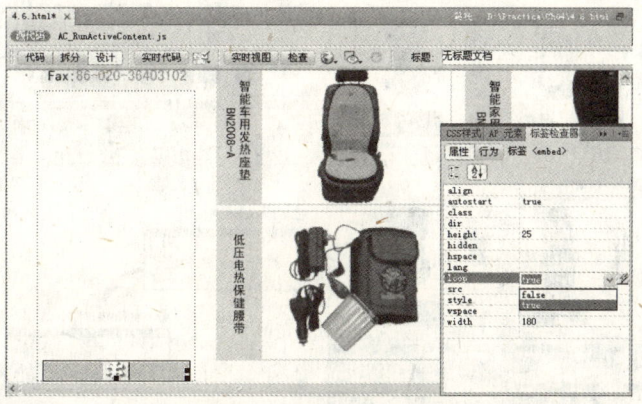

图4-33 设置插件标签参数

> **提示** 通过【标签检查器】面板为网页中的插件设置参数主要有 autostart、hidden 和 loop 三项,具体作用如下。
> (1) Autostart:通过选择 "false"(否)或 "true"(是)两个选项参数,控制所插入的音频是否在载入网页后自动播放。
> (2) Hidden:通过选择 "false"(否)或 "true"(是)两个选项参数,设置打开网页时是否显示音频插件。
> (3) Loop:通过选择 "false"(否)或 "true"(是)两个选项参数,设置音频是否循环播放。

4.7 本章小结

本章通过多个实例详细地介绍了在网页中制作图像元素和多媒体元素的方法。其中,图像类的包括【锐化】、【亮度与对比度】和【裁剪】3 个针对网页图像外观调整的功能,以及制作鼠标经过时产生变化和具备互动性质的导航条按钮功能,而多媒体应用包括插入 Flash 动画、视频和音频 3 种应用。

4.8 上机实训

实训要求:在网页上方插入鼠标经过图像,并优化调整下方的素材图像外观。

操作提示:打开光盘中的练习文件,首先在网页上方空白单元格中插入鼠标经过图像,然后选择网页下方第一个图像素材,通过【属性】面板上的【裁剪】功能,为所选图像裁剪灰色边缘,再选择第二个图像素材,分别通过【锐化】和【亮度与对比度】两项功能美化图像外观效果。插入鼠标经过图像和图像外观优化处理的操作流程如图 4-34 所示。

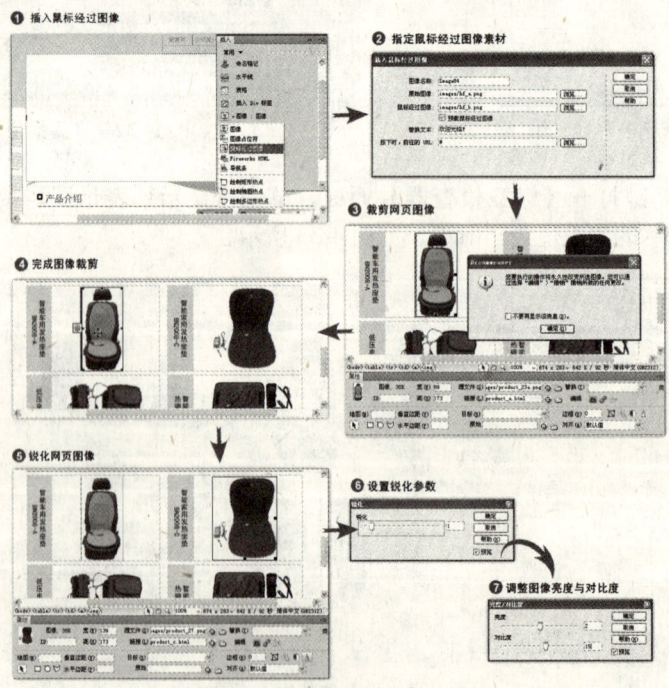

图 4-34 插入鼠标经过图像和图像外观优化处理的流程

第 5 章　网页CSS滤镜与特效制作

> 网页设计除了一般的对文本、图像、表格等进行操作外，使用 Dreamweaver CS5 结合 Java 技术还可以制作多种不同的动态特效，从而使页面效果更加精彩。本章将通过 CSS 样式定义的扩展应用，以及网页行为与 Java 特效应用，制作诸如透明图像、灰度图像、交换图像、状态栏文本、飘动图像、JavaScript 和 JavaApplet 特效等应用。

5.1　利用CSS样式定义链接样式

制作分析

本实例将通过【页面属性】功能，设置"链接（CSS）"属性，定义网页的超链接样式，使网页超链接文本的下划线隐藏，结果如图5-1所示。

图5-1　定义链接CSS样式前后的效果

制作流程

打开光盘中的练习文件 "...\Practice\Ch05\5.1.html"，使用【页面属性】设置功能，定义网页文本链接的CSS规则。

上机实战　利用CSS样式定义链接样式

01 选择【修改】|【页面属性】命令，如图 5-2 所示，打开【页面属性】对话框。

02 在【分类】列表区中选择【链接（CSS）】选项，将字体【大小】设置为12，单击【链接颜色】栏的色块展开调色板，选择 #36C 色块，如图 5-3 所示。

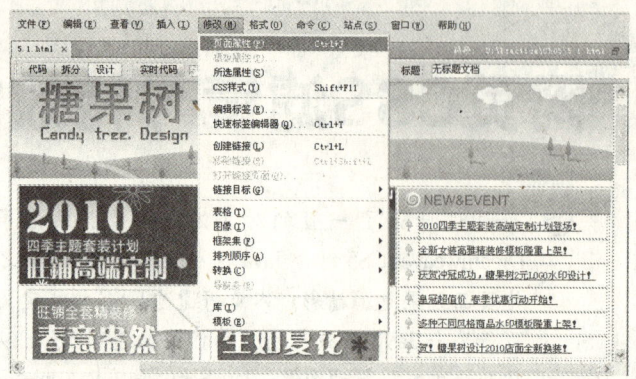

图5-2 打开【页面属性】对话框

03 以相同的操作分别设置【变换图像链接】和【活动链接】的颜色为#36C,【已访问链接】的颜色为#900,在【下划线样式】栏中选择【始终无下划画】选项,然后单击【确定】按钮,便可完成网页文本链接的定义,如图5-4所示。

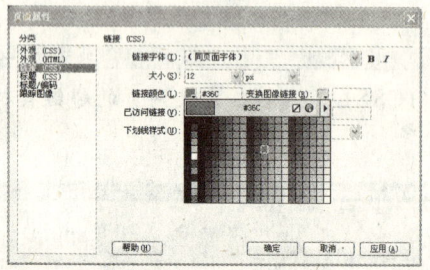

图5-3 设置链接

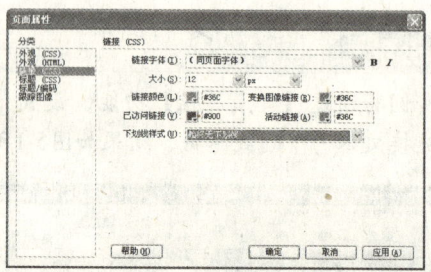

图5-4 设置其他链接颜色和下划线样式

5.2 制作透明图像的效果

制作分析

本实例将建立过滤器为"alpha"的CSS规则,再套用至所需图像,为网页制作具有透明效果的图像,结果如图5-5所示。

图5-5 利用CSS规则制作透明图像的效果

制作流程

打开光盘中的练习文件"...\Practice\Ch05\5.2.html",通过【CSS样式】面板添加CSS规则,再选择CSS扩展过滤器为"Alpha"选项,并编辑其参数,然后将所建立的CSS样式套用至网页中的图像。

上机实战　制作透明图像效果

01 按下"Shift+F11"快捷键(或选择【窗口】|【CSS样式】命令)打开【CSS样式】面板,单击【新建CSS规则】按钮,如图5-6所示。

02 打开【新建CSS规则】对话框后,选择【类(可应用于任何标签)】选项,在【名称】栏中输入名称".alpha",然后单击【确定】按钮,如图5-7所示。

03 弹出定义CSS规则的对话框,在【分类】列表区中选择【扩展】选项,在右边的【Filter】栏打开下拉选单,选择"Alpha(Opacity=?, FinishOpacity=?, Style=?, StartX=?, StartY=?, FinishX=?, FinishY=?)"选项,如图5-8所示。

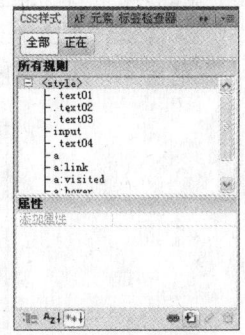

图5-6　添加CCS规则

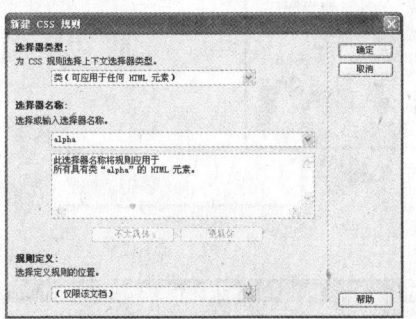

图5-7　新建CSS规则

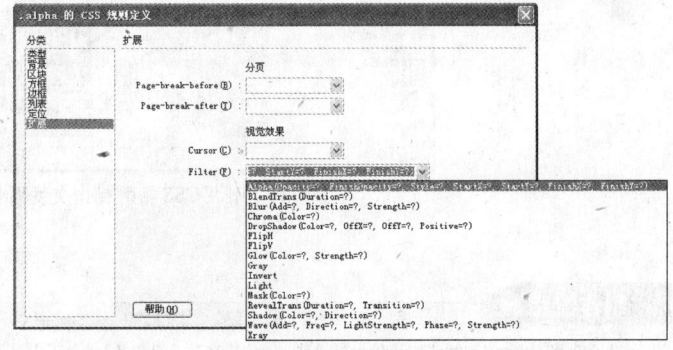

图5-8　选择"Alpha"选项

04 修改其中的Alpha参数为"(Opacity=10, FinishOpacity=80, Style=3)",然后单击【确定】按钮,如图5-9所示。

05 返回网页编辑界面,选择网页上方的图像,在【属性】面板中打开【类】选单,选择套用"alpha"样式,如图5-10所示。

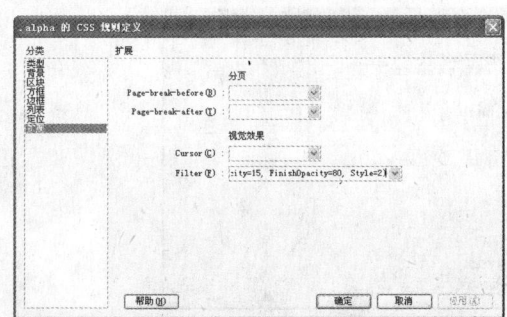

图5-9　修改"Alpha"参数

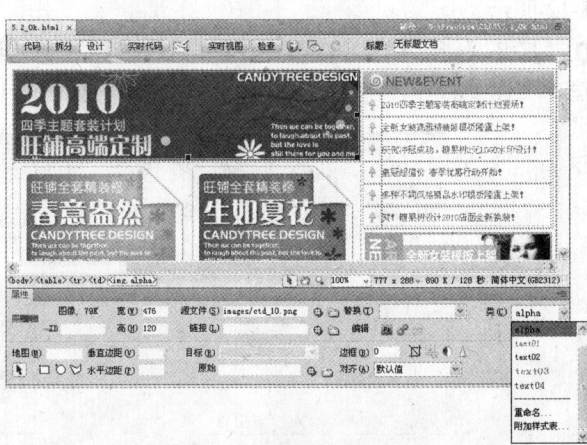

图5-10　为图像套用CSS规则

5.3 制作灰度图像的效果

制作分析

本实例将通过建立过滤器为"Gray"的CSS规则，再套用至所需图像，为网页制作具有灰度效果的图像，结果如图5-11所示。

图5-11 利用CSS规则制作灰度图像的效果

制作流程

打开光盘中的练习文件"...Practice\Ch05\5.3.html"，然后通过【CSS样式】面板添加CSS规则，再选择CSS扩展过滤器为"Gray"选项，然后将所建立的CSS样式套用至网页中的图像。

上机实战 制作灰度图像效果

01 按下"Shift+F11"快捷键打开【CSS样式】面板，单击【新建CSS规则】按钮，如图5-12所示。

02 打开【新建CSS规则】对话框后，选择【类（可应用于任何标签）】选项，在【名称】栏中输入名称".gray"，然后单击【确定】按钮，如图5-13所示。

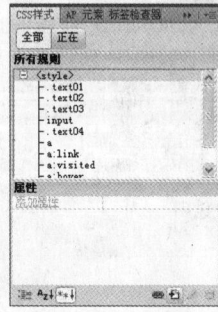

图5-12 添加CCS规则

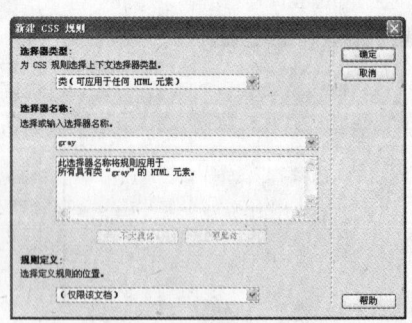

图5-13 新建CSS规则

03 打开定义 CSS 规则的对话框，在【分类】列表区中选择【扩展】选项，在右边的【Filter】栏打开下拉选单，选择"Gray"选项，如图 5-14 所示。

04 返回网页编辑界面，选择网页上方的图像，在【属性】面板中打开【类】选单，选择套用"gray"样式，如图 5-15 所示。

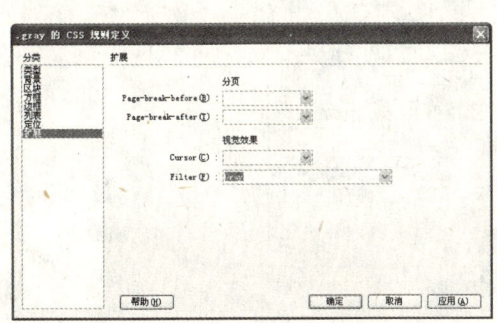
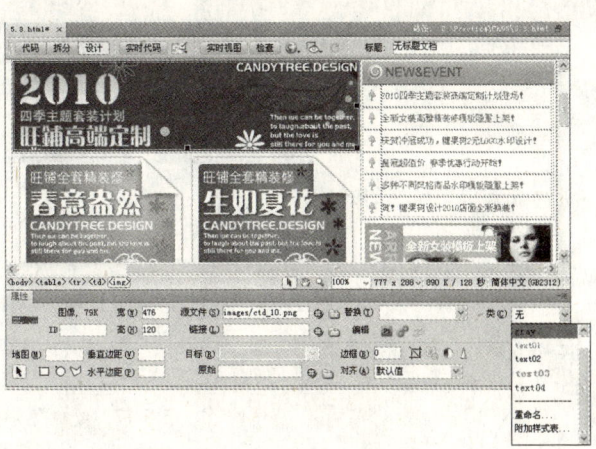

图5-14 选择"Gray"选项　　　　　　　　图5-15 为图像套用CSS规则

5.4 制作图像热点分区链接

■ 制作分析

　　本实例将通过【属性】面板中的【矩形热点工具】为网页上的图像绘制热点区域并为其设置超链接，结果如图5-16所示。

图5-16 图像热点区链接效果

■ 制作流程

　　打开光盘中的练习文件"...\Practice\Ch05\5.4.html"，选择网页中需要绘制热点区域的图像，然后通过【属性】面板中的【矩形热点工具】在图像上绘制热点区域，最后修改热点区域超链接。

上机实战　制作图像热点分区链接

01 在网页右边选择第一项广告图，在【属性】面板中单击【矩形热点工具】按钮，在图像上"全新女装模板上架"文本处拖动，绘制矩形热点区域，如图5-17所示。

图5-17　绘制矩形热点区域

02 建立热点区域后，默认使用空间链接"#"，可以在【属性】面板中单击【链接】栏的【浏览文件】按钮，如图5-18所示。

03 打开【选择文件】对话框，先在【查找范围】栏中指定文件夹为"Ch05"，再选择"ctd010.html"文件，然后单击【确定】按钮，指定此文件作为图片热点区域的链接文件，如图5-19所示。

图5-18　浏览文件

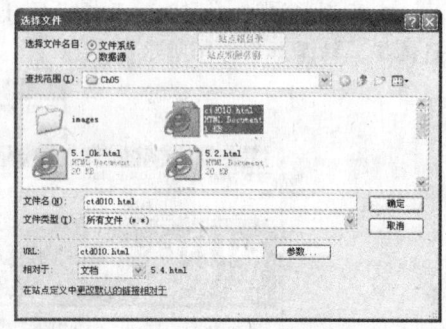

图5-19　指定链接文件

5.5　制作交换图像的特效

▓ 制作分析 ▓

本实例将通过【行为】面板为网页图像添加【交换图像】行为，再指定图像素材文件，完成如图5-20所示的交换图像特效。

▓ 制作流程 ▓

打开光盘中的练习文件"...\Practice\Ch05\5.5.html"，选择网页中的横幅图像，然后打开【行为】面板，添加【交换图像】行为，再设置交换图像素材。

网页CSS滤镜与特效制作 第5章

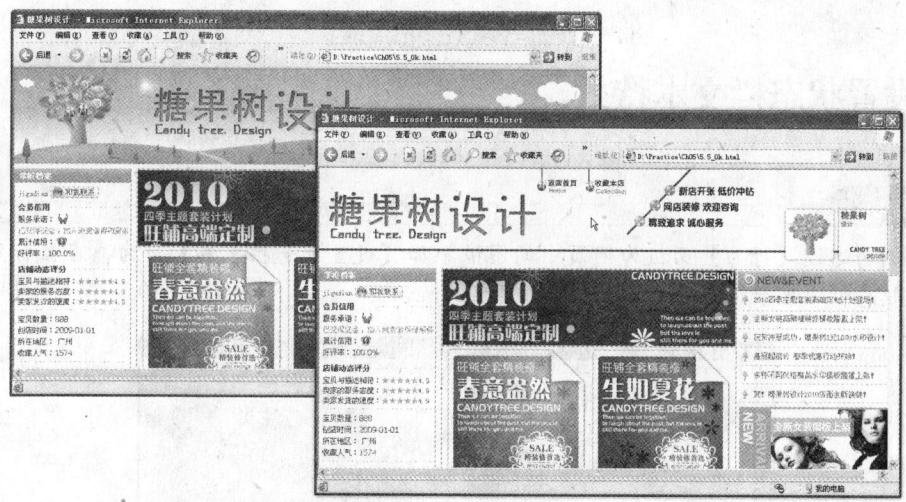

图5-20 交换图像特效

上机实战 制作交换图像特效

01 选择网页上方的横幅图像,按下"Shift+F4"快捷键(或选择【窗口】|【标签检查器】命令)打开【行为】面板,单击【添加行为】按钮,在菜单中选择【交换图像】命令,如图5-21所示。

图5-21 添加行为

02 打开【交换图像】对话框,在【图像】区中默认选择第一项,在【设定原始档为】栏中单击【浏览】按钮,如图5-22所示。

03 打开【选择图像源文件】对话框,在【查找范围】栏中指定"images"文件夹,再选择"hf.jgp"素材图像,然后依次单击【确定】按钮,如图5-23所示。

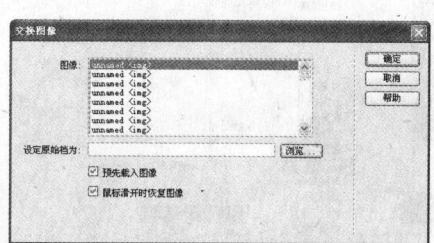

图5-22 设定图像原始档

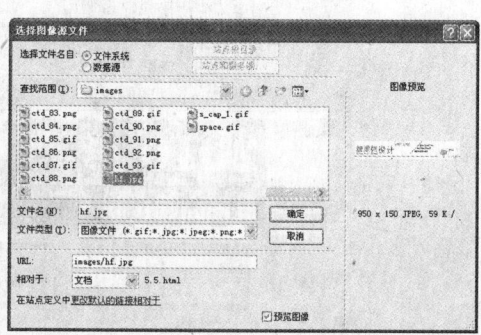

图5-23 指定图像文件

5.6 设置状态栏文本特效

制作分析

本实例将通过【行为】面板为网页中的图像添加【设置状态栏文本】行为,在鼠标点击该图像时,在状态栏中显示设定的文本,结果如图5-24所示。

图5-24 状态栏文本特效

制作流程

打开光盘中的练习文件"...\Practice\Ch05\5.6.html",选择网页中的横幅图像,然后打开【行为】面板,添加【设置状态栏文本】行为,并设置状态栏文本内容,然后修改行为的事件。

上机实战 制作状态栏文本特效

01 选择网页上方的横幅图像,再按下"Shift+F4"快捷键打开【行为】面板,单击【添加行为】按钮,在打开菜单中选择【设置文本】|【设置状态栏文本】命令,如图5-25所示。

图5-25 添加行为

02 打开【设置状态栏文本】对话框，在【消息】栏中输入文本内容，然后单击【确定】按钮，如图5-26所示。

03 在【行为】面板中选择新增的行为的事件"OnMouseOver"，并打开下拉选单，选择"onClick"事件，如图5-27所示。

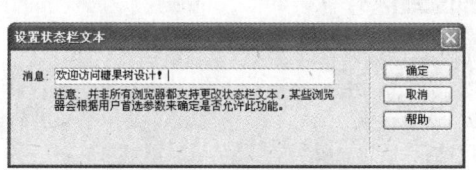

图5-26 设定图像原始档　　　　　　　　　　图5-27 修改行为事件

5.7 制作图像飘动的网页特效

制作分析

本实例将通过【行为】面板为网页图像添加【晃动】行为，再修改所添加的行为的触发事件，完成当鼠标经过时图像产生飘动的效果，如图5-28所示。

图5-28 图像飘动特效

制作流程

打开光盘中的练习文件"...\Practice\Ch05\5.7.html"，选择网页中的宣传图像，打开【行为】面板并添加【晃动】效果行为，然后修改行为的事件。

上机实战　制作图像飘动网页特效

01 选择网页中的宣传图像，按下"Shift+F4"快捷键打开【行为】面板，单击【添加行为】按钮，在打开的菜单中选择【效果】|【晃动】命令，如图5-29所示。

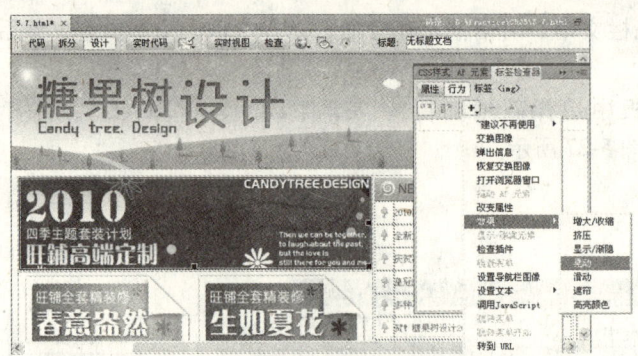

图5-29 添加行为

02 打开【晃动】对话框，其中的【目标元素】栏已选择【当前选定内容】项，单击【确定】按钮即可，如图 5-30 所示。

03 在【行为】面板中选择新增的行为的事件"OnClick"，并打开下拉选单，选择"onMouseMove"事件，如图 5-31 所示。

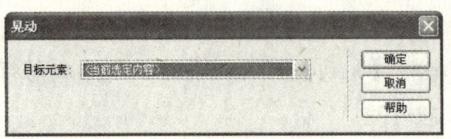

图5-30 设定图像原始档

图5-31 修改行为事件

5.8 使用JavaScript设计闪烁图像

制作分析

本实例将通过为网页嵌入一组已完成编写的JavaScript代码素材，并根据网页内容修改相关代码参数，完成图像（皇冠图标）闪烁效果，如图5-32所示。

图5-32 皇冠图标闪烁效果

第5章 网页CSS滤镜与特效制作

制作流程

打开光盘中的练习文件和JavaScript代码素材文件,复制JavaScript代码到网页【代码】视图下指定的位置,再修改代码参数,最后为<BODY>标签添加事件参数。

> **提示** Java特效是一种基于Java技术的页面动态效果,Java是目前流行的一种编程语言,它具有面向对象、可分布、可解释、结构化、多线程、动态性等特性,是一种简单轻便而安全的编程语言。
>
> JavaScript是一种基于对象(Object)和事件驱动(Event Driven)的Java类脚本语言。用户只要将JavaScript代码嵌入HTML文档便可捕捉浏览者对网页本身或网页中的文本、图像等元素所执行的动作,例如鼠标点击、经过、拖动等,再由动作产生动态效果。

上机实战 使用JavaScript设计闪烁图像

01 打开"5.8.txt"代码素材文件,选择拖动第二组JavaScript代码,按下"Ctrl+C"快捷键,复制所选代码,如图5-33所示。

02 在Dreamweaver CS5中打开光盘中的练习文件"...\Practice\Ch05\5.8.html",将光标定位在网页左侧模块的"累计信用"右边,然后单击【代码】按钮切换到"代码"视图,如图5-34所示。

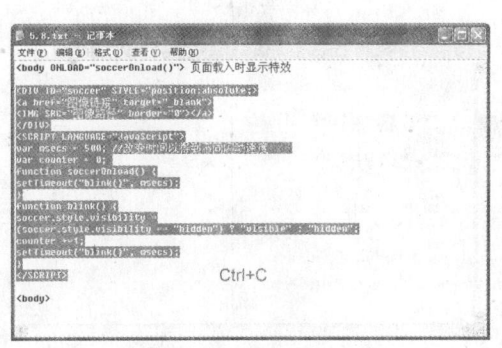

图5-33 复制JavaScript代码

图5-34 切换至【代码】视图

03 在"代码"视图找到光标所在位置(网页文件中第111行),然后按下"Ctrl+V"快捷键,粘贴代码,如图5-35所示。

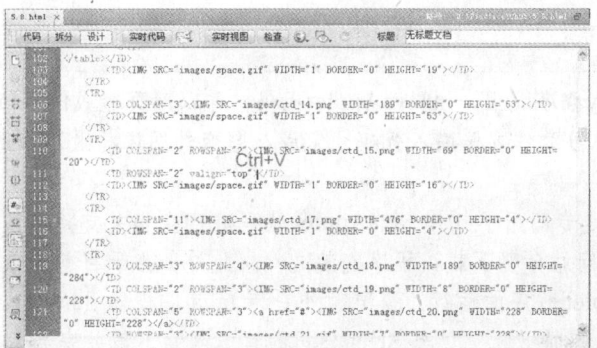

图5-35 粘贴JavaScript代码

04 在粘贴的JavaScript代码中，分别修改链接代码"href="#""（空链接），图像源文件代码"SRC="images/ctd_f.png""，图像闪烁频率参数为300，（分别为网页文件中第112、113、116行），如图5-36所示。

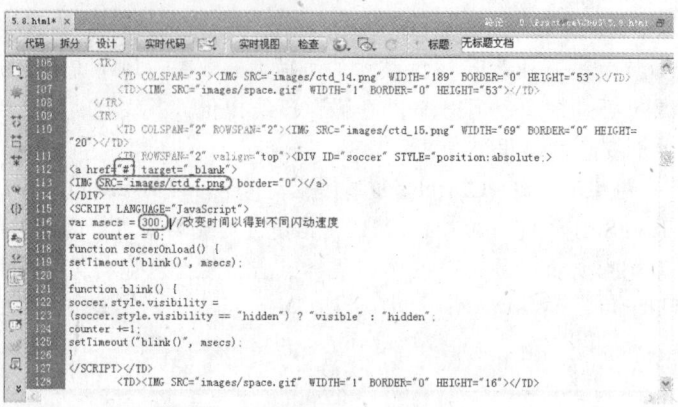

图5-36 修改JavaScript代码参数

05 根据"5.8.txt"代码素材文件中第一行代码内容，在网页 <BODY> 标签（网页文件中第47行）中输入"ONLOAD="soccerOnload()""，使网页载入后自动使图像闪烁，如图5-37所示。

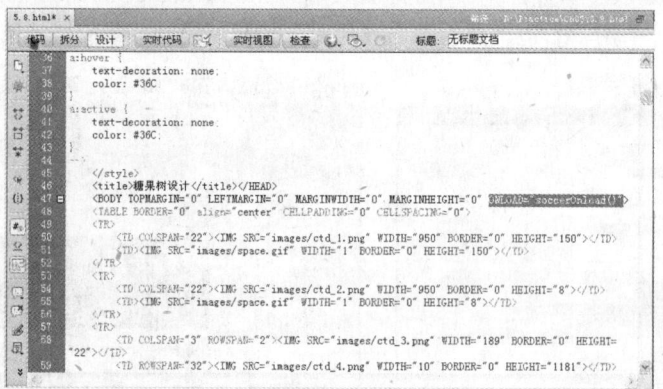

图5-37 添加JavaScript代码

5.9 使用JavaApplet设计色彩变幻图像

制作分析

本实例将利用Anfy程序成生一组JavaApplet代码，并以网页形式保存JavaApplet代码以及相关的支持文件，然后为练习文件直接嵌入代码，完成色彩变幻图像特效，如图5-38所示。

> **提示** Anfy是专门用于制作JavaApplet代码并产生相关支持文件的小程序，可以到Anfy的官方网站免费下载该程序安装文件。此外，由于目前多数网页浏览器不直接支持JavaApplet程序的运行，需要额外安装Java虚机器（JVM）才可以正常的浏览JavaApplet动态特效，可以到SUN公司的官方网站下载并安装Java虚机器。

网页CSS滤镜与特效制作 第5章

图5-38 使用JavaApplet设计色彩变幻图像的效果

制作流程

启动Anfy程序，通过该程序的一步步设置产生一组JavaApplet代码，然后以网页文件保存JavaApplet代码和相关的支持文件于练习文件相同文件夹内，接着使用Dreamweaver CS5打开练习文件和保存JavaApplet代码的网页文件，在【代码】视图下将JavaApplet代码复制到练习文件中的指定位置。

> **提示** 常见的Java特效除了JavaScript，越来越多人也使用JavaApplet来制作网页特效。JavaApplet同样可以直接嵌入页面而即刻产生动态效果。当浏览者访问拥有JavaApplet特效程序的网页时，程序将会在浏览者电脑上运行（需要先安装支持JavaApplet的Java虚拟机），并通过附带的JavaApplet文件显示眩目的效果。
> JavaApplet程式语言开发难度较高，制作JavaApplet特效的过程也较为复杂。首先要使用编辑器编写JavaApplet源代码，再把源代码转换为字节码文件，然后编制为Java专用文件。网页设计者通过嵌入APPLET源代码，并由附加的外部字节码文件（即编译后的Java专用文档，格式为.class）支持，从而完成效果比JavaScript更加精美的JavaApplet特效。

上机实战 使用JavaApplet设计色彩变幻图像

01 启动Anfy程序后，在其界面的【Category】区中选择"Image effects"选项，再在右边列表栏中选择"HUEROT"选项，然后单击【Next】按钮，如图5-39所示。

02 在Anfy程序界面的下一步操作中单击【Image】栏中的【Browse】按钮，显示【打开】对话框，在【查找范围】栏中指定"images"文件夹，选择"ctd_10.jgp"素材图像，然后单击【确定】按钮，再单击【Next】按钮，如图5-40所示。

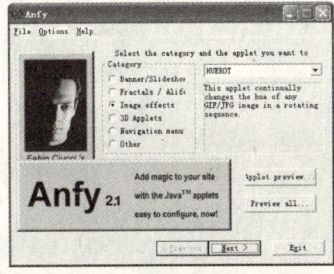

图5-39 选择"HUEROT"特效

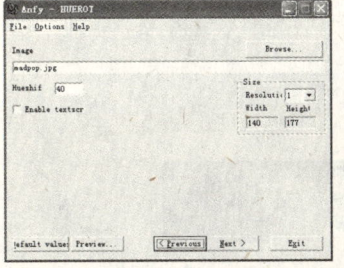 

图5-40 指定特效图像

03 进入下一步操作，在【Expert mode parameter】区中单击【Optimize for compatibility】按钮，然后单击【Next】按钮，如图5-41所示。

04 在对话框中要求输入文本内容，可以直接单击【Next】按钮跳过，如图5-42所示。

 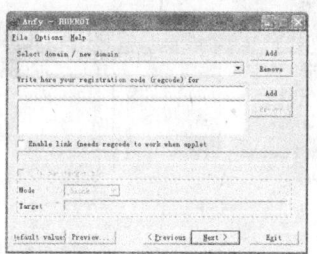

图5-41　选择色彩变化模式　　　　　　　　图5-42　跳过文本编辑

05 进入最后一个操作步骤，显示已完成的JavaApplet代码，单击【py all files to】按钮，以网页形式保存代码，同时输出相关支持文件，如图5-43所示。

06 打开【另存为】对话框，指定与练习文件相同的保存路径，并输入文件名称为"JavaApplet"，然后单击【保存】按钮，如图5-44所示。

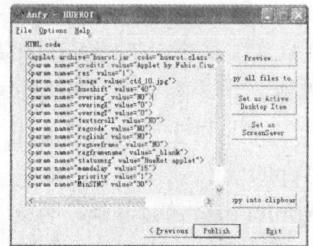 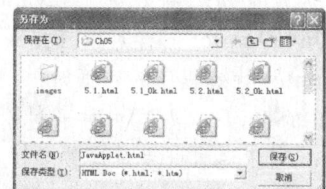

图5-43　保存代码与支持文件　　　　　　　　图5-44　指定保存路径

07 在Dreamweaver CS5中打开光盘中的练习文件"...\Practice\Ch05\5.9.html"，同时打开已保存的JavaApplet代码文件和练习文件。

08 切换至JavaApplet.html文件，单击【拆分】按钮，先在"设计"视图（图5-45所示下半部分）中选择特效对象，"代码"视图（图5-45所示上半部分）中对应的代码被选中，按下"Ctrl+C"快捷键复制代码，如图5-45所示。

09 切换至练习文件，单击【拆分】按钮切换到"拆分"视图，将光标定位在"设计"视图分区网页中的空白单元格内，然后在"代码"视图区中寻找并定位相应位置（即光标所在位置），按下"Ctrl+V"快捷键，粘贴JavaApplet代码，如图5-46所示，完成JavaApplet特效制作。

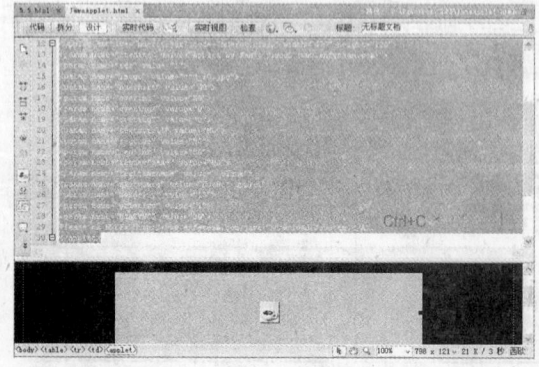 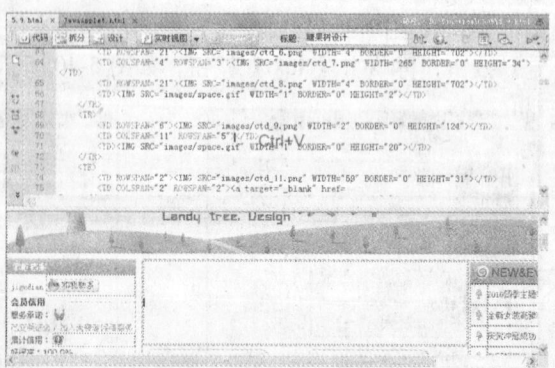

图5-45　复制JavaApplet代码　　　　　　　图5-46　粘贴JavaApplet代码到相应位置

5.10 本章小结

本章通过多个实例详讲解了通过定义 CSS 样式改变网页文本超链接外观，使用 CSS 滤镜实现特殊网页图像效果的方法，以及利用添加行为、JavaScript 与 JavaApplet 特效代码的方法制作网页动态特效，使网页效果更绚丽多彩。

5.11 上机实训

实训要求：通过 CSS 滤镜和行为功能为练习文件中的图片设置模糊效果并添加弹出信息特效。

操作提示：在练习文件中，打开【CSS 样式】面板，添加扩展滤镜为 "Blur" 的 CSS 规则，并设置滤镜参数，然后将建立的 CSS 样式套用至网页中的宣传图片；接着打开【行为】面板，添加【弹出信息】行为，并输入文本信息，最后使用默认的行为事件。具体的制作流程如图 5-47 所示。

图5-47 制作网页模糊图像和弹出信息的操作流程

第 6 章 动态网页设计前准备

> Dreamweaver CS5 除了提供基本的静态页面设计外,还提供了强大的动态设计功能,可以制作具备交互性的网页。而设计动态网页必须先完成页面的外观编辑、表单建立、数据库连接与绑定等。本章主要介绍网页表单设计和动态网页数据库操作,做好动态网页设计前的重要准备。

6.1 设计前的准备

6.1.1 网页外观设计

如果是将网页的外观设计和动态编程分开处理,那么制作静态网页只需要完成基本的外观设计再进行文本、图像、多媒体编排等即可;而如果是制作动态网页,则需要在完成基本的外观设计后,根据动态需求进行编程处理。

制作动态网页并不只针对一个网页,而是要根据需要针对一组网页进行处理。通常,一个动态项目会包括多个页面,每个页面负责一个或多个功能。以加入会员的动态程序设计为例,表面上填写会员资料的表单网页、申请成功、管理会员都是在同一个页面中实现,其实,在程序中不同功能都是由独立的单个页面完成的。例如,浏览者打开申请会员的表单网页"add.asp",在该网页中填写申请资料后,程序将跳转至显示申请成功信息的另一个动态网页"succeed.asp",当申请资料填写有误时,将返回显示申请失败并提示其重新申请的信息的网页"fail.asp",接着,网站管理人员将在"admin.asp"页面中输入账号和密码,登录后即可管理会员资料。如图 6-1 所示,为一个动态网页项目的网页文档组成。

由此可知,同一个动态项目的页面设计是相同的,也就是说先完成一个静态动态网页的外观设计,然后再根据设计需求复制同一外观的网页(此时网页中未添加动态功能),接着为不同的网页添加所需的动态功能,从而完成一个动态项目设计。

Dreamweaver CS5 提供了强大的网页设计功能,用户完成页面布局的构思后,可以先通过表格排版页面布局,然后插入图像、多媒体等对象,编辑文本资料等,如图 6-2 所示。而对于前期的网页外观设计,也可以使用 Photoshop 等图像设计软件绘制网页版面,再进行切割并输出为网页文件,即可事半功倍的完成精美的网页设计,如图 6-3 所示。

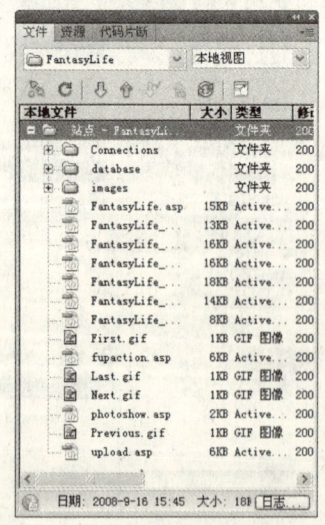

图6-1 由多个页面组成的动态项目

第6章 动态网页设计前准备

图6-2 网页内容编排

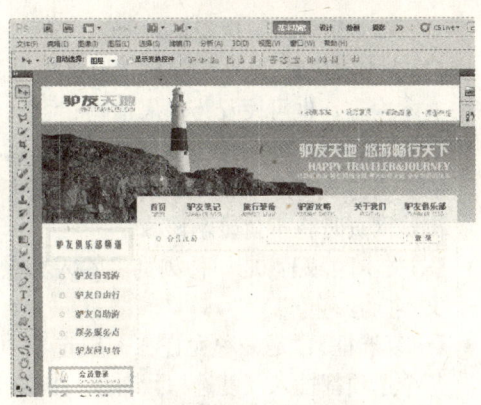

图6-3 使用图像绘制工具设计页面外观

> **提示** 本书内容主要介绍动态网页设计功能，有关网页外观设计部分的内容将不作详细介绍，后续有关动态案例设计的操作将直接提供已完成网页版面外观设计的ASP文档，在已完成页面制作的基础上进一步学习动态网站设计技巧。

6.1.2 建立表单网页

动态网页的一个重要特征就是具备交互功能，通过与浏览者的互动，使浏览者接收更多信息，同时也反馈浏览者针对网页的操作。在动态网页设计中，加入表单是最常用的操作之一，而表单是动态网页中最重要的互动元素。

表单是一种窗体的形式，本身并不能输入信息，只是一个引用与提交信息的载体，所以每个表单都需要依靠不同的表单对象来完成收集信息的作用，一个表单可以由文本框、文本区域、菜单、列表框、复选框、按钮等项目组成，浏览者可以通过表单对象设置的项目，在表单内输入或选择信息，然后通过按钮将信息提交给站主，从而达到交互的目的。

Dreamweaver CS5 提供了丰富的表单设计功能，在【插入】面板中切换至【表单】分类，即可看到文本输入、选择、菜单、按钮、标签和字段集等对象，以及最新版本所新增的4种Spry表单元件，如图6-4所示。

为了使服务器能够识别表单，首先要在网页中插入一个"表单"，这个"表单"如同一个容器，用于放置所需的表单元件。当设计者未插入表单，而直接插入具体的表单元件时，将自动弹出对话框，询问是否先插入一个表单，如图6-5所示。

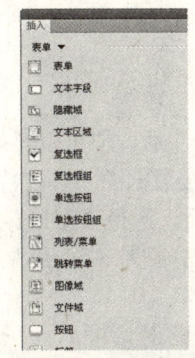

图6-4 【插入】面板中表单元件

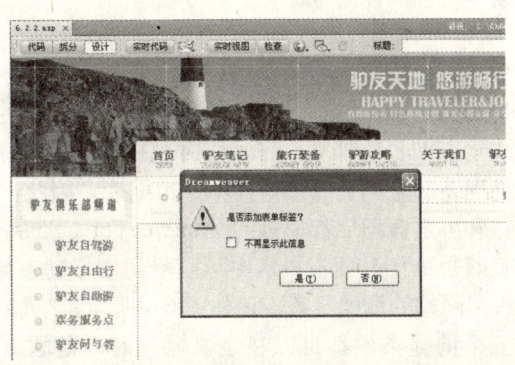

图6-5 插入表单

77

下面简单介绍各种常用表单对象的用途。
- 【▭文本字段】：是一种提供浏览者输入简短内容的对象，可以接受任何类型的字母、数字、文本内容，也可设置为输入密码。
- 【▭隐藏域】：专门用于存储浏览者在页面上输入的信息，例如姓名、电子邮件地址或偏爱的查看方式等，从而可以在该浏览者下次访问时使用这些数据。在网页中插入隐藏域后，浏览网页时将不会显示该域。
- 【▭文本区域】：是一种浏览者输入大量文本信息的对象，可接收任何类型的字母、数字、文本内容。
- 【☑复选框】：是一种允许在一组选项中选择多个选项的对象，设计者可以设置多个选项，每个选项都插入【复选框】对象，浏览者可以在这些选项中选择合适的项目。
- 【◉单选按钮】：是一种在一组选项中只可以选择一个选项的对象。它在浏览者选择某个单选按钮组（由两个或多个共享同一名称的按钮组成）的其中一个选项时，取消选择该组中的所有其他选项。
- 【◉单选按钮组】：是单选按钮对象的一种，它将多个单选按钮按一定顺序排列起来构成一个群组，如此可以方便用户插入多个单选按钮对象的操作。
- 【▭列表/菜单】：这种表单对象为浏览者提供一个可滚动的列表，以选择合适的选项。当设置为"列表"类型时，浏览者只能在列表中选择一个选项；当设置为"菜单"类型时，浏览者可以选择多个选项。
- 【▭跳转菜单】：是一种可导航的列表或弹出菜单，当浏览者选择菜单中的选项时，可以跳转到这个选项被设置的链接文档中。
- 【▭按钮】：是一种提供浏览者将表单信息提交的对象。按钮对象包含【提交表单】与【重设表单】两种动作类型，其中【提交表单】动作是指将表单数据提交到服务器或其他用户指定的目标位置；【重设表单】动作是指清除当前表单中已填写的数据，并将表单回复到初始状态。
- 【▭文件域】：是一种提供浏览者上传文档的对象，它可以让浏览者浏览本地电脑的文件，并将该文件作为表单数据上传。
- 【▭图像域】：是一种可以在表单中插入图像的对象，常用于制作图形化的按钮，例如先设计一个按钮图像，然后通过此对象制成按钮。
- 【▭字段集】：是一种提供一个区域放置表单对象的。

> **提示** 在网页中完成表单制作后，为了使表单符合使用需求，需要进行表单验证处理，本章第二节内容将详细介绍使用 Dreamweaver CS5 制作网页表单操作，以及表单验证和设置验证警告的方法。

6.1.3 数据库连接与绑定

完成动态网页的外观设计，同时根据动态需求添加所需的表单元件后，便可以开始着手动态程序的处理。动态网页的设计离不开数据库，因此，必须先为网页连接数据源并绑定数据库。

连接和绑定数据库都通过 Dreamweaver CS5 完成，打开该软件后，选择【窗口】|【数据库】命令打开【数据库】面板，从中可以看到使用动态数据的三个前提，分别是创建网站、选择文档类型和设置网站的测试服务器，如图 6-6 所示。

这三个前提条件都可以在定义网站时一起设置，打开定义网站的对话框后，在【服务器】分类中添加测试服务器项目，然后分别在【基本】和【高级】两项操作中进行设置，如图 6-7

所示。在完成网站的定义后，在【数据库】面板中所显示的三个前提条件将被打勾，表示可以执行连接数据库的操作。

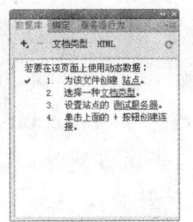

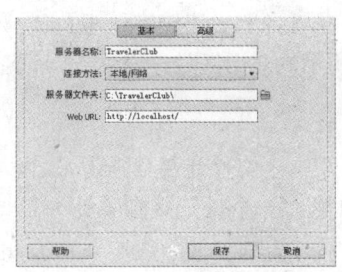

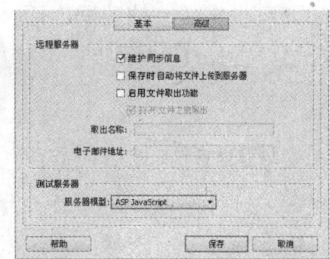

图6-6　绑定数据的三个前提条件　　　　　　　　图6-7　测试服务器

　连接数据库有两种方法，一种是通过自定义连接字符串 (DNS_less)，另一种是直接指定数据源名称（DNS）。下面详细介绍这两种方法。

（1）自定义连接字符串

　此方法是以设置访问的字符串，即设置驱动程序通过 ODBC 管理器连接到数据库。当测试服务器不是本机，或是没有本地服务器的管理权限时，便可以通过此方法来完数据库连接。

　在【数据库】面板中单击⊞按钮，打开下拉菜单后选择【自定义连接字符串】命令，如图6-8所示，打开【自定义连接字符串】对话框，然后在【连接名称】栏中输入一个连接名称，在【连接字符串】栏中输入一行命令语句以指定驱动程序和数据库的路径，该语句有以下两种形式：

　Driver={Microsoft Access Driver (*.mdb)};DBQ= 数据库路径及名称

　Provider=Microsoft.Jet.OLEDB.4.0;Data Source= 数据库路径及名称

　这两种连接形式，第一种是使用 Microsoft Access 的驱动程序来连接，第二种是使用 OLE DB 数据库的驱动程序来连接。本书实例多使用 Access 创建数据库为例，则需要用前第一种命令语句进行连接，如图 6-9 所示。

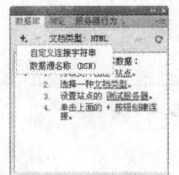

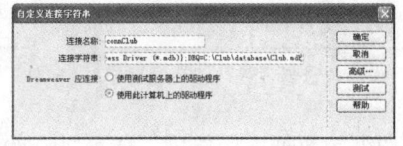

图6-8　连接数据库　　　　　　　　　　　图6-9　自定义连接字符串

（2）数据源名称（DNS）

　此方法是利用系统中的 ODBC 管理器以指定数据源名称的方式连接所需的数据库，因此必需先在系统的 ODBC 管理器中指定数据源，如图 6-10 所示，然后在【数据库】面板中单击⊞按钮，打开下拉选单后选择【数据源名称（DSN）】命令，打开【数据源名称（DSN）】对话框，输入连接名称和选择数据源名称，如图 6-11 所示。

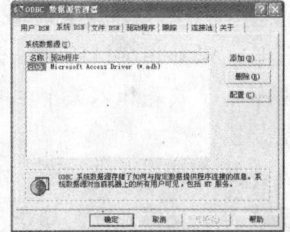

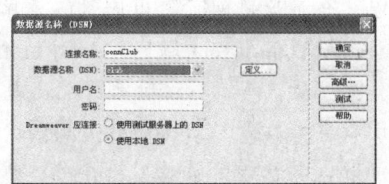

图6-10　在ODBC数据库中添加数据库文件　　　图6-11　选择数据源名称

在设置 ODBC 数据源并连接数库的过程中，要确保指定的数据库文件未被打开或使用，否则将有可能出现"所指定的数据库文件路径非法"的提示。当遇到这种情况时，只要将已打开的文件关闭即可。完成连接数据库后，在【自定义连接字符串】或【数据源名称（DSN）】对话框中单击【测试】按钮，当显示如图 6-12 所示的对话框时，表示数据库连接成功。

> **提示** 为动态网站的任意一个文件连接数据源后，网站内会自动产生"Connections"文件夹，并在该文件夹中建立一个以连接名称为命名的 asp 文件，表示该网站的动态网页已连接数据源，从而省去同一网站内的其他动态网页数据源的连接处理。

成功完成数据库连接操作后，便可以将数据库中所需的数据表绑定到当前编辑的 ASP 网页。在菜单栏中选择【窗口】|【绑定】命令，或在已打开的【应用程序】面板中切换到【绑定】面板，从中可以看到绑定数据库有创建网站、选择文档类型和设置网站的测试服务器三个前提，由于在连接数据库时已完成这些操作，因此可直接在面板上方单击单击按钮，从打开的菜单中选择【记录集】命令，打开【记录集】对话框，分别输入记录集名称，并指定连接的数据库和数据表，如图 6-13 所示，最后单击【确定】按钮。

图6-12　提示连接数据库成功

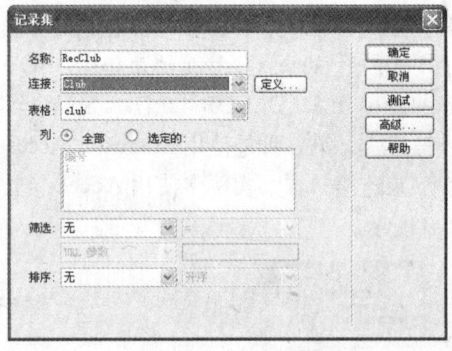

图6-13　绑定数据库记录集

完成连接和绑定数据库操作后，便可以开始通过添加服务器行为以及 ASP 编程等操作，为 ASP 动态网页制作所需的动态功能。

6.2　网页表单设计

制作分析

本实例以"会员注册网页"为例讲解表单的设计方法，设计成果如图6-14所示。会员注册表单常见于一些论坛或俱乐部主题网站，浏览者若想在论坛中发布帖子或是加入某个主题俱乐部，必须先通过会员注册，而填写注册资料就是由表单网页完成的。

会员申请表单一般分为必填和非必填两个部分，其中作为会员基本信息的账号、登录名称与密码为必填部分，其他的会员姓名、年龄、性别等个人信息可作为非必填部分。这些内容的设置将分别应用到文本字段、文本区域、单选按钮、列表/菜单、按钮等表单元件。

动态网页设计前准备　第6章

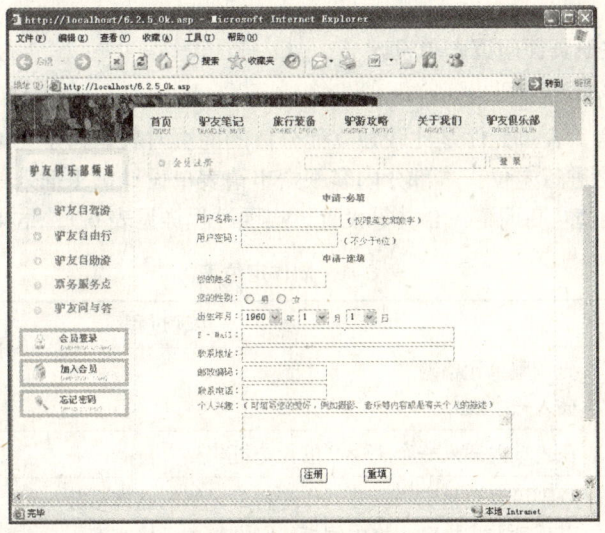

图6-14　会员注册表单

制作流程

　　会员注册表单主要由"添加定位表格"、"插入表单元件"、"表单验证处理"、"修改提交警告框"4个部分组成，其详细流程如图6-15所示。

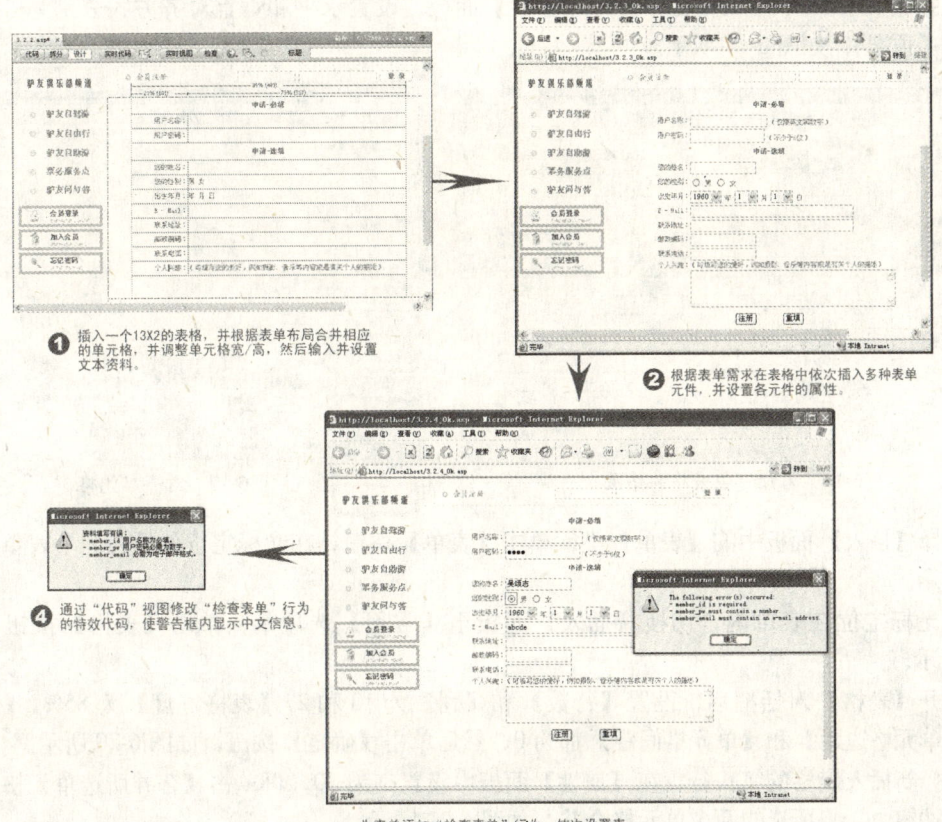

图6-15　会员申请表单设计流程

上机实战　会员注册页面网页表单设计

（1）添加定位表格

对于整个页面而言，表单元件是比较独立而分散的网页对象，为了使网页表单整齐美观，就需要通过表格及单元格进行定位。本部分内容根据申请表单设计需求插入一个 13 行 2 列的表格，并对表格和单元格进行宽/高调整、合并等设置，实现过程详见表 6-1，结果如图 6-16 所示。

表 6–1　制作定位表

制作目的	实现过程
插入表单	先调整单元格对齐 插入一个表单
插入表格	在表单内插入一个 13×2 的无边框表格
调整单元格宽/高	分别设置表格第一、三、十三行单元格的高度参数 以手动方式拖动表格中间框线以调整单元格宽度
合并单元格	分别合并第一、三、十三行单元格
输入文本	为第一和第三行单元格输入粗体文本 为其他单元格输入相应的非粗体文本

01 打开"6.2.2.asp"练习文件，将光标定位在网页中间的空白单元格内，选择【窗口】|【属性】命令或按下"Ctrl+F3"快捷键，打开【属性】面板，设置水平和垂直对齐方式分别为"居中对齐"和"顶端"，如图 6-17 所示。

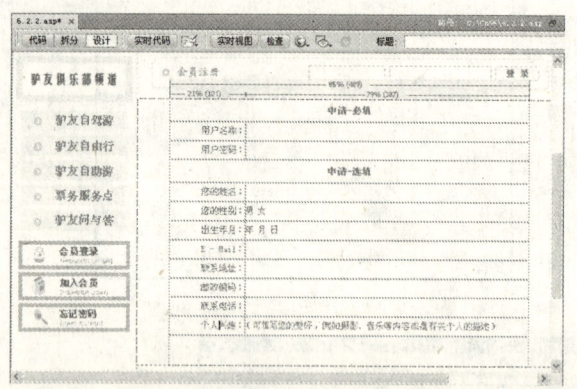

图6-16　添加定位表格的结果

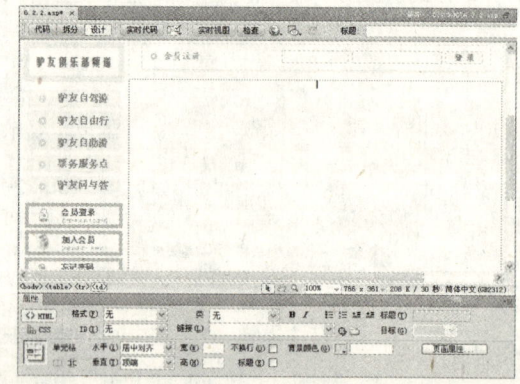

图6-17　对齐单元格

02 选择【插入】面板中的【表单】类，单击【表单】按钮，在光标定位处插入一个表单，如图 6-18 所示。

03 将光标定位在表单内，切换【插入】面板至【常用】选项卡，单击【表格】按钮，如图 6-19 所示。

04 打开【表格】对话框后，设置【行数】和【列】为 13 和 2，【表格宽度】为 85%，【边框粗细】、【单元格边距】和【单元格间距】都为 0，然后单击【确定】按钮，如图 6-20 所示。

05 选择新插入表格的第一行，在【属性】面板中设置高为 30，再单击【合并所选单元格，使用跨度】按钮，将所选的两个单元格合并，如图 6-21 所示。

06 按照步骤 5 的操作方法，合并表格的第 4 行和第 13 行单元格，设置高度分别为 30 和 40，如

图6-22所示。

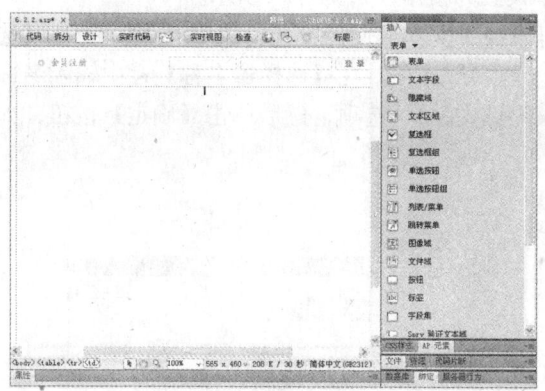

图6-18 插入表单

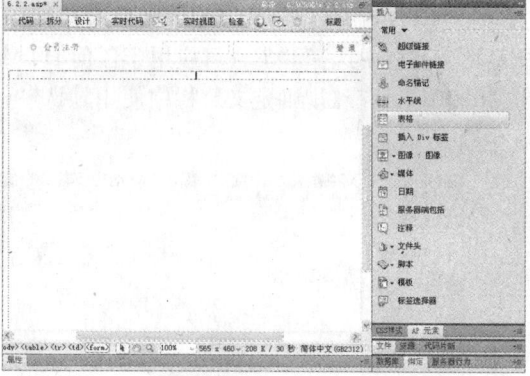

图6-19 单击表格

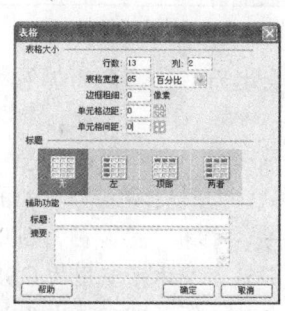

图6-20 设置插入表格

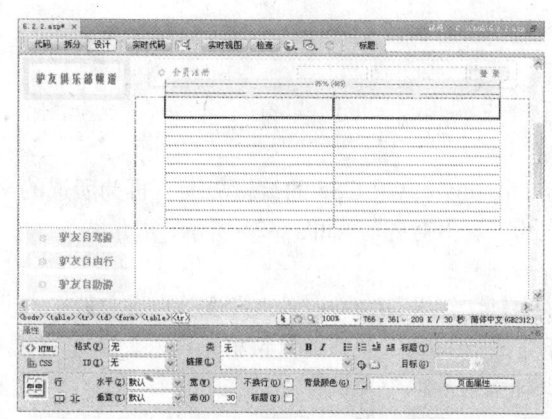

图6-21 设置第一行单元格

> **提示** 以手动方式拖动框线调整单元格宽度时，表格上方所显示的宽度参数将根据框线拖动幅度自动变化，从而可以参考所显示的参数变化精确地调整单元格宽度。

07 参照步骤5的方法，再为其他单元格设置行的高度为25，然后向左拖动表格中间的垂直框线，缩小第一列单元格宽度为100，如图6-23所示。

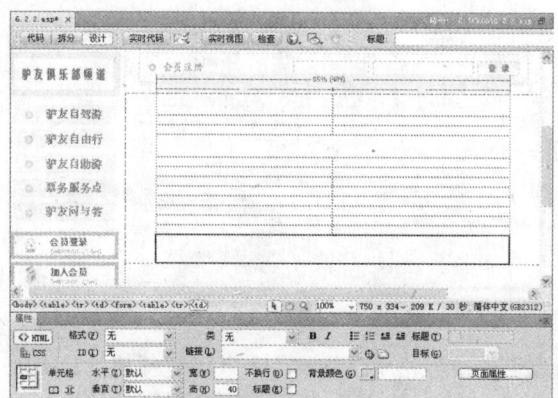

图6-22 设置其他单元格

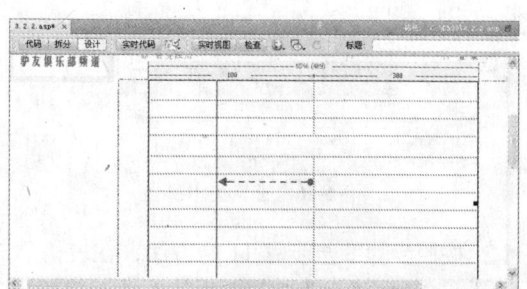

图6-23 手动调整单元格宽度

08 将光标定位在表格第一行,输入文本"申请-必填",然后选取文本,在【属性】面板左侧单击【CSS】按钮,再单击【粗体】按钮 B ,将文本设置为粗体,如图6-24所示。

09 系统自动打开【新建CSS规则】对话框,要求针对文本属性设置与新建CSS样式,在【选择器类型】栏中选择"类(可应用于任何HTML元素)"选项,在【选择器名称】栏中输入名称为"text01",在【规则定义】栏中使用默认"(仅限该文档)"选项,然后单击【确定】按钮,如图6-25所示。

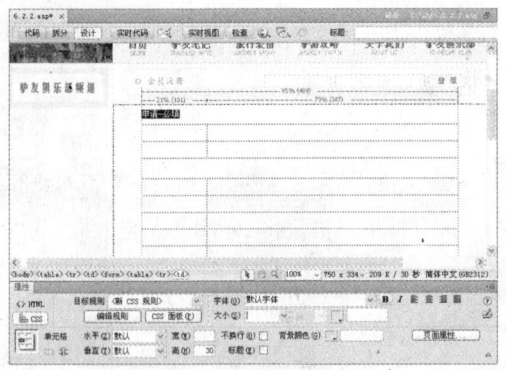
图6-24 输入并设置文本

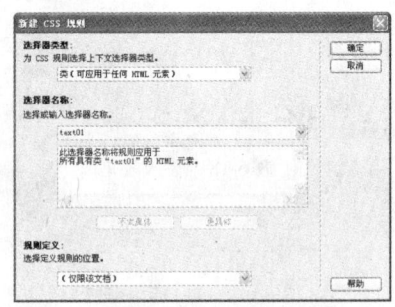
图6-25 新建CSS规则

10 返回Dreamweaver CS5的编辑界面,再为所选的文本设置大小为12、颜色为灰色(#666)、对齐方式为"居中对齐",如图6-26所示。

> **提示** 使用Dreamweaver CS5为网页中的文本设置外观属性时,将自动打开一个用于建立一个CSS规则的对话框,要求设置CSS规则的类型、名称和字义范围,创建CSS规则后,仍可以接着对文本进行更多属性设置,也就是说对文本所套用的CSS规则补充更多的样式规则。而后续当需要编辑相同的文本时,便可以直接套用该CSS规则快速完成文本属性设置。

11 在表格第三行中输入另一组文本"申请-选填",然后在【属性】面板的【目标规则】栏中选择套用".text01"样式,如图6-27所示,快速设置文本外观。

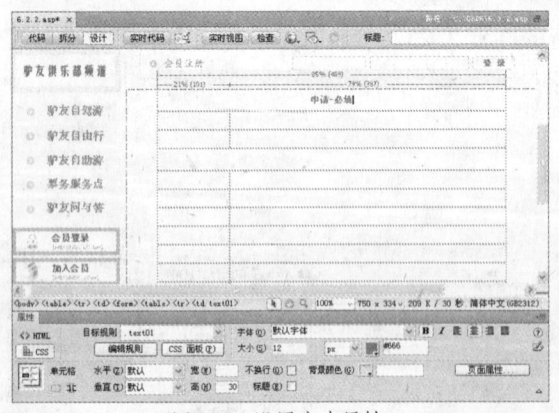
图6-26 设置文本属性

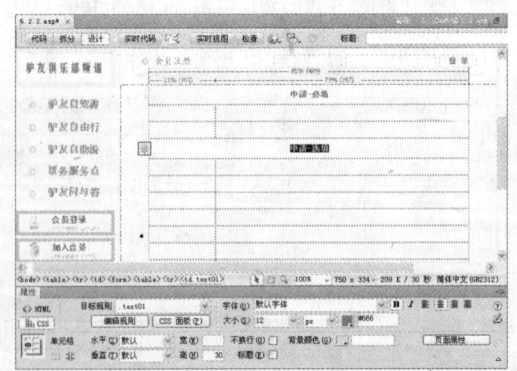
图6-27 输入并设置文本

12 按照步骤8至步骤11的方法,在表格第二行左侧的单元格中输入文本,并通过【属性】面板设置与创建CSS规则,再为其他单元格输入文本并为新输入的文本套用该CSS规则,结果如图6-28所示。

（2）插入表单元件

在已插入表格并输入文本信息的基础上，依次插入表单元件，设置表单元件属性，实现过程详见表6-2，完成结果如图6-29所示。

表6-2　插入并设置表单元件

制作目的	实现过程
插入"文本字段"元件	插入7个"文本字段"元件 设置"文本字段"元件的名称、宽度和类型属性
插入"单选按钮"元件	插入2个"单选按钮"元件 设置"单选按钮"元件名称和选定值属性
插入"菜单/表列"元件	插入3个"菜单/表列"元件 设置"菜单/表列"元件名称和列表值属性
插入"文本区域"元件	插入1个"文本区域"元件 设置"文本区域"元件名称、字符宽度和行数属性
插入"按钮"元件	插入2个"按钮"元件 设置"按钮"元件名称、值和动作属性

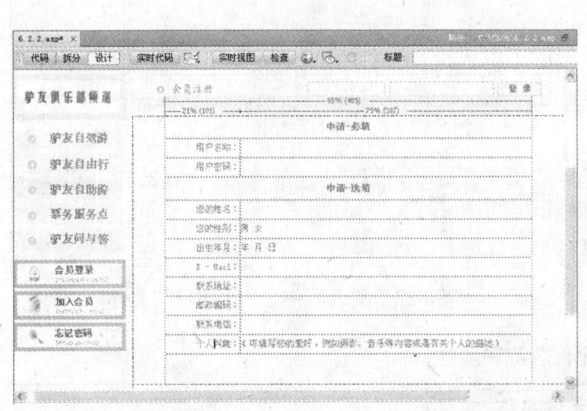 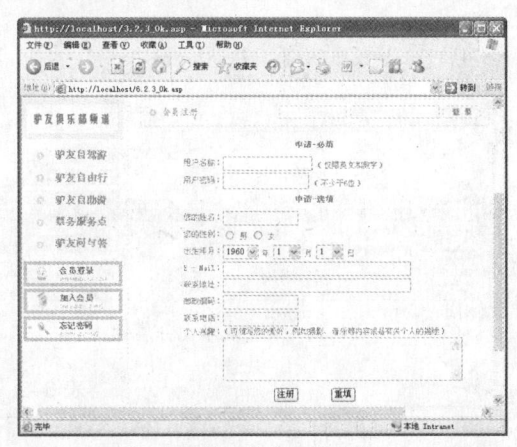

图6-28　输入并设置其他文本信息　　　　图6-29　插入表单元件的结果

13 打开"6.2.3.asp"练习文件，将光标定位在第二行右侧单元格的文本前，再切换【插入】面板至"表单"分类，单击【文本字段】按钮，如图6-30所示。

14 在弹出的【输入标签辅助功能属性】对话框中单击【取消】按钮跳过该设置，如图6-31所示。

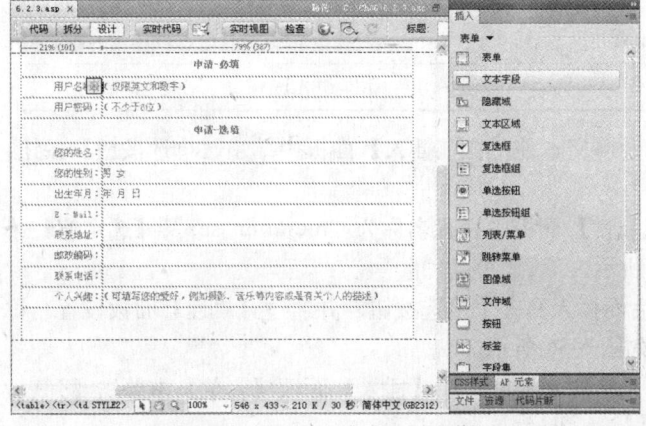 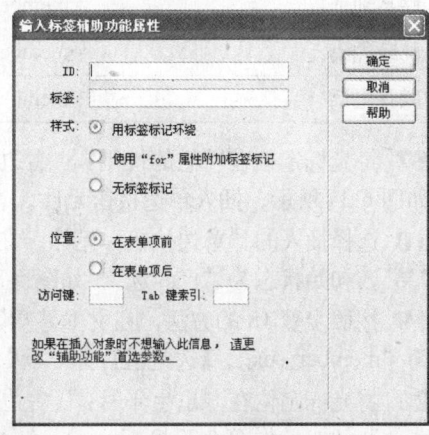

图6-30　插入"文本字段"元件　　　　图6-31　取消辅助设置

> **提示** 使用 Dreamweaver CS5 在网页中插入图片、多媒体和表单等内容时，默认弹出一个【输入标签辅助功能属性】对话框，提供为所插入的内容设置功能属性。若使用者不习惯预先为插入的网页内容设置相关属性，可以通过修改【辅助功能】首选参数，取消弹出该对话框，这样在后续的操作中，便不再询问输入标签辅助功能属性。

15 选择新插入的"文本字段"元件，在【属性】面板中设置其名称为"member_id"，并设置【字符宽度】参数为18，如图 6-32 所示。

16 按照步骤 13 至步骤 15 的方法，分别在"用户密码"、"您的姓名"、"E-Mail"、"联系地址"、"邮政编码"和"联系电话"文本之后插入"文件字段"元件，并参照表 6-3，设置元件名称和属性，其中，"用户密码"后面的文本字段元件设置为"密码"类型，结果如图 6-33 所示。

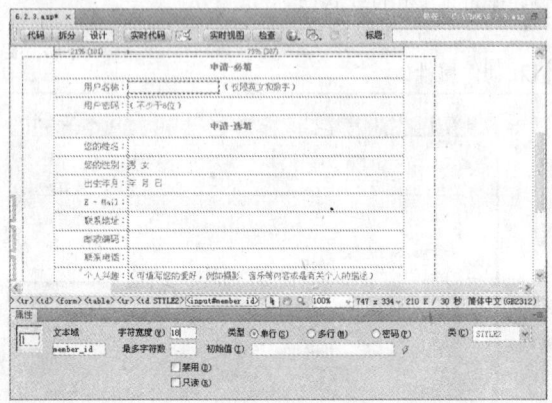

图6-32　设置表单元件属性

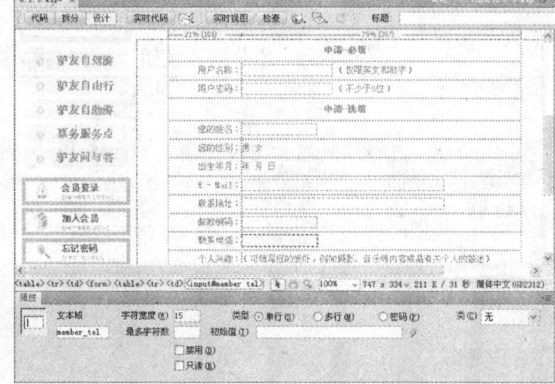

图6-33　插入其他"文本字段"元件

表 6-3　元件名称和属性

元件位置	元件名称	宽度
用户密码：	member_pw	18
您的姓名：	member_name	15
E-Mail：	member_email	40
联系地址：	member_add	40
邮政编码：	member_post	15
联系电话：	member_tel	15

17 将光标定位在"您的性别："右边单元格文本前，在【插入】面板中单击【单选按钮】按钮，如图 6-34 所示，插入单选按钮元件。

18 选择插入的"单选按钮"元件，在【属性】面板中设置名称为"member_sex"，【选定值】为"男"，初始状态为"已勾选"，如图 6-35 所示。

19 按照步骤 18 的方法，在文本"男"后面插入另一个单选按钮，并通过【属性】面板设置名称为"member_sex"，【选定值】为"女"，如图 6-36 所示。

20 将光标定位在"出生年月："右边单元格的文本前，在【插入】面板【表单】中单击【列表/菜单】按钮，如图 6-37 所示。

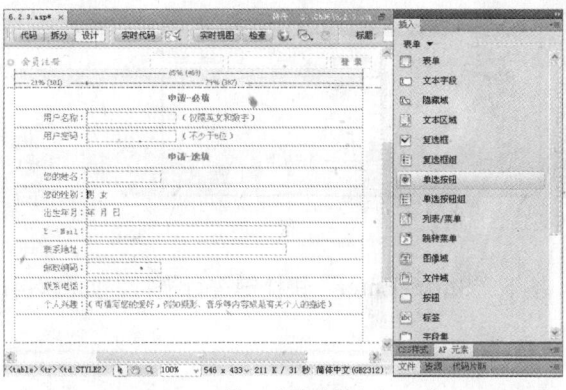

图6-34 插入"单选按钮"元件

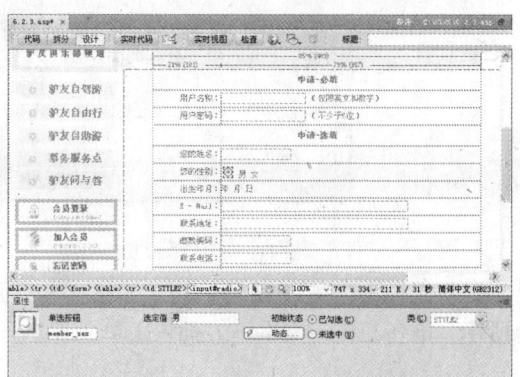

图6-35 设置"单选按钮"元件属性

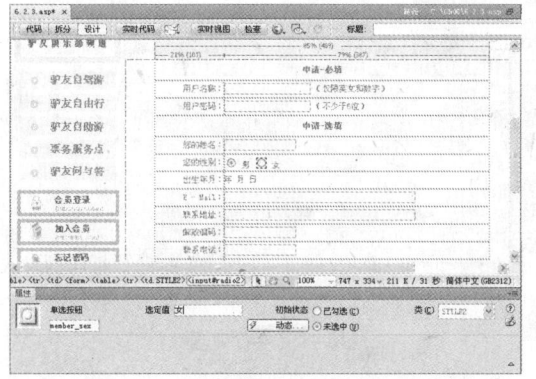

图6-36 插入并设置另一"单选按钮"元件

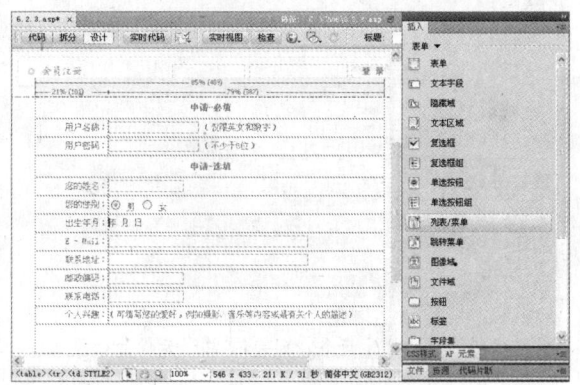

图6-37 插入"列表/菜单"元件

21 选择插入的"列表/菜单"元件，在【属性】面板中设置名称为"member_year"，再单击【列表值】按钮，打开【列表值】对话框，设置默认的列表第一项的【项目标签】和【值】都为1960，如图6-38所示。

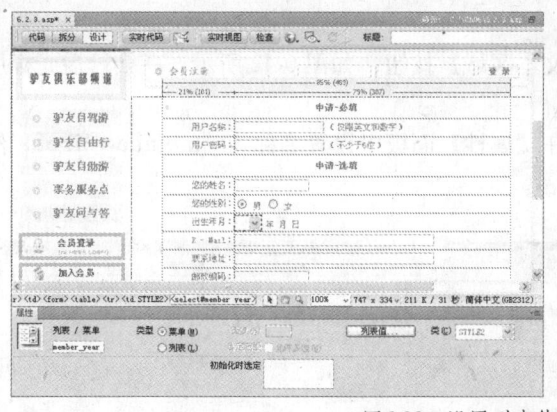

图6-38 设置列表值

22 单击上方的+按钮，添加列表项，并设置【项目标签】和【值】都为"1961"，接着以相同的方法依次添加并设置列表项目为"1962"到"2000"，然后单击【确定】按钮，如图6-39所示。

23 按照步骤20至步骤22的方法，分别在"月"和"日"文本前面插入"列表/菜单"元件，并分别设置其列表项目为1月至12月和1日至31日；设置元件名称分别为"member_month"和"member_day"，结果如图6-40所示。

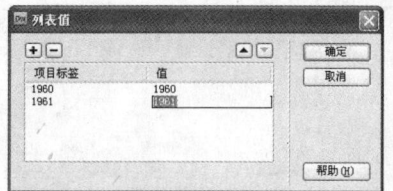
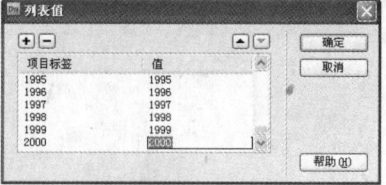

图6-39 添加其他表列项目

24 将光标定位在第12行右边单元格文本后面,按下"Shift+Enter"快捷键进行换行,如图6-41所示,准备在该行文本下方插入表单元件。

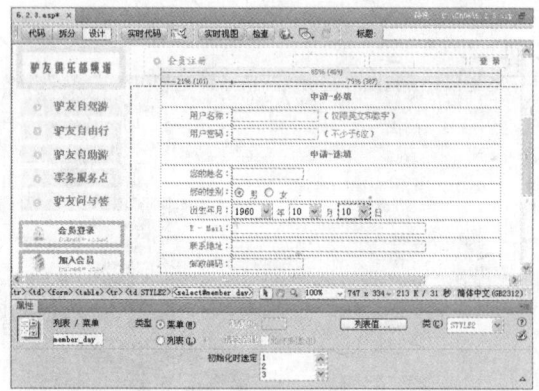
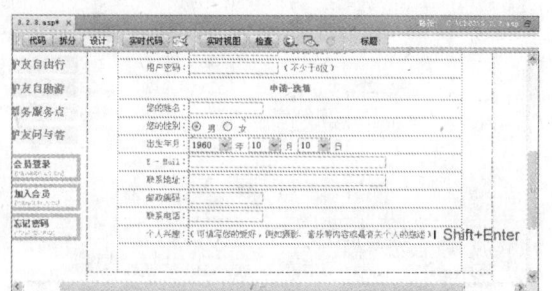

图6-40 插入另外两个"列表/菜单"元件的结果　　　　图6-41 换行处理

> **提示** 若是直接按下"Enter"键执行换行,则行与行之间将产生较大行距,因此,步骤24的操作通过按下"Shift+Enter"快捷键换行文本,以该方式换行后,其内容与上一行仍属同一落段,同时行与行之间的距离不致于太大。

25 在【插入】面板【表单】中单击【文本区域】按钮,如图6-42所示,在换行后光标所在位置插入"文本区域"元件。

26 选择新插入的"文本区域"元件,在【属性】面板中设置名称为"member_like",然后设置字符宽度为50,行数为4,如图6-43所示。

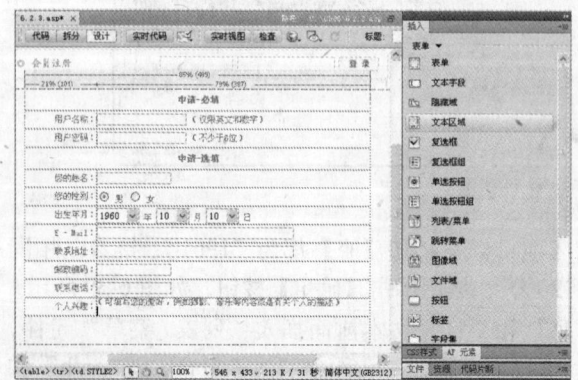
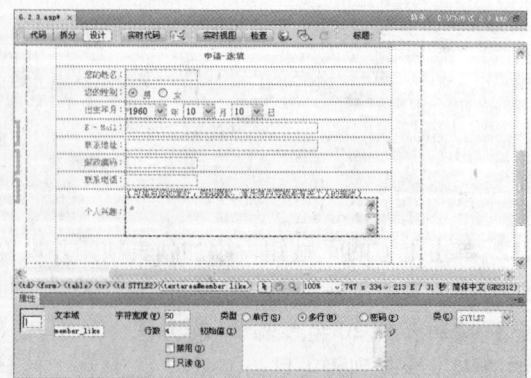

图6-42 插入"文本区域"元件　　　　图6-43 设置"文本区域"元件属性

27 将光标定位在表格最下方一行,在【插入】面板的【表单】中单击【按钮】按钮,如图 6-44 所示,插入按钮元件。

28 选择新插入的按钮元件,在【属性】面板中设置【值】为"注册",改变按钮文字,选择【动作】为"提交表单",如图 6-45 所示。

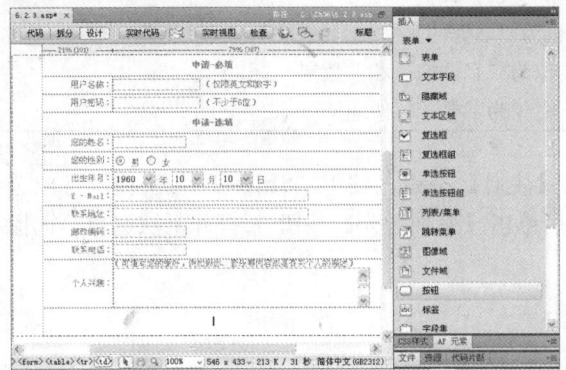
图6-44 插入按钮元件

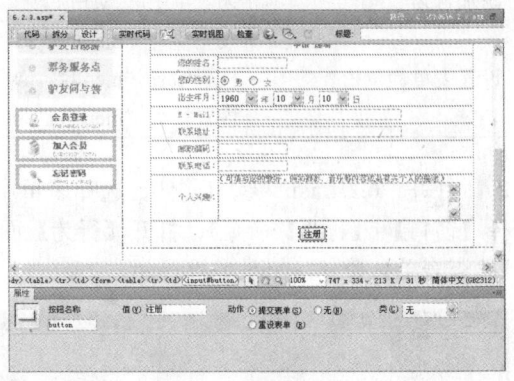
图6-45 修改按钮文字

29 切换【插入】面板为【文本】分类,展开【字符】下拉选单,选择【不换行空格】选项,插入一个空格,接着再单击 4 次【不换行空格】按钮,插入 4 个空格,如图 6-46 所示。

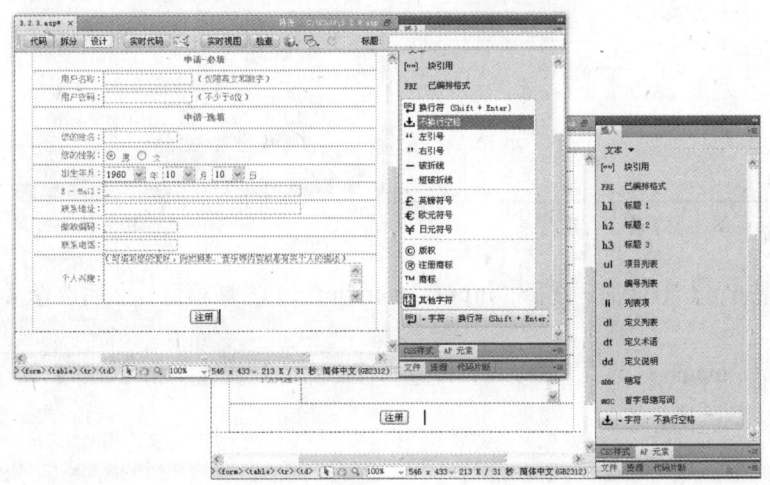
图6-46 插入空格

30 插入一个按钮元件,在【属性】面板中设置【值】为"重填",选择【动作】为"重设表单",如图 6-47 所示。

(3) 表单验证处理

表单验证处理主要是避免申请者填入无效的资料。以会员注册表单为例,浏览者所填写的资料有一定的限制,包括会员账号和密码必须填,密码必须为数字,电子邮件必须使用正确的格式等,当为表单设置验证后,浏览者填写错误的表单资料将弹出警告框。实现验证处理的流程见表 6-4,结果如

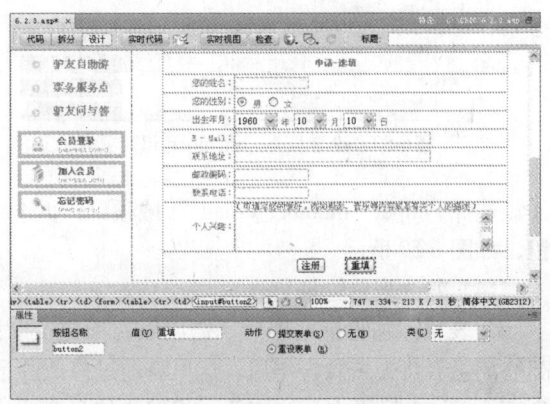
图6-47 插入并设置"重填"按钮

图 6-48 所示。

表 6-4 表单验证处理流程

制作目的	实现过程
添加行为	为表单中的【注册】按钮添加"检查表单"行为
设置表单栏位检查	设置检查"member_id"栏位为"必需的" 设置检查"member_pw"栏位为"必需的"和"数字" 设置检查"member_email"栏位为"电子邮件地址"

31 打开"6.2.4.asp"练习文件，选择表单中的【注册】按钮，按下"Shift+F4"快捷键（或选择【窗口】|【行为】命令），打开【行为】面板后单击【添加行为】按钮 ，打开下拉选单，选择【检查表单】命令，如图 6-49 所示。

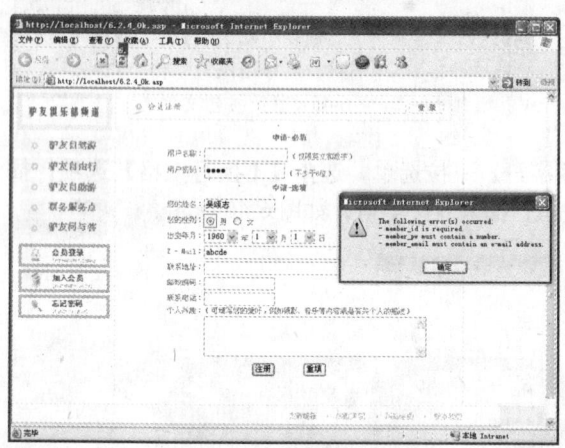
图6-48 表单验证处理结果

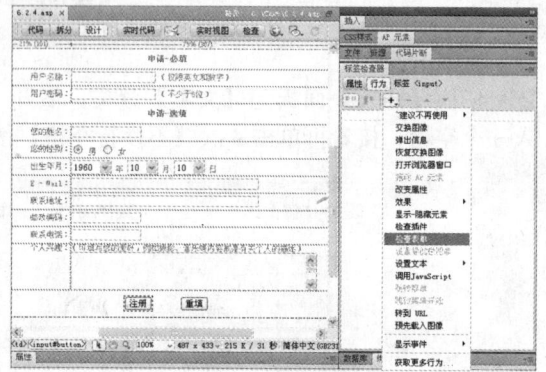
图6-49 检查表单

32 打开【检查表单】对话框，选择"input 'member_id'"域项目，然后选择【必需的】选项，如图 6-50 所示。

33 选择"input 'member_pw'"域项目，再选择【必需的】复选框和【数字】两个单选项，如图 6-51 所示。

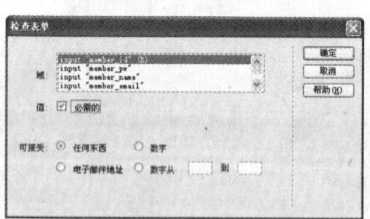
图6-50 设置检查"member_id"项目

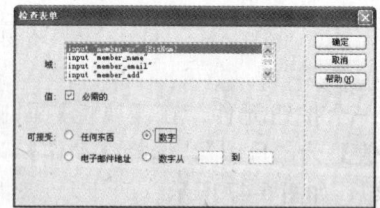
图6-51 设置检查"member_pw"项目

34 选择"input 'member_email'"域项目，再选择【电子邮件地址】单选项，最后单击【确定】按钮，如图 6-52 所示。

（4）修改表单验证警告框

为表单添加验证处理后，错误填写而提交时弹出的警告信息默认为英文，这对于英文水平不高的浏览者将失去警告作用。这里将通过修改验证行为产生特效代码（以 JavaScript 语言编写，包含在 <script> 标签内）的方法，将警告信息变成中文，具体流程见表 6-5，结果如图 6-53 所示。

表 6–5 修改表单验证警告框流程

制作目的	实现过程
修改警告标题	修改 "The following error(s) occurred：" 代码为 "资料填写有误："
修改必填提示	修改 "is required" 代码为 "用户名称为必填"
修改密码提示	修改 "must contain a number." 代码为 "用户密码必须为数字"
修改电子邮件提示	修改 "must contain an e-mail address." 代码为 "必须为电子邮件格式"

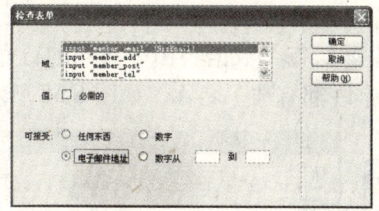

图6-52 设置检查 "member_email" 项目

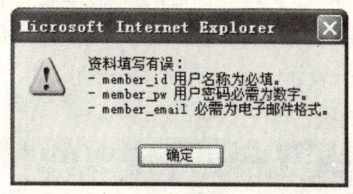

图6-53 修改表单验证警告框的结果

35 打开 "6.2.5.asp" 练习文件，在【文档】工具栏中单击【代码】按钮，切换至代码视图。

36 在 <script> 标签下方选择 "The following error(s) occurred：" 内容（练习文件中的 35 行），如图 6-54 所示，将其删除并重新输入 "资料填写有误："。

37 找到并选取 "is required" 内容（练习文件中的 34 行），如图 6-55 所示，将其删除并重新输入 "用户名称为必填"。

图6-54 修改警告框标题

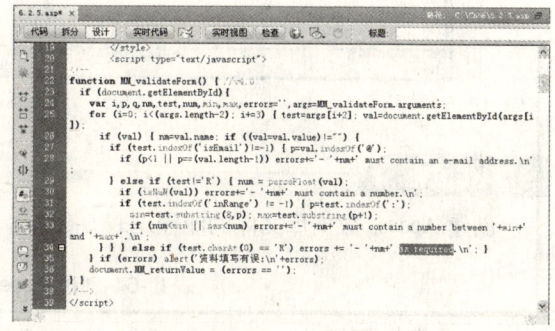

图6-55 修改必填内容提示信息

38 找到并选取 "must contain a number." 内容（练习文件中的 34 行），如图 6-56 所示，将其删除并重新输入 "用户密码必须为数字"。

39 找到并选取 "must contain an e-mail address." 内容（练习文件中的 32 行），如图 6-57 所示，将其删除并重新输入 "必须为电子邮件格式"。

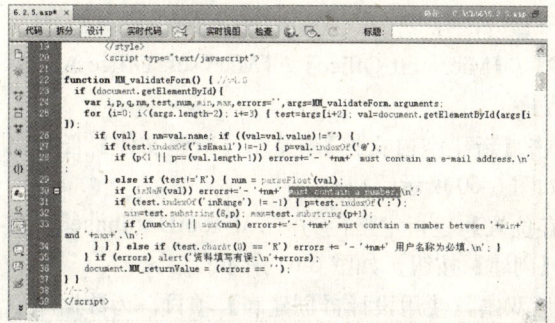

图6-56 修改密码提示信息

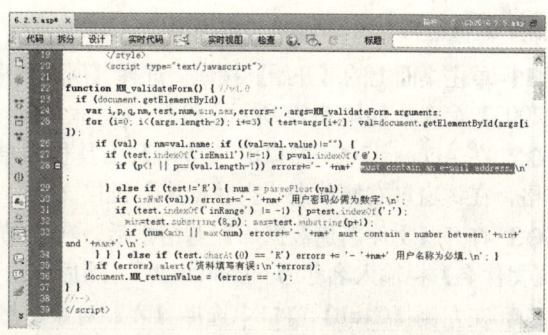

图6-57 修改电子邮件提示信息

6.3 动态网页数据库操作

6.3.1 创建Access数据库

制作分析

Microsoft Access 创建的数据库是一种关系式数据库，它由一系列的数据表组成，表与表之间可建立关联。数据表是数据库中用于保存数据信息的主体，每个数据表由一系列的行和列组成，其中每一行表示一个记录，每一列则为一个字段，每个字段都有唯一名称，如图6-58所示。

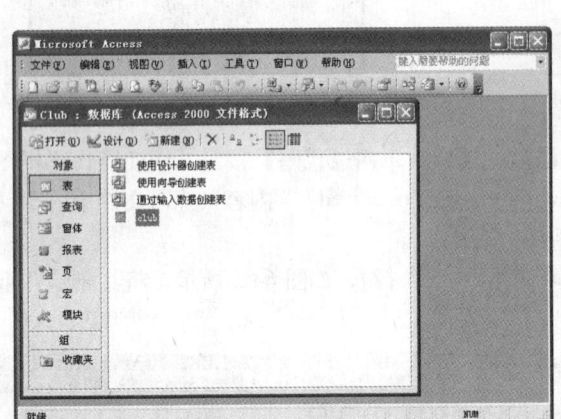 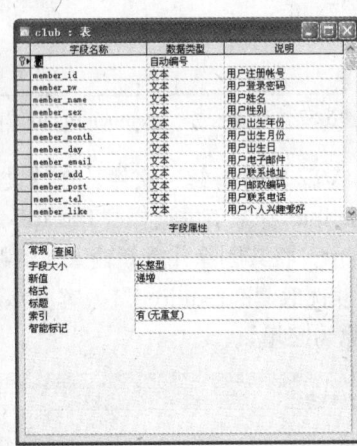

图6-58　Access数据库创建结果

制作流程

创建 Access 数据库文件的流程见表 6-6。

表 6-6　创建 Access 数据库文件流程

制作目的	实现过程
创建新数据库	打开 Access 2003 程序新建数据库文件
创建数据表	在新建数据库中使用设计器创建表 在数据表中编辑数据字段

上机实战　创建Access数据库

01 单击桌面上的【开始】按钮，选择【所有程序】/【Microsoft Office】/【Microsoft Office Access 2003】命令，如图 6-59 所示，打开 Access 2003 程序。

02 在 Access 2003 窗口的【常用】工具栏中单击【新建空白文档】，显示【新建文件】任务窗格，在该窗口右侧单击"空数据库"链接文字，如图 6-60 所示。

03 打开【文件新建数据库】对话框后，在【保存位置】栏指定路径为"...\Ex06\Database"，在【文件名】栏输入名称为"Club.mdb"，然后单击【创建】按钮，如图 6-61 所示。

04 在左侧【Club】窗口中选择【表】对象，然后双击【使用设计器创建表】项目，为数据库创建表，如图 6-62 所示。

图6-59 打开Access 2003程序

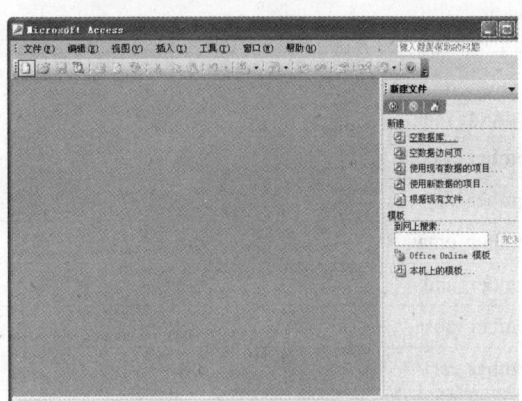

图6-60 创建空数据库

图6-61 保存数据库

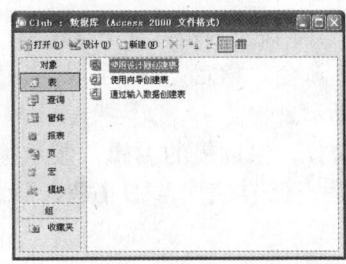

图6-62 创建数据表

05 显示【表】编辑窗口,在【字段名称】栏中输入第一个字段"id",在【数据类型】栏中设置该字段类型为"自动编号",如图6-63所示。

06 按照步骤5的方法,在表中输入或设置其他字段名称、数据类型和说明,其他数据信息见表6-7,编辑结果如图6-64所示。

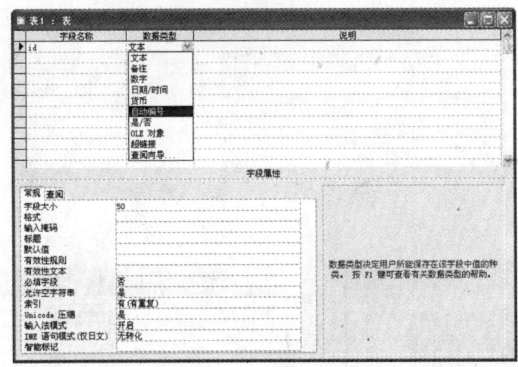

图6-63 编辑字段

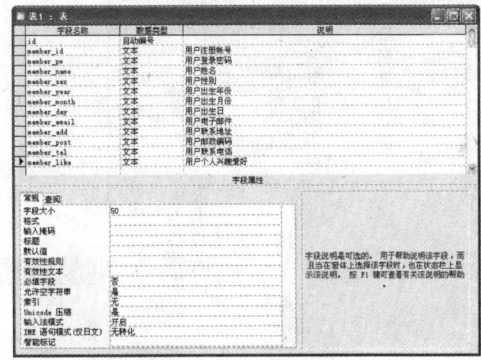

图6-64 编辑其他字段

表6-7 数据信息

字段名称	数据类型	字段说明
member_id	文本	用户注册账号
member_pw	文本	用户登录密码
member_name	文本	用户名称
member_sex	文本	用户性别

续表

字段名称	数据类型	字段说明
member_year	文本	用户出生年份
member_month	文本	用户出生月份
member_day	文本	用户出生日
member_email	文本	用户电子邮件
member_add	文本	用户联系地址
member_post	文本	用户邮政编码
member_tel	文本	用户联系电话
member_like	文本	用户个人兴趣爱好

07 在第一个字段上右击打开快捷菜单，选择【主键】命令，指定"id"字段为主键，如图6-65所示。

08 关闭窗口，完成表的编辑，显示提示框，询问是否保存表，单击【是】，如图6-66所示。

09 打开【另存为】对话框，输入表名称为"club"，然后单击【确定】按钮，如图6-67所示，完成创建Access数据库的操作。

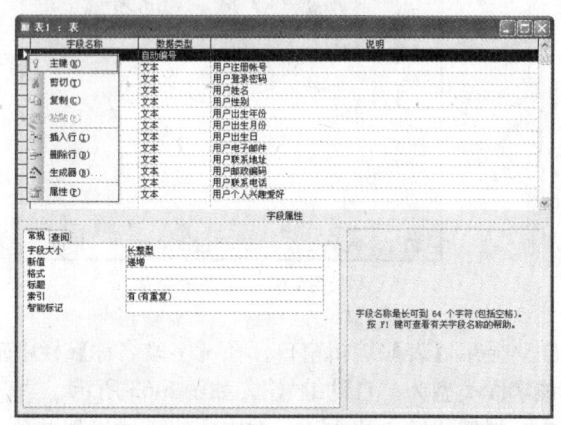

图6-65　指定主键

图6-66　关闭保存数据表　　　　　图6-67　设置数据表名称

> **提示**　建议使用非中文的命名方式来编辑数据表字段，以确保数据库的正常访问，同时也便于数据库信息的管理。此外，为字段项目加入说明信息有助于识别字段的用途，特别是共用相同数据库文件时，也便于其他人由字段的说明信息了解字段记录的使用。

6.3.2 设置ODBC数据源

制作分析

Access创建的数据库文件在被设置为ODBC数据源之前只是一个独立数据文件,而只有将其设置为ODBC数据源后,才可以由Dreamweaver连接绑定,从而应用到动态网页中。设置ODBC数据源的结果如图6-68所示。

制作流程

设置流程见表6-8。

表 6-8 设置 ODBC 数据源流程

制作目的	实现过程
打开数据源管理器	在【控制面板】中打开 ODBC 数据源管理器
添加数据源	通过 ODBC 数据源管理器添加 "Microsoft Access Driver" (*.mdb) 驱动程序 指定 Access 数据库文件作为数据源

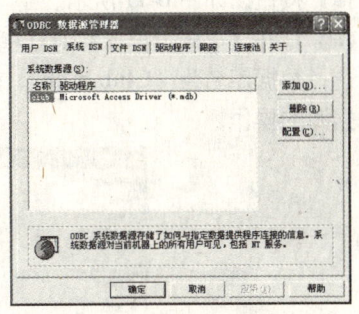

图6-68 设置ODBC数据源的结果

上机实战 设置ODBC数据源

01 打开【控制面板】窗口后,双击【管理工具】图标,在打开的【管理工具】窗口中,双击【数据源(ODBC)】图标,如图 6-69 所示。

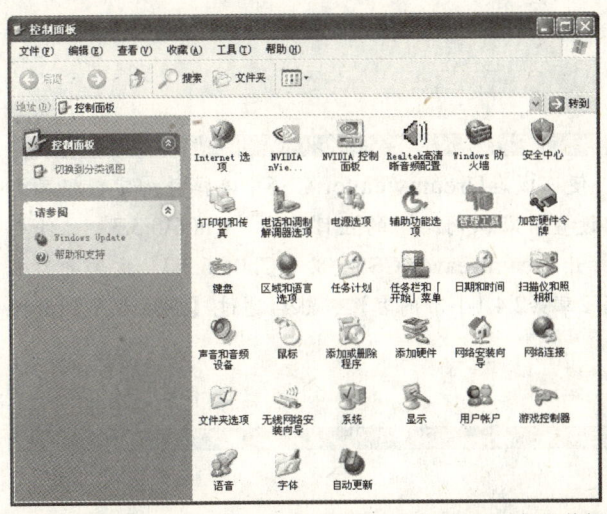
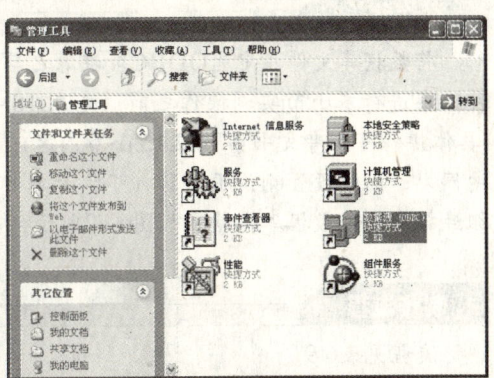

图6-69 打开数据源管理器

02 打开【ODBC 数据源管理器】对话框,切换至【系统 DSN】选项卡,单击【添加】按钮,打开【创建新数据源】窗口,选择驱动程序为 "Microsoft Access Driver (*.mdb)",然后单击【完成】,如图 6-70 所示。

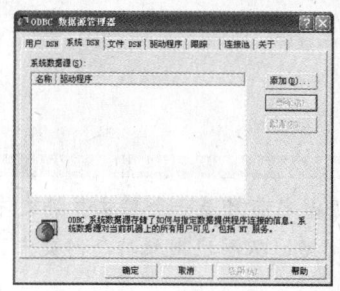 

图6-70 创建新数据源

03 显示【ODBC Microsoft Access 安装】对话框，在【数据源名】栏中输入"club"，单击【选择】按钮，如图6-71所示。

04 打开【选择数据库】对话框，在【驱动器】栏指定C盘，目录为"Ex03\database"，再在左侧选择数据库名为"Club.mdb"，然后依次单击【确定】按钮，如图6-71所示，完成设置ODBC数据源的操作。

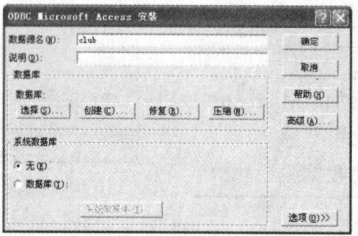 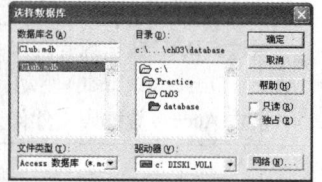

图6-71 选择数据库

> **提示** 在设置ODBC数据源前，要确保所指定的数据库文件未被打开或使用，否则将出现误认所指定的数据库文件路径非法的提示。

6.3.3 连接并绑定数据库

制作分析

将数据库文件指定为ODBC数据源之后，便可以在Dreamweaver CS5中连接并绑定数据库文件，在进行本小节实例操作之前，先在IIS中设置"默认网站"的主目录为"Ch06\6.3.3"文件夹（具体操作可参考文书第2章2.1.2小节内容），打开Dreamweaver CS5定义"Ch06\6.3.3"文件夹为本地网站，同时设置测试服务器（可参考本书第2章第2.4.1小节内容），然后通过【应用程序】面板组连接和绑定数据库，结果如图6-72所示。

制作流程

流程见表6-9。

表6-9 连接和绑定数据库流程

制作目的	实现过程
连接数据库	通过【数据库】面板指定连接数据库文件
绑定数据库	通过【绑定】面板绑定已连接的数据库

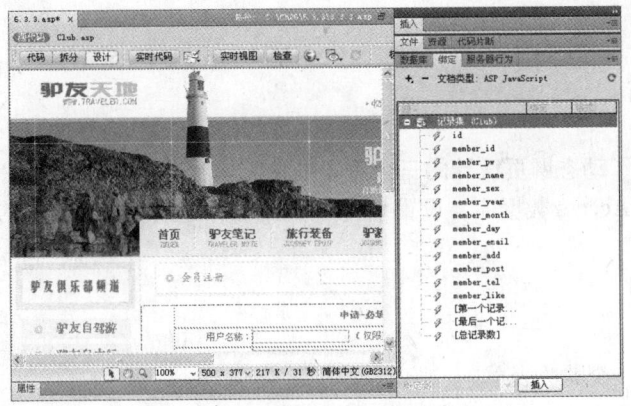

图6-72 连接和绑定数据库的结果

上机实战 连接并绑定数据库

01 通过【文件】面板打开"6.3.3.asp"练习文件，选择【窗口】|【数据库】命令，或按下"Ctrl+Shift+F10"快捷键打开【数据库】面板，在【数据库】面板中单击 按钮，在下拉菜单中选择【数据源名称（DSN）】命令，如图6-73所示。

02 打开【数据源名称（DSN）】对话框后，设置【连接名称】和【数据源名称（DSN）】都为"club"，然后单击【测试】按钮，弹出一个显示成功连接的提示框，依次单击【确定】按钮，如图6-74所示，完成数据连接。

图6-73 打开【数据库】面板

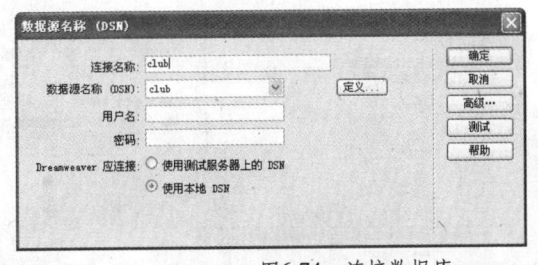

图6-74 连接数据库

03 按下"Ctrl+F10"快捷键，或直接在【应用程序】面板组中切换至【绑定】面板，再单击 按钮，在下拉菜单中选择【记录集（查询）】命令，如图6-75所示。

04 打开【记录集】对话框，设置【名称】、【连接】和【表格】都为"club"，然后单击【确定】按钮，如图6-76所示。

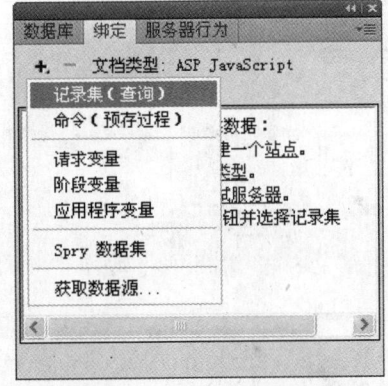

图6-75 打开【绑定】面板

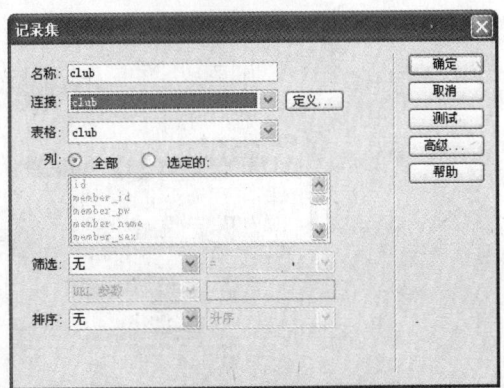

图6-76 绑定数据库记录集

6.4 本章小结

本章为读者讲解了动态网页设计的三个重要准备工作，并通过实例详细介绍了表单元件的制作、验证处理，创建Access数据库、设置ODBC数据源和连接绑定数据库的操作与应用。

6.5 上机实训

实训要求：制作一个购物表单。

操作提示：首先在网页中间空白单元格中插入一个表单，再在表单中插入一个4×6的表格，分别设置各单元格宽/高并合并多余的单元格，接着在单元格中输入文本，并套用"text"CSS规则。根据表格内容分别插入"文本字段"、"单选按钮"和"文本区域"三种表单元件，然后根据用途设置表单元件的名称、大小等属性。整个购物表单的制作流程如图6-77所示。

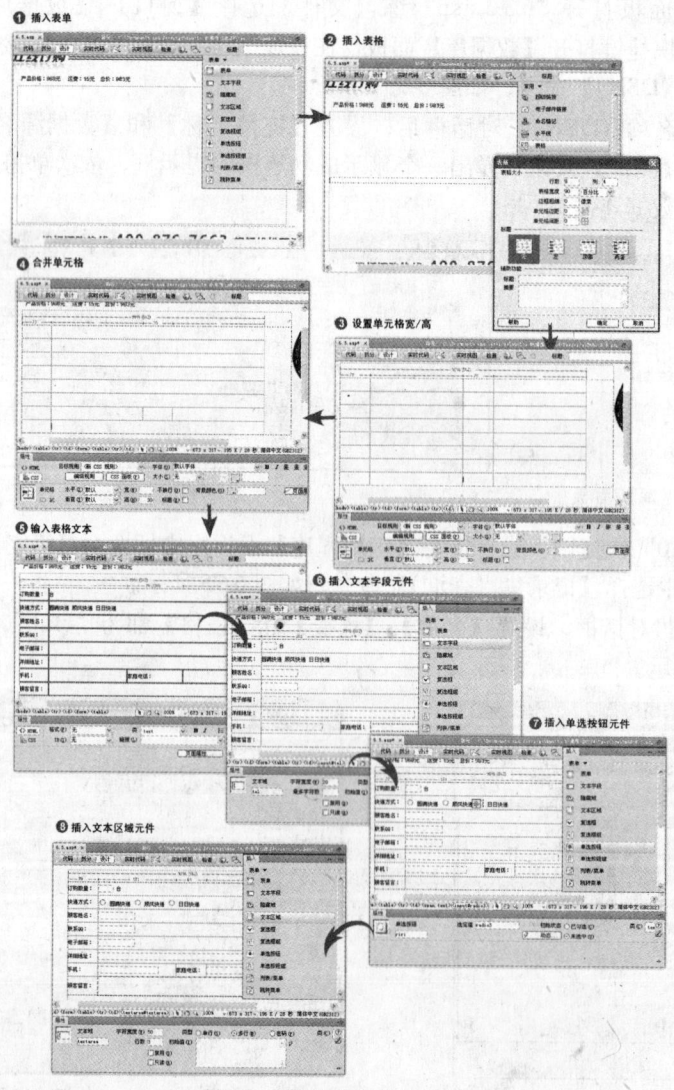

图6-77 购物表单设计流程

第 7 章 会员申请系统设计

> 本章将通过"驴友天地"会员申请系统的实例,完整介绍一个可用于申请加入会员,并让会员自由登录,以及实现让会员修改个人资料等功能的动态网站制作方法。

7.1 会员申请系统设计分析

先介绍动态网站的设计前准备,再根据结构图依次制作加入会员、会员登录、用户资料修改与删除等详细的设计流程,最后将对完成的动态网站系统进行一次模拟操作,完整体验会员申请系统设计全过程。

7.1.1 动态网站结构详解

"驴友俱乐部"会员申请系统设计主要由"注册会员"和"会员登录"两个模块组成,其中"注册会员"模块包括"TravelerClub_Add.asp"、"TravelerClub_Dname.asp"、"TravelerClub_Fail.asp"和"TravelerClub_Success.asp" 4个动态页面,而"会员登录"模块则包括"TravelerClub.asp"、"TravelerClub_Member.asp"、"TravelerClub_Del.asp"、"TravelerClub_Delfunction.asp"和"TravelerClub_Revamp" 5个动态页面,除了动态网页文件,整个网站还包括一个用于放置"Club.mdb"数据库文件的"Database"文件夹,以及一个用于放置"club.asp"数据库连接文件的"Connections"文件夹,如图 7-1 所示。

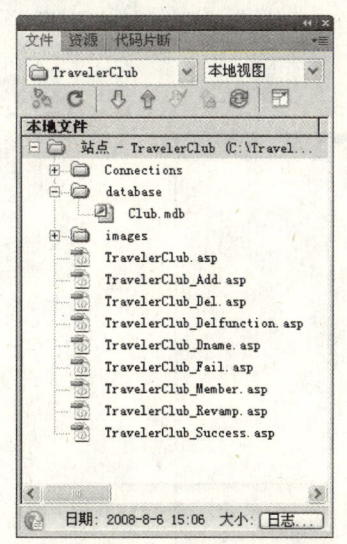
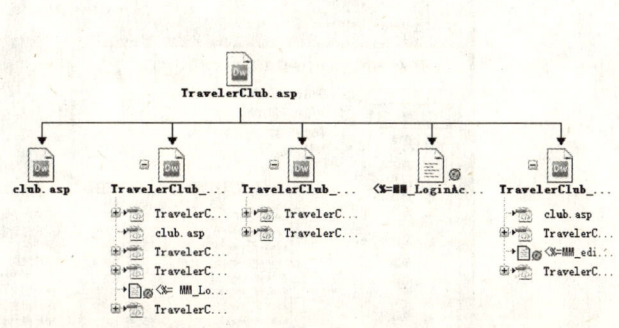

图7-1 驴友俱乐部的网站文件及网站地图

有兴趣加入驴友俱乐部的浏览者可以先通过"注册会员"模块申请注册为会员,注册成功后,便可以从"会员登录"模块登录,从而进入网站论坛。此外,会员登录后还可以进行修改个人的用户资料、退出俱乐部等操作。如图7-2所示为驴友俱乐部会员系统的设计结构。

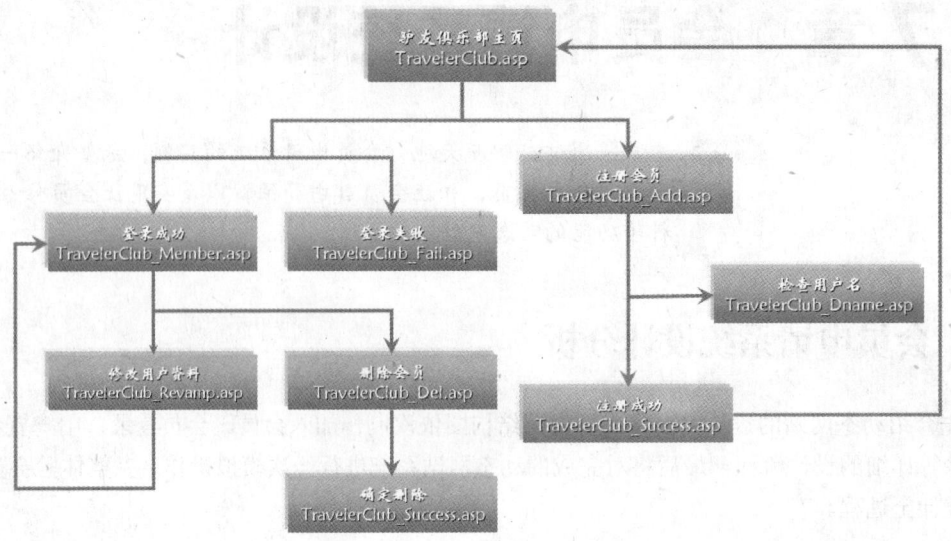

图7-2 会员申请系统结构图

7.1.2 网站数据库分析

"驴友俱乐部"会员申请系统使用的数据库文件名称为"Club.mdb",存放在网站的"database"文件夹中,该数据库包含一个名为"club"的数据表,该数据表由13个字段组成,其中除了"id"字段的数据类型为"自动编码",其余都为"文本"类型,如图7-3所示。

> **提示** 创建数据库的方法可参阅本书第6章的6.3.1小节内容,本例直接使用已完成创建"club"数据表的数据库文件"Club.mdb",其位置为网站文件夹"TravelerClub"的"Database"文件夹中(即本书光盘的"...\Practice\Ch07\TravelerClub\Database"位置)。

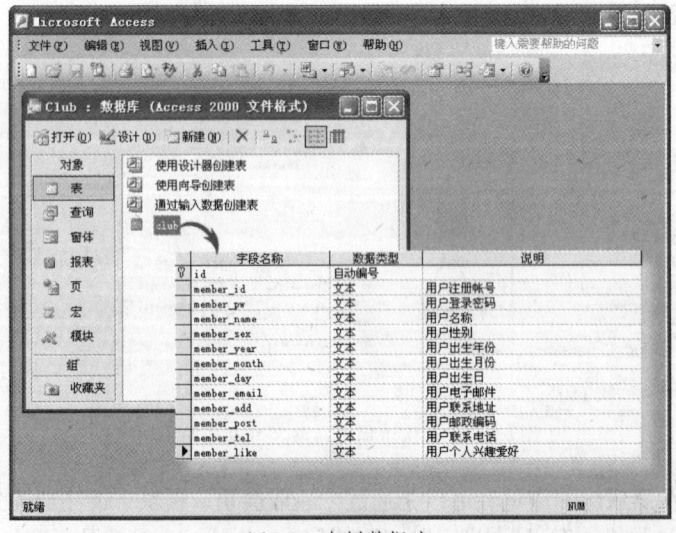

图7-3 本例数据库

7.2 会员申请系统设计前准备

7.2.1 动态网站环境配置

制作分析

为了能够顺利地进行后续的动态网站设计，本小节简单说明驴友俱乐部会员申请系统的设计前准备工作，包括动态网站的环境配置、ODBC数据源的设置以及数据库的连接。

制作流程

本书第2章已详细介绍了安装和设置IIS组件，以及定义网站的方法，这些都是设计动态站点的重要前提。将实例光盘中的"...\Practice\Ch07\TravelerClub"文件夹复制到本地电脑C盘位置，再参照第2章中的内容，根据下面的介绍配置动态网站设计环境，主要流程为"设置IIS属性"→"定义动态网站"，具体实现过程见表7-1。

表7-1　配置动态网站设计环境过程

制作目的	实现过程
设置IIS属性	通过控制面板打开IIS 设置IIS中"默认网站"主目录
定义动态网站	通过【文件】面板创建网站 定义网站"本地信息" 定义网站"测试服务器"

上机实战　动态网站环境配置

01 在桌面任务栏中单击【开始】按钮，选择【控制面板】命令，打开【控制面板】窗口。
02 在【控制面板】窗口中双击【管理工具】图标，打开【管理工具】窗口后，双击【Internet信息服务】图标，如图7-4所示。

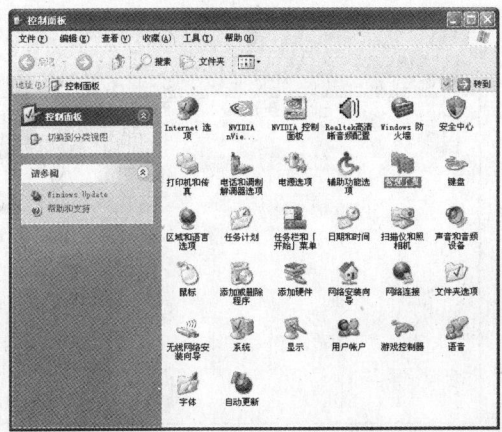 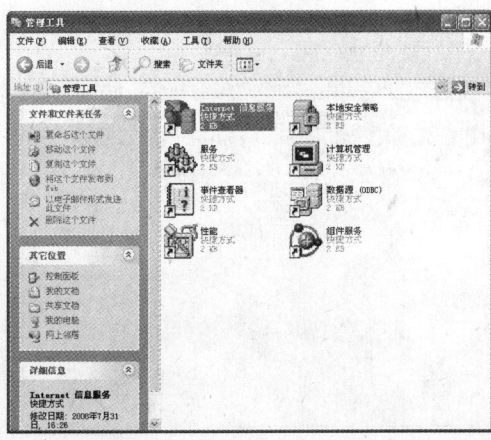

图7-4　打开"Internet信息服务"

03 在【Internet 信息服务】左侧窗口右键单击"默认网站",在打开的快捷菜单中选择【属性】命令,打开【默认网站 属性】对话框后,切换至【主目录】选项卡,设置本地路径为"C:\TravelerClub",然后单击【确定】按钮,如图 7-5 所示。

 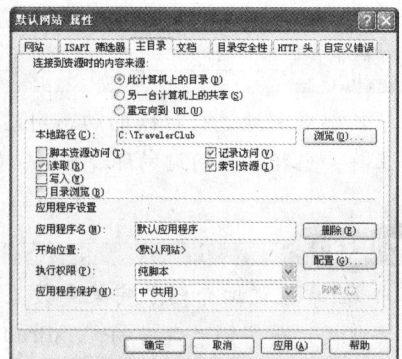

图7-5 设置IIS主目录

04 打开 Dreamweaver CS5 程序,在【文件】面板中单击【管理站点】链接文字,打开【管理站点】对话框后,单击【新建】按钮,如图 7-6 所示。

 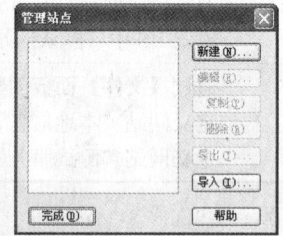

图7-6 新建站点

05 显示"站点设置对象"设计窗口,选择【站点】分类,输入【站点名称】为"TravelerClub"、【本地站点文件夹】为"C:\TravelerClub\",如图 7-7 所示。

06 选择【服务器】分类,单击【添加新服务器】按钮 ,准备设置用于测试的服务器对象,如图 7-8 所示。

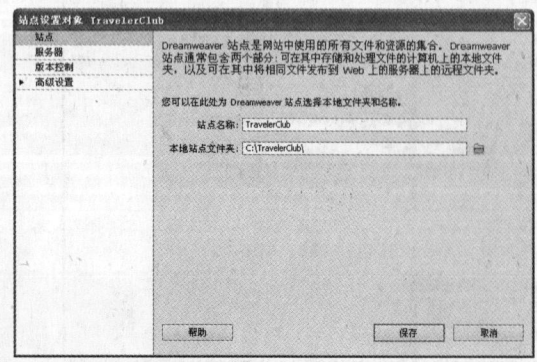 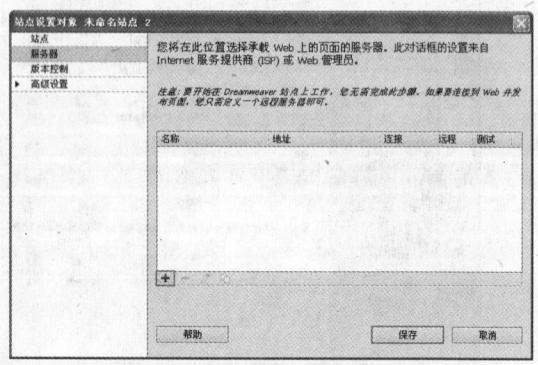

图7-7 设置"站点"信息　　　　　　　图7-8 添加新服务器

07 打开设置对话框,输入【服务器名称】为"TravelerClub",设置【连接方法】为"本地/网站",【服务器文件夹】为"C:\TravelerClub\",【Web URL】为"http://localhost/",再单击上方的【高级】按钮,在下面的【服务器类型】中选择"ASP JavaScript",最后依次单击【保存】按钮,如图7-9所示,完成站点对象的设置。

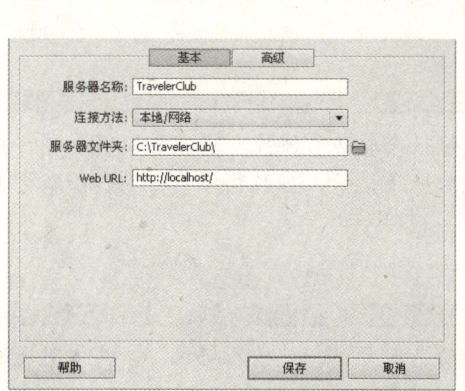
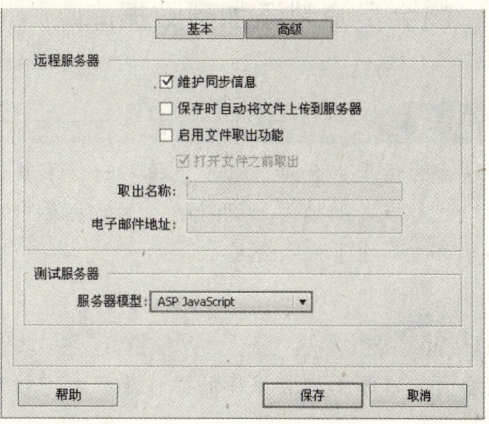

图7-9 设置测试服务器

7.2.2 设置ODBC数据源

设置IIS本地服务器的主目录并定义动态网站后,利用开放式数据库连接(ODBC)驱动程序将数据库指定为数据源,通过"控制面板"打开【管理工具】窗口,再执行【ODBC数据源管理器】程序,然后指定电脑C盘中的"/TravelerClub/database"文件夹中的"Club.mdb"数据库文件,如图7-10所示(具体的操作过程参考本书第6章的6.3.2小节内容)。

7.2.3 Dreamweaver动态数据设置

为了实现由ASP网页对数据库的访问与管理,需要将网页与数据库建立关联,本例以指定数据源名称(DSN)的方式为动态网站数据库操作提供连接通道。

在Dreamweaver CS5的【文件】面板中已定义的网站中打开任意一个ASP网页,再通过【数据库】面板使用【数据源名称(DSN)】功能,设置"club"作为【连接名称】和【数据源名称(DSN)】,如图7-11所示(详细的操作过程参考本书第6章的6.3.3小节)。

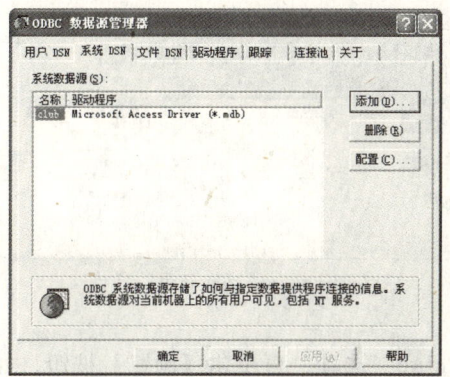
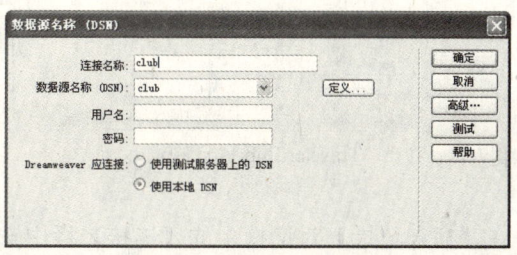

图7-10 指定ODBC数据源   图7-11 指定数据源名称

7.3 制作会员注册页面

7.3.1 将会员资料添加到数据库

制作分析

申请成为俱乐部会员，必须先填写一份表单，待提交成功后便可以正式成为俱乐部一员。提交表单的过程就是将填写的资料插入到数据库中成为一条记录，当数据库中产生一条新记录时，表示俱乐部中新增了一名会员。

制作流程

将会员资料添加到数据库的操作流程为"打开动态网页"→"插入记录"，具体实现过程见表7-2。

表 7-2　将会员资料添加到数据库操作过程

制作目的	实现过程
打开动态网页	通过【文件】面板在已定义网站中打开"TravelerClub_Add.asp"文件
插入记录	通过【服务器行为】面板添加"插入记录"行为 指定数据库和转入网页

上机实战　将会员申请资料添加到数据库

01 按下"F8"功能键打开【文件】面板（或选择【窗口】|【文件】命令），然后双击打开"TravelerClub_Add.asp"网页文件，如图7-12所示。

02 按下"Ctrl+F9"快捷键打开【服务器行为】面板（或选择【窗口】|【服务器行为】命令），然后单击面板上的 ➕ 图示按钮，打开下拉选单，选择【插入记录】命令，如图7-13所示。

图7-12　打开"TravelerClub_Add.asp"文件

图7-13　添加"插入记录"行为

03 在【插入记录】对话框中的【连接】栏中选择"club"选项，再单击【浏览】按钮，如图7-14所示。

04 在打开【选择文件】对话框中指定【查找范围】为"TravelerClub"文件夹，选择"TravelerClub_Success.asp"文件，然后单击【确定】按钮，如图7-14所示。

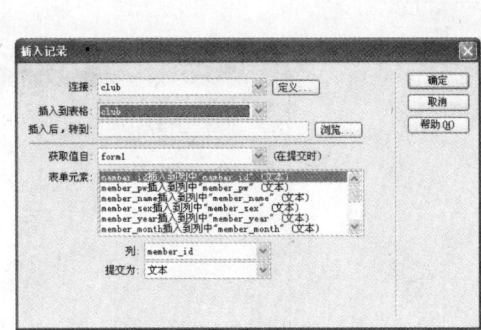
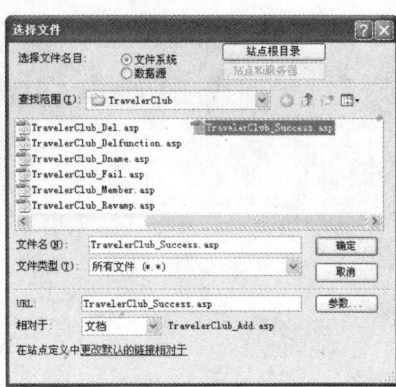

图7-14 设置数据库连接

> **提示** 在步骤3的操作中，可以在【插入记录】对话框的"表单元素"区中看到相应的表单元件与数据库文件中的数据表字段对应，也就是说，表单网页中各表单元件的名称与数据库文件中的数据表字段名称必须对应相同，如此才可以将填写的表单数据成功插入数据库。

7.3.2 检查新用户名称

制作分析

由于数据库是凭借会员的用户账号（即本例数据库中的member_id字段）辨识和管理会员资料，若是出现相同的会员名称将使数据库管理产生混乱，因此要禁止会员名称相同的情况出现，即每个会员名称都是唯一的。下面将继续前一小节的操作，应用【用户身份验证】分类的【检查新用户名】服务器行为，检查用户所使用的会员名称是否已被他人使用，若发现已被使用将打开另一个页面，提示用户账号已被使用，请改用其他会员名称注册。

制作流程

主要操作流程为"绑定记录集"→"检查新用户名"，具体实现过程见表7-3。

表7-3 检查用户名实现过程

制作目的	实现过程
绑定记录集	通过【服务器行为】面板绑定数据库
检查新用户名	通过【服务器行为】面板添加"检查新用户名"行为

上机实战 检查新用户名称

01 按下"Ctrl+F9"快捷键打开【服务器行为】面板，单击面板上的 按钮，打开下拉选单，选择【记录集（查询）】命令，如图7-15所示。

02 打开【记录集】对话框，先设置【名称】为"club"，再选择【连接】为"club"，然后单击【确定】按钮，如图7-16所示。

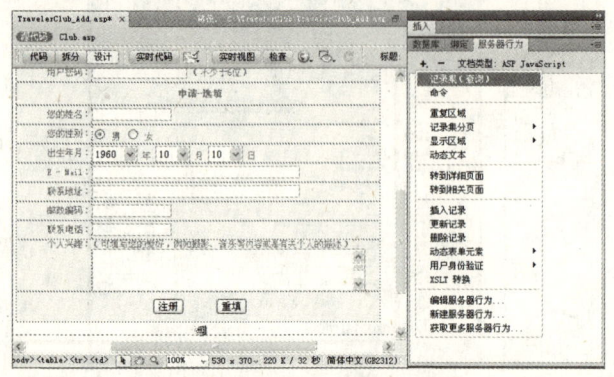
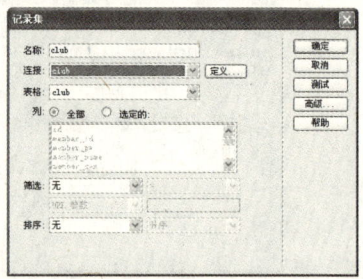

图7-15　查询记录集　　　　　　　　　图7-16　连接记录集

03 单击【服务器行为】面板中的⊕按钮，打开下拉选单，选择【用户身份验证】|【检查新用户名】命令，如图7-17所示

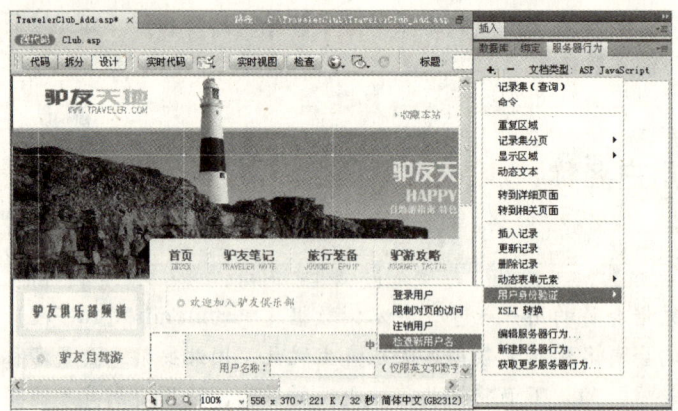

图7-17　添加"检查新用户名"行为

04 打开【检查新用户名】对话框，单击【如果已存在，则转到】右侧的【浏览】按钮，显示【选择文件】对话框，指定【查找范围】为"TravelerClub"文件夹，双击选择"TravelerClub_Dname.asp"文件，返回【检查新用户名】对话框后单击【确定】按钮，如图7-18所示。

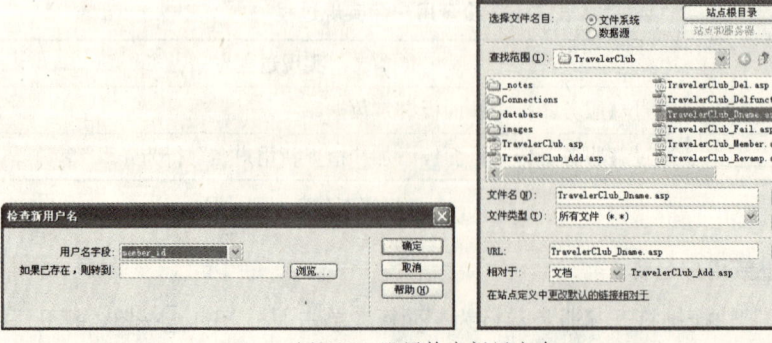

图7-18　设置检查新用户名

7.4 制作会员登录界面

7.4.1 制作登录表单

制作分析

本节将介绍会员登录和显示会员资料两个页面的制作。会员登录时通过输入用户名称和密码登录,为了登录区与网页外观整体风格匹配,本节将介绍利用CSS样式制作外观漂亮的表单,如图7-19所示。

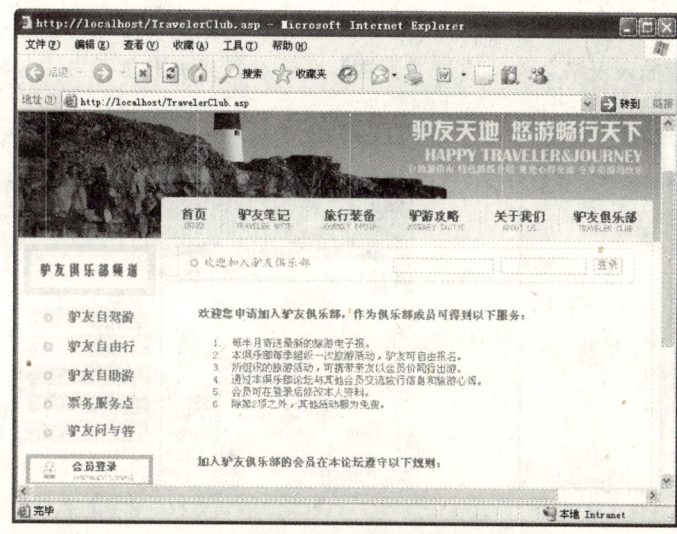

图7-19 登录表单设计效果

制作流程

主要设计流程为"插入表格"→"插入表单元件"→"创建CSS样式",详见表7-4。

表7-4 制作登录表单流程

制作目的	实现过程
插入表格	通过【插入】面板插入一个2×1的表格
插入表单元件	通过【插入】面板插入"文本字段"和"按钮"元件 通过【属性】面板分别设置"文本字段"和"按钮"元件属性
创建CSS样式	通过【CSS】面板添加类型为"标签"的"input"样式

上机实战 制作登录表单

01 按下"F8"功能键打开【文件】面板,双击打开"TravelerClub.asp"网页文件。

02 将光标定位在导航列下方单元格,单击【插入】面板中的【表格】按钮,如图7-20所示。

图7-20 插入表格

03 打开【表格】对话框,设置【行数】和【列数】为2和1,【表格宽度】为53%,再设置边框粗细、单元格边距和单元格间距都为0,然后单击【确定】按钮,如图7-21所示。

04 将光标定位在新插入表格之外,通过【属性】面板设置其水平对齐为"右对齐",垂直对齐为"顶端",如图 7-22 所示。

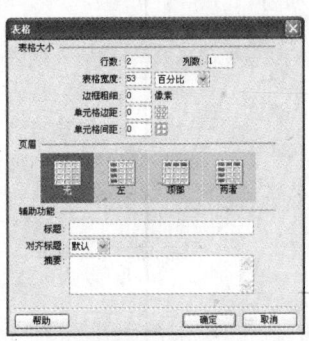

图7-21 设置表格

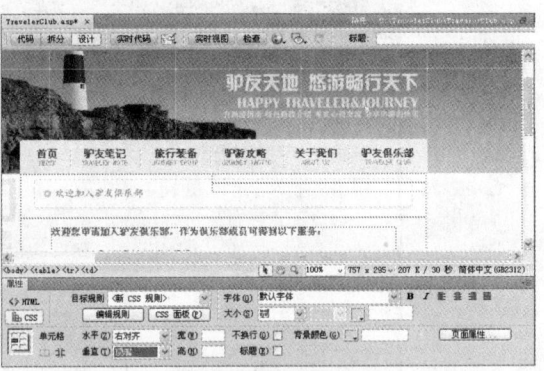

图7-22 对齐表格

05 将光标定位在表格下方的单元格内,切换到【插入】面板的【表单】选项卡,单击【文本字段】按钮,如图 7-23 所示。

06 弹出提示框后,单击【是】按钮,确定添加表单标签,如图 7-24 所示。

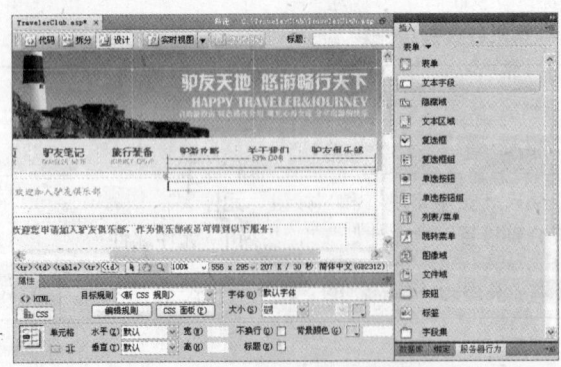

图7-23 插入"文本字段"元件

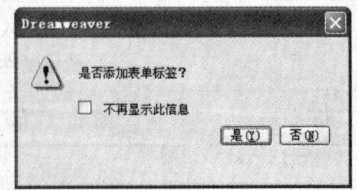

图7-24 同时添加表单

07 选择新插入的"文本字段"元件,在【属性】面板中设置其名称为"member_id",并设置【字符宽度】参数为18,如图 7-25 所示。

08 按照步骤5和步骤7的方法,在已插入的"文本字段"元件后面插入另一个"文本字段"元件,并通过【属性】面板设置其名称为"member_pw",再设置【字符宽度】参数为16,并选择类型为【密码】,如图7-26所示。

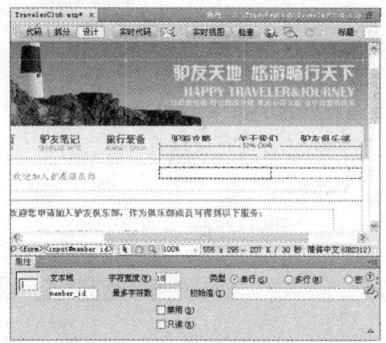
图7-25 设置"文本字段"属性

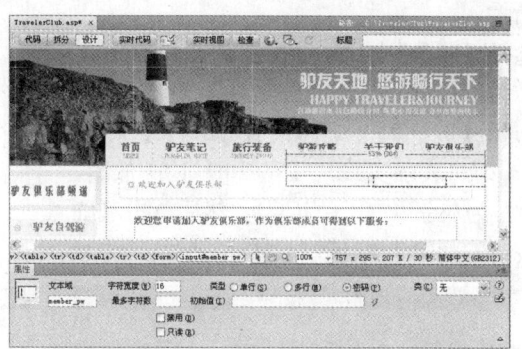
图7-26 插入并设置另一"文本字段"元件

09 在【插入】面板中单击【按钮】按钮,如图7-27所示,在"文本字段"元件后面插入按钮元件。
10 选择新插入的按钮元件,在【属性】面板中设置【值】为"登陆",如图7-28所示,改变按钮文字。

图7-27 插入"按钮"元件

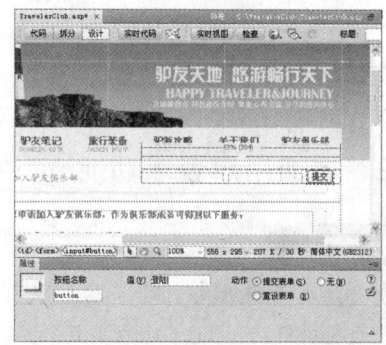
图7-28 设置"按钮"元件属性

11 按下"Shift+F11"快捷键打开【CSS样式】面板,接着单击面板上的【新建CSS规则】按钮,如图7-29所示。
12 打开【新建CSS规则】对话框,设置【选择器类型】为"标签(重新定义特定HTML元素)",【选择器名称】为".input",【规则定义】为"仅对该文档"选项,然后单击【确定】按钮,如图7-30所示。

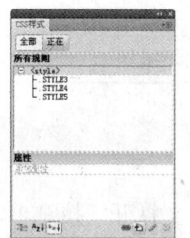
图7-29 新建CSS样式

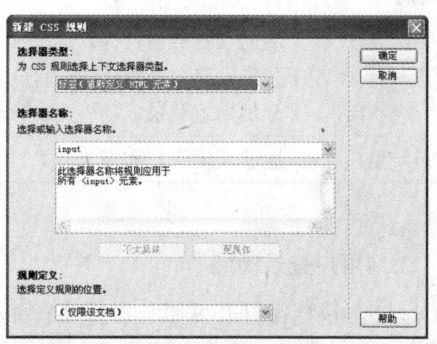
图7-30 设置CSS规则

13 打开【CSS规则定义】对话框，在【类型】分类中设置【Font-size】参数为12px，再设置【Color】为"灰色"（#999999），如图7-31所示。

14 选择【背景】分类，设置【Background-color】为"白色"（#F8F8F8），如图7-32所示。

15 选择【边框】分类，设置【Style】样式为"solid"（表示实线），【Width】为1像素，【Color】为灰色（#CCCCCC），然后单击【确定】按钮，如图7-33所示。

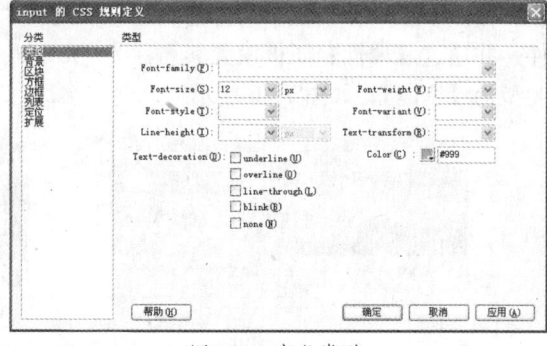

图7-31 定义类型

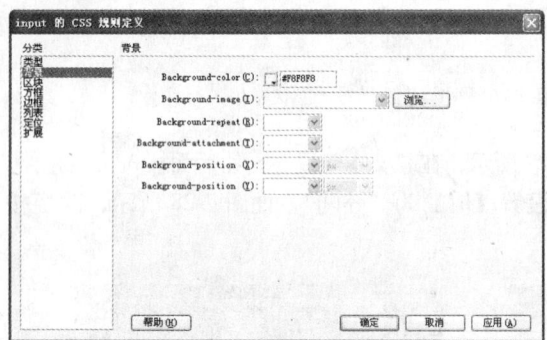

图7-32 定义背景

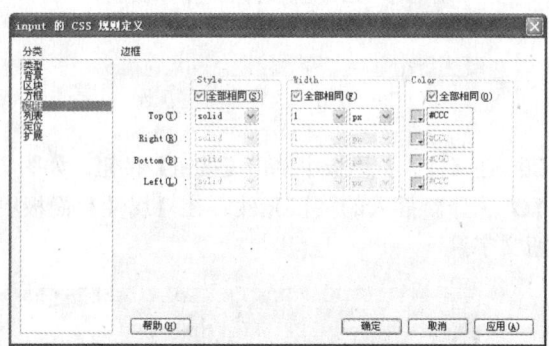

图7-33 定义边框

7.4.2 添加用户登录功能

制作分析

成功注册为俱乐部的会员后，便可以使用用户名和密码登录，参与驴友俱乐部的各项活动中。下面将讲解为"TravelerClub.asp"文件添加"登录用户"服务器行为，使驴友俱乐部主页具备会员登录功能。

制作流程

主要操作流程为"插入【登录用户】行为"→"设置加入会员链接"，具体实现过程见表7-5。

表 7-5 添加用户登录功能实现过程

制作目的	实现过程
插入【登录用户】行为	通过【服务器行为】面板添加【登录用户】行为 分别设置"使用连接验证"用户名和密码 分别指定登录成功/失败的转到页面
设置"加入会员"链接	通过【属性】和【文件】面板为网页图片添加超链接

上机实战 添加用户登录功能

01 按下"Ctrl+F9"快捷键打开【服务器行为】面板，单击⊞按钮，打开下拉选单，选择【用户身份验证】|【登录用户】命令，如图7-34所示。

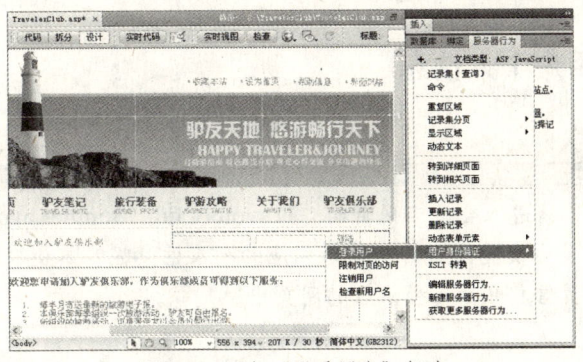

图7-34　添加"登录用户"行为

02 打开【登录用户】对话框,将自动获取页面上的表单和表单中的字段项目,设置【使用连接验证】选项为"club",【用户名列】和【密码列】为"member_id"和"member_pw",然后在【如果登录成功,转到】栏单击【浏览】按钮,如图7-35所示。

03 打开【选择文件】对话框,指定【查找范围】为"TravelerClub",再选择"TravelerClub_Member.asp"文件,然后单击【确定】按钮,如图7-36所示。

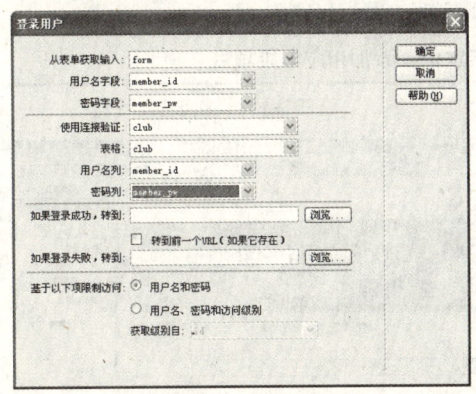

图7-35　设置连接验证

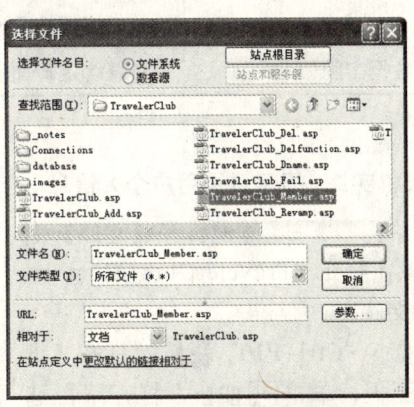

图7-36　指定登录成功显示的页面

04 返回【登录用户】对话框,在【如果登录失败,转到】栏指定登录失败显示的页面"TravelerClub_Fail.asp",最后单击【确定】按钮,完成添加【登录用户】行为的设置,如图7-37所示。

05 在网页左侧选择内容为"加入会员"的图片,选择【窗口】|【属性】命令或按下"Ctrl+F3"快捷键,打开【属性】面板,在【链接】栏后拖动图标至【文件】面板的"TravelerClub_Add.asp"文件上,如图7-38所示,为所选图像创建超链接。

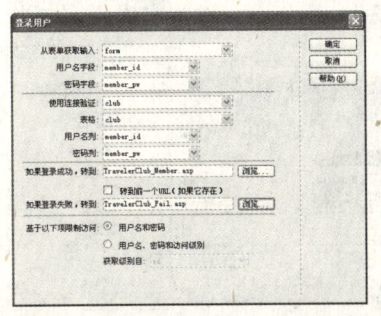

图7-37　指定登录失败显示的页面

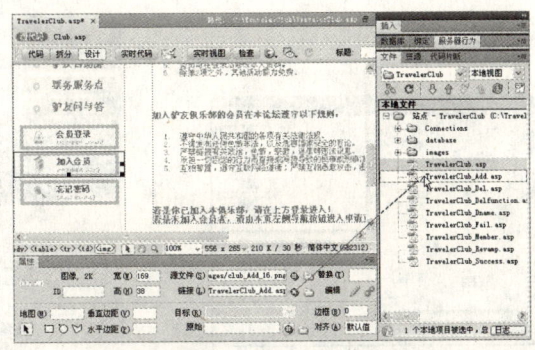

图7-38　建立"加入会员"超链接

7.4.3 显示登录用户个人信息

制作分析

俱乐部会员登录后,将进入会员专区页面"TravelerClub_Member.asp",其中显示所登录会员的用户资料。那如何使会员登陆后自动显示相应的个人信息呢?本例将通过在网页中添加数据字段的方法,将某个会员信息显示在登录后的网页中。

制作流程

主要操作流程为"绑定记录集"→"插入数据字段",具体实现过程见表7-6。

表7-6 显示登录用户个人信息实现过程

制作目的	实现过程
绑定记录集	通过【绑定】面板指定添加记录集 设置绑定筛选为 member_id= 阶段变量(MM_Username)
插入数据字段	通过【绑定】面板为网页指定位置添加相应字段项目

上机实战 显示登录用户个人信息

01 按下"F8"功能键打开【文件】面板,双击打开"TravelerClub_Member.asp"文件。

02 按下"Ctrl+F10"快捷键打开【绑定】面板,单击 按钮,打开下拉选单,选择【记录集(查询)】命令,如图7-39所示。

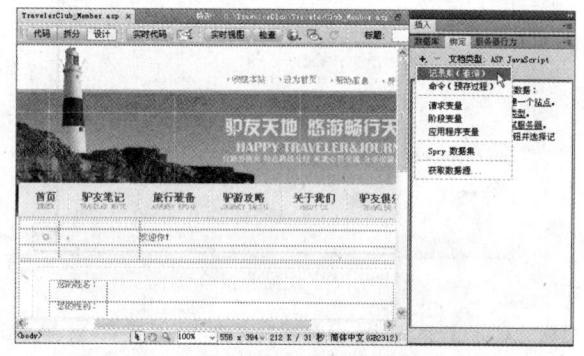

图7-39 绑定记录集

03 打开【记录集】对话框,设置【名称】和【连接】都为"club",接着在【筛选】栏中选择【member_id】选项,在下一栏中选择【阶段变量】选项,输入"MM_Username"语句,然后单击【确定】按钮,如图7-40所示。

04 在【绑定】面板中打开记录集,拖动"member_id"字段到页面导航下方空白单元格,如图7-41所示,以便在网页上方显示会员的名称。

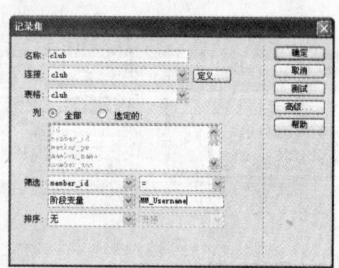

图7-40 设置记录集绑定

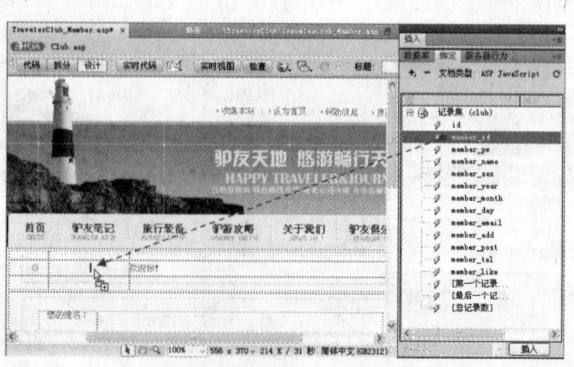

图7-41 添加用户名字段

> **提示** 使用用户名称和密码在登录页面（TrevalerClub.asp）登录后，网页浏览器会保存账号字段"member_id"在 Session 值中（ASP 中用于记录浏览器的单独变量），当浏览器接着打开会员专区（TrevalerClub_member.asp）后，就会以 Session 值作为筛选值，从而显示会员的信息资料。因此，在步骤 3 绑定记录集的设置中，将指定字段"member_id"的值为 Session 值，并设置"阶段变量"为"MM_Username"。

05 按照步骤 4 的方法，以拖动的方式分别在网页下方表格各单元格内添加对应的字段，如图 7-42 所示。

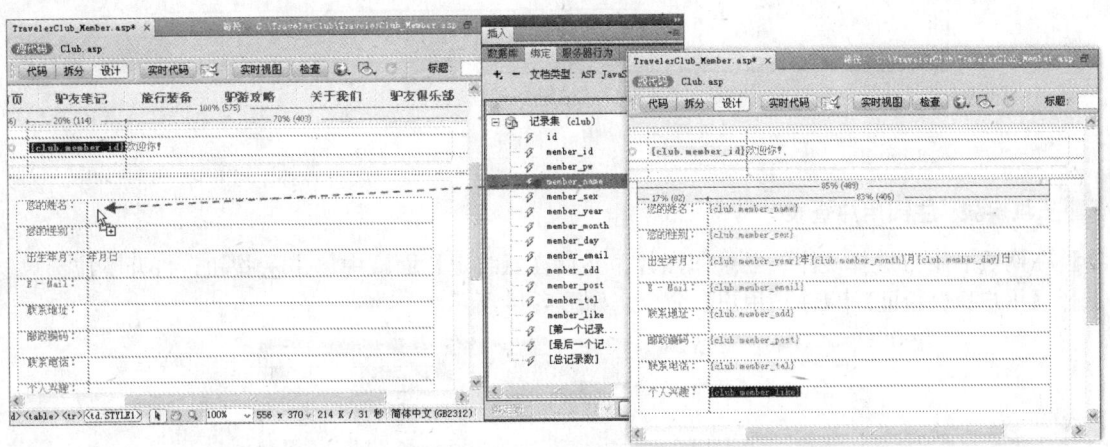

图7-42 为网页添加其他字段

7.4.4 注销用户登录

制作分析

在会员登录后浏览器会记录用户的Session值，并以该值从数据库中筛选对应的数据库资料并显示在网页上，若会员退出登录，将同时删除浏览器所记录的个人账号（Session值），以免被他人利用或使驻留信息影响其他网页的浏览。下面继续前一小节的操作，使用服务器行为在网页中添加注销登录的功能。

制作流程

主要操作流程为"添加【注销用户】行为"→"设置地址栏信息"，具体实现过程见表7-7，结果如图7-43所示。

表7-7 注销用户登录实现过程

制作目的	实现过程
添加【注销用户】行为	通过【服务器行为】面板添加【注销用户】行为 指定注销后转向页面
设置地址栏信息	在【注销用户】设置中输入将在浏览器地址栏显示的注销提示信息

图7-43 注销会员登录

上机实战　注销用户登录

01 在网页右下方选择"注销登录"图片,然后在【绑定】面板中单击按钮,打开下拉选单,选择【用户身份验证】|【注销用户】命令,如图7-44所示。

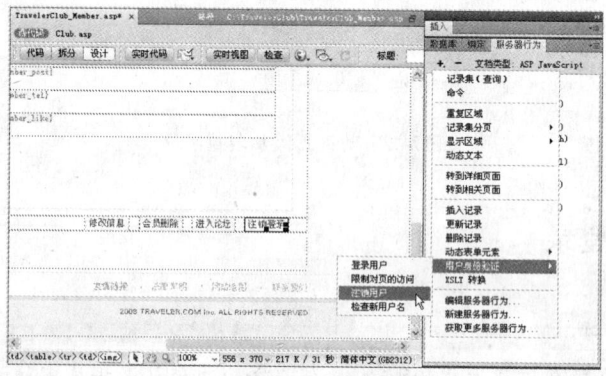

图7-44 添加"注销用户"行为

02 打开【注销用户】对话框,单击【浏览】按钮打开【选择文件】窗口,指定【查找范围】为"TravelerClub"文件夹,选择"TravelerClub.asp"文件,然后单击【确定】按钮,如图7-45所示。

03 返回【注销用户】对话框,在指定的页面文件后输入内容"?您已经成功注销登录!"(前面的?符号为网址分隔符,相当于信息辩识),最后单击【确定】按钮,如图7-45所示。

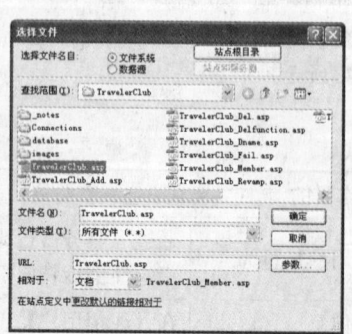

图7-45 设置"注销用户"

7.5 制作会员资料修改与删除页面

7.5.1 在修改页面中显示会员资料

制作分析

用户登录驴友俱乐部后可以修改用户信息，或自行删除资料退出俱乐部。

在"TravelerClub_Member.asp"页面中可以查看会员的用户信息，还可以通过下方一系列功能按钮执行修改、删除会员资料等操作。下面将介绍在会员资料页面"TravelerClub_Revamp.asp"中以表单的形式显示信息并可进行修改的操作方法。

制作流程

主要操作流程为"绑定记录集"→"插入数据字段"，具体实现过程见表7-8。

表7-8 修改会员资料的实现过程

制作目的	实现过程
绑定记录集	通过【绑定】面板指定添加记录集 设置绑定筛选为member_id=阶段变量（MM_Username）
插入数据字段	通过【绑定】面板为网页的表单元件添加相应字段项目 分别用"单选按钮"和"动态列表/菜单"元件设置动态表单元素

上机实战 在修改页面中显示会员资料

01 按下"F8"功能键打开【文件】面板，双击打开"TravelerClub_Revamp.asp"文件。

02 按下"Ctrl+F10"快捷键打开【绑定】面板，单击➕按钮，打开下拉选单，选择【记录集（查询）】命令，如图7-46所示。

03 打开【记录集】对话框，设置【名称】和【连接】都为"club"，在【筛选】栏中选择"member_id"选项，在下一栏中选择【阶段变量】选项，接着输入"MM_Username"语句，然后单击【确定】按钮，如图7-47所示。

图7-46 绑定记录集

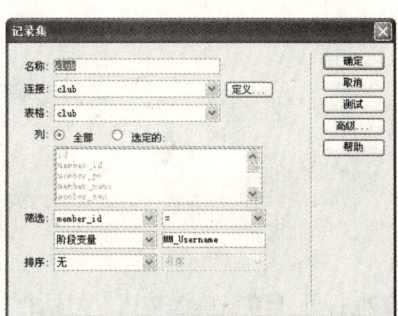

图7-47 设置绑定记录集

04 在【绑定】面板中打开记录集，再拖动"member_id"字段到页面导航下方的空白单元格，如图 7-48 所示。

图7-48　添加用户名称字段

05 拖动"member_name"字段至表单中"您的姓名"右边的文本字段表单元件，并以相同的方法将其他字段添加到表单相应文本字段和文本区域元件中，如图 7-49 所示。

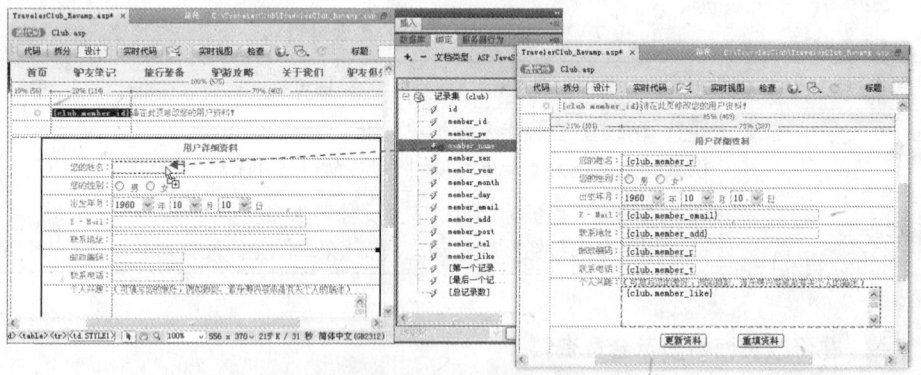

图7-49　添加字段至表单元件

06 切换至【服务器行为】面板，选择表格第三行中任一单选按钮元件，然后单击 按钮，打开下拉菜单，选择【动态表单元素】|【动态单选按钮】命令，如图 7-50 所示。

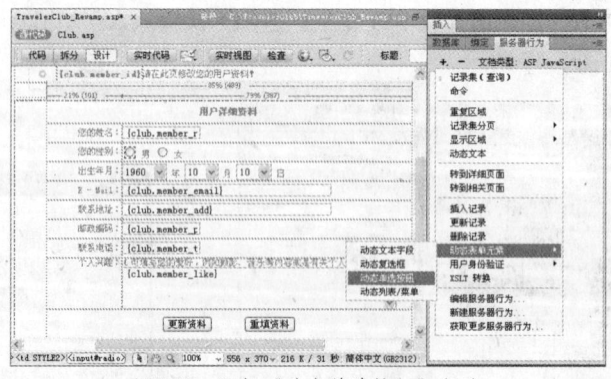

图7-50　添加"动态单选按钮"行为

07 打开【动态单选按钮】对话框，在【选取值等于】栏中单击 按钮，显示【动态数据】对话框，在【域】中选择"member_sex"字段，然后依次单击【确定】按钮，如图 7-51 所示。

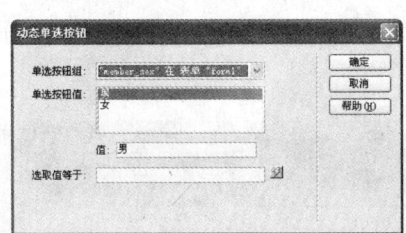
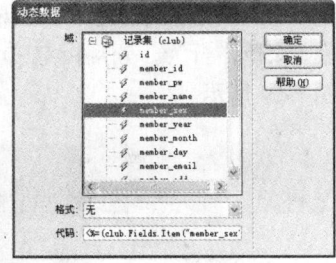

图7-51 设置"动态单选按钮"

> **提示** 由于表单中出现以多个可选项作为某个数据库字段的选取值，因此，步骤7的操作中就需要为"单选按钮"元件添加动态表单元素行为，以显示数据库中相应的字段信息。后续的"列表/菜单"表单元件设置也以类似操作完成。

08 选择表单中"年"文本前的"列表/菜单"元件，在【服务器行为】面板中单击 按钮，打开下拉菜单选择【动态表单元素】|【动态列表/菜单】命令，如图7-52所示。

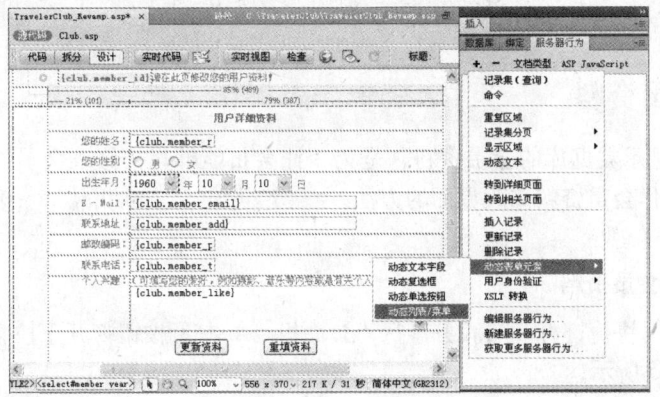

图7-52 添加"动态列表/菜单"行为

09 在打开的【动态列表/菜单】对话框中，在【来自记录集的选项】栏中选择"club"选项，设置【值】和【标签】都为"member_year"选项，再单击【选取值等于】栏中的 按钮，如图7-53所示。

10 显示【动态数据】对话框，在【域】中选择"member_year"字段，然后依次单击【确定】按钮，如图7-53所示，完成动态表单元格设置。

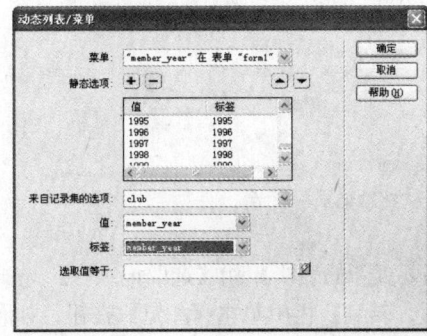
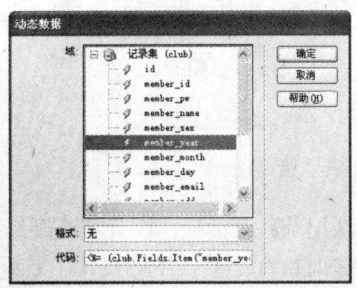

图7-53 设置"动态列表/菜单"

11 按照步骤8至步骤10的方法，分别为表单中"月"和"日"两个文本前的"列表/菜单"元件添加"动态列表/菜单"行为，分别指定"member_month"和"member_day"两个字段作为其选取值，结果如图7-54所示。

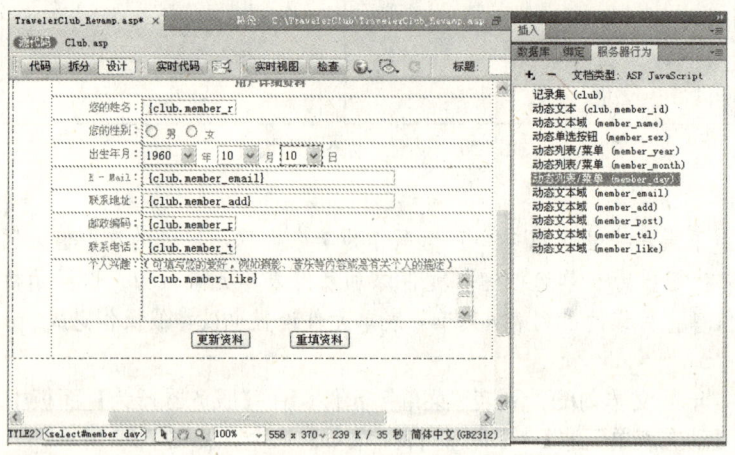

图7-54　添加并设置另外两个"动态列表/菜单"行为

7.5.2　更新会员资料

使用表单元件显示数据库的会员资料，是为了让会员能够直接修改会员资料，下面介绍利用"更新记录"行为制作会员资料修改界面的方法。

上机实战　更新会员资料

01 按下"Ctrl+F9"快捷键打开【服务器行为】面板，单击 按钮打开下拉菜单，选择【更新记录】命令，如图7-55所示。

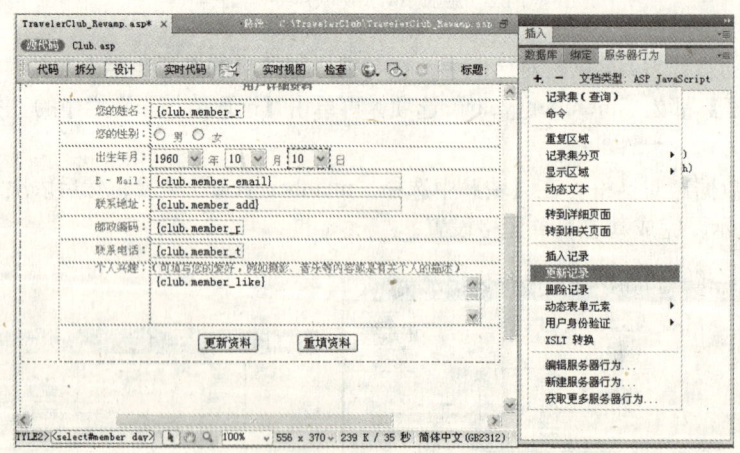

图7-55　添加"更新记录"行为

02 打开【更新记录】对话框，设置【连接】、【要更新的表格】和【选取记录自】选项都为"club"，再选择【唯一键列】为"id"，然后在【在更新后，转到】栏中单击【浏览】按钮，如图7-56所示。

03 打开【选择文件】对话框，指定【查找范围】为"TravelerClub"，选择"TravelerClub_Member.asp"

文件，然后单击【确定】按钮，如图 7-56 所示。

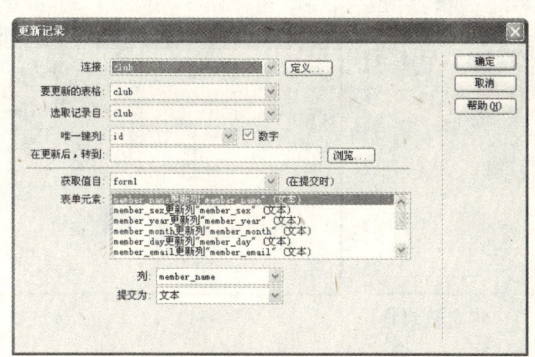 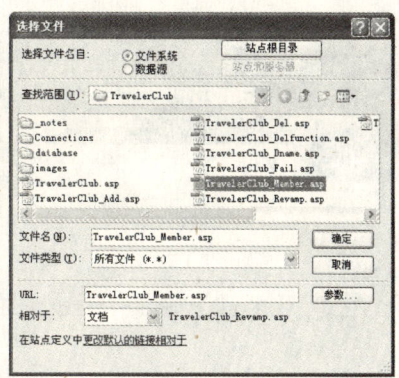

图7-56　设置"更新记录"

7.5.3　制作删除会员页面

制作分析

本例制作的删除会员资料页面TravelerClub_Del.asp，同样需要先将会员的申请资料显示在网页表单上，然后添加"删除记录"行为，从数据库中删除相关记录以退出俱乐部。

制作流程

主要操作流程为"绑定记录集"→"插入数据字段"→"添加"删除记录"行为"，具体实现过程见表7-9。

表 7-9　制作删除会员实现过程

制作目的	实现过程
绑定记录集	通过【绑定】面板指定添加记录集 设置绑定筛选为 member_id= 阶段变量（MM_Username）
加入数据字段	通过【绑定】面板为网页的表单元件添加相应字段项目 分别为"单选按钮"和"动态列表/菜单"元件设置动态表单元素
添加"删除记录"行为	通过【服务器行为】面板为网页添加"删除记录"行为

上机实战　制作删除会员页面

01 按下"F8"功能键打开【文件】面板后，双击打开"TravelerClub_Del.asp"文件。

02 按下"Ctrl+F10"快捷键打开【绑定】面板，单击 按钮，打开下拉选单，选择【记录集（查询）】命令，如图 7-57 所示。

03 打开【记录集】对话框，设置【名称】和【连接】都为"club"，在【筛选】栏中选择"member_id"选项，并在下一栏中选择【阶段变量】选项，接着输入"MM_Username"语句，然后单击【确定】按钮，如图 7-57 所示。

04 在【绑定】面板中打开记录集，再拖动"member_id"字段到页面导航条下方的空白单元格，如图 7-58 所示。

图7-57 绑定记录集

05 拖动"member_id"字段到表单中"用户名称"右边的文本字段表单元件,并以相同的方法再将其他字段添加到表单的其他文本字段和文本区域元件,如图7-59所示。

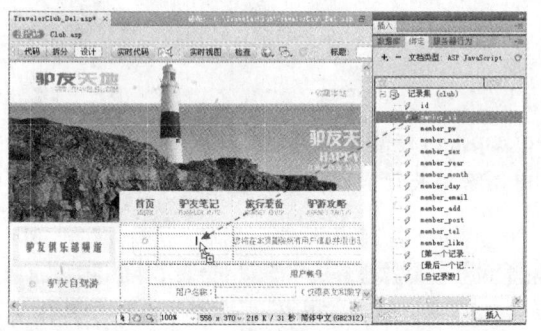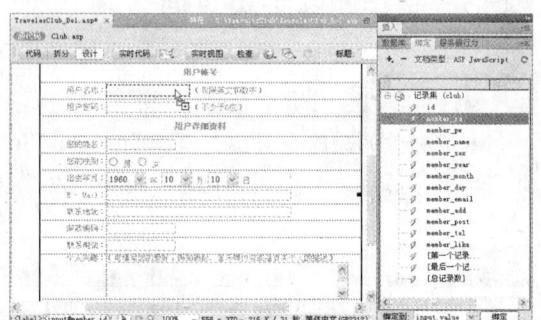

图7-58 添加用户名称字段　　　　　　　　　　图7-59 添加字段到表单元件

> **提示** 完成将数据字段添加到表单的文本字段和文本区域元件后,可以看到"用户密码"栏文本字段显示小黑点,这是因为该元件为"密码"类型,既使在正常的网页浏览状态下,也只显示小黑点效果。

06 切换至【服务器行为】面板,选择表单中"男"文本前的单选按钮元件,然后单击 按钮,打开下拉选单,选择【动态表单元素】|【动态单选按钮】命令,如图7-60所示。

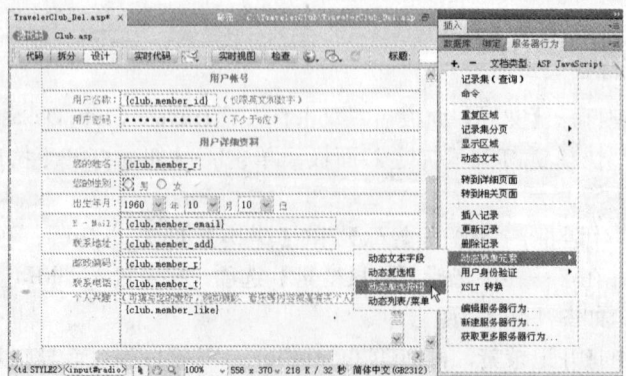

图7-60 添加"动态单选按钮"行为

07 打开【动态单选按钮】对话框,在【选取值等于】栏中单击 按钮,显示【动态数据】对话框,在【域】中选择"member_sex"字段,然后依次单击【确定】按钮,如图7-61所示。

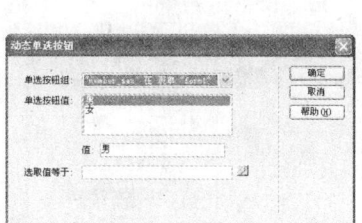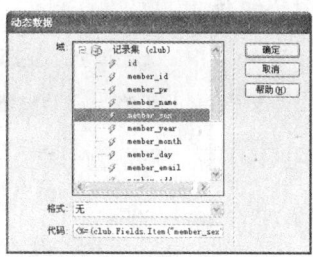

图7-61 设置"动态单选按钮"

08 按照步骤6和步骤7相同的方法,再为"女"文本前的单选按钮添加"动态单选按钮"行为,指定相同的字段作为该元件的选取值。

09 选择表单中"年"文本前的"列表/菜单"元件,在【服务器行为】面板中单击 按钮,打开下拉选单选择【动态表单元素】|【动态列表/菜单】命令,如图7-62所示。

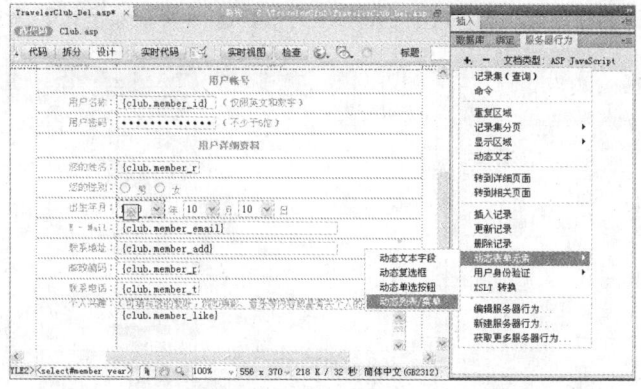

图7-62 添加"动态列表/菜单"行为

10 在打开的【动态列表/菜单】对话框中,选择【来自记录集的选项】栏中的"club"选项,设置【值】和【标签】都为"member_year"选项,再单击【选取值等于】栏中的 按钮,如图7-63所示。

11 显示【动态数据】对话框,在【域】中选择"member_year"字段,然后依次单击【确定】按钮,如图7-63所示,完成动态表单元素设置。

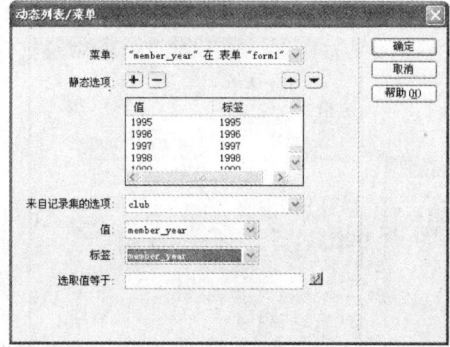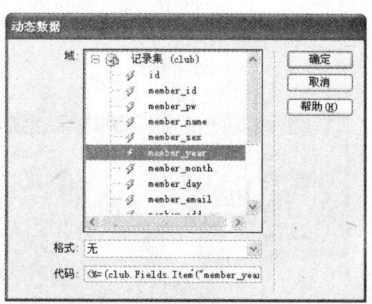

图7-63 设置"动态列表/菜单"

12 按照步骤10和步骤11的方法，分别为表单中"月"和"日"两个文本前的"列表/菜单"元件添加"动态列表/菜单"行为，选别指定"member_month"和"member_day"两个字段作为其选取值，结果如图7-64所示。

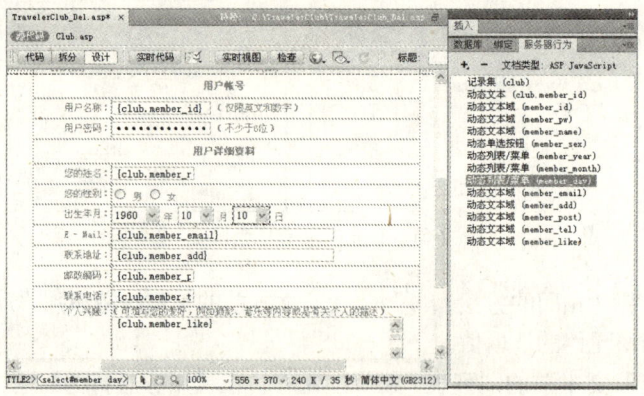

图7-64 添加并设置另外两个"动态列表/菜单"行为

13 在【服务器行为】面板上单击按钮打开下拉菜单，选择【删除记录】命令，如图7-65所示。

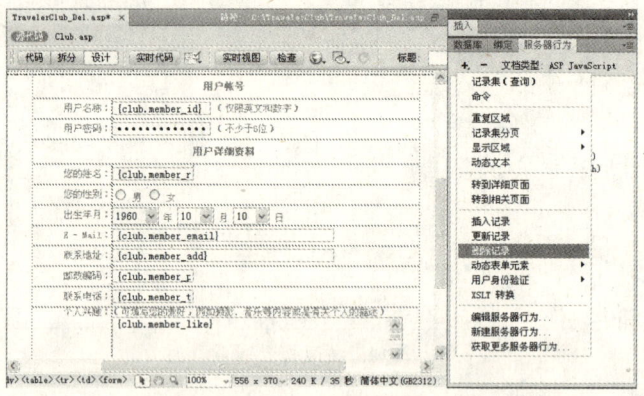

图7-65 添加"删除记录"行为

14 打开【删除记录】对话框，设置【连接】选项为"club"，【从表格中删除】和【选取记录自】选项都为club选项，【唯一键列】为"member_id"，然后在【删除后，转到】栏中单击【浏览】按钮，如图7-66所示。

15 打开【选择文件】对话框，指定【查找范围】为"TravelerClub"，选择"TravelerClub_Delfunction.asp"文件，然后依次单击【确定】按钮，如图7-66所示。

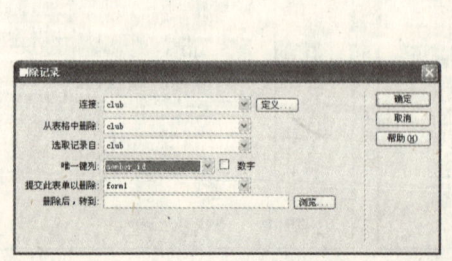 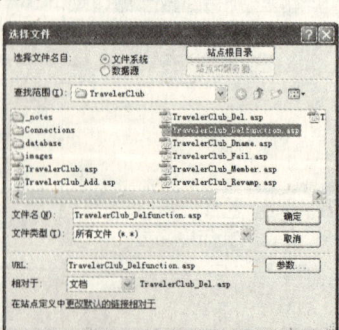

图7-66 设置"删除记录"行为

7.6 会员申请系统成果预览

经过前面一系列的操作后，完成了驴友俱乐部的会员申请系统的设计，下面将通过 IE 浏览器预览整个设计成果。首先打开俱乐部主页"TravelerClub.asp"文件，如图 7-67 所示，已注册的会员可以在网页上方输入用户名称和密码登陆，而非会员可以单击网页左侧导航中的【加入会员】按钮进入会员申请页面。

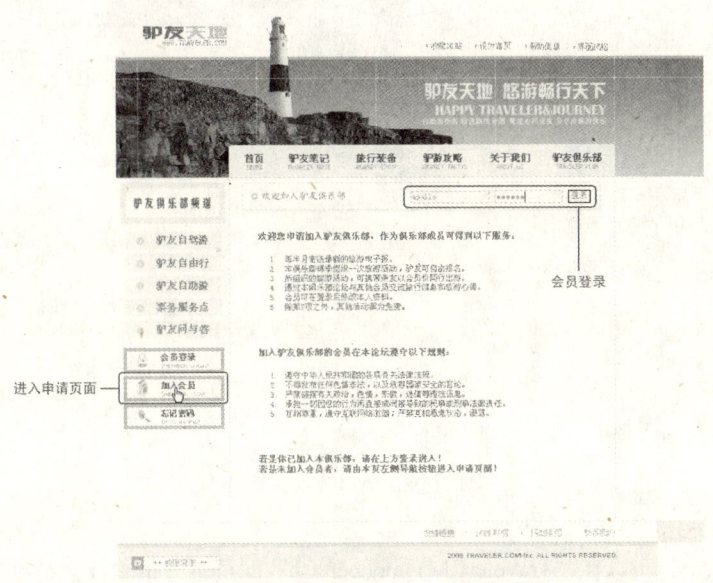

图7-67 驴友俱乐部主页面

已注册的会员成功登录后，浏览器将显示"TravelerClub_menber.asp"文件，从中可以看到会员的详细资料，如图 7-68 所示。

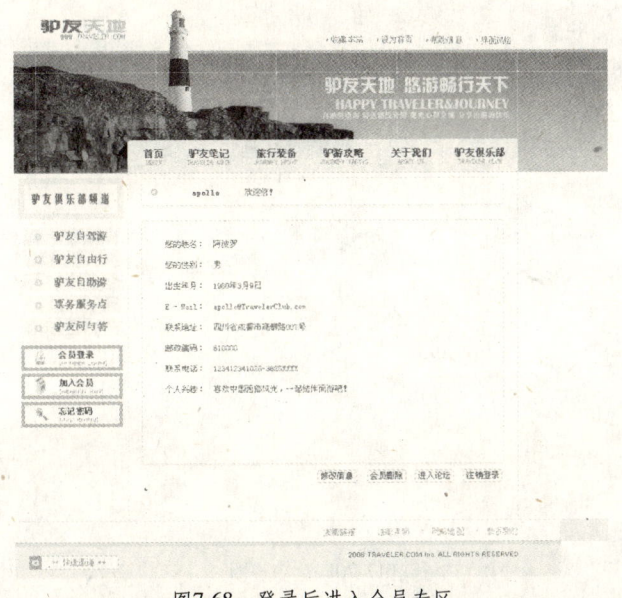

图7-68 登录后进入会员专区

在"TravelerClub_menber.asp"文件中除了查看会员注册信息外,还可以针对需要修改用户信息或删除会员资料而退出俱乐部。当需要修改用户信息时,单击网页下方的【修改信息】按钮,进入用于修改用户信息的页面"TravelerClub_Revamp.asp",从中修改除了注册名称和密码之外的信息,如图7-69所示。

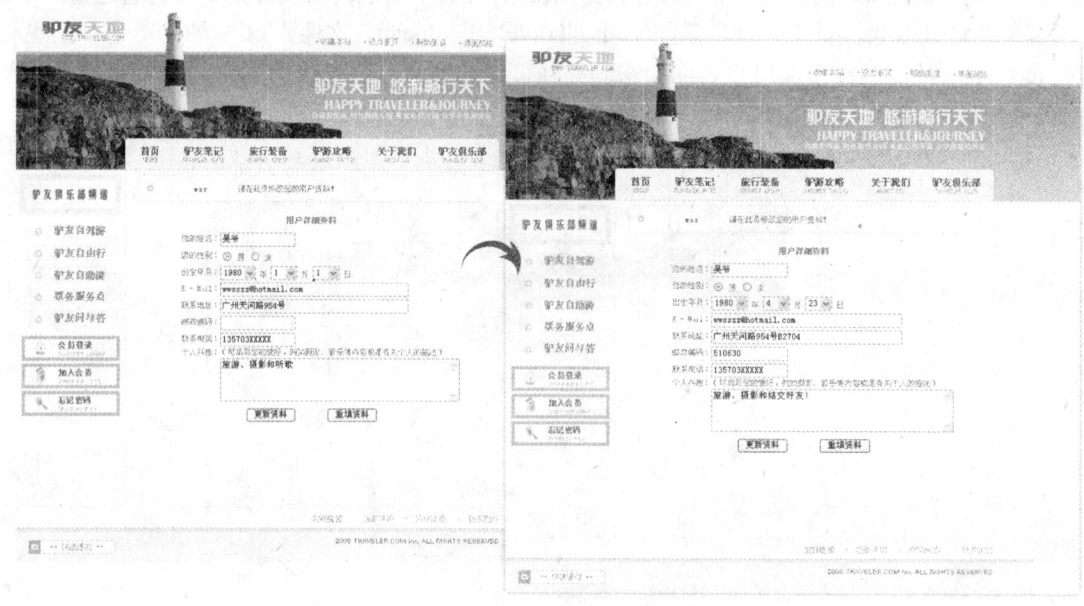

图7-69　修改个人信息

若想退出俱乐部,可以在"TravelerClub_menber.asp"网页下方单击【会员删除】按钮,在显示的会员删除页面"TravelerClub_Del.asp"中单击【确认删除】按钮,删除数据库中相关会员的记录,并显示删除成功的信息页面,如图7-70所示,从而完成退出俱乐部的操作。

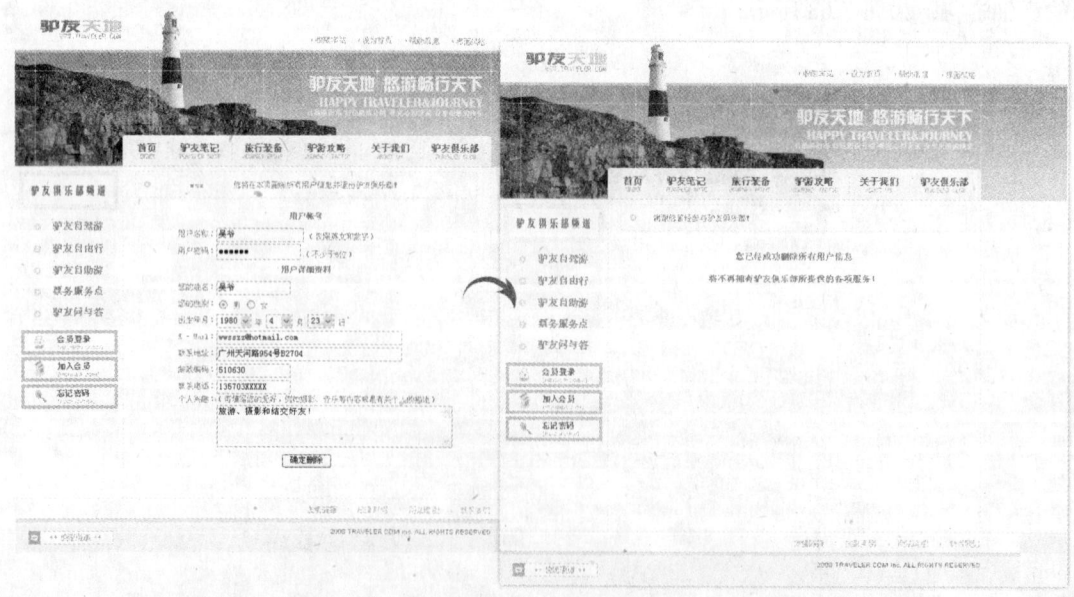

图7-70　删除会员

若会员在俱乐部的主页"TravelerClub.asp"登录时所输入的用户名称或密码有误,将打开"TravelerClub_Fail.asp"页面,提示重新登录或进入申请页面注册为新会员,如图7-71所示。

非会员的浏览者在俱乐部的主页"TravelerClub.asp"文件左侧单击【加入会员】按钮,将进入会员申请页面"TravelerClub_Add.asp",填写"必填"和"选填"两种用户信息,然后单击【注册】按钮,完成申请操作,如图7-72所示。

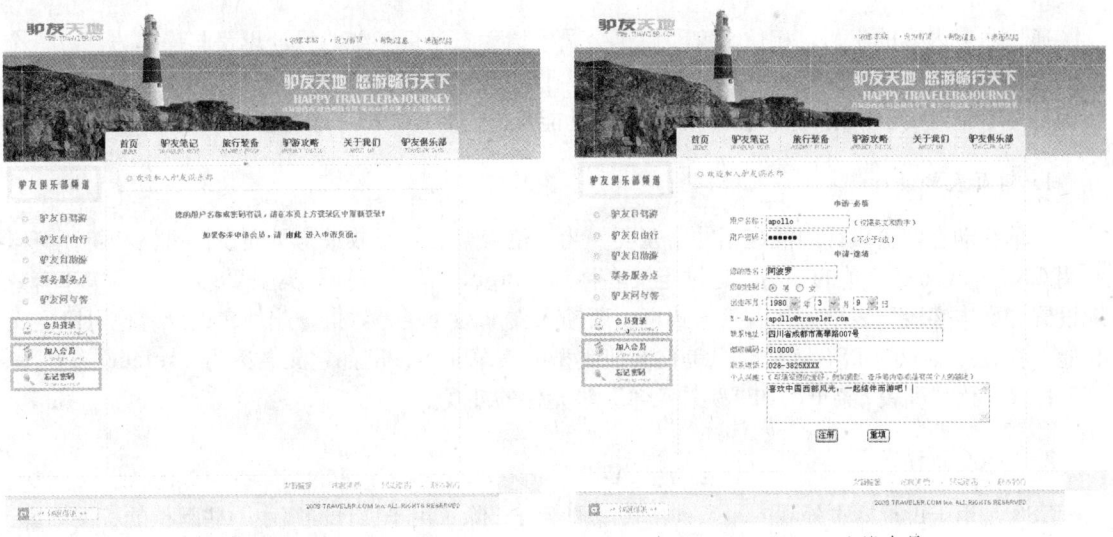

图7-71 登录账号或密码有误时显示的页面　　　　　图7-72 注册会员

为了便于会员的识别与管理,不允许使用已有的会员名称进行注册,因此,"TravelerClub_Add.asp"网页必须具备检查新用户名称的功能,若检查到他人已使用该用户名称,将显示检查新用户的页面"TravelerClub_Dname.asp",提示账号已被使用,请用其他账号进行注册,如图7-73所示。

成功注册为俱乐部会员后,显示申请成功的提示页面"TravelerClub_Success.asp",用户可以单击"返回登录"链接文本返回俱乐部主页登录,如图7-74所示。

图7-73 检查新用户名　　　　　图7-74 会员注册成功

7.7 学习扩展

7.7.1 经验总结

通过本章内容的学习，相信大家了解了会员申请动态网页系统的设计思路与操作方法。一个好的会员申请系统除了精美的页面美术设计外，还需要在动态结构与技术操作两个方面花费心思。下面针对本章会员申请系统实例设计所使用的功能及操作要点做以下总结。

1. 网页表单设计

表单在动态网页设计中的应用非常重要，为了使表单的外观效果与页面设计风格相符，可以利用CSS样式美化表单的技巧，通过定义名称为"input"的"签标"类型CSS样式，快速有效地设置"文本字段"表单元件背景、边框、所输入文本的外观等效果。此外，设计者也可以定义其他"标签"类型的CSS样式，以美化其他类型的表单元件，例如定义名称为"select"的"标签"样式美化"列表/菜单"和"跳转菜单"等元件的外观。

2. 定义CSS样式

CSS是用于设置网页外观的一系列格式规则组合，除了用于设计网页中一些默认的标签内容，还可以针对具体的文本、超链接、图像等绝大多数页面元素进行外观处理，是美化网页的重要工具。Dreamweaver CS5提供"类"、"标签"和"高级"3种定义CSS样式的功能，设计者可通过"CSS样式"面板单击【新建CSS规则】按钮，在打开的【新建CSS规则】对话框中选择任意一种CSS样式类型。其中，可以创建"类"类型将定义的样式属性应用于任何文本范围或文本块对象；而"高级"类型则常用于定义文本超链接在不同状态下的效果。此外，还可以创建独立的CSS样式表外部文件，通过链接外部文件，使网站内所有网页内容外观具有统一的效果。

3. 绑定记录集

绑定记录集时，除了指定记录集名称、连接和数据库表外，另一项重要的操作就是筛选，由于动态网页中的数据传送关系到页面是否正确显示，以及是否显示正确的数据内容，网站运行过程中有不少的问题是因为该操作有误，因此，绑定记录集的操作需要格外谨慎细心。而除了本章所介绍的"阶段变量"筛选设置，本书后续其他章节将会介绍到更多不同的设置技巧。

4. 用户身份验证

本章主要介绍了"登录用户"、"注销用户"和"检查新用户名"3种用户身份验证行为的处理方法。其中，"登录用户"行为是最常用的验证行为，常应用于论坛、邮箱等登录设计；而"检查新用户名"的操作是注册申请类网站制作所不可缺少的，是为了方便注册信息（保存在数据库中）的管理；"注销用户"行为则用于在会员退出登录时，将浏览器所打开的网页的驻留信息清空。

5. 数据记录管理

Dreamweaver CS5的【服务器行为】面板主要提供"插入记录"、"删除记录"和"更新记录"三种数据管理功能。其中，"插入记录"行为的使用比较普遍，该行为的设置需要注意一点，就是检查表单中各元件的名称与数据库中对应数据字段名称是否相同，若不相同，则无法取得表单资料。而"删除记录"和"更新记录"两项操作是从数据库文件中删除和修改资料信息,当完成这个行为的添加,想预览网页效果时,需将打开的数据库文件关闭,同时设置数据库具有对所有人完全权限共享属性,才可正常浏览网效果。

7.7.2 设计观摩

下面选用 Hotmail 邮箱申请和腾讯 QQ 号码申请两个实例作为参考。

作为著名的电子邮件服务商,Hotmail 拥有全世界范围内众多的忠实用户,浏览者若想申请 Hotmail 电子邮箱,可以由浏览器打开如图 7-75 所示的申请页面,该页面主要为"必填字段"的表单,包括"创建 Windows Live ID"、"选择您的密码"、"输入重新设置密码信息"、"请键入你在此图片中看到的字符"和"查看并接受协议"5 个部分,其中除了一般的文本字段、单选按钮、列表/菜单、按钮等表单元件,还有包括"密码强度"和"图片"等动态元素,加入这些内容主要是出于安全和防止被恶意申请的考虑,这是一项相对而言较为高级的表单动态处理,浏览者填写完成该表单并输入图片中所显示的验证码后,便可进入下一步设置,从而获得一个免费的 Hotmail 电子邮件地址。

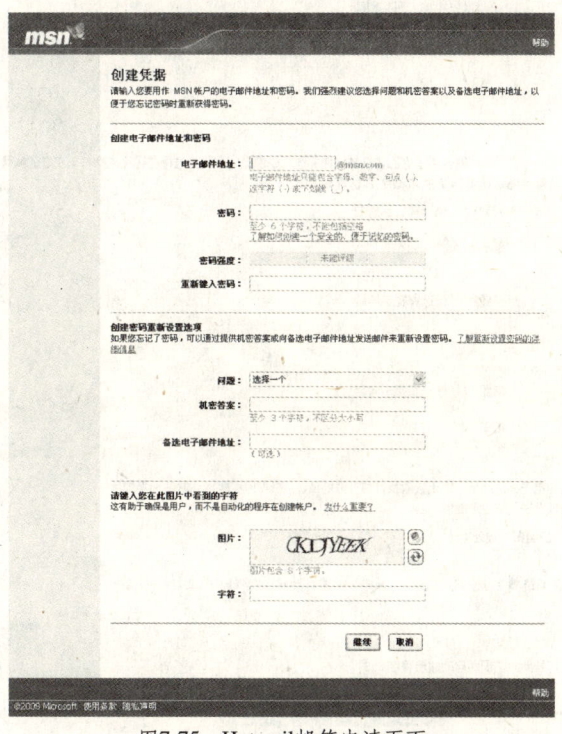

图7-75 Hotmail邮箱申请页面

腾讯 QQ 是我国目前用户数量最多的 IM 通讯工具,使用该通讯工具必须先申请一个 QQ 号码作为登录 ID,需要申请 QQ 号码的浏览者可访问腾讯网,然后选择付费或免费的方式进行申请。如图 7-76 所示为腾讯免费 QQ 号码的申请页面,主要包括"您的基本信息"、"为您的号码设置一个密码"、"您所在的地区"、"设置密码保护信息"、"验证你的注册"和"相关服务条款"6 个部分,整个表单由文本字段、单选按钮、列表/菜单和按钮等类型的元件组成,其中还包括一项"验证图片"元素,同样是出于安全和防止被恶意申请的考虑而设置。浏览者填写相关基本信息并输入正确的验证信息后,便可进入下一步设置,从而获得一个免费的 QQ 号码。

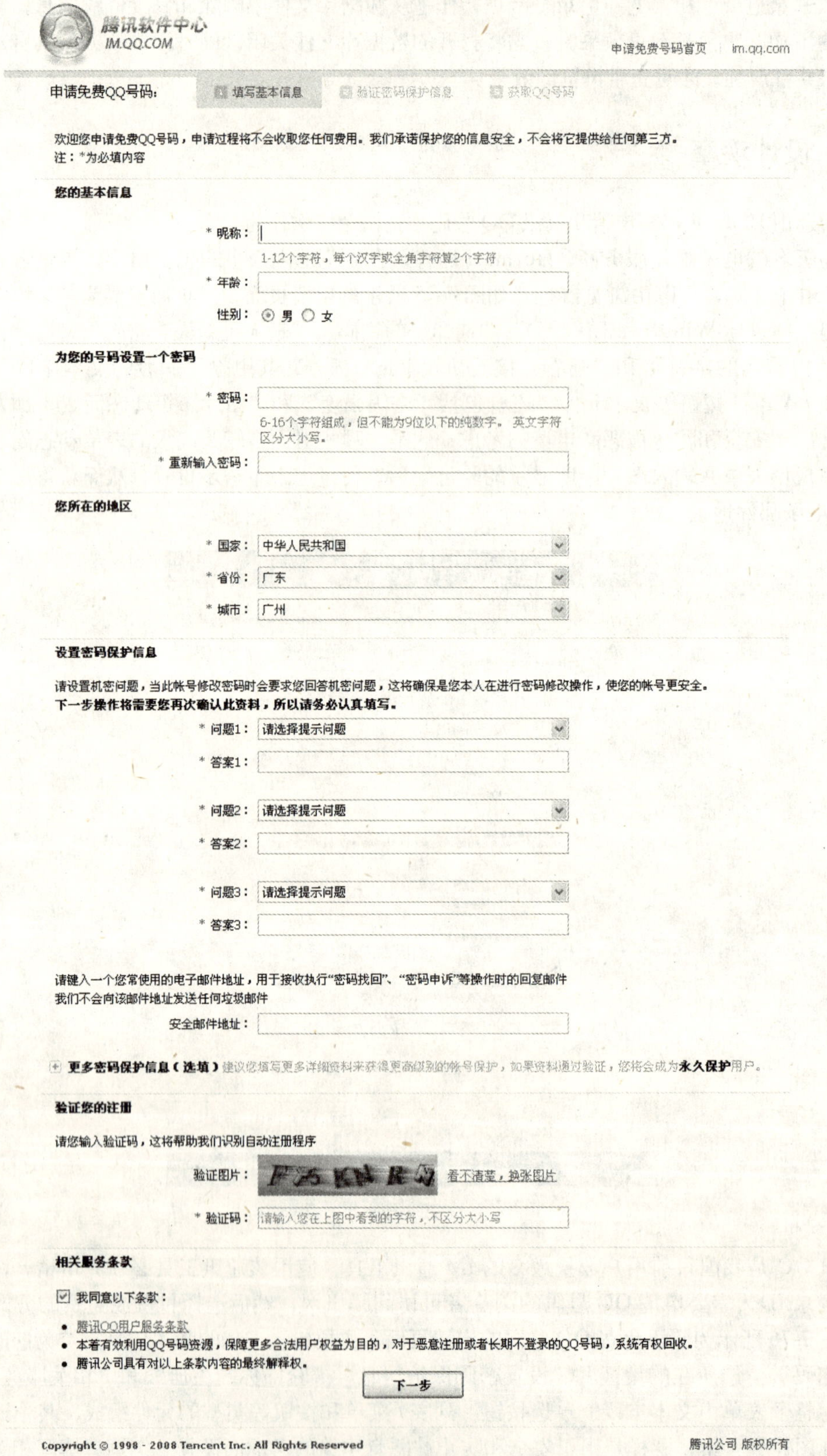

图7-76　腾讯QQ号码申请页面

7.8 本章小结

本章通过加入会员、会员登录、会员资料修改页面以及相关功能的实例制作,介绍了"驴友天地"会员申请系统的设计,了解加入会员和会员管理动态网页的制作理念与方法。

7.9 上机实训

实训要求:通过 IIS 配置一个站点文件夹。

操作提示:先在电脑 C 盘位置建立一个名称为"myweb"文件夹,然后在【控制面板】的【管理工具】分类中执行【Internet 信息服务】程序,打开【Internet 信息服务】窗口后,在左边栏中选择"默认网站",为其设置属性,指定【主目录】路径为"C:\myweb"。整个操作流程如图 7-77 所示。

图7-77 配置IIS的操作流程

第8章 数字留言区设计

> 本章通过"随亦阁"网站数字留言区的设计,介绍了制作一个既可以显示网络留言,又可以让浏览者发布留言信息、回复留言,以及显示一组留言与相关回复信息的动态网站的方法和技巧。

8.1 数字留言区设计分析

8.1.1 动态结构网站详解

本实例为"随亦阁"网站的数字留言区设计,主要供已注册的网友在留言区中发布留言信息,浏览和回复其他网友的留言,从而达到交流与互动。整个数字留言区设计由"FreeStyle.asp"、"FreeStyle_Content.asp"、"FreeStyle_Post.asp"和"FreeStyle_rPost.asp"4个动态页面组成,除了这4个动态网页文件,网站中还包括一个用于放置"board.mdb"数据库文件的"Database"文件夹,以及一个用于放置"board.asp"数据库连接文件的"Connections"文件夹,如图8-1所示。

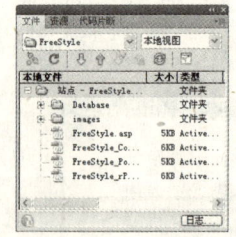
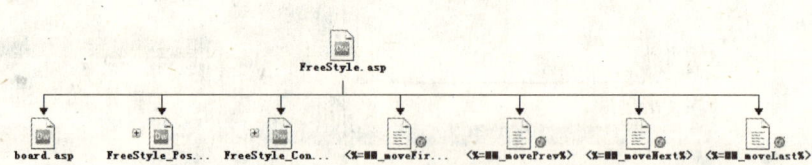

图8-1 随亦阁留言区设计的网站文件及网站地图

当浏览者从"随亦阁"网站以会员身份登录后(本例默认已登录),便可以在留言区主页看到所有留言信息,并可以新增留言信息。在查看某个网友的留言信息时,还可以对留言进行回复,回复后将返回查看留言页面。如图8-2所示为"随亦阁"留言区的设计结构。

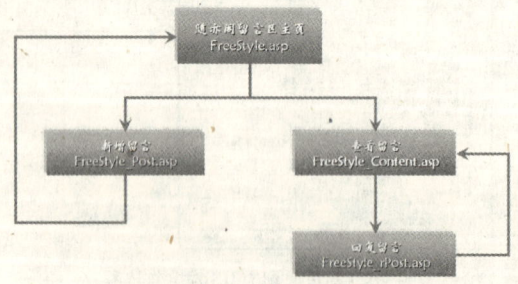

图8-2 数字留言区设计结构图

8.1.2 网站数据库分析

本实例数字留言区设计所使用的数据库文件名称为"board.mdb",包括"board"和"rpost"

两个数据表。其中，"board"表由"board_"前缀的多个字段组成，记录留言编号、留言人名称、留言标题、留言时间、留言人表情、留言人电子邮件和具体的留言内容，每一条记录代表一个留言，如图8-3所示。

"rpost"数据表则是由"rpost_"前缀的3个字段和1个"board_id"字段（对应board表中的相同的字段）组成，用于记录回复的编号、回复人名称和回复内容，每一条记录代表一个回复内容，如图8-3所示。

> **提示** 创建数据库的方法可参阅本书第6章的6.3.1小节内容，本例直接使用已完成创建"board"和"rpost"两个数据表的数据库文件"board.mdb"，其位置为网站文件夹"FreeStyle"的"Database"文件夹中（即本书光盘的"...\Practice\Ch08\FreeStyle\Database"位置）。

此外需要注意一点，在"board"数据表的"board_time"字段默认值为"Now()"，表示获取留言的当前时间，如图8-4所示。

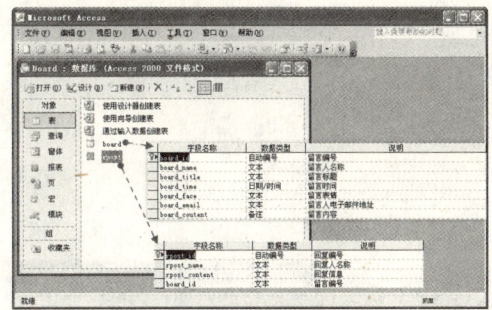

图8-3 数字留言区数据库

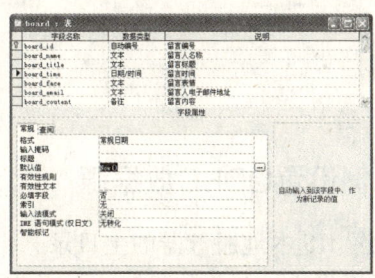

图8-4 设置"board_time"字段的默认值

8.2 数字留言区设计前准备

8.2.1 动态网站环境配置

> **提示** 本书第7章的7.2.1小节已详细介绍过动态网站的环境配置方法，在此不再赘述。先将实例光盘中的"...\Practice\Ch08\TravelerClub"文件夹复制到本地电脑C盘位置，然后参照本书第7章的7.2.1小节所介绍的方法完成动态网站的环境配置。

有关本章实例的动态网站环境配置，下面列举两项重要的设置，具体如下。

（1）设置IIS中默认网站的属性，修改其主目录为"C:\FreeStyle"，如图8-5所示。

（2）在Dreamweaver CS5中定义网站，这里主要介绍设置【站点】和【服务器】两个分类，其中【站点】设置主要为"站点名称"和"本地站点文本夹"两项，而【服务器】则需要"添加新服务器"，设置见表8-1，在服务器设置窗口中分别设置"基本"和"高级"两项内容，具体如图8-6所示。

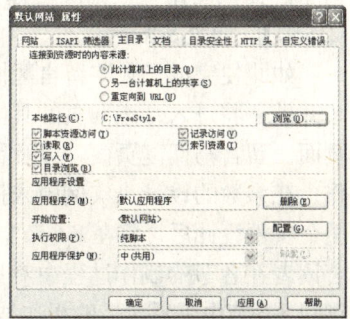

图8-5 设置默认网站主目录

表8-1 站点和服务器设置

【站点】设置	添加新服务器
站点名称：FreeStyle 本地站点文件夹：C:\ FreeStyle \	服务器名称：FreeStyle 连接方法：本地 / 网络 服务器文件夹：C:\ FreeStyle \ Web URL：http://localhost/ 服务器模型：ASP JavaScript

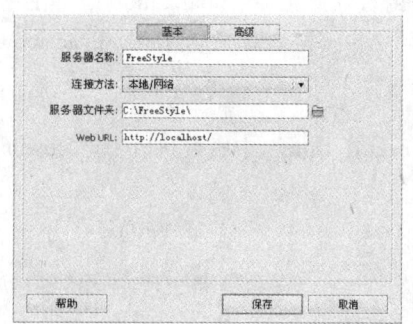 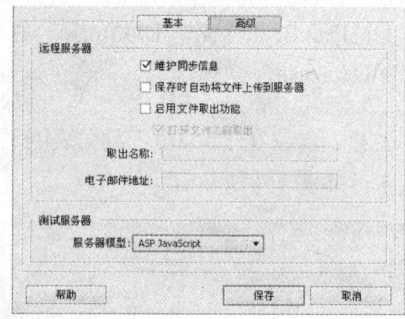

图8-6 添加服务器

8.2.2 设置ODBC数据源

设置IIS本地服务器的主目录并定义动态网站后，接着将通过开放式数据库连接（ODBC）驱动程序将本例所提供的数据库文件指定为数据源。通过"控制面板"打开【管理工具】窗口，再执行【ODBC数据源管理器】程序，然后指定电脑C盘中的"/FreeStyle/database"文件夹中的"board.mdb"数据库文件，如图8-7所示。

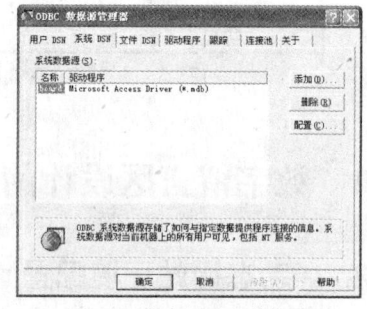

8.2.3 Dreamweaver动态数据设置

图8-7 指定ODBC数据源

为了实现由ASP网页对数据库的访问与管理，需要将网页与数据库建立关联，本实例以指定数据源名称（DSN）的方式为动态网站数据库操作提供连接通道。

在Dreamweaver CS5的【文件】面板中已定义的网站中打开任意一个ASP网页，再通过【数据库】面板使用【数据源名称（DSN）】功能，设置"board"作为【连接名称】和【数据源名称（DSN）】，如图8-8所示。

如此便完成了数字留言区设计的准备工作，下一节开始，将进入动态网页的具体操作，包括留言区主页面、留言与回复页面，以及留言内容显示页面等操作。在多数的设计小实例中未提供预览结果，待完成整个实例设计后，将在8.6节集中预览整个实例效果，若读者在各节的制作过程中对具体操作不解，也可先跳到8.6节中查看对应的操作结果。

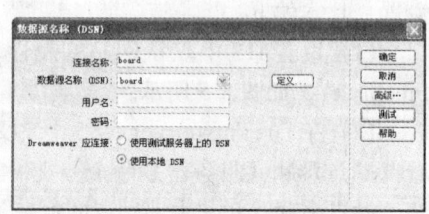

图8-8 指定数据源名称

8.3 制作数据留言区主页

8.3.1 显示留言信息

制作分析

数字留言区主界面 "FreeStyle.asp" 将显示网友的留言信息，包括留言表情、留言者名称、标题和留言时间等信息，下面将通过添加数据字段的方法，将这些内容显示在留言区主页。

制作流程

主要操作流程为 "绑定记录集" → "插入占位符" → "插入数据字段"，具体实现过程见表8-2。

表 8-2 在留言区主页显示留言信息实现过程

制作目的	实现过程
绑定记录集	过【绑定】面板指定添加记录集 设置根据 "board_id" 字段以 "降序" 排列
插入占位符	通过【插入】面板在指定位置插入一个长宽都为49像素的图像占位符
插入数据字段	通过【绑定】面板为网页指定位置添加相应字段项目 通过【绑定】面板为网页中的占位符添加相应字段项目

上机实战 在留言区主页显示留言信息通

01 按下 "F8" 功能键打开【文件】面板后，双击打开 "FreeStyle.asp" 文件。
02 按下 "Ctrl+F10" 快捷键打开【绑定】面板，单击 按钮，打开下拉菜单，选择【记录集（查询）】命令，如图8-9所示。
03 打开【记录集】对话框，设置【名称】、【连接】和【表格】都为 "board"，在【排序】栏选择 "board_id" 选项并设置其排序为 "降序"，然后单击【确定】按钮，如图8-10所示。

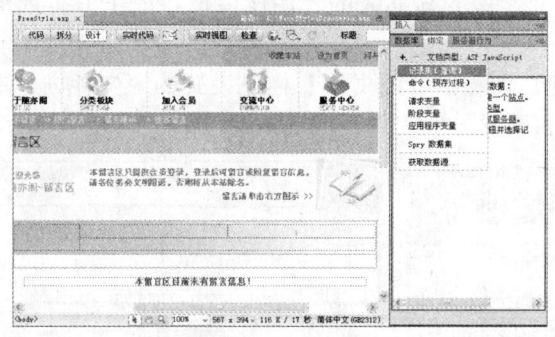

图8-9 添加记录集

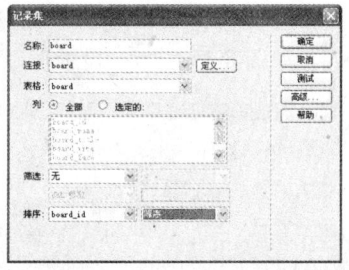

图8-10 设置记录集绑定

提示 在步骤3设置记录集绑定的操作中，选择 "board_id" 字段以 "降序" 的方式作为排序，那么，网页中所显示的留言信息将根据数据库中该字段（数据类型为 "自动编号"）倒数排列。

04 将光标定位在表格靠左单元格中，在【插入】面板的【常用】分类中单击打开【图像】下拉菜单，选择【图像占位符】命令，如图 8-11 所示。

05 在【图像占位符】对话框中设置【名称】为"face"，【宽度】和【高度】都为 49，然后单击【确定】按钮，如图 8-12 所示。

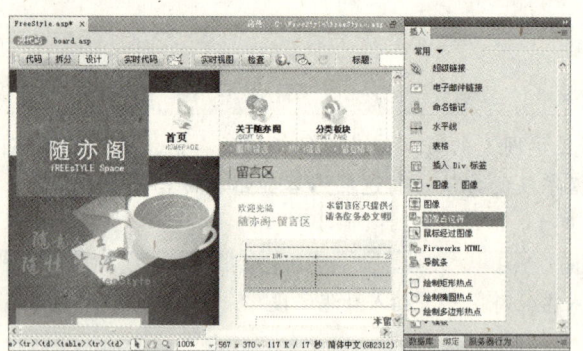 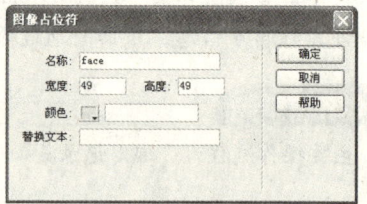

图8-11 插入"图像占位符"　　　　　　　　　图8-12 设置"图像占位符"

06 在【绑定】面板中展开记录集，拖动"board_name"字段到左边表格的相应单元格，并以相同的操作在另外两个单元格添加字段"board_time"和"board_title"，如图 8-13 所示。

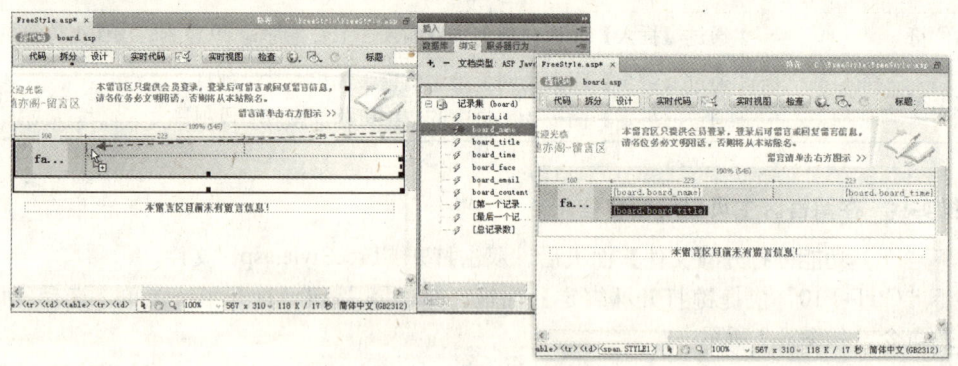

图8-13 在网页中添加字段

07 从【绑定】面板中拖动"board_face"字段到新插入的"图像占位符"上方，如图 8-14 所示。

08 选择"图像占位符"元素，在【属性】面板的【源文件】栏已设置的源文件内容前加入"images/"，如图 8-15 所示，设置正确的留言表情图像位置。

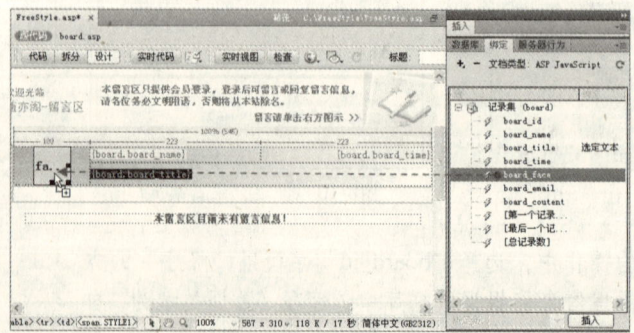 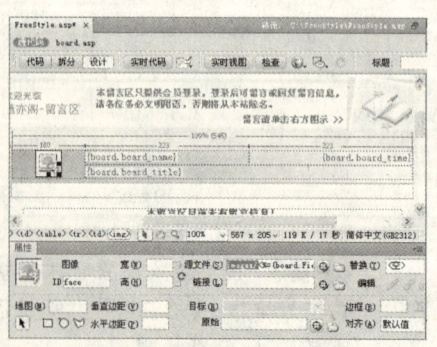

图8-14 为"图像占位符"添加字段　　　　　　图8-15 修改源文件路径

8.3.2 转到留言详细页面

制作分析

在留言区主页中只能看到留言表情、留言人名称、标题和时间,如果想看到具体某一条留言的内容和回复信息,只能从留言页面(FreeStyle_Content.asp)中查看,这就需要在留言区主页中对留言标题添加动态的超链接,以打开查看详细的留言内容,此外,为了将留言区主页链接至添加留言页面,需要设置一个图片链接。

制作流程

主要操作流程为"添加【转到详细页面】行为"→"设置超链接",具体实现过程见表8-3。

表 8-3　转到留言详细页面实现过程

制作目的	实现过程
添加【转到详细页面】行为	通过【服务器行为】面板添加【转到详细页面】行为 指定转到的网页文件
设置超链接	通过【属性】和【文件】面板为网页的图片设置超链接

上机实战　制作"转到留言详细页面"

01 在网页表格中选择"board.board_title"字段,切换至【服务器行为】面板,单击按钮,打开下拉菜单,选择【转到详细页面】命令,如图 8-16 所示。

02 在【转到详细页面】对话框的【详细信息页】栏中单击【浏览】按钮,打开【选择文件】对话框,指定【查找范围】为"FreeStyle",选择"FreeStyle_Content.asp"文件,然后单击【确定】按钮,如图 8-17 所示。

03 返回【转到详细页面】对话框,设置【记录集】为"board",【列】为"board_id",然后单击【确定】按钮,如图 8-17 所示。

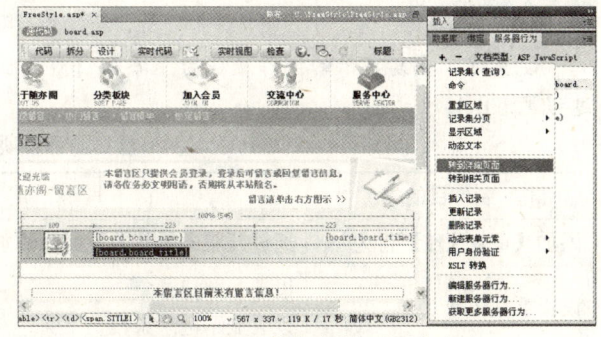

图8-16　添加"转到详细页面"行为

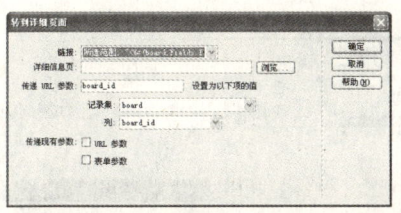
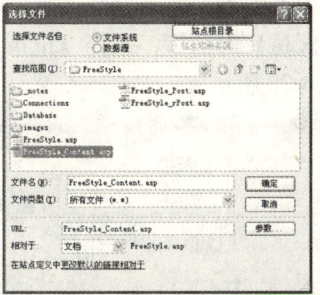

图8-17　指定详细页面并设置记录集和列

04 选择网页上方的内容为"留言请单击右方图示"文本右方的图片,分别打开【属性】和【文件】面板,在【链接】栏拖动图标至【文件】面板的"FreeStyle_Post.asp"文件上,如图 8-18 所示为图片设置指向该图片的超链接。

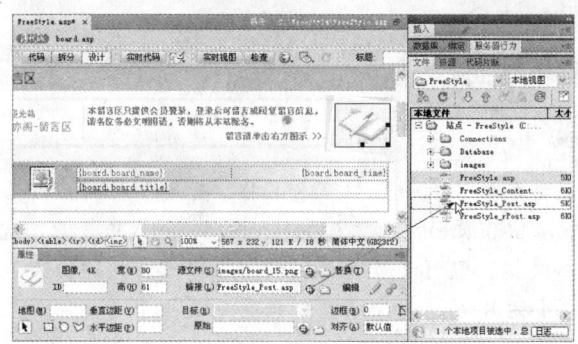

图8-18 为图片设置超链接

8.3.3 重复显示多项留言

制作分析

在数字留言区中虽然只添加了留言表情、标题、名称和留言时间4个字段信息内容，但是并不是只有一个浏览者在此留言，随着留言次数的增加，想将数据库中的所有留言记录呈现在页面上，就需要设置"重复区域"并指定重复的数目（即一次显示多少条留言记录），以便在留言区主页有限的篇幅中显示多条留言信息。

制作流程

设置留言重复显示的操作流程为"添加【重复区域】行为"→"设置重复区域"，具体实现过程见表8-4。

表8-4 重复显示多项留言实现过程

制作目的	实现过程
添加【重复区域】行为	通过【服务器行为】面板添加【重复区域】行为
设置重复区域	设置参照记录集 设置显示记录条数

上机实战 重复显示多项留言

01 将鼠标移至表格第一行（显示渐变背景）的单元格左侧，单击选取整行单元格，然后在【服务器行为】面板中单击 ![+] 按钮，打开下拉菜单，选择【重复区域】命令，如图8-19所示。

02 打开【重复区域】对话框，选择【记录集】为"board"，然后设置显示7条记录，单击【确定】按钮，如图8-20所示。

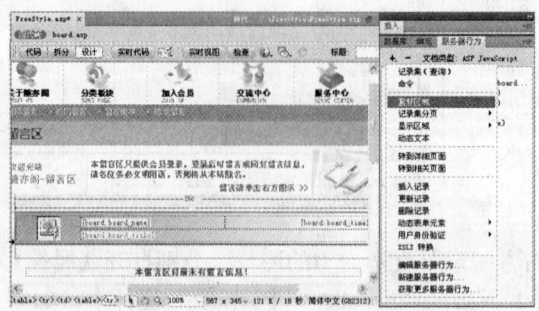

图8-19 添加"重复区域"行为

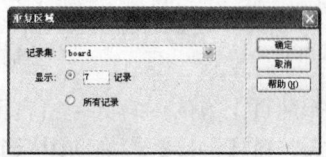

图8-20 设置重复区域

8.3.4 加入留言导航条

制作分析

通过前一小节的操作,实现了留言区主页一次显示7条留言记录,但数据库中的留言记录若超过7条,就需要设置导航条,通过导航条在网页中翻页以显示更多留言内容。本实例将以"文本"的形式制作导航条内容,并在插入导航条后,修改网页链接样式以调整外观,达到美化导航条的目的。

制作流程

加入留言导航条的操作流程为"插入【记录集导航条】"→"美化记录集导航条"→"设置文本超链接属性",具体实现过程见表8-5。

表8-5 加入留言导航条实现过程

制作目的	实现过程
插入【记录集导航条】	通过【插入】面板为网页插入【记录集导航条】对象 设置以"文本"显示导航条
美化记录集导航条	删除多余空行再手动调整导航条表格宽度 通过【属性】面板为导航条内容套用样式
设置文本超链接属性	通过【页面属性】修改超链接颜色和下划线样式

上机实战 加入留言导航条

01 将光标定位在表格下方的单元格中,将【插入】面板切换至【数据】分类,然后单击【记录集分页】按钮打开下拉菜单,选择【记录集导航条】命令,如图8-21所示。

02 打开【记录集导航条】对话框,选择【记录集】为"board",【显示方式】为"文本",然后单击【确定】按钮,如图8-22所示。

03 选择导航条表格上方的空格符,按下"Delete"键将其删除,如图8-23所示,删除多余空行。

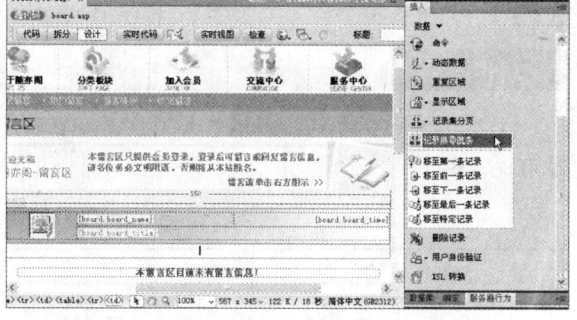

图8-21 插入记录集导航条

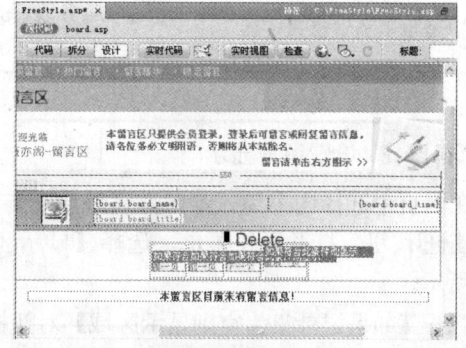

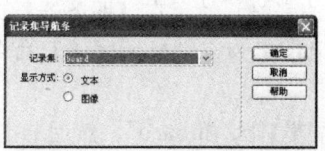

图8-22 设置记录集导航条   图8-23 删除多余行

04 向右拖动所插入的导航条表格右下角的调整点，增加导航条表格宽度，如图 8-24 所示。

05 选择【修改】|【页面属性】命令，打开【页面属性】对话框，选择【链接（CSS）】设置分类，设置"链接颜色"、"变换图像链接"、"已访问链接"和"活动链接"颜色都为桔红色（#FF6600），再设置【下划线样式】为"始终无下划线"选项，然后单击【确定】按钮，如图 8-25 所示。

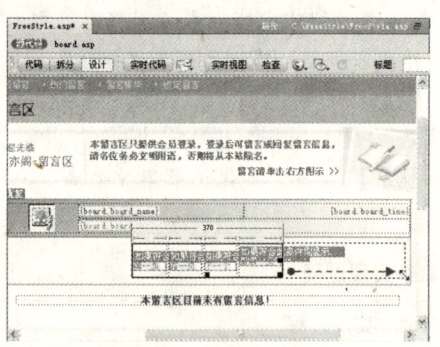
图8-24　美化导航条

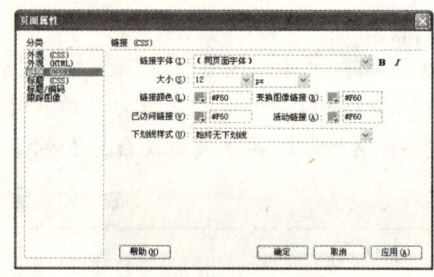
图8-25　设置链接属性

8.3.5　设置留言显示

制作分析

当数字留言区没有任何人留言时，网页中用于显示留言信息的表格是空白的，这时也就没有必要显示表格，只显示表格下方的"本留言区目前未有留言信息！"即可。当网页中添加了留言信息后，该内容也就没有必要显示。下面将通过"显示区域"服务器行为来控制"本留言区目前未有留言信息！"文本内容的显示。

制作流程

主要操作流程为"添加记录集为空显示区域"→"添加记录集不为空显示区域"，具体实现过程见表8-6。

表8–6　设置留言显示实现过程

制作目的	实现过程
添加记录集为空显示区域	通过【服务器行为】面板为指定的表格添加"如果记录集为空则显示区域"行为
添加记录集不为空显示区域	通过【服务器行为】面板为指定的表格添加"如果记录集不为空则显示区域"行为

上机实战　设置留言显示

01 在网页中选择内容为"本留言区目前未有留言信息！"的表格，然后在【服务器行为】面板中单击 ⊕ 按钮，打开下拉菜单，选择【显示区域】|【如果记录集为空则显示区域】命令，如图 8-26 所示。

02 打开【如果记录集为空则显示区域】对话框，选择【记录集】为"board"，然后单击【确定】按钮，如图 8-27 所示。

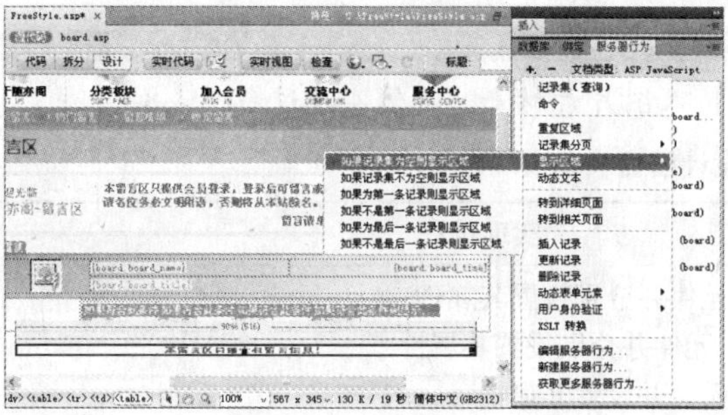

第8章 数字留言区设计

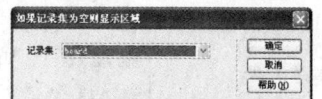

图8-26 选择表格

图8-27 设置记录集为空的显示区域

03 选择上方的用于显示留言信息的表格,在【服务器行为】面板中单击 按钮,打开下拉菜单,选择【显示区域】|【如果记录集不为空则显示区域】命令,如图8-28所示。

04 打开【如果记录集不为空则显示区域】对话框,选择【记录集】为"board",然后单击【确定】按钮,如图8-29所示。

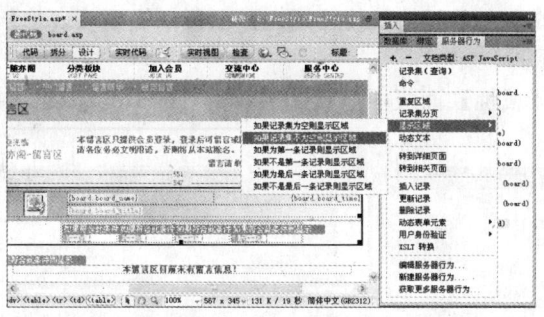

图8-28 添加另一服务器行为

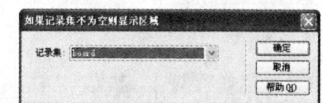

图8-29 设置记录集不为空的显示区域

8.4 制作留言与回复页面

8.4.1 设计留言表单

制作分析

为了使浏览者能够在数字留言区中留言,需要先建立网页表单,本小节为"FreeStyle_Post.asp"页面设计一个提供留言的表单,结果如图8-30所示。

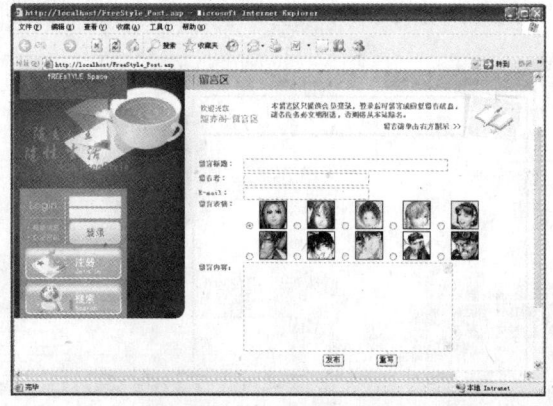

图8-30 留言表单设计效果

139

制作流程

主要设计流程为"插入表单元件"→"插入图片素材",具体实现过程见表8-7。

表8-7 设计留言表单实现过程

制作目的	实现过程
插入表单元件	插入3个"文本字段"元件并分别设置其属性 插入10个"单选按钮"元件并分别设置其属性 插入1个"文本区域"元件并设置其属性 插入名称为"发布"和"重写"的2个按钮元件
插入图片素材	通过【插入】面板分别在各单选按钮元件右侧插入素材图片作为留言者表情

上机实战 设计留言表单

01 按下"F8"功能键打开【文件】面板后,双击打开"FreeStyle_Post.asp"文件。

02 将光标定位在"留言标题"内容右边的空白单元格,将【插入】面板切换至【表单】分类,然后单击【文本字段】按钮,如图8-31所示。

03 选择新插入的"文本字段"元件,在【属性】面板中设置其名称为"board_title",并设置【字符宽度】为50,如图8-32所示。

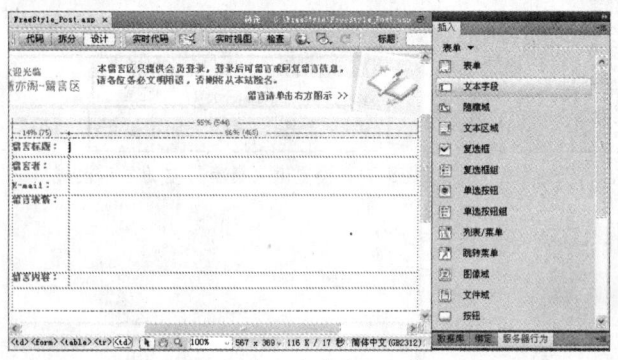 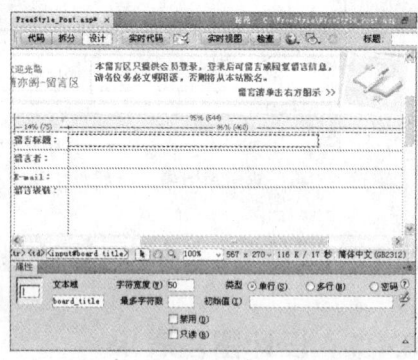

图8-31 插入文本字段元件　　　　　　　　图8-32 设置"文件字段"元件属性

04 按照步骤1和步骤2的方法,分别在"留言者"和"E-mail"内容右边的单元格中插入"文件字段"元件,并命名为"board_name"和"board_email",设置其【字符宽度】都为30,如图8-33所示。

05 将光标定位在"留言表情"内容右边的空白单元格,在【插入】面板中单击【单选按钮】按钮,插入单选按钮元件,如图8-34所示。

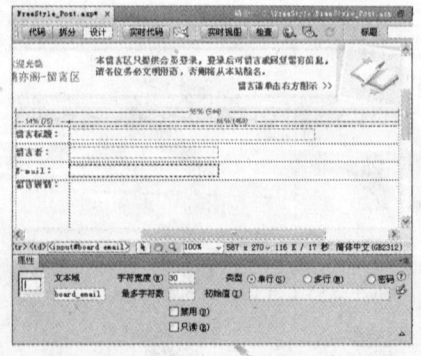 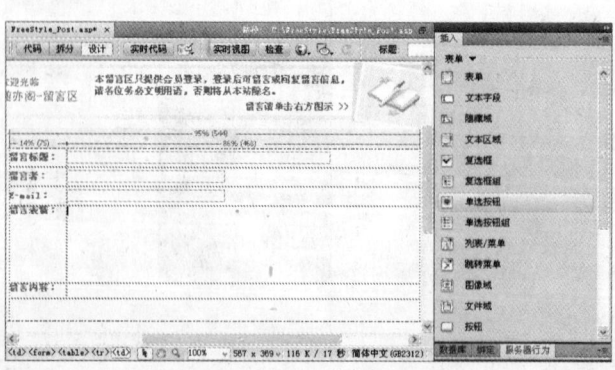

图8-33 插入其他"文件字段"元件　　　　　图8-34 插入单选按钮

06 选择新插入的"单选按钮"元件，通过【属性】面板设置其名称为"board_face"，再设置【选定值】为"01.gif"，然后选择【已勾选】单选选项，如图8-35所示。

07 按照步骤5和步骤6的方法，分两行再插入九个单选按钮，并通过【属性】面板设置名称都为"board_face"，并依次设置【选定值】为"02.gif"、"03.gif"、"04.gif"、"05.gif"、"06.gif"、"07.gif"、"08.gif"、"09.gif"、"10.gif"，如图8-36所示。

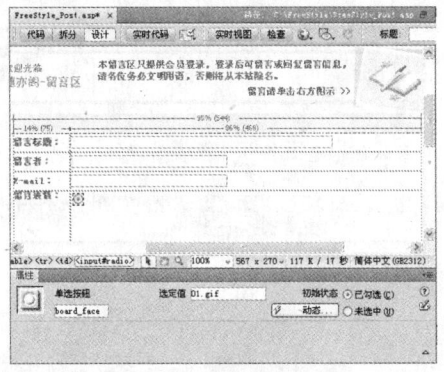

图8-35　设置"单选按钮"元件属性

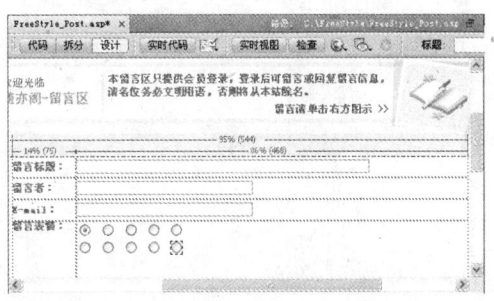

图8-36　插入其他单选按钮

> **提示**　步骤7的操作中需要分两行排列单选按钮，为了不使两行按钮的行距太大，可以按"Ctrl+Enter"快捷键进行断行。

08 将光标定位在"留言内容"内容右边的单元格，在【插入】面板中单击【文本区域】按钮，如图8-37所示。

09 选择新插入的元件，通过【属性】面板将其命名为"board_coutent"，再设置【字符宽度】和【行数】分别为50和10，如图8-38所示。

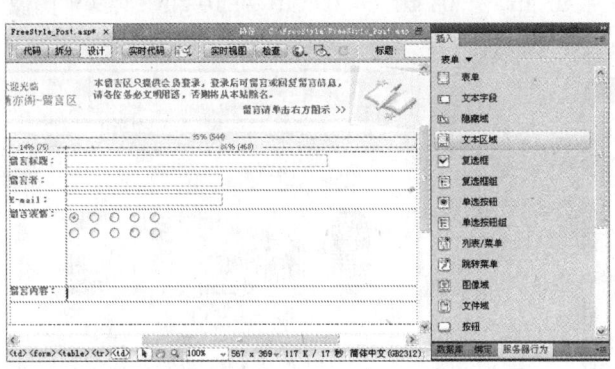

图8-37　插入"文本区域"元件

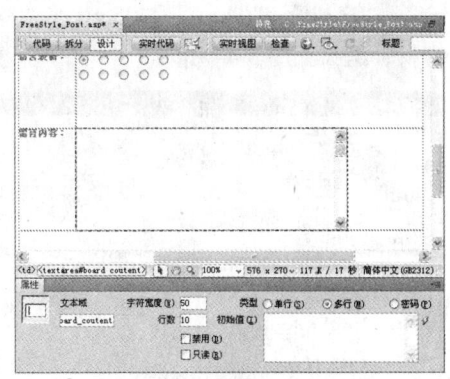

图8-38　插入并设置文本区域

10 将光标定位在表格最下方的单元格，在【插入】面板中单击【按钮】按钮，如图8-39所示。

11 选择新插入的按钮元件，通过【属性】面板设置【值】为"发布"，如图8-40所示。

12 在"发布"按钮右边空出6个空格后，再插入另一个按钮元件，并通过【属性】面板设置【值】为"重写"，然后选择动作为"重设表单"，结果如图8-41所示。

13 将光标定位在"留言表情"右边单元格的第一个单选按钮右侧，在【插入】面板中切换至【常用】分类，然后单击【图像：图像】按钮，如图8-42所示。

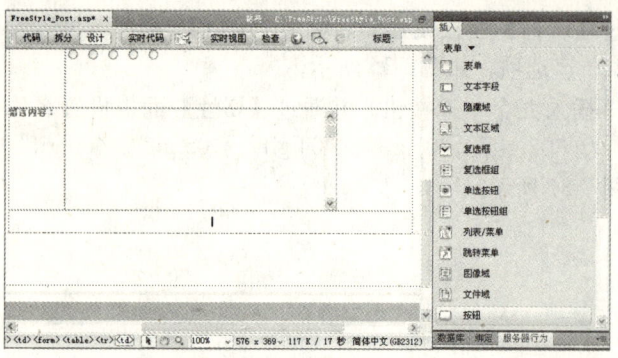
图8-39 插入"按钮"元件

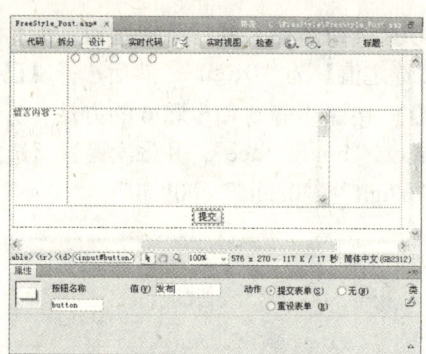
图8-40 设置"按钮"值

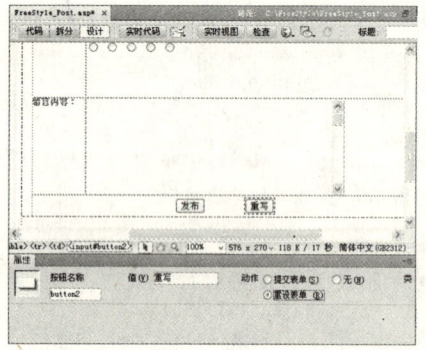
图8-41 插入"重写"按钮

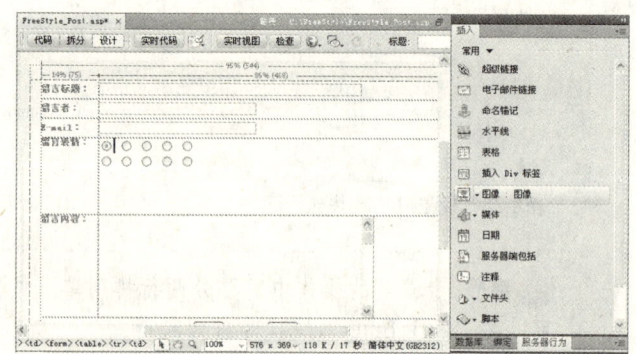
图8-42 插入图像

14 打开【选择图像源文件】对话框，指定【查找范围】为"images"文件夹，选择"01.gif"文件，然后单击【确定】按钮，如图8-43所示。

15 按照步骤13和步骤14的方法，接着在其他单选按钮右侧插入"images"文件夹中的"02.gif"、"03.gif"、"04.gif"、"05.gif"、"06.gif"、"07.gif"、"08.gif"、"09.gif"、"10.gif"共9个图像素材，结果如图8-44所示。

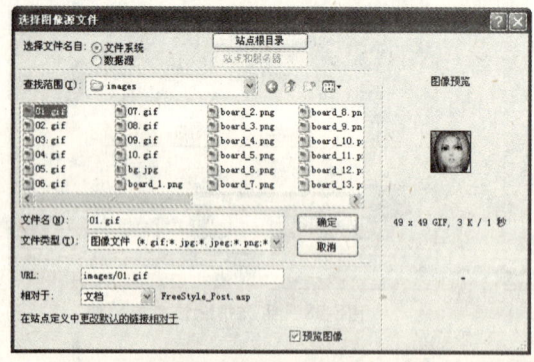
图8-43 指定图像素材

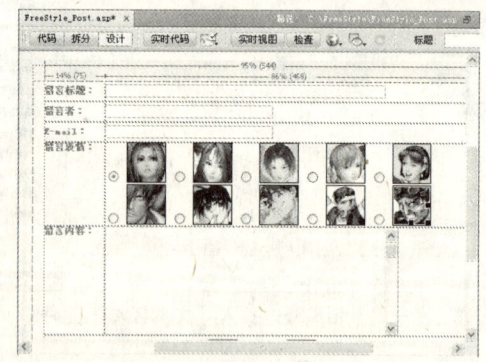
图8-44 插入其他图像素材

8.4.2 将留言信息添加到数据库

制作分析

制作完成留言表单后，浏览者便可以在该表单中填写留言信息，并提交到网站数据库。

第 8 章 数字留言区设计

制作流程

主要的操作流程为"添加【插入记录】行为"→"指定数据库和转入网页",具体实现过程见表8-8。

表 8-8 将留言信息添加到数据库实现过程

制作目的	实现过程
插入记录	通过【服务器行为】面板添加【插入记录】行为
指定数据库与转入网页	指定连接与插入的表格都为"board" 指定转入网页为"FreeStyle.asp"

上机实战 将留言信息添加到数据库

01 按下"Ctrl+F9"快捷键打开【服务器行为】面板,单击面板上的 ⊞ 按钮,打开下拉菜单,选择【插入记录】命令,如图 8-45 所示。

02 打开【插入记录】对话框,设置【连接】和【插入到表格】都为"board"选项,再单击【插入后,转到】栏中的【浏览】按钮,如图 8-46 所示。

03 打开【选择文件】对话框,指定【查找范围】为"FreeStyle"文件夹,然后指定"FreeStyle_Post.asp"文件,单击【确定】按钮,如图 8-47 所示。

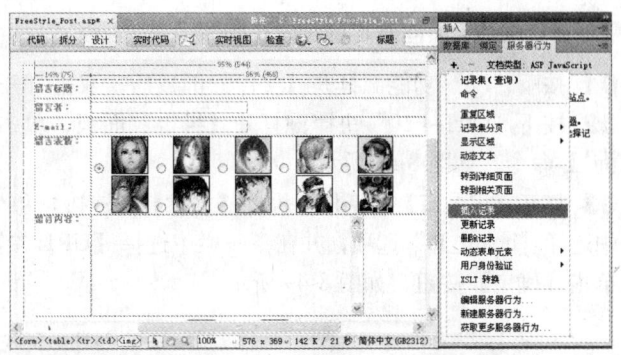

图8-45 添加"插入记录"服务器行为

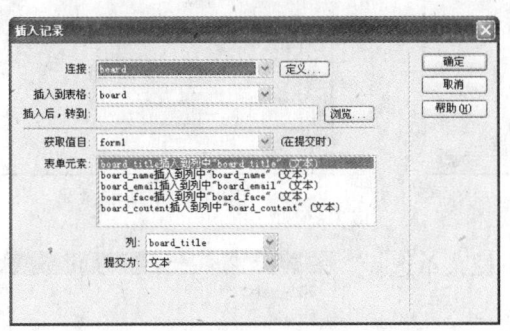

图8-46 指定数据库

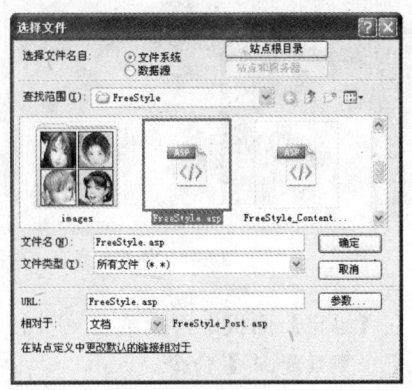

图8-47 指定转入网页

8.4.3 为回复页面绑定记录集

制作分析

回复留言的页面"FreeStyle_rPost.asp"中会同时显示留言标题和留言者信息,以及用于填写回复信息的表单,需要在该网页中同时绑定本例数据库中的两个数据表,以便正常显示留言信息同时能够回复留言。

制作流程

为回复页面绑定记录集的操作流程为"添加'记录集(board)'"→"添加'记录集(rpost)'",具体实现过程见表8-9。

表8-9 为回复页面绑定记录集实现过程

制作目的	实现过程
添加"记录集(board)"	通过【绑定】面板添加【记录集(查询)】行为 指定数据库连接并设置筛选
添加"记录集(rpost)"	通过【绑定】面板添加【记录集(查询)】行为 指定数据库连接并设置筛选

上机实战 为回复页面绑定记录集

01 按下"F8"功能键打开【文件】面板后,双击打开"FreeStyle_rPost.asp"文件。

02 按下"Ctrl+F10"快捷键打开【绑定】面板,单击 按钮打开下拉菜单,选择【记录集(查询)】命令,如图8-48所示。

03 打开【记录集】对话框,设置【名称】、【连接】和【表格】都为"board"选项,在【筛选】栏中选择"board_id"选项,并在下一栏中选择【URL参数】选项,再输入"board_id"语句,然后单击【确定】按钮,如图8-49所示。

图8-48 绑定记录集

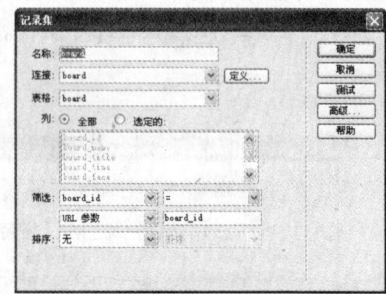

图8-49 设置记录集

04 在【绑定】面板中再次单击 按钮,打开下拉菜单选择【记录集(查询)】命令。

05 打开【记录集】对话框,设置【名称】和【表格】都为"rpost",【连接】为"board",再在【筛选】栏中选择"board_id"选项,并在下一栏中选择【URL参数】选项,然后输入"board_id"语句,最后单击【确定】按钮,如图8-50所示。

06 在【绑定】面板中展开记录集(board),拖动"board_name"字段到表格中"留言者"文本右边的单元格,再拖动"board_title"字段到表格中"留言标题"文本右边的单元格,如图8-51所示。

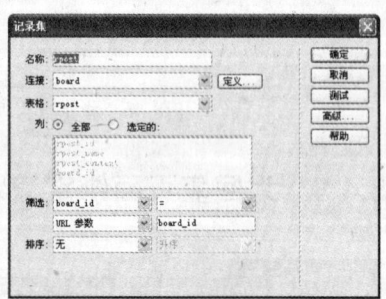

图8-50 绑定并设置另一记录集

第8章 数字留言区设计

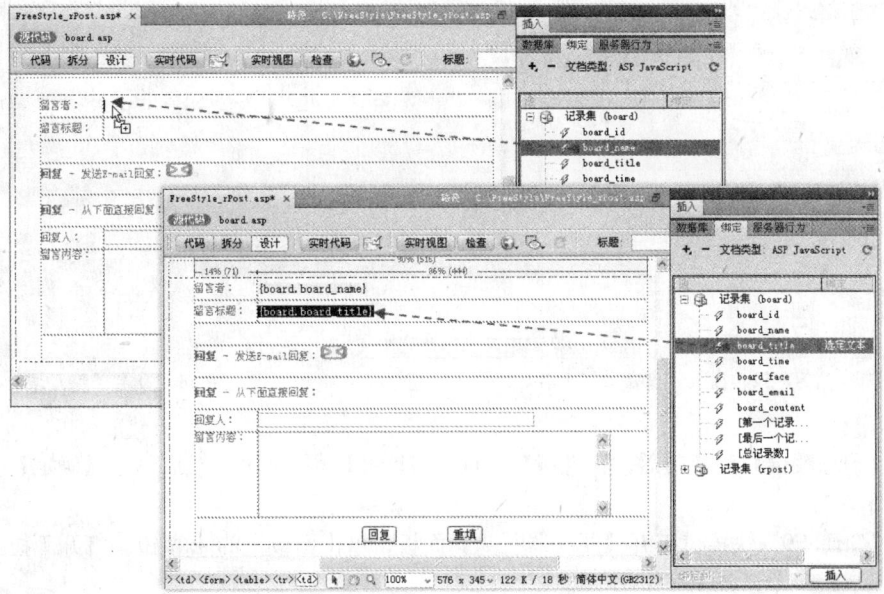

图8-51 插入字段于网页中

8.4.4 将回复信息添加到数据库

制作分析

在留言回复页面中表单所收集的信息将插入数据库的"rpost"数据表，"rpost"数据表中有一个"board_id"字段，用于使回复信息与留言信息相对应，因此在添加"插入记录"行为之前，需要先在表单中插入一个"隐藏域"表单元件。

制作流程

将回复信息添加到数据库的操作流程为"插入'隐藏域'元件"→"插入记录集"，具体实现过程见表8-10。

表 8–10 将回复信息添加到数据库实现过程

制作目的	实现过程
插入"隐藏域"元件	通过【插入】面板在指定位置插入"隐藏域"元件 设置"隐藏域"元件名称与动态数据
插入记录集	通过【服务器行为】面板添加【插入记录】行为 指定数据库连接和转入页面

上机实战 将回复信息添加到数据库

01 将光标定位在表单的"回复"按钮左边，在【插入】面板的【表单】分类中单击【隐藏域】按钮，如图 8-52 所示。

02 选择"隐藏域"元件，通过【属性】面板命名为"board_id"，再单击【值】栏中的 按钮，如图 8-53 所示。

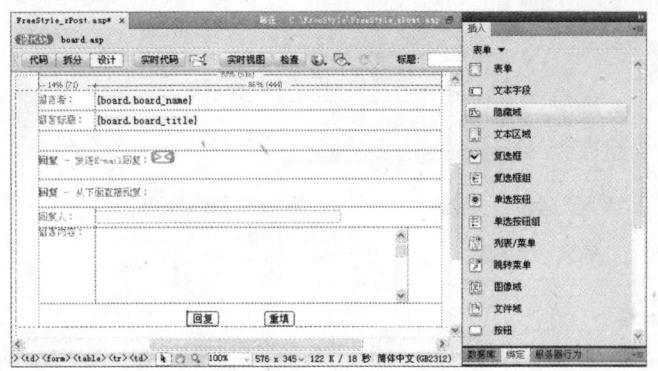
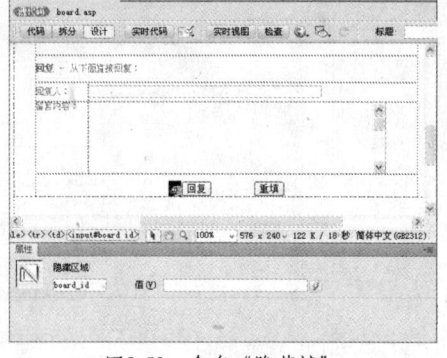

图8-52 插入"隐藏域"元件　　　　　图8-53 命名"隐藏域"

03 打开【动态数据】对话框后,在【域】中选择"board_id"字段,然后单击【确定】按钮,如图8-54所示。

04 按下"Ctrl+F9"快捷键打开【服务器行为】面板,单击面板上的⊞按钮,打开下拉菜单,选择【插入记录】命令,如图8-55所示。

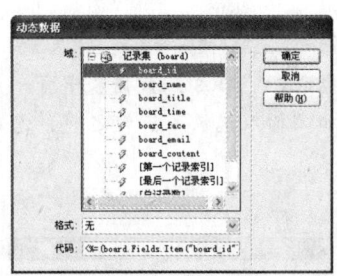
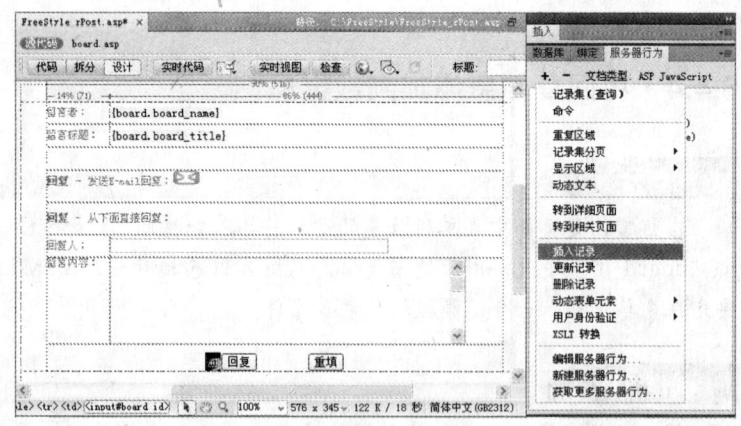

图8-54 设置动态数据　　　　　图8-55 添加"插入记录"服务器行为

05 打开【插入记录】对话框,设置【连接】为【board】选项、【插入到表格】为"rpost"选项,再单击【插入后,转到】栏后的【浏览】按钮,如图8-56所示。

06 打开【选择文件】对话框,指定【查找范围】为"nego"文件夹,再指定"FreeStyle_Content.asp"文件,然后单击【确定】按钮,如图8-57所示。

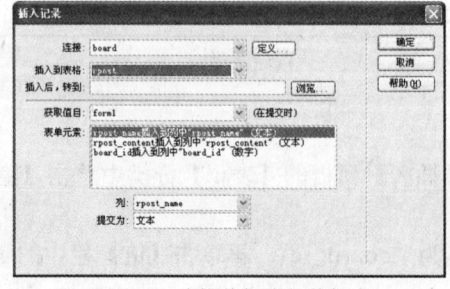

图8-56 连接数据库与数据表　　　　　图8-57 指定转到网页

8.4.5 制作动态电子邮件链接

制作分析

根据数据库中字段记录的电子邮件来设置超链接比较复杂，本实例回复留言页面"FreeStyle_rPost.asp"中所显示的内容将根据前一页面（显示留言的"FreeStyle_Content.asp"页面）传回的"board_id"值（即某个网友的一条留言），动态地显示相应的信息，也就是说，"board_email"字段所保存的电子邮件内容也是动态的。

制作流程

制作动态电子邮件链接的操作流程为"添加超链接"→"指定数据源"，具体实现过程见表8-11。

表 8-11 制作动态电子邮件链接实现过程

制作目的	实现过程
添加超链接	通过【属性】面板为指定图像添加超链接
指定数据源	在【选择文件】对话框中指定数据域 在 URL 内容之前加入 mailto: 内容

上机实战　制作动态电子邮件链接

01 在网页的表格中选择"发送 E-mail 回复"右边的图片，在【属性】面板的【链接】栏单击【浏览】按钮，如图 8-58 所示。

02 打开【选择文件】对话框，在上方的【选择文件名自】区中选择【数据源】选项，然后在【域】中选择"board_email"字段，并在【URL】栏中已设置的地址内容前输入"mailto:"即可，如图 8-59 所示。

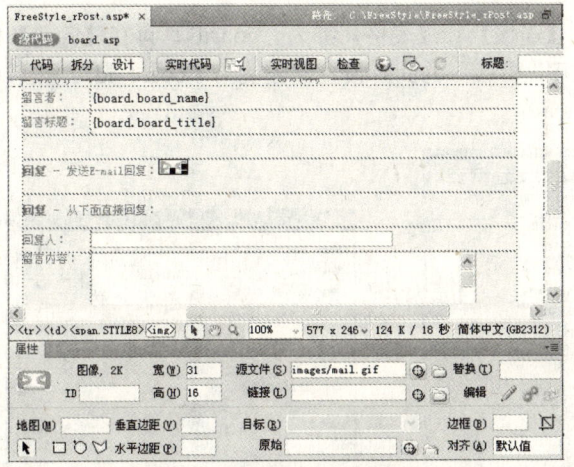

图 8-58　准备为文本设置链接

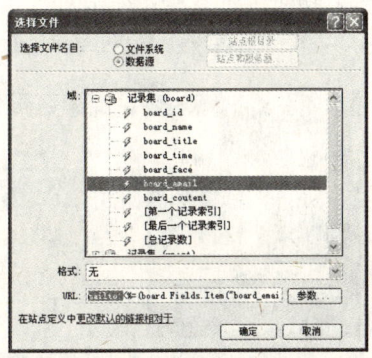

图 8-59　设置数据源为电子邮件链接

8.5 制作留言显示页面

8.5.1 显示留言与回复信息

制作分析

留言显示页面"FreeStyle_Content.asp"将同时显示留言信息和回复留言信息,因此该页面需要绑定数据库中的"board"和"rpost"数据表,并指定由前一网页"FreeStyle.asp"所传回的"board_id"字段作为筛选值,然后将所需的字段加入到网页中。

制作流程

整个操作流程可归纳为"添加'记录集(board)'"→"添加'记录集(rpost)'"→"添加字段",具体实现过程见表8-12。

表8-12 显示留言与回复信息实现过程

制作目的	实现过程
添加"记录集(board)"	通过【绑定】面板添加【记录集(查询)】行为 指定数据库连接并设置筛选
添加"记录集(rpost)"	通过【绑定】面板添加【记录集(查询)】行为 指定数据库连接并设置筛选与排序
添加字段	通过【插入】面板在网页指定位置插入图像占位符 分别为图像占位符及其他单元格添加字段

上机实战 显示留言与回复信息

01 按下"F8"功能键打开【文件】面板后,双击打开"FreeStyle_Content.asp"文件。

02 按下"Ctrl+F10"快捷键打开【绑定】面板,单击按钮打开下拉菜单,选择【记录集(查询)】命令,如图8-60所示。

03 打开【记录集】对话框,设置【名称】、【连接】和【表格】都为"board",再在【筛选】栏中选择"board_id"选项,并在下一行选择"URL 参数"的同时设置参数值为"board_id",然后单击【确定】按钮,如图8-61所示。

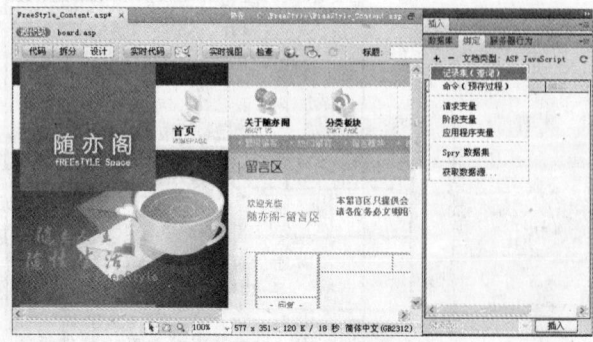

图8-60 绑定记录集

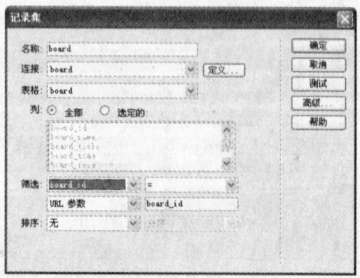

图8-61 设置记录集绑定

04 在【绑定】面板中单击 ⊞ 按钮，打开下拉菜单，选择【记录集（查询）】命令。

05 打开【记录集】对话框，设置【名称】和【表格】都为"rpost"，选择【连接】为"board"，接着在【筛选】栏中选择"board_id"选项，并在下一行选择"URL 参数"的同时设置参数值为"board_id"，然后设置【排序】为"rpost_id"，并选择顺序为"降序"，最后单击【确定】按钮，如图 8-62 所示。

06 将光标定位在上方表格的左上单元格，在【插入】面板的"常用"分类中单击打开【图像】下拉菜单，选择【图像占位符】命令，如图 8-63 所示。

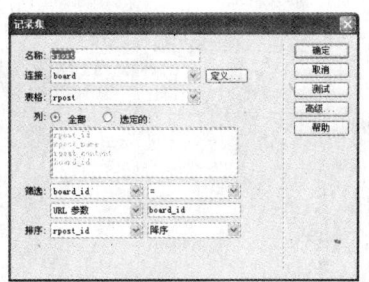

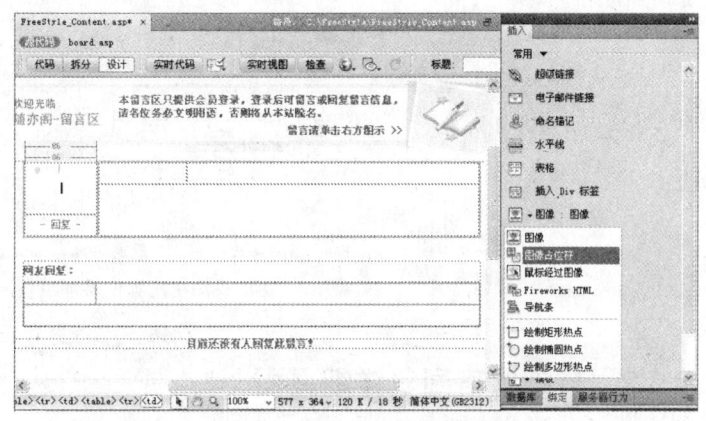

图8-62 绑定另一记录集　　　　　　　　图8-63 插入"图像占位符"

07 打开【图像占位符】对话框，设置【名称】为"face"，再设置【宽度】和【高度】都为49，然后单击【确定】按钮，如图 8-64 所示。

08 在【绑定】面板中展开"board"记录集，拖动"board_face"字段到新插入的占位符上，如图 8-65 所示。

09 选择"图像占位符"元素，然后在【属性】面板的【源文件】栏已设置的源文件内容前加入"images/"文字，如图 8-66 所示。

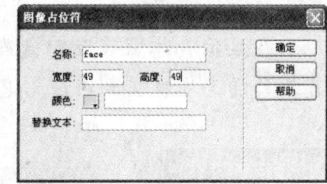

图8-64 设置"图像占位符"

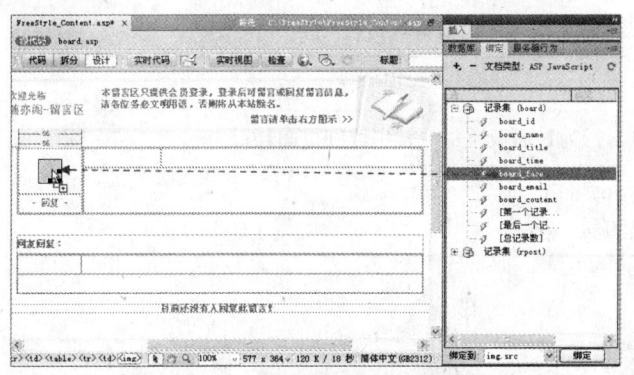

图8-65 为图像占位符添加字段　　　　　图8-66 修改源文件路径

10 从【绑定】面板中拖动"board_name"字段到占位符右边的空白单元格，以显示留言者名称，接着以相同的方法，分别添加"board_title"、"board_coutent"、"sport_name"和"sport_coutent"字段到网页的相应单元格中，结果如图 8-67 所示。

图8-67　在网页中添加字段

8.5.2 转到留言回复详细页面

::: 制作分析 :::

在显示具体留言及回复内容的页面上,提供了一个回复留言链接,该链接根据当前显示的留言项目动态地链接到对应信息的回复页面,从而针对某一条留言填写回复信息。

::: 制作流程 :::

为回复链接设置转到详细页面的操作流程为"添加【转到详细页面】行为"→"指定详细页面",具体实现过程见表8-13。

表8-13　转到留言回复详细页面实现过程

制作目的	实现过程
添加【转到详细页面】行为	通过【服务器行为】面板添加【转到详细页面】行为
指定详细页面	指定回复转向页面 指定记录集和列

上机实战 转到留言回复详细页面

01 选择网页上方表格图像占位符下方的"回复"文本内容,再切换至【服务器行为】面板,单击⊕按钮打开下拉菜单,选择【转到详细页面】命令,如图8-68所示。

02 打开【转到详细页面】对话框,先在【详细信息页】栏中单击【浏览】按钮,打开【选择文件】对话框,指定【查找范围】为"FreeStyle",再选择"FreeStyle_rPost.asp"文件,然后单击【确定】按钮,如图8-69所示。

第8章 数字留言区设计

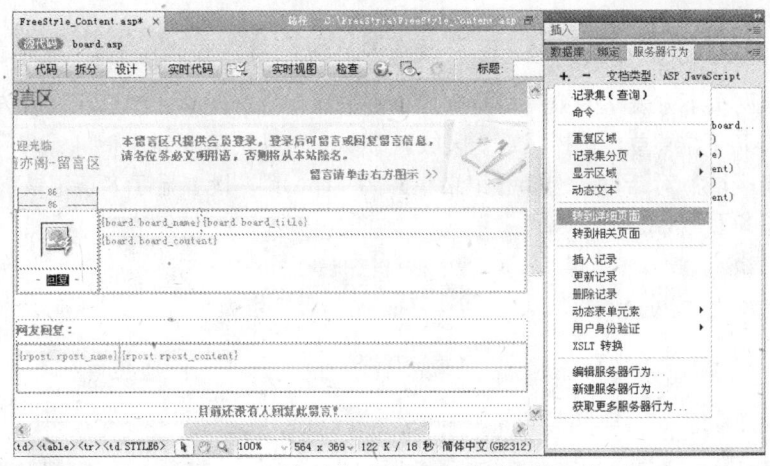

图8-68 添加"转到详细页面"服务器行为

03 返回【转到详细页面】对话框,设置【记录集】为"board",再选择【列】为"board_id",最后单击【确定】按钮,如图8-69所示。

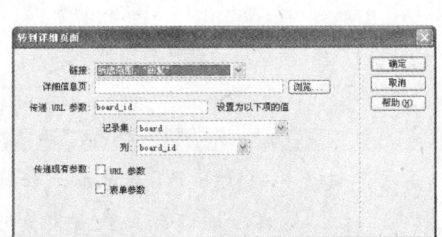

图8-69 指定详细页面并设置记录集和列

8.5.3 重复显示多项回复

制作分析

由于针对某留言的回复信息可能不止一条,为了在同一页面显示更多的回复信息,需要设置重复区域。

制作流程

设置重复显示多项回复信息的操作流程为"添加【重复区域】行为"→"设置重复区域",具体实现过程见表8-14。

表8-14 重复显示多项回复实现过程

制作目的	实现过程
添加【重复区域】行为	通过【服务器行为】面板添加【重复区域】行为
设置重复区域	设置参照记录集 设置显示记录笔数

151

上机实战 重复显示多项回复

01 将鼠标移至网页下方表格的第一行左侧，单击选取整行单元格，然后在【服务器行为】面板中单击 按钮打开下拉菜单，选择【重复区域】命令，如图8-70所示。

02 打开【重复区域】对话框，选择【记录集】为"rpost"，设置显示8条记录，然后单击【确定】按钮，如图8-71所示。

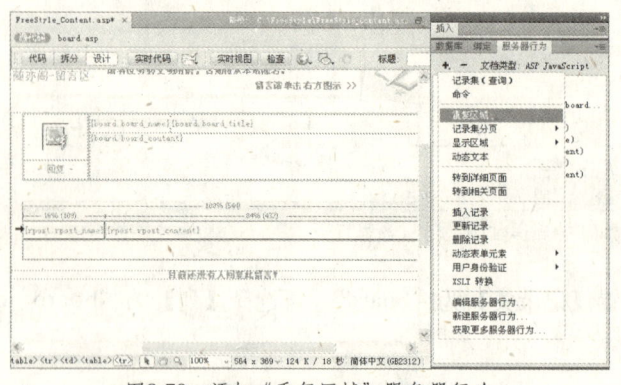

图8-70 添加"重复区域"服务器行为

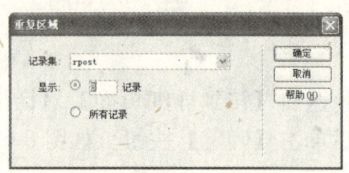

图8-71 设置重复区域

8.5.4 加入回复内容导航条

制作分析

前一小节的操作中将留言显示页面中的回复信息设置为每次显示8条记录，如此，超过8条的回复就不会在当页显示，这时就需要加入导航功能，让浏览者可通过翻页查看更多的回复信息。

制作流程

加入回复内容导航条的操作流程为"插入【记录集导航条】"→"美化记录集导航条"，具体实现过程见表8-15。

表8-15 加入回复内容导航条实现过程

制作目的	实现过程
插入【记录集导航条】	通过【插入】面板为网页插入【记录集导航条】对象 设置以"文本"显示导航条
美化记录集导航条	手动调整导航条表格宽度 通过【属性】面板为导航条内容套用样式

上机实战 加入回复内容导航条

01 将光标定位在网页下方表格的第二行单元格中，将【插入】面板切换至【数据】分类，再单击打开【记录集分页】下拉菜单，选择【记录集导航条】命令，如图8-72所示。

02 打开【记录集导航条】对话框，选择【记录集】为"rpost"，再选择【显示方式】为"文本"，然后单击【确定】按钮，如图8-73所示。

03 向右拖动所插入的导航条右下角的调整点，增加导航条表格宽度，再选择其中的所有单元格，在【属性】面板中打开【样式】菜单，选择套用样式，如图8-74所示。

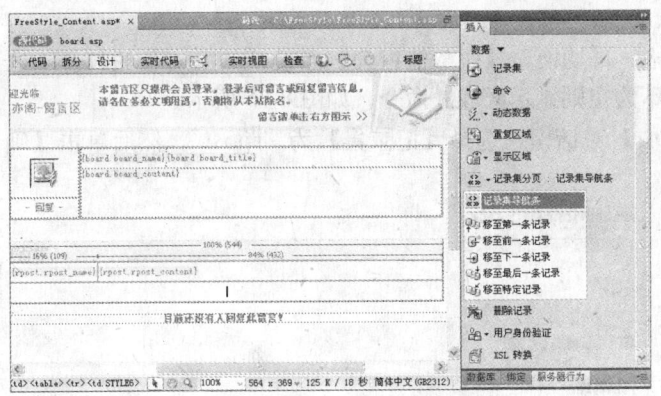

图8-72 插入"记录集导航条"

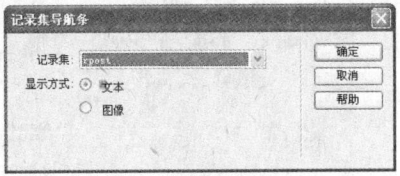

图8-73 设置记录集导航条

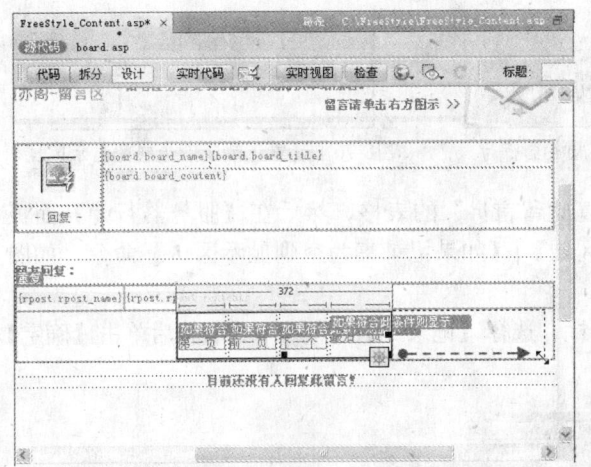
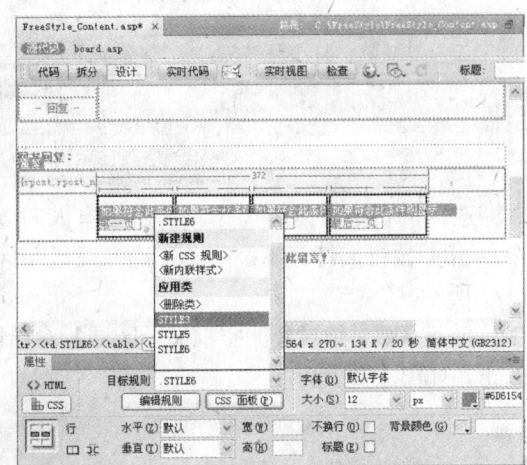

图8-74 美化导航条

8.5.5 设置回复显示

制作分析

考虑到并不是所有留言都有人回复，因此，当一条留言未添加任何回复信息时将显示提示文本，说明该留言暂时无回复；当有人回复后，则隐藏提示内容而显示网友的回复。

制作流程

设置回复显示的主要操作流程为"添加记录集为空显示区域"→"添加记录集不为空显示区域"，具体实现过程见表8-16。

表8-16 设置回复显示实现过程

制作目的	实现过程
添加记录集为空显示区域	通过【服务器行为】面板为指定的表格添加"如果记录集为空则显示区域"行为
添加记录集不为空显示区域	通过【服务器行为】面板为指定的表格添加"如果记录集不为空则显示区域"行为

上机实战　设置回复显示

01 选择网页中用于显示回复信息的表格，再切换至【服务器行为】面板，单击 按钮打开下拉菜单，选择【显示区域】|【如果记录集不为空则显示区域】命令，如图8-75所示。

02 打开【如果记录集不为空则显示区域】对话框，选择【记录集】为"rpost"，然后单击【确定】按钮，如图8-76所示。

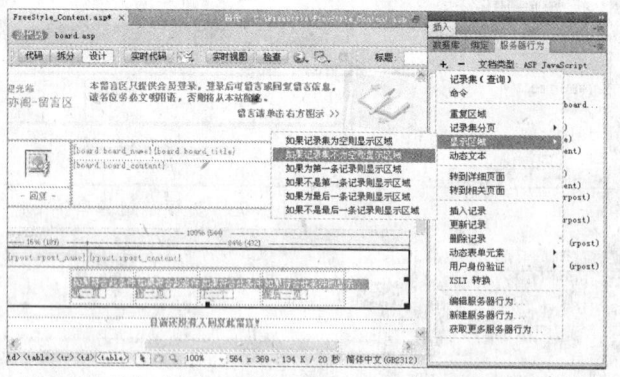
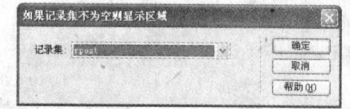

图8-75　添加"如果记录集不为空则显示区域"服务器行为　　　图8-76　设置记录集不为空的显示区域

03 选择网页下方内容为"目前还没有人回复此留言！"的表格，然后在【服务器行为】面板中单击 按钮，打开下拉菜单，选择【显示区域】|【如果记录集为空则显示区域】命令，如图8-77所示。

04 打开【如果记录集为空则显示区域】对话框，选择【记录集】为"rpost"，然后单击【确定】按钮，如图8-78所示。

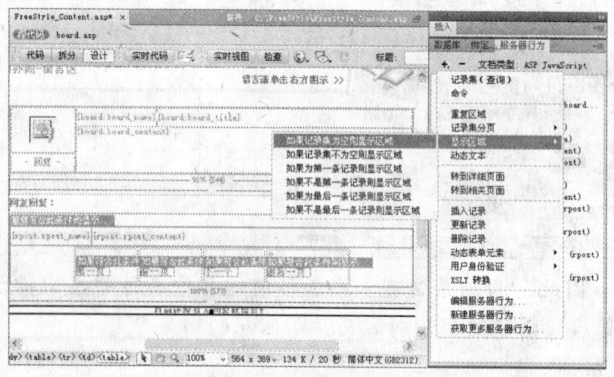

图8-77　添加"如果记录集为空则显示区域"服务器行为　　　图8-78　设置记录集为空的显示区域

8.6　数字留言区成果预览

　　经过前面操作后，"随亦阁"的数字留言板设计已完成，下面将通过IE浏览器预览整个设计成果。首先打开留言区主页"FreeStyle.asp"文件，如图8-79所示，在未有网友添加任何留言的情况下，该页面显示"本留言区目前未有留言信息！"内容。

　　在主页上单击 按钮，会打开添加留言的页面"FreeStyle_Post.asp"，浏览者可以在页面的表单中填写留言信息，然后单击【发布】按钮，如图8-80所示。当成功发布留言后将返回留言区主页"FreeStyle.asp"。

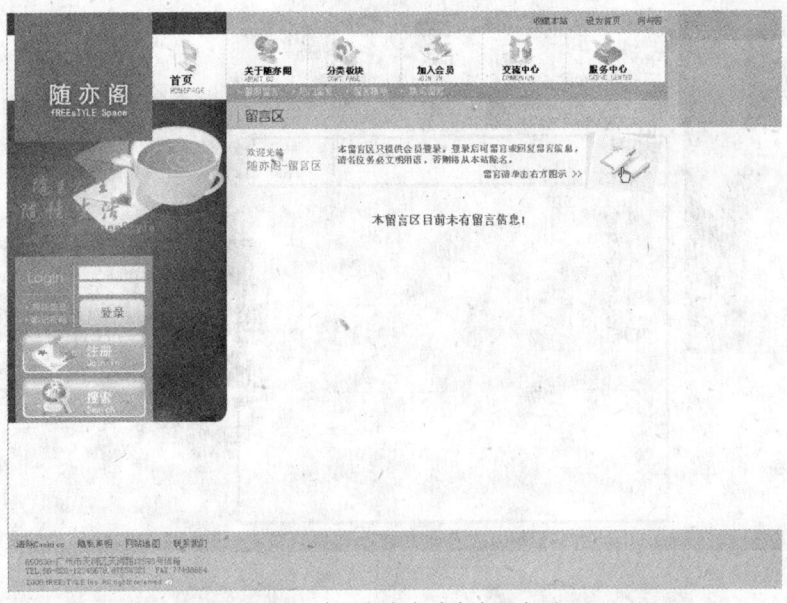

图8-79 未添加留言的留言区主页

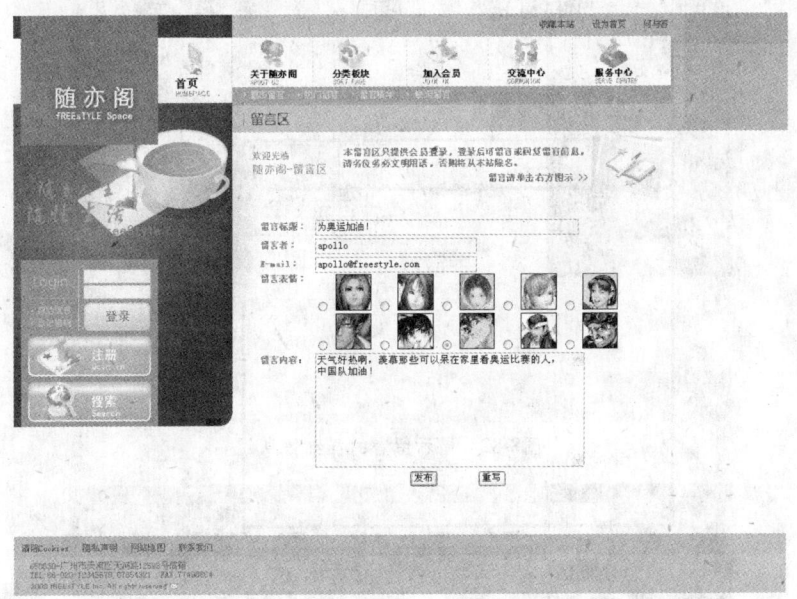

图8-80 添加留言

当由众多网友加入多条留言后,主页将以分页形式显示留言表情、标题、留言人名称和留言时间,浏览者可以单击页面下方的"下一页"链接文本,浏览更多的留言信息,如果要查看某个留言的具体内容,单击对应的留言标题即可,如图8-81所示。

在主页中单击某一项留言的标题后将打开留言内容的详细页面"FreeStyle_Content.asp",其中显示了留言的详细内容和回复内容,这时可以单击页面上方的"回复"链接文本对留言进行回复,如图8-82所示。

回复留言页面"FreeStyle_rPost.asp"上方显示所回复的留言标题和留言者,下方则是回复者填写区,包括回复内容和回复人名称,如图8-83所示。完成留言回复后,将返回"FreeStyle_Content.asp"页面。

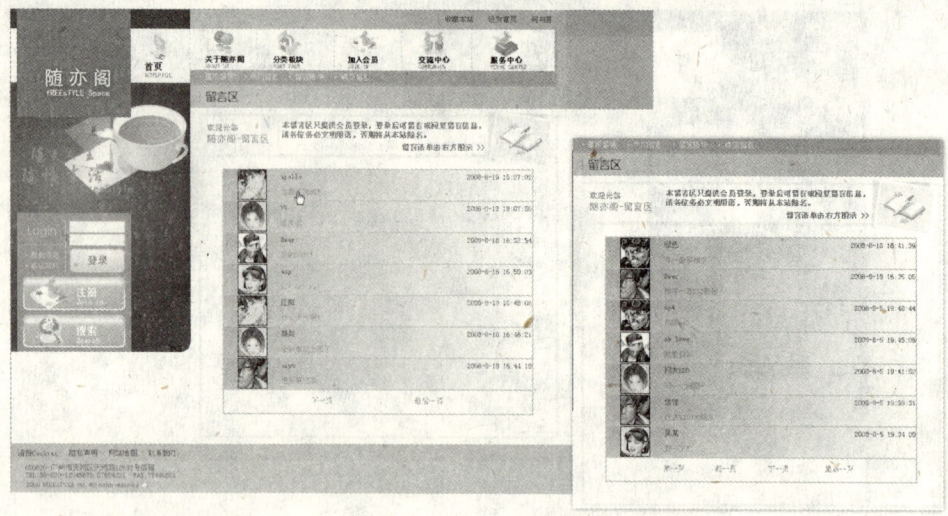

图8-81 显示已添加的留言信息

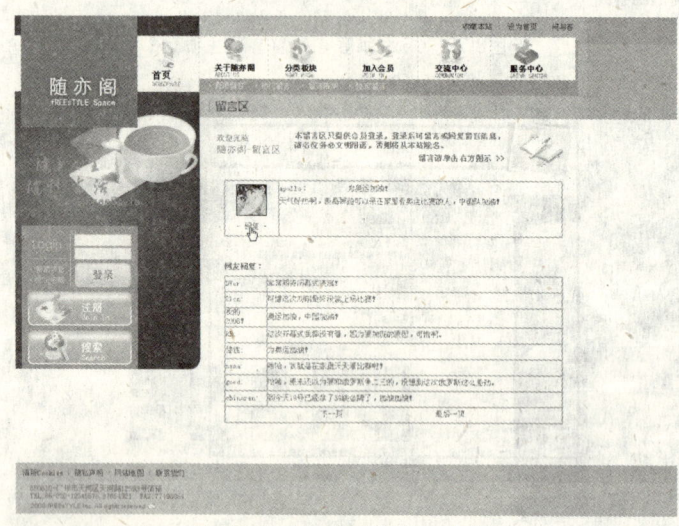

图8-82 显示留言的详细信息

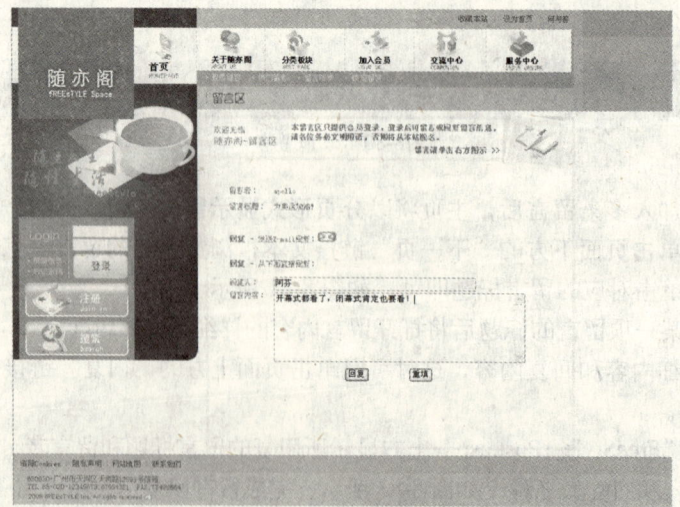

图8-83 回复留言

8.7 学习扩展

8.7.1 经验总结

通过本章内容的学习，了解了数字留言区的设计思路与操作方法。下面针对本章数字留言区实例设计所使用的功能及操作要点作以下几点总结。

1. 转到详细页面

与一般超链接设置不同，为网页内容添加"转到详细页面"行为可以实现动态超链接设置。例如本章实例中应用"转到详细页面"行为为留言标题添加链接到显示详细留言内容的页面，其中的留言标题是根据数据库中的数据动态呈现的，若是使用一般的超链接设置，则单击留言标题链接后，所打开的将总是同一个页面。

2. 数据源超链接

除了前面介绍的"转到详细页面"行为，在设置动态超链接时，还可以通过指定链接目标来源而设置动态超链接。本章实例中介绍了根据不同留言者身份而创建不同的电子邮件链接，其方法是在指定数据源后，再添加 mailto: 的方式来实现，如果是链接留言者的个人网站的话，那么在数据库已获取完整网站地址信息的情况下，直接通过指定数据源字段便可以实现。

3. 重复显示、记录集导航条

使用"重复显示"服务器行为，可以根据数据库中的记录，重复显示包括同一字段的多条内容记录。使用"记录集导航条"功能可以将数据库中的记录以指定的数量按顺序逐页显示。将"重复显示"行为与"记录集导航条"功能搭配使用，可以在网页中有限的范围内以翻页的形式完整呈现数据库中所有相关的数据记录。

4. 条件显示

在动态网站制作中，难免会出现数据库暂时为空的情况，这种情况下，便可以利用"显示区域"行为控制网页中的相关内容根据数据库是否为空或是否为第一或最后一条记录而显示。本章实例介绍了"如果记录集为空则显示区域"和"如果记录集不为空则显示区域"两种行为的应用，除了这两项还包括"如果为第一条记录则显示区域"、"如果不是第一条记录则显示区域"、"如果为最后一条记录则显示区域"和"如果不是最后一条记录则显示区域"四种行为，分别用于控制网页内容根据当前是否为第一或最后一条记录而显示，使网页内容的条件判断更加丰富。

8.7.2 设计观摩

下面选用 17173 游戏网的留言区和一个名称为"大粽子"的个人博客的留言区作为参考。

17173 游戏网的留言区以简洁的页面风格呈现，如图 8-84 所示，其横幅由网站 LOGO 和众多导航链接组成，下方即为网友留言区。首先，其留言首页由"基本资料"和"联系方式"两个部分组成，其中上方的"基本资料"部分要求网友选择留言类型和重要级别，再填入留言标题和具体的留言内容，下方的"联系方式"部分要求网友填写留言人名称、电子邮箱以及即时通讯三部分内容，完成留言后单击【确定提交】按钮，即可以将留言信息提交给网站。该留言区并非是供网友交流，而是针对网站内容给网站管理者的错误报告、意见建议或问题咨询信息，因此提交后将返回一个页面，显示提交成功并说明其回复时间。

图8-84　17173游戏网的留言区

名为"大粽子"的个人博客以丰富的页面动画特效呈现，进入博客的留言区后，可以在页面中央位置看到一个漂亮的笔记本形式留言区，如图 8-85 所示。其中，笔记本的左页为留言区，网友在输入姓名、邮箱、主页、标题和具体的留言内容后，单击【发表】按钮便可以将留言信息发布；在笔记本的右页可以看到其他网友的留言信息。

图8-85　个人博客的留言区

8.8　本章小结

本章通过网络留言区主页面、发布留言信息、回复留言，以及显示一组留言与相关回复信息等动态页面及功能的制作，介绍了整个"随亦阁"数字留言区的设计过程，了解了网站留言板及留言信息管理的制作理念与方法。

8.9 上机实训

实训要求：设置 ODBC 数据源并为"FreeStyle"网站连接数据库"message"。

操作提示：在【控制面板】的【管理工具】分类中执行【ODBC 数据源管理器】程序，指定添加"message"数据源（指定练习文件 message.mdb），再打开 Dreamwevaer CS5 建立"FreeStyle"站点后，通过【数据库】面板连接数据源"message"。整个操作流程如图 8-86 所示。

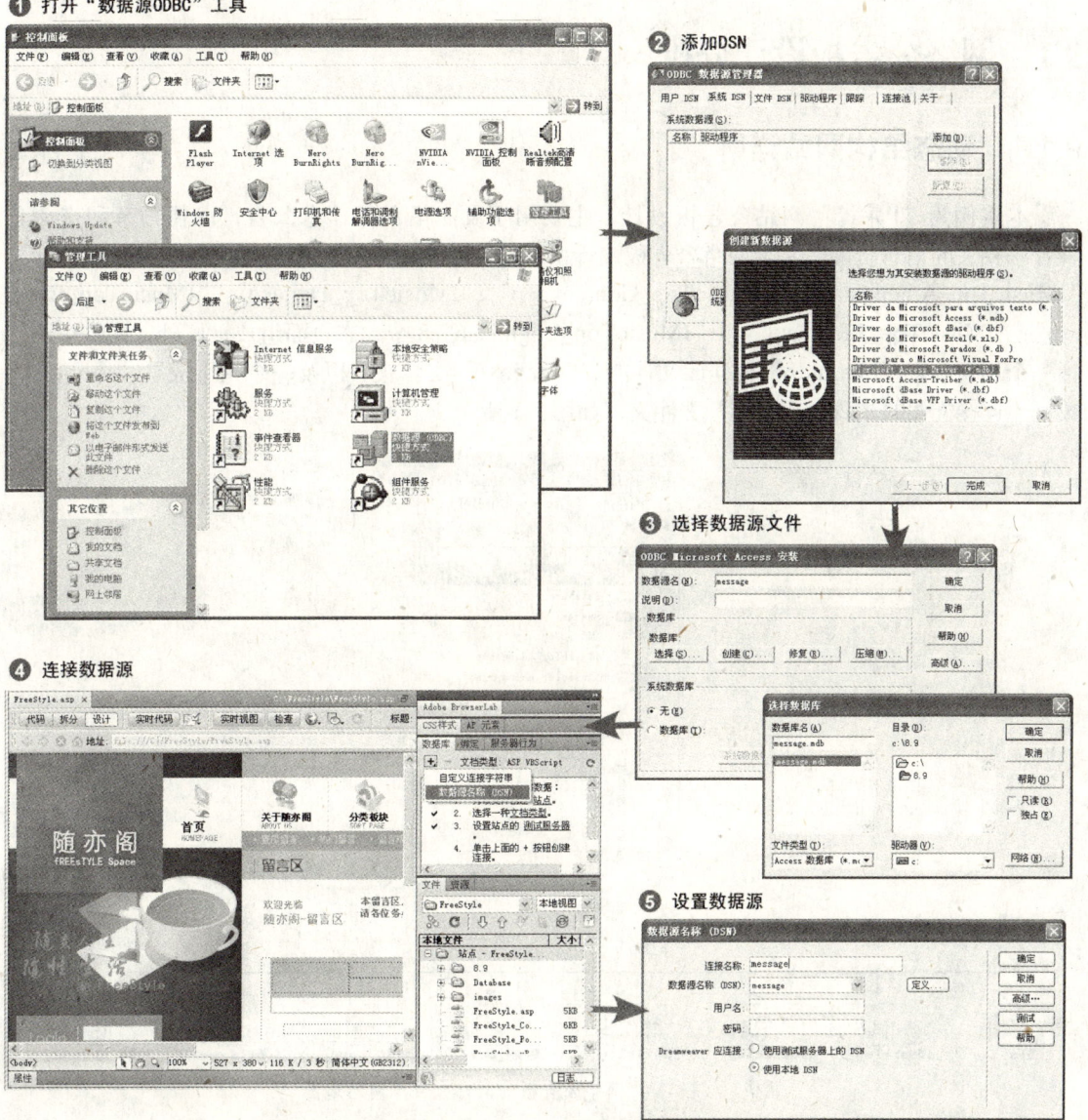

图 8-86　设置数据源与连接数据库的操作流程

第 9 章 网络公告板设计

> 本章将通过"J乐榜"网络公告板设计实例,介绍如何制作一个可显示公告信息,让管理者登录公告区,执行建立、修改和删除公告信息行为的动态网站。

9.1 网络公告板设计分析

9.1.1 动态结构网站详解

本实例为"J乐榜"网站公告板设计,主要用于发布活动等信息公告,以便分享和交流各种音乐相关的信息资源。整个网络公告板设计由"JMusicTop.asp"、"JMusicTop_Admin.asp"、"JMusicTop_Amend.asp"、"JMusicTop_Content.asp"、"JMusicTop_Del.asp"、"JMusicTop_Issue.asp"、"JMusicTop_LFail.asp"和"JMusicTop_Login.asp" 8 个动态页面组成,此外,网站中还包括一个用于放置"bbs.mdb"数据库文件的"Database"文件夹,以及一个用于放置"shop.asp"数据库连接文件的"Connections"文件夹,如图 9-1 所示。

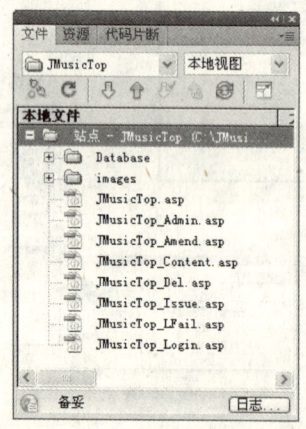

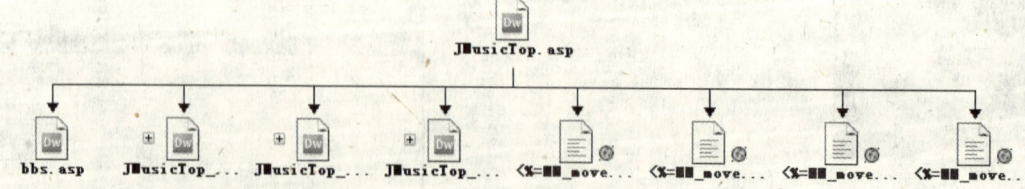

图9-1 "J乐榜"网络公告板的网站文件及网站地图

浏览者进入"J乐榜"网络公告板页面后,便可以在公告板主页看到已发布的公告项目,单击某个公告标题可以显示详细的公告内容,此外,还可以进入发布页面发布信息,网站的管理员可以在登录后对所有公告信息进行修改或删除。如图 9-2 所示为"J乐榜"网站的公告板设计结构。

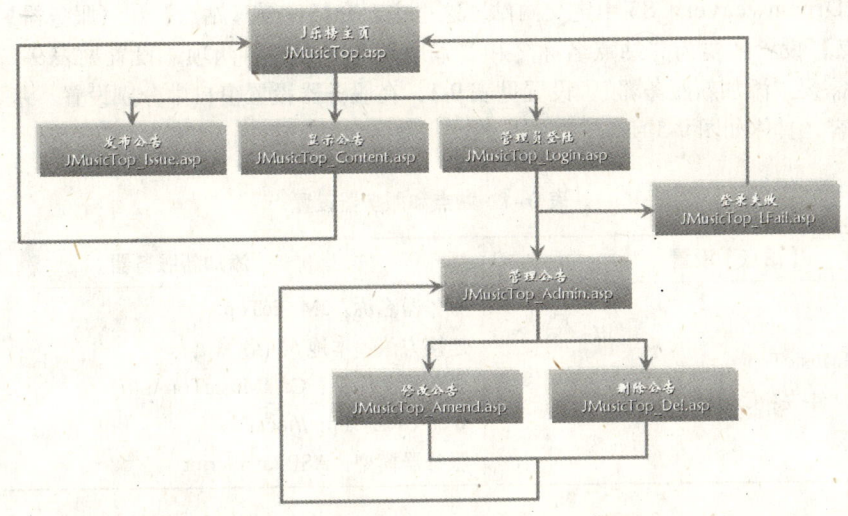

图9-2 "J乐榜"网络公告板的设计结构图

9.1.2 网站数据库分析

本例网络公告板设计使用的数据库文件名称为"bbs.mdb",包括"admin"和"data"两个数据表。其中,"admin"数据表由"admin_id"和"admin_pw"两个字段组成,用于保存管理员的账号和密码;"data"数据表由"bbs_"前缀的多个字段组成,用于记录公告编号、发布时间、公告人、公告标题和详细内容,如图9-3所示。

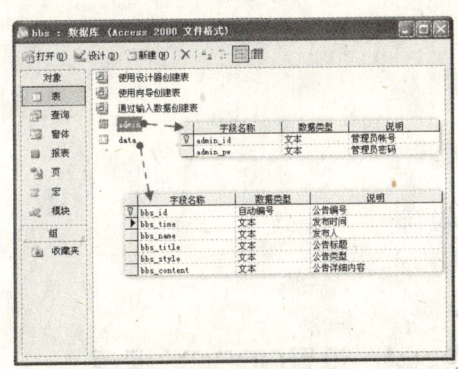

图9-3 网络公告板数据库

> **提示** 创建数据库的方法可参阅本书第 6 章的 6.3.1 小节内容,本例直接使用已完成创建"admin"和"data"两个数据表的数据库文件"bbs.mdb",其位置为网站文件夹"JMusicTop"的"Database"文件夹(即本书光盘的"...\Practice\Ch09\JMusicTop\Database"位置)。

9.2 网络公告板设计前准备

9.2.1 动态网站环境配置

先将实例光盘中的"...\Practice\Ch09\JMusicTop"文件夹复制到本地电脑 C 盘位置,然后参照本书第 7 章的 7.2.1 小节所介绍的方法完成动态网站的环境配置。

有关本实例的动态网站环境配置,下面列举两项重要的设置,具体如下。

(1) 设置 IIS 中默认网站的属性,修改其主目录为"C:\JMusicTop",如图 9-4 所示。

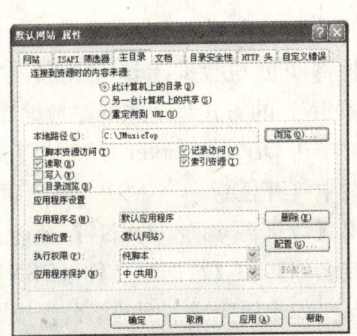

图9-4 设置默认网站主目录

（2）在 Dreamweaver CS5 中定义网站，这里主要介绍设置【站点】和【服务器】两个分类。其中，【站点】设置主要为"站点名称"和"本地站点文本夹"两项，设置见表9-1，而【服务器】设置则需要"添加新服务器"，设置见表9-1，在服务器设置窗口中分别设置"基本"和"高级"两项内容，具体如图9-5所示。

表 9-1　站点和服务器设置

【站点】设置	添加新服务器
站点名称：JMusicTop 本地站点本文件夹：C:\JMusicTop\	服务器名称：JMusicTop 连接方法：本地 / 网络 服务器文件夹：C:\JMusicTop\ Web URL：http://localhost/ 服务器模型：ASP JavaScript

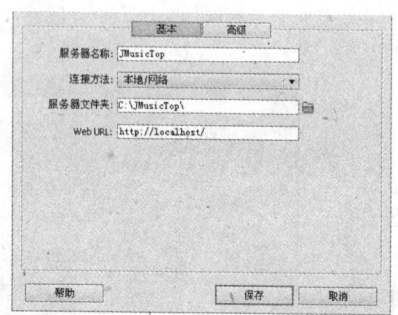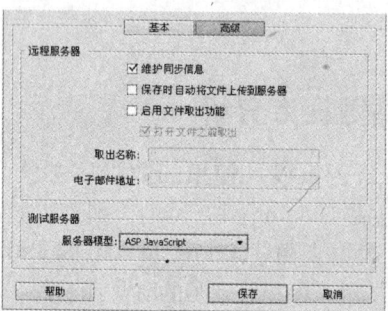

图9-5　添加服务器

9.2.2　设置ODBC数据源

设置 IIS 本地服务器主目录并定义动态网站之后，将通过开放式数据库连接（ODBC）驱动程序将本例所提供的数据库文件指定为数据源。通过"控制面板"打开【管理工具】窗口，执行【ODBC 数据源管理器】程序，然后指定电脑 C 盘中的"/JMusicTop/database"文件夹中的"bbs.mdb"数据库文件，如图9-6所示。

9.2.3　Dreamweaver动态数据设置

为了实现由 ASP 网页对数据库的访问与管理，需要将网页与数据库建立关联，本例以指定数据源名称（DSN）的方式为动态网站数据库操作提供连接通道。

在 Dreamweaver CS5 的【文件】面板中已定义的网站中打开任意一个 ASP 网页，再通过【数据库】面板使用【数据源名称（DSN）】功能，设置"bbs"作为【连接名称】和【数据源名称（DSN）】，如图9-7所示。

如此便完成本例网络公告板设计的准备工作，下一节开始，将进入制作动态网页的具体操作，包括公告板主页

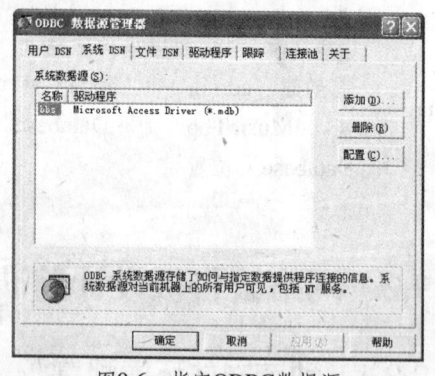

图9-6　指定ODBC数据源

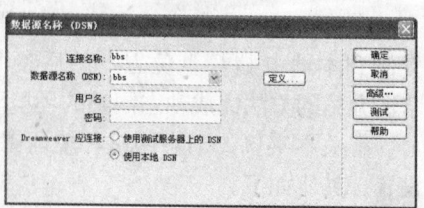

图9-7　指定数据源名称

面、登录、显示和发布页面,以及公告板管理员登录和公告修改与删除页面等操作。

> **提示** 在整个操作过程中动态网页需要预先完成一系列连贯的设计才可以呈现设计结果,因此,在多数的设计小实例中未提供预览结果,待完成整个实例设计后,将在 9.7 节集中预览整个实例效果,若读者在各节的制作过程中对具体操作不解,也可先跳到 9.7 节中查看对应的操作结果。

9.3 公告板主页设计

9.3.1 在管理页面显示公告项目

制作分析

本节先制作网络公告板的主页面"JMusicTop.asp",该页面的制作将先排列出已发布的公告信息,每一条公告包括标题、公告人、公告时间等内容,通过添加数据字段的方法完成。

制作流程

主要操作流程为"绑定记录集"→"插入数据字段"→"设置字段文本属性",具体实现过程见表9-2。

表 9–2 显示公告信息实现过程

制作目的	实现过程
绑定记录集	通过【绑定】面板指定添加记录集 设置根据"bbs_id"字段以"降序"排列
插入数据字段	通过【绑定】面板为网页指定位置添加相应字段项目
设置文本属性	为网页所添加的"bbs_title"字段设置文本大小与颜色

上机实战 显示公告信息

01 按下"F8"功能键打开【文件】面板后,双击打开"JMusicTop.asp"文件。

02 按下"Ctrl+F10"快捷键打开【绑定】面板,再单击 按钮,打开下拉菜单,选择【记录集(查询)】命令,如图 9-8 所示。

03 打开【记录集】对话框,设置【名称】和【连接】为"bbs",【表格】为"data",在【排序】栏中选择"bbs_id"项目和"降序",单击【确定】按钮,如图 9-9 所示。

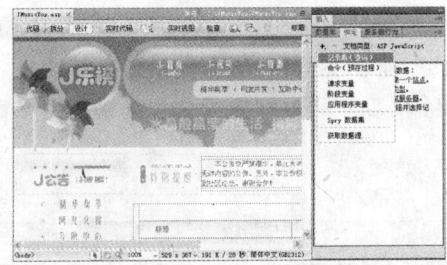

图9-8 添加记录集

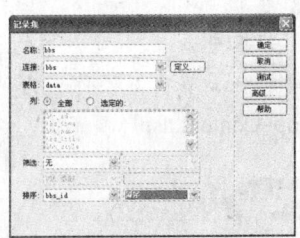

图9-9 记录集绑定设置

04 在网页中的表格笔形图示右边单元格内先输入字符"[]",在【绑定】面板中展开记录集,拖动"bbs_style"字段到"[]"字符中间,如图9-10所示。

05 按照步骤3的方法,再分别为"bbs_style"字段右边及表格中"公告人"和"时间"下方的单元格添加字段"bbs_title"、"bbs_name"和"bbs_time",如图9-10所示。

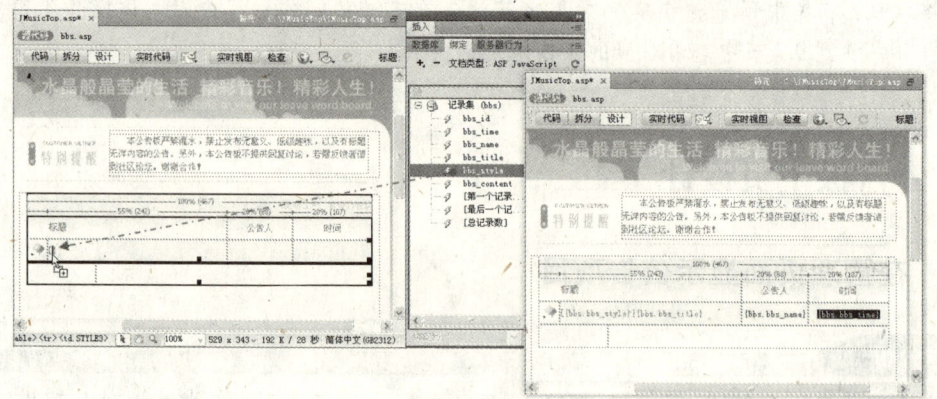

图9-10 添加字段

06 选择"[]"字符中的"bbs_title"字段项目,在【属性】面板中展开【目标规则】下拉菜单,选择套用"text03"样式,如图9-11所示。

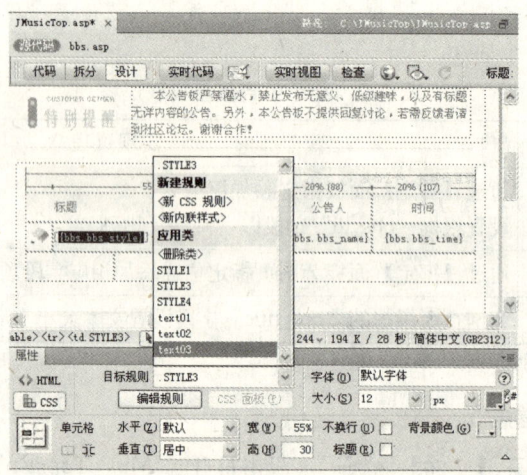

图9-11 设置字段文本属性

9.3.2 转到公告详细页面

制作分析

浏览者若想查看某一项公告的详细内容时,可以在公告板首页单击公告标题进入详细页面,下面接前一小节实例操作,为网页添加记录字段后,将为标题字段添加动态超链接,转到"JMusicTop_Content.asp"页面。

制作流程

主要操作流程为"添加【转到详细页面】行为"→"设置超链接",具体实现过程见表9-3。

表 9-3　转到公告详细页面实现过程

制作目的	实现过程
添加【转到详细页面】行为	通过【服务器行为】面板添加【转到详细页面】行为 指定转到的网页文件

上机实战　转到公告详细页面

01 在网页的表格中选择"bbs.bbs_title"字段，切换至【服务器行为】面板，单击 + 按钮，打开下拉菜单，选择【转到详细页面】命令，如图 9-12 所示。

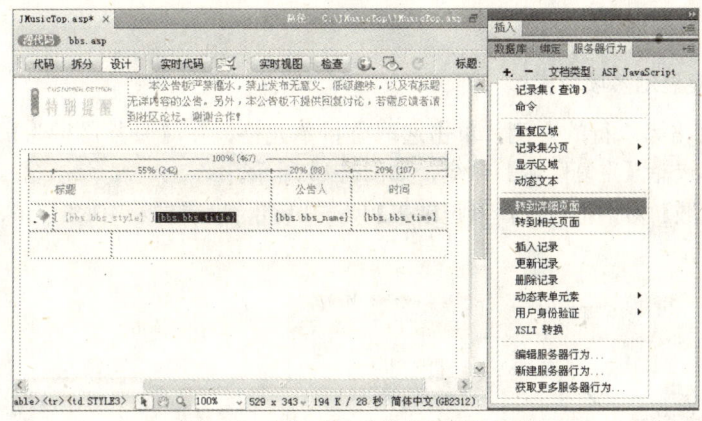

图9-12　添加"转到详细页面"行为

02 打开【转到详细页面】对话框，先在【详细信息页】栏中单击【浏览】按钮，打开【选择文件】对话框，指定【查找范围】为"JMusicTop"，再选择"JMusicTop_Content.asp"文件，单击【确定】按钮，如图 9-13 所示。

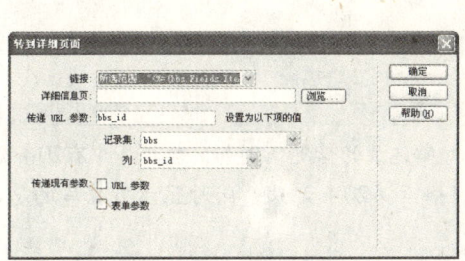 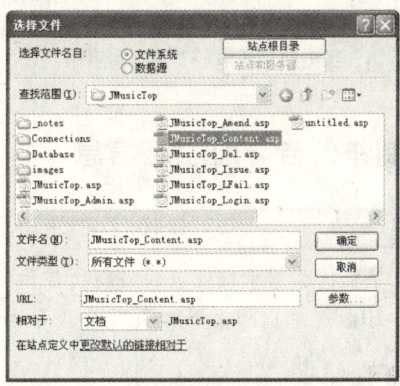

图9-13　设置转到详细页面

9.3.3　重复显示多项公告

制作分析

　　当网页中拥有两个以上的公告，需要全部陈列在页面上时，可以使用"重复区域"功能指定重复的数量，以便在网页有限的空间内显示多项公告内容。

制作流程

设置公告重复显示的操作流程为"添加【重复区域】行为"→"设置重复区域",具体实现过程见表9-4。

表9-4 重复显示多项留言实现过程

制作目的	实现过程
添加【重复区域】行为	通过【服务器行为】面板添加【重复区域】行为
设置重复区域	设置参照记录集 设置显示记录条数为10

上机实战　重复显示多项留言

01 将鼠标移至表格第二行的左侧,单击选取整行单元格,在【服务器行为】面板中单击 按钮,打开下拉菜单选择【重复区域】命令,如图9-14所示。

02 打开【重复区域】对话框,选择【记录集】为"bbs",设置显示10条记录,单击【确定】按钮,如图9-15所示。

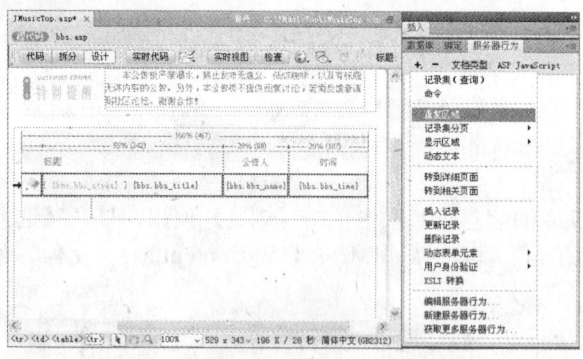
图9-14 添加"重复区域"行为

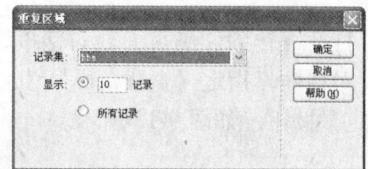
图9-15 设置显示的记录数

9.3.4 制作公告导航状态信息

制作分析

记录集导航状态用于描述页面当前所显示数据库记录的情况,例如,数据库中有20条公告记录,而每页显示10条记录,那么第二页就会显示第11条至第20条记录,同时显示数据库的总记录数。

制作流程

主要流程为"插入【记录集导航状态】"→"修改记录集导航状态",具体实现过程见表9-5。

表9-5 制作公告导航状态信息实现过程

制作目的	实现过程
插入【记录集导航状态】	先定位光标,再通过类型为【数据】的【插入】面板为网页插入【记录集导航条】对象
修改记录集导航状态	修改默认的记录集导航状态文本

上机实战　制作公告导航状态信息

01 将光标定位在表格左下角单元格中，将【插入】面板切换至【数据】分类，单击【记录集导航状态】按钮，如图9-16所示。

02 打开【Rceordset Navigation Status】对话框，选择【记录集】为"bbs"，单击【确定】按钮，如图9-17所示。

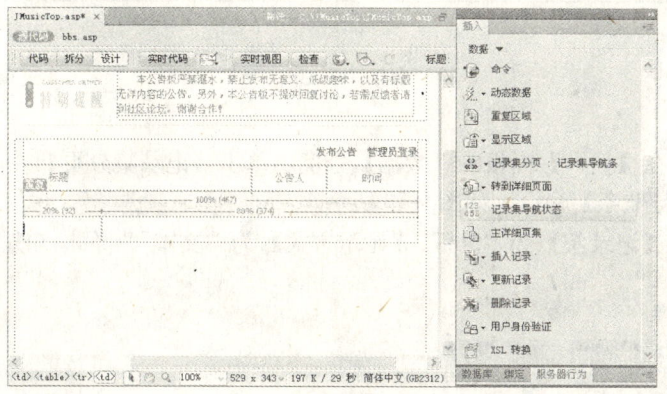
图9-16　插入导航状态

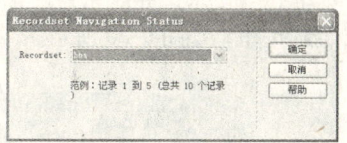
图9-17　指定记录集

03 插入导航条状态信息后，选择多余的状态信息中文文本，按下"Delete"键将其删除，再在第一个字段后面输入"/"字符，使状态信息只显示"bss_first /bbs.last（bbs_total）"字段内容，如图9-18所示。

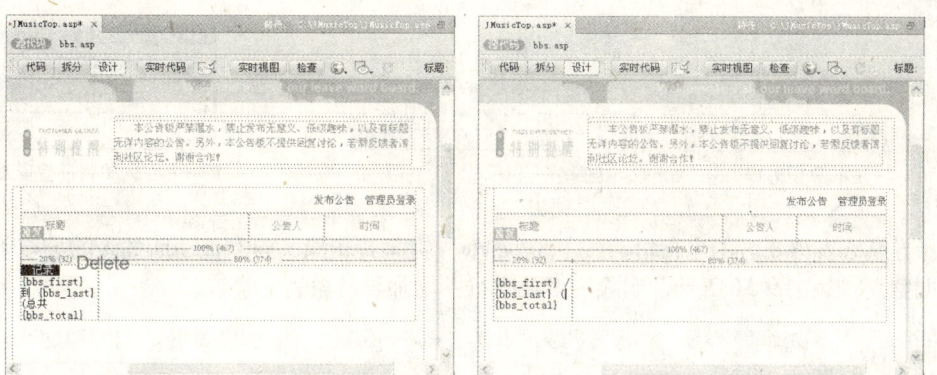
图9-18　修改导航状态信息文本

9.3.5　加入公告列表导航条

■ 制作分析

本实例所制作的网络公告主页每次最多显示10条记录，当要查看其他更多公告项目时，就需要通过翻页的形式来实现，可以通过添加记录集导航条的方式，使网页具有翻页功能。

■ 制作流程

主要流程为"插入【记录集导航条】"→"美化记录集导航条"，具体实现过程见表9-6。

表9-6 加入公告列表导航条实现过程

制作目的	实现过程
插入【记录集导航条】	通过【插入】面板为网页插入【记录集导航条】对象 设置以"文本"显示导航条
美化记录集导航条	删除多余空行并手动调整导航条表格宽度 通过【属性】面板为导航条内容套用样式

上机实战 加入公告列表导航条

01 将光标定位在表格右下方单元格,在【插入】面板的【数据】分类中单击【记录集分页】按钮,在打开的下拉菜单中选择【记录集导航条】命令,如图9-19所示。

02 在【记录集导航条】对话框中选择【记录集】为"bbs",【显示方式】为"文本",单击【确定】按钮,如图9-20所示。

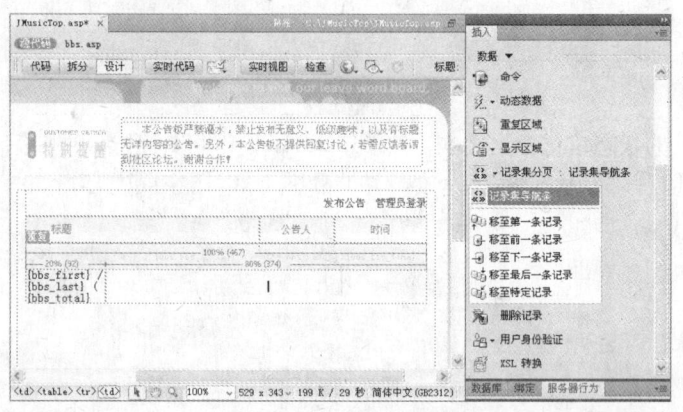

图9-19 插入记录导航条

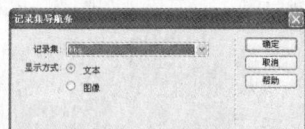

图9-20 设置导航条

03 选择导航条表格上方的空格符,按下"Delete"键将其删除,向右拖动所插入的导航条表格右下角的调整点,如图9-21所示,删除该多余空行并增加导航条表格宽度。

图9-21 调整导航条表格

04 选择导航条表格的所有单元格,在【属性】面板中打开【样式】菜单,选择套用样式,如图9-22所示。

第9章 网络公告板设计

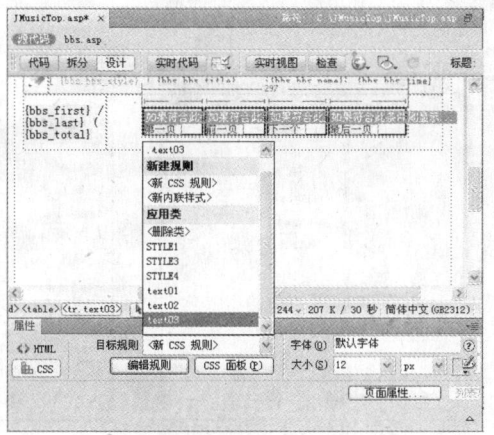

图9-22 美化导航条

9.4 制作登录、显示和发布页面

9.4.1 制作显示详细公告页面

制作分析

根据网络公告板实例的设计构思,浏览者可以通过主页打开显示公告的详细内容页面,本实例将制作公告的详细页面,通过添加相关的记录字段在"JMusicTop_Content.asp"网页中显示每一项公告的详细内容。

制作流程

主要流程为"添加'记录集'"→"添加字段"→"建立返回超链接",具体实现过程见表9-7。

表 9–7 制作显示详细公告页面实现过程

制作目的	实现过程
添加"记录集"	通过【绑定】面板添加【记录集(查询)】行为 指定数据库连接并设置筛选
添加字段	分别在表格各单元格中添加相应字段
建立返回超链接	通过【属性】和【文件】面板为表格下方"返回"文本建立"JMusicTop.asp"超链接

上机实战 制作显示详细公告页面

01 按下"F8"功能键打开【文件】面板后,双击打开"JMusicTop_Content.asp"文件。

02 按下"Ctrl+F10"快捷键打开【绑定】面板,单击 ⊕ 按钮打开下拉菜单,选择【记录集(查询)】命令,如图9-23所示。

03 在【记录集】对话框中设置【名称】和【连接】为"bbs",选择【表格】为"data",再在【筛选】栏中选择"bbs_id"选项,在【URL参数】中选择"bbs_id"选项,单击【确定】按钮,如图9-24所示。

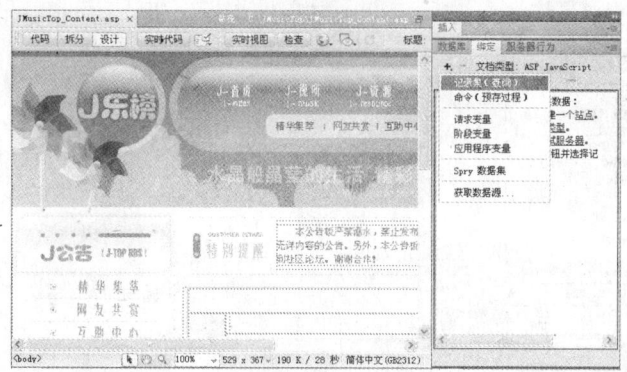
图9-23 绑定记录集

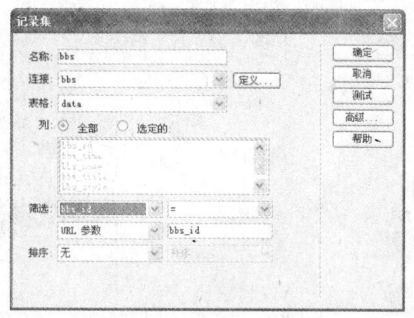
图9-24 绑定记录集

04 将光标定位在网页中表格的第一行单元格，切换【插入】面板至【文本】分类，单击展开【字符】下拉菜单，选择【不换行空格】命令，插入空格，如图9-25所示。

05 输入"[]"字符，展开【绑定】面板中的记录集，拖动"bbs_style"字段到[]字符中间，如图9-26所示。

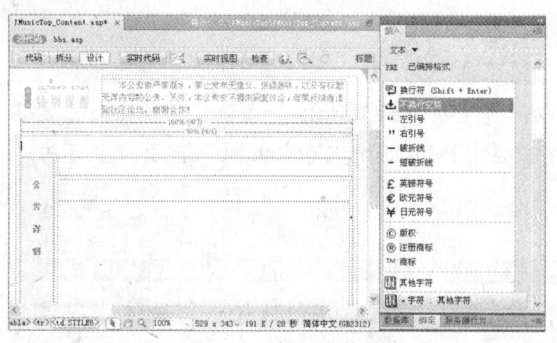
图9-25 插入空格

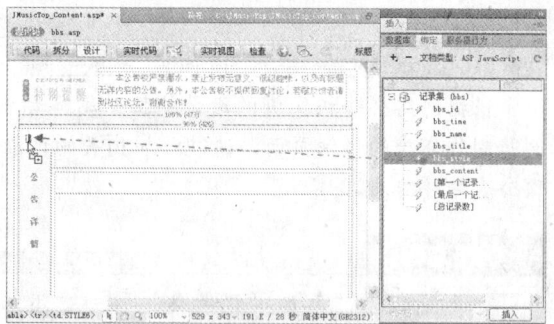
图9-26 插入字符与字段

06 按照步骤5的方法，分别在相应的单元格中添加"bbs_title"、"bbs_time"和"bbs_content"字段，如图9-27所示。

07 打开【文件】面板，选择网页表格下方的"返回"文本，在【属性】面板左上方单击【HTML】按钮，在【链接】栏后面拖动图标至【文件】面板的"JMusicTop.asp"文件上方，如图9-28所示，完成制作返回超链接。

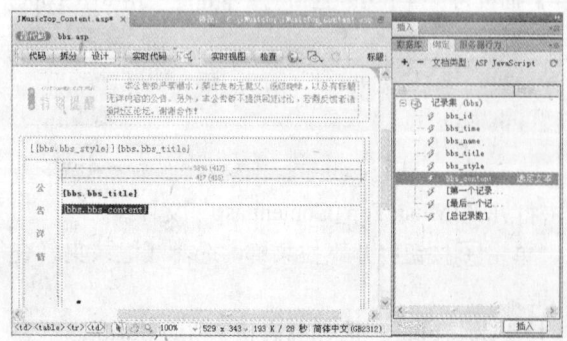
图9-27 添加其他记录字段

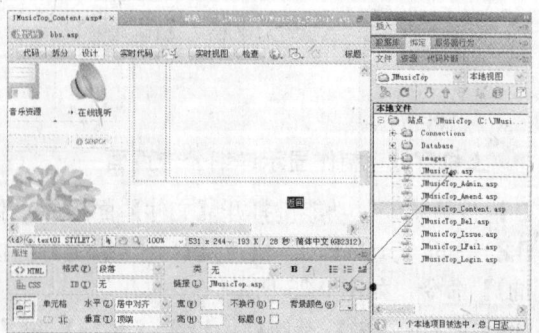
图9-28 制作"返回"链接

9.4.2 制作发布公告页面

制作分析

发布公告页面"JMusicTop_Issue.asp"可以供浏览者发布公告内容，下面将在已完成表单设计的页面中，利用"插入记录"服务器行为将会员所填写的公告信息插入数据库。

制作流程

主要的操作流程为"添加【插入记录】行为"→"指定数据库和转入网页"，具体实现过程见表9-8。

表 9-8 制作发布公告页面实现过程

制作目的	实现过程
插入记录	通过【服务器行为】面板添加【插入记录】行为
指定数据库与转入网页	指定连接为"bbs"，指定插入的表格为"data" 指定转入网页为"JMusicTop.asp"

上机实战　制作发布公告页面

01 按下"F8"功能键打开【文件】面板后，双击打开"JMusicTop_Issue.asp"文件。

02 按下"Ctrl+F9"快捷键打开【服务器行为】面板，单击 按钮打开下拉菜单，选择【插入记录】命令，如图 9-29 所示。

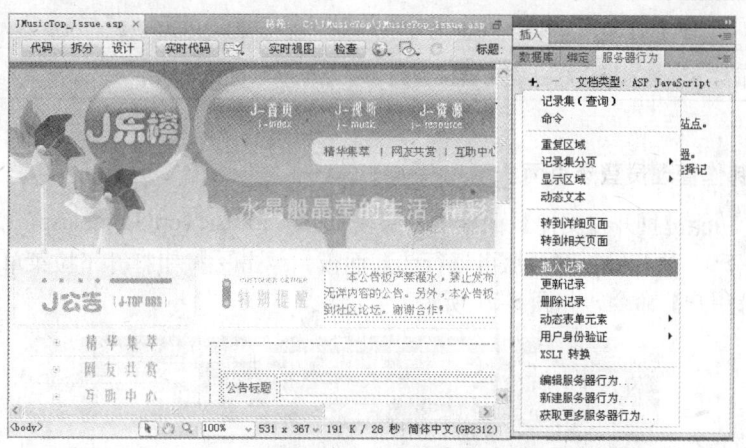

图9-29 添加"插入记录"服务器行为

03 在【插入记录】对话框中设置【连接】为"bbs"，【插入到表格】为"data"选项，再单击【插入后，转到】栏的【浏览】按钮，如图 9-30 所示。

04 打开【选择文件】对话框，指定【查找范围】为"JMusicTop"文件夹，双击选用"JMusicTop.asp"文件，返回【插入记录】对话框后单击【确定】按钮，如图 9-30 所示。

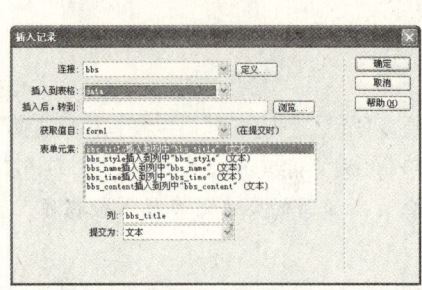
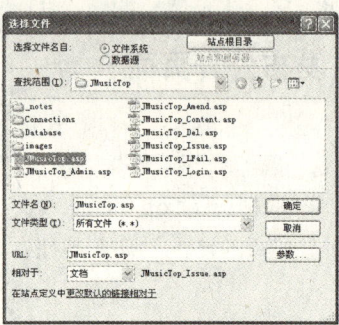

图9-30 设置插入记录

9.4.3 制作管理员登录页面

制作分析

制作管理员登录页面"JMusicTop_Login.asp"的操作比较简单,主要使用"用户身份验证"类型的"登录用户"行为完成。

制作流程

主要的操作流程为"添加【插入记录】行为"→"指定登录成功页面"→"指定登录失败页面",具体实现过程见表9-9。

表9-9 制作管理员登录页面实现过程

制作目的	实现过程
插入记录	通过【服务器行为】面板添加【插入记录】行为 指定"使用连接验证"来源
指定登录成功页面	指定登录成功链接页面为"JMusicTop _Admin.asp"
指定登录失败页面	指定登录成功链接页面为"JMusicTop_LFail.asp"

上机实战 制作管理员登录页面

01 按下"F8"功能键打开【文件】面板后,双击打开"JMusicTop_Login.asp"文件。
02 按下"Ctrl+F9"快捷键打开【服务器行为】面板,单击 按钮打开下拉菜单,选择【用户身份验证】|【登录用户】命令,如图9-31所示。

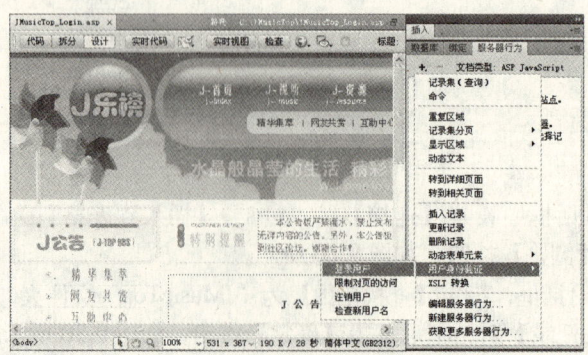

图9-31 添加"登录用户"服务器行为

03 打开【登录用户】对话框,系统自动获取页面上的表单以及表单中的字段项目,设置【使用连接验证】选项和表格分别为"bbs"和"admin",再分别选择【用户名列】和【密码列】为"admin_id"和"admin_pw",然后在【如果登录成功,转到】栏中单击【浏览】按钮,如图9-32所示。

04 打开【选择文件】对话框,指定【查找范围】为"JMusicTop",再双击选择"JMusicTop_Admin.asp"文件,如图9-32所示。

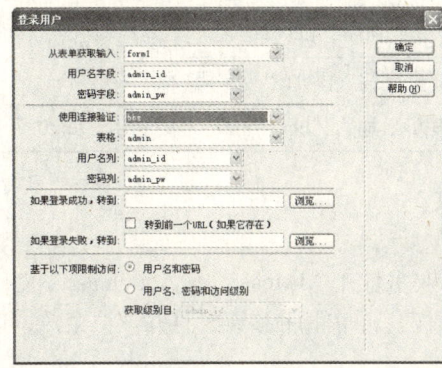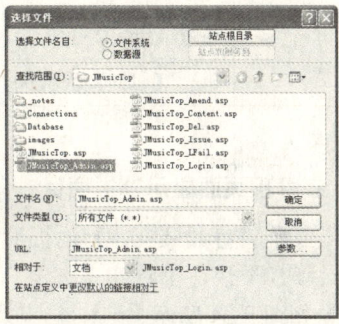

图9-32 设置连接验证并指定登录成功转到的页面

05 返回【登录用户】对话框,单击【如果登录失败,转到】栏中的【浏览】按钮,打开【选择文件】对话框,指定【查找范围】为"JMusicTop",选择"JMusicTop_LFail.asp"文件,然后依次单击【确定】按钮,如图9-33所示,完成添加"登录用户"行为。

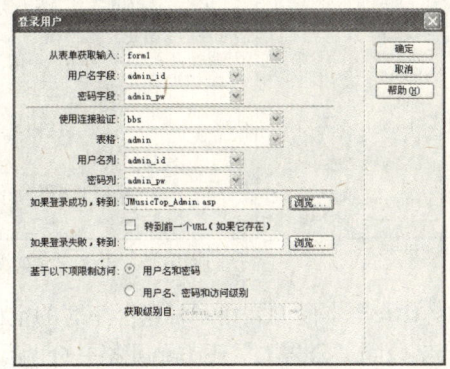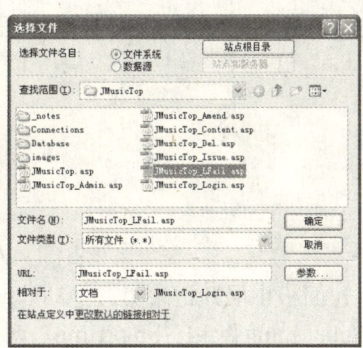

图9-33 指定登录失败转到的页面

9.5 制作公告板管理页面

9.5.1 在管理页面显示公告项目

制作分析

制作网络公告板的管理页面"JMusicTop_Admin.asp"时,需要先将已发布的各个公告项目显示出来,包括公告标题、公告人和公告时间三项内容,其中公告人与公告时间将在同一个单元格中以不同外观分两行呈现。

制作流程

主要的操作流程为"绑定记录集"→"插入数据字段"→"套用CSS样式",具体实现过程见表9-10。

表9-10 在管理页面显示公告项目实现过程

制作目的	实现过程
绑定记录集	通过【绑定】面板指定添加记录集 设置根据"bbs_id"字段以"降序"排列
插入数据字段	通过【绑定】面板为网页指定位置添加相应字段项目
套用 CSS 样式	通过【属性】面板为网页所添加的"bbs_time"字段套用"text02"CSS 样式

上机实战 在管理页面显示公告项目

01 按下"F8"功能键打开【文件】面板后,双击打开"JMusicTop_Admin.asp"文件。

02 按下"Ctrl+F10"快捷键打开【绑定】面板,再单击 按钮,打开下拉菜单,选择【记录集(查询)】命令,如图9-34所示。

03 在【记录集】对话框中设置【名称】和【连接】为"bbs",选择【表格】为"data",在【排序】栏中选择"bbs_id"项目和"降序",单击【确定】按钮,如图9-35所示。

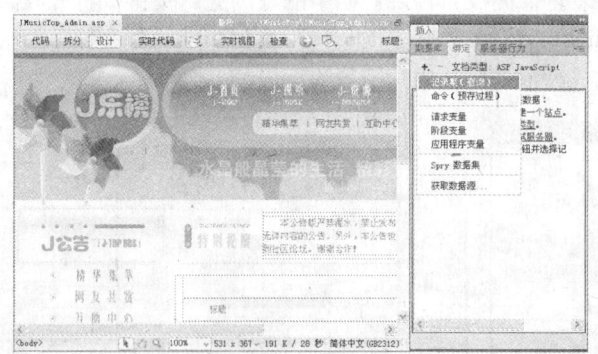

图9-34 添加记录集

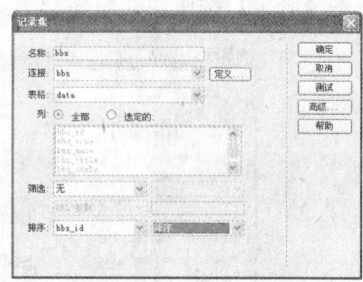

图9-35 设置记录集绑定

04 在【绑定】面板中展开记录集,拖动"bbs_title"字段到表格"标题"下方的空白单元格中,再分别拖动"bbs_name"和"bba_time"两个字段到"公告人"下方单元格并分两行显示,如图9-36所示。

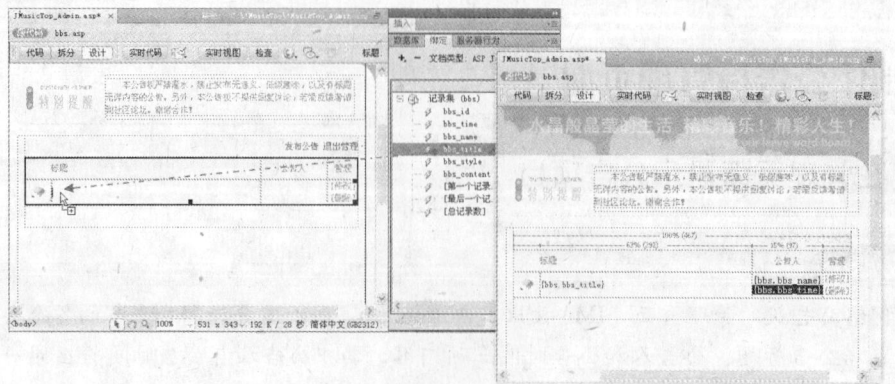

图9-36 添加字段

> **提示** 在步骤3设置记录集绑定的操作中，选择"board_id"字段以"降序"的方式作为排序，那么，网页中所显示的留言信息将根据数据库中该字段（数据类型为"自动编号"）倒数排列。

05 选择"公告人"下方的单元格中的第二个字段，通过【属性】面板为字段套用CCS样式"text02"，如图9-37所示，修改其外观。

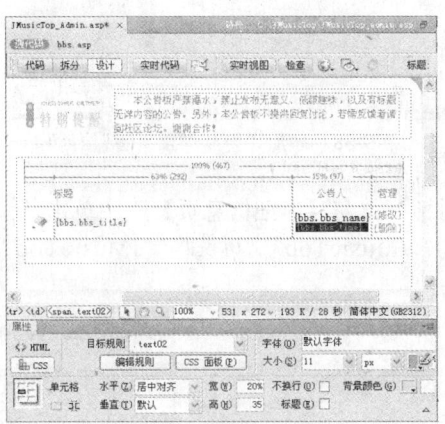

图9-37　套用CSS样式

9.5.2 转到修改及删除公告页面

制作分析

公告管理页面"JMusicTop_Admin.asp"除了显示公告列表，还有"删除"和"修改"两项功能。当管理员需要修改或删除公告时，将转入相应的详细公告页面，需要通过"转到详细页面"行为来实现。

制作流程

主要的操作流程为"转到公告修改页面"→"转到公告删除页面"，具体实现过程见表9-11。

表9-11　转到修改及删除公告页面实现过程

制作目的	实现过程
转到公告修改页面	通过【服务器行为】面板添加"转到详细页面"行为 指定详细页面为"JMusicTop_Amend.asp"文件
转到公告删除页面	通过【服务器行为】面板添加"转到详细页面"行为 指定详细页面为"JMusicTop_ Del.asp"文件

上机实战　转到修改及删除公告页面

01 在表格的"管理"下方单元格中选取"修改"文本，在【服务器行为】面板中单击 按钮，打开下拉菜单，选择【转到详细页面】命令，如图9-38所示。

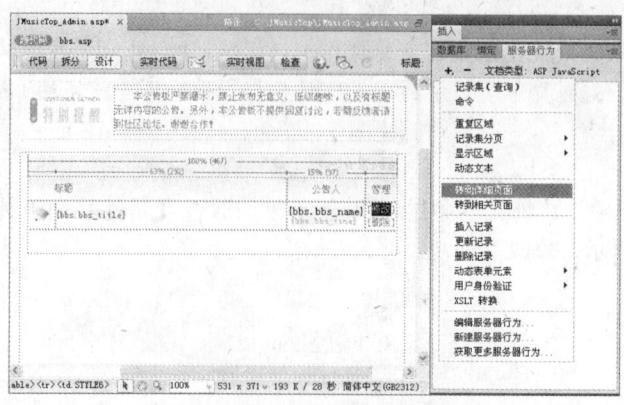

图9-38 添加"转到详细页面"行为

02 打开【转到详细页面】对话框,在【详细信息页】栏中单击【浏览】按钮,打开【选择文件】对话框,指定【查找范围】为"JMusicTop",再选择"JMusicTop_Amend.asp"文件,依次单击【确定】按钮,如图9-39所示。

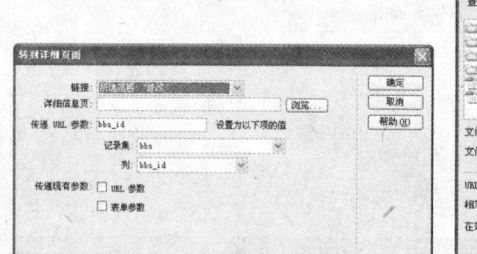 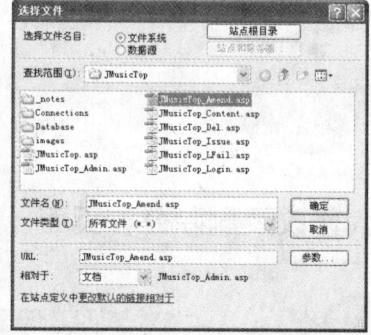

图9-39 指定修改公告所转到的详细页面

03 选取"删除"文本,在【服务器行为】面板中单击 按钮,打开下拉菜单,选择【转到详细页面】命令,如图9-40所示。

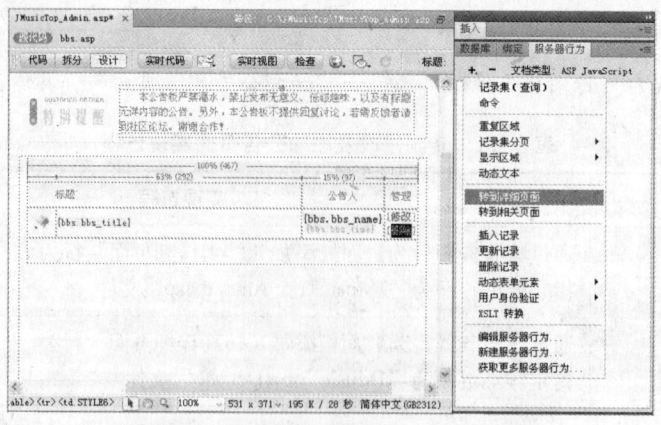

图9-40 添加另一项"转到详细页面"行为

04 打开【转到详细页面】对话框,在【详细信息页】栏中单击【浏览】按钮,打开【选择文件】对话框,指定【查找范围】为"JMusicTop",选择"JMusicTop_Del.asp"文件,依次单击【确定】按钮,如图9-41所示。

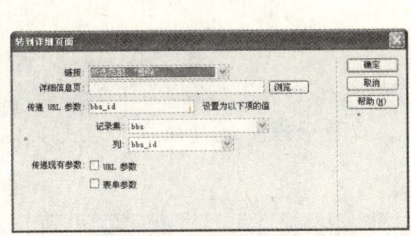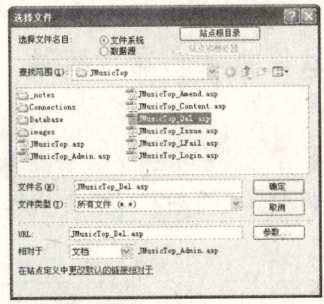

图9-41　指定删除公告转到的详细页面

9.5.3　重复显示多项公告

制作分析

公告管理页面和网络公告板的主页面同样显示10条公告记录，同样通过设置"重复区域"行为，重复显示多项公告。

制作流程

主要的操作流程为"添加【重复区域】行为"→"设置重复区域"，具体实现过程见表9-12。

表 9-12　重复显示多项公告实现过程

制作目的	实现过程
添加【重复区域】行为	通过【服务器行为】面板添加【重复区域】行为
设置重复区域	设置参照记录集为"bbs" 设置显示记录笔数为10

上机实战　重复显示多项公告

01　将鼠标移至表格第二行的左侧并单击选取整行单元格，在【服务器行为】面板中单击 按钮，打开下拉菜单选择【重复区域】命令，如图 9-42 所示。

02　打开【重复区域】对话框，选择【记录集】为"bbs"，设置显示 10 条记录，单击【确定】按钮，如图 9-43 所示。

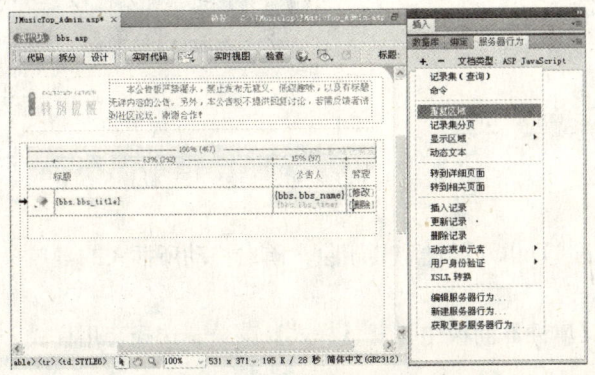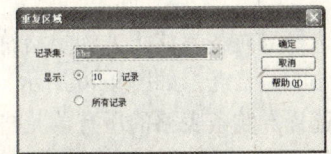

图9-42　添加"重复区域"行为　　　图9-43　设置显示的记录数

9.5.4 加入公告管理列表导航条

制作分析

为网络公告板管理页面加入记录集导航条，以便管理员通过翻页管理更多公告项目。

制作流程

主要流程为"插入【记录集导航条】"→"美化记录集导航条"，具体实现过程见表9-13。

表9-13 加入公告管理列表导航条实现过程

制作目的	实现过程
插入【记录集导航条】	通过【插入】面板为网页插入【记录集导航条】对象 设置以"文本"显示导航条
美化记录集导航条	删除多余空行并手动调整导航条表格宽度 通过【属性】面板为导航条内容套用样式

上机实战 加入公告管理列表导航条

01 将光标定位在表格的下方，在【插入】面板的【数据】分类中单击【记录集分页】按钮，打开下拉菜单，选择【记录集导航条】命令，如图9-44所示。

02 打开【记录集导航条】对话框，选择【记录集】为"bbs"，选择【显示方式】为"文本"，单击【确定】按钮，如图9-45所示。

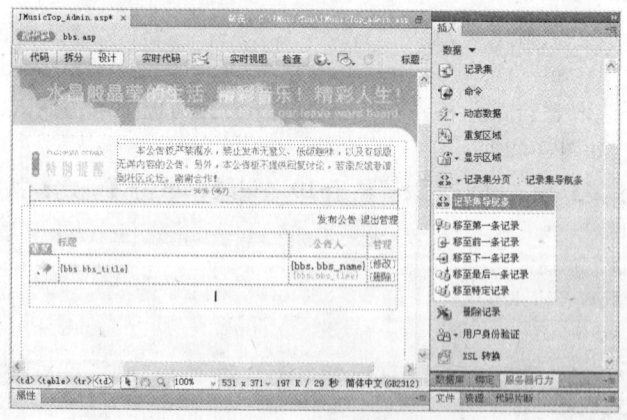

图9-44 插入记录导航条

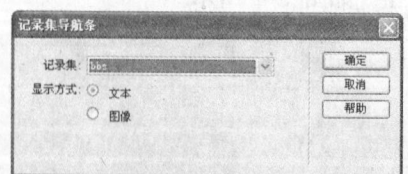

图9-45 设置导航条

03 选择导航条表格上方的空格符，按下"Delete"键将其删除，向右拖动所插入的导航条表格左下角的调整点，如图9-46所示。

04 选择导航条表格的所有单元格，在【属性】面板中打开【样式】菜单，选择套用样式，如图9-47所示。

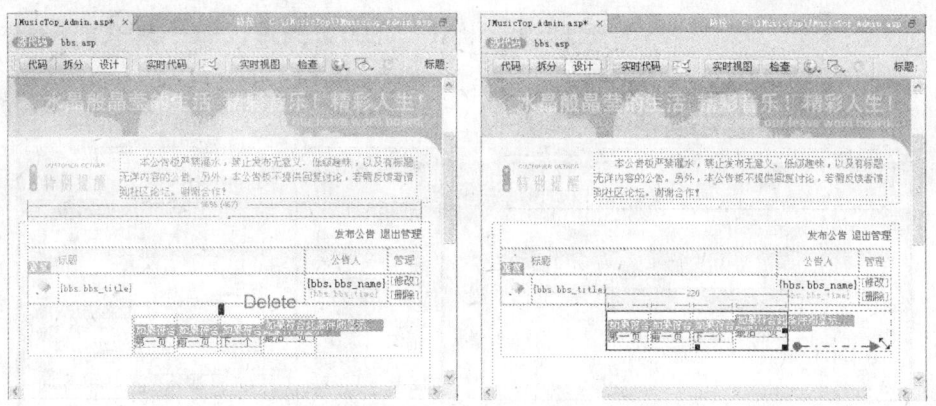

图9-46 调整导航条表格

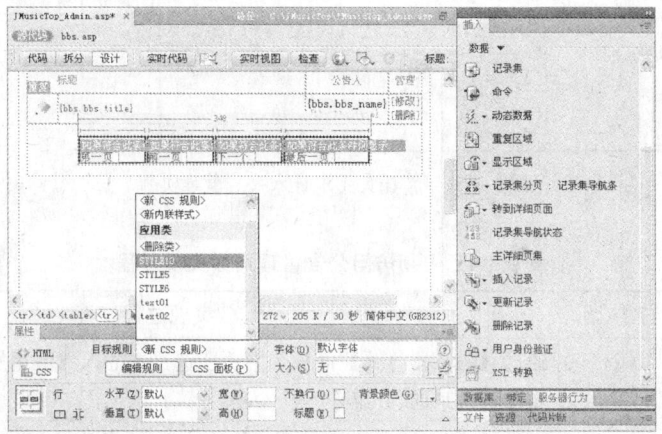

图9-47 美化导航条

9.5.5 限制访问公告管理页面

制作分析

为了防止非管理人员直接在浏览器中输入地址，跳过输入账号和密码的登录操作，打开公告管理页面"JMusicTop_Admin.asp"，可以使用"注销用户"和"限制对页的访问"两项功能限制公告管理页面的访问。首先通过添加"注销用户"行为让管理员安全退出登录，也就是在退出时清除管理员的登录信息（即浏览器Session记录的账户值），然后添加"限制对页的访问"行为，使网页在打开前先检查是否使用了正确的登录账号和密码，否则将自动转向指定的其他页面。

本例利用"注销用户"和"限制对页的访问"两项行为实现限制非法访问公告管理页面。如图9-48所示，完成操作后，直接在Dreamweaver CS5的【文档】中单击【在浏览器中预览/调试】按钮，展开下拉菜单中选择【预览在IE6.0】命令，将看到显示的不是公告管理页面，而是管理员登录页面。这样，当管理员正常退出管理页面时，IE浏览器中保留的账号信息自动清除；如果直接在浏览器地址栏输入公告管理页面地址，浏览器会自动强制性转到管理员登录页面。

制作流程

主要流程为"添加【注销用户】行为"→"添加【限制对页的访问】行为"，具体实现过程见表9-14。

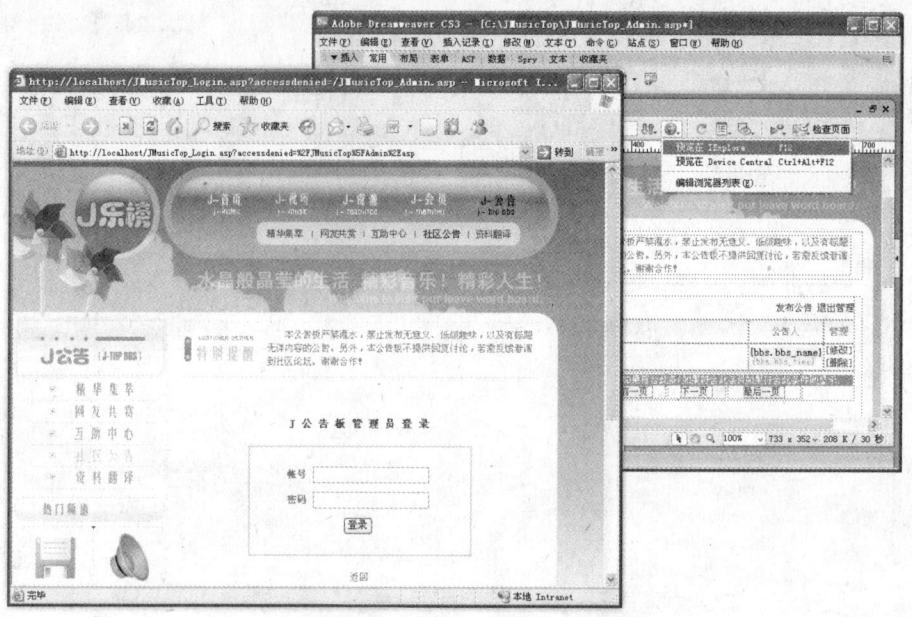

图9-48 非管理员无法进入公告管理页面

表9-14 限制访问公告管理页面实现过程

制作目的	实现过程
添加【注销用户】行为	通过【服务器行为】面板为网页所选文本插入【注销用户】行为 指定转到页面为"JMusicTop.asp"文件
添加【限制对页的访问】行为	通过【服务器行为】面板为网页插入【限制对页的访问】行为 选择限制内容并指定访问被拒的转到页面为"JMusicTop_Login.asp"文件

上机实战 限制访问公告管理页面

01 在网页中选择"退出管理"文本内容,在【服务器行为】面板中单击 按钮,打开下拉菜单选择【用户身份验证】|【注销用户】命令,如图9-49所示。

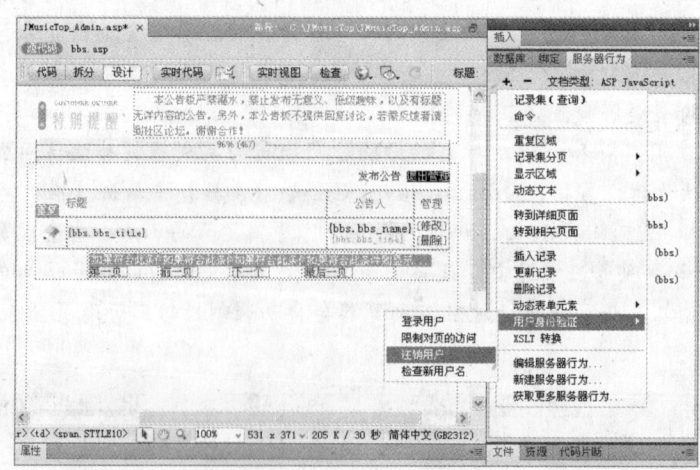

图9-49 添加"注销用户"服务器行为

02 在【注销用户】对话框中单击【浏览】按钮打开【选择文件】窗口,指定【查找范围】为"JMusicTop"文件夹,选择"JMusicTop.asp"文件,然后依次单击【确定】按钮,如图9-50所示。

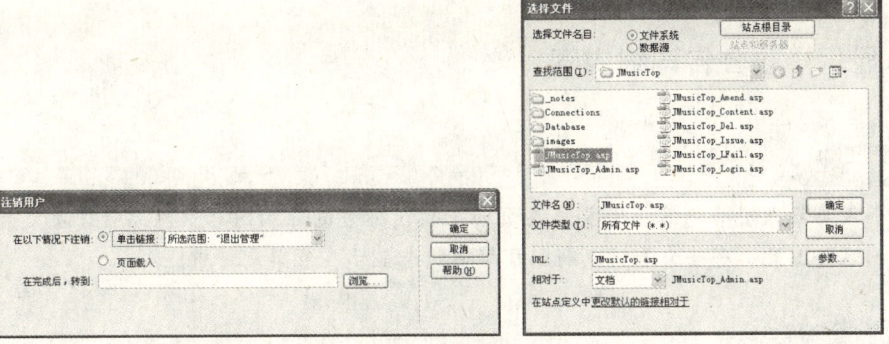

图9-50 设置"注销用户"行为

03 在【服务器行为】面板中单击■按钮,打开下拉菜单选择【用户身份验证】|【限制对页的访问】命令,如图9-51所示。

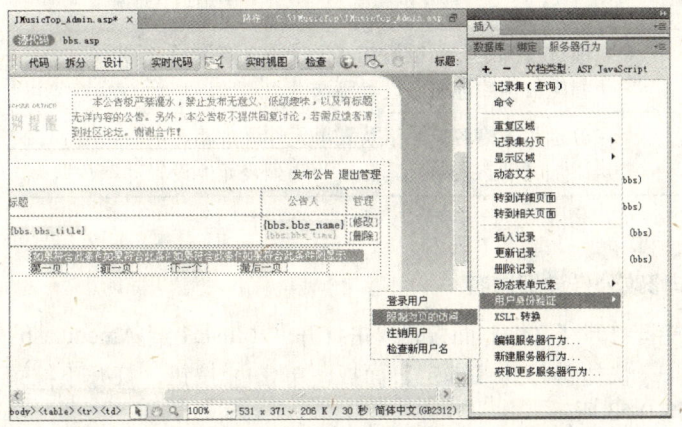

图9-51 添加"限制对页的访问"服务器行为

04 在【限制对页的访问】对话框中默认选择"用户名和密码"作为限制条件,在【如果访问被拒绝,则转到】栏中单击【浏览】按钮,打开【选择文件】窗口,指定【查找范围】为"JMusicTop"文件夹,选择"JMusicTop_Login.asp"文件,依次单击【确定】按钮,如图9-52所示。

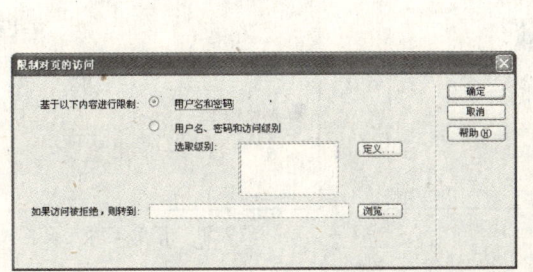
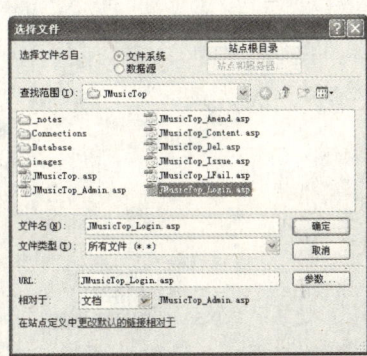

图9-52 设置限制访问

9.6 制作删除和更新公告页面

9.6.1 显示修改公告详细内容

制作分析

网站管理员修改公告内容，需要先在页面上显示公告的详细内容。网站管理员是直接在网页修改公告内容，因此，有些公告信息将以可编辑状态显示在表单元件中。

制作流程

显示修改公告详细内容的主要流程为"添加'记录集'"→"添加字段"，具体实现过程见表9-15。

表 9-15 制作修改公告详细内容实现过程

制作目的	实现过程
添加"记录集"	通过【绑定】面板添加【记录集（查询）】行为 指定数据库连接并设置筛选
添加字段	分别为表格各单元格及表单元件添加相应字段 添加【动态表单元素】行为为列表元件设置动态数据

上机实战 制作修改公告详细内容

01 按下"F8"功能键打开【文件】面板，双击打开"JMusicTop_Amend.asp"文件。

02 按下"Ctrl+F10"快捷键打开【绑定】面板，单击 按钮，打开下拉菜单，选择【记录集（查询）】命令，如图9-53所示。

03 在【记录集】对话框中设置【名称】和【连接】都为"bbs"，【表格】为"data"，在【筛选】栏中选择"bbs_id"选项，在【URL参数】选项中选择"bbs_id"选项，单击【确定】按钮，如图9-54所示。

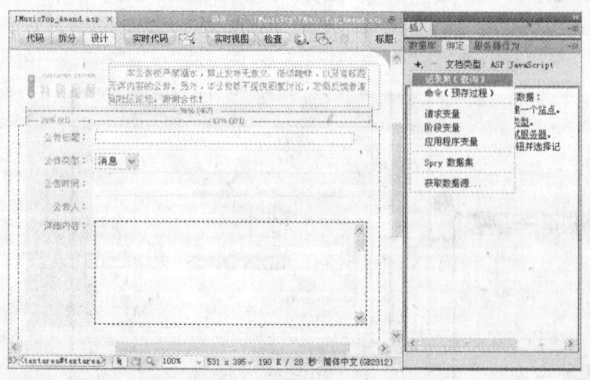

图9-53 绑定记录集

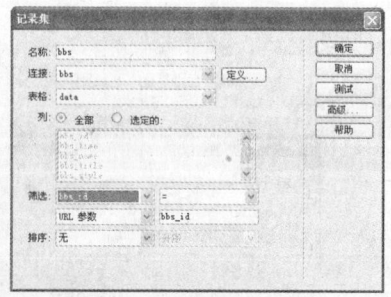

图9-54 记录集绑定设置

04 在【绑定】面板中展开记录集后，拖动"bbs_title"字段到表格"公告标题"文本左边的"文本字段"元件上,以相同的方法,为"文件区域"元件添加"bbs_coutent"字段,以及在"公告时间"和"公告人"文本右边添加"bbs_time"和"bbs_name"字段,如图9-55所示。

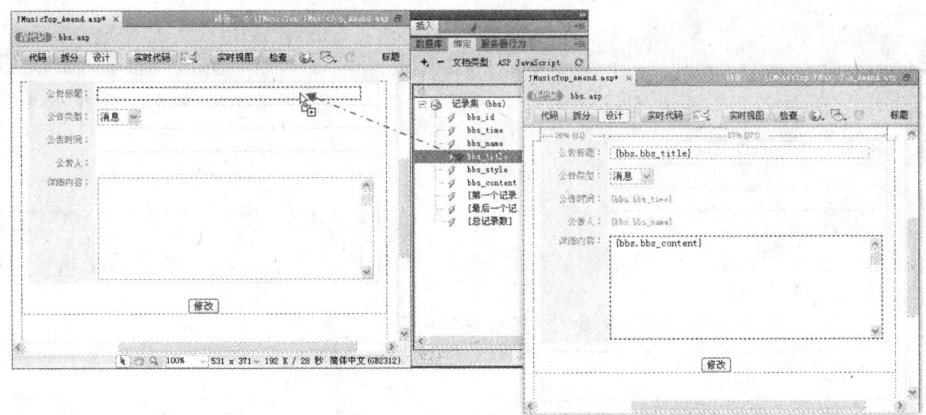

图9-55 添加字段

05 选择"公告类型"文本右边的列表元件,切换至【服务器行为】面板,单击 按钮,打开下拉菜单,选择【动态表单元素】|【动态列表/菜单】命令,如图9-56所示。

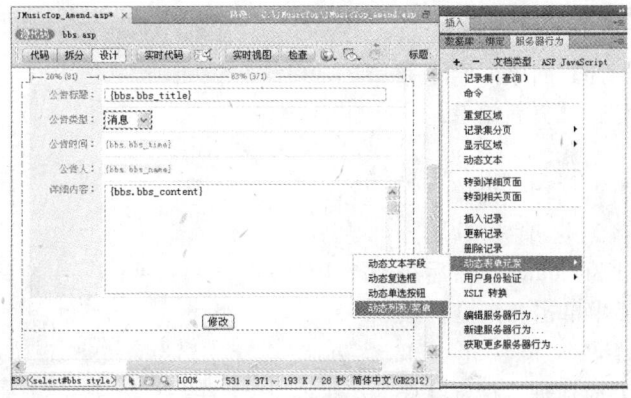

图9-56 添加动态表单元素

06 在【动态列表/菜单】对话框中选择【来自记录集的选项】为"bbs",设置【值】和【标签】为"bbs_style",然后单击【选取值等于】栏右边的按钮,如图9-57所示。

07 在打开的【动态数据】对话框的【域】中选择"bbs_style"字段,然后依次单击【确定】按钮,如图9-57所示。

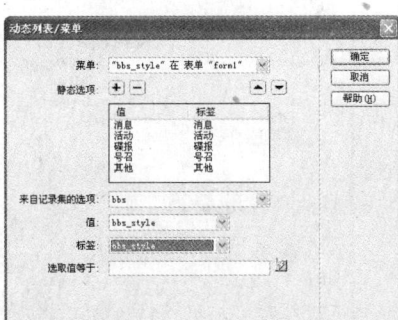 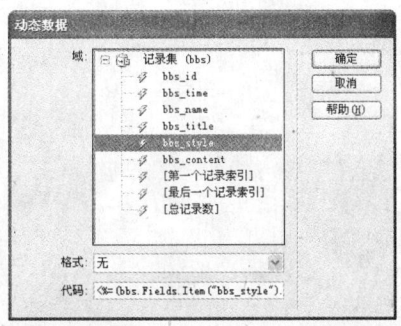

图9-57 设置"动态列表/菜单"

9.6.2 添加修改公告功能

制作分析

在公告修改页面中，管理者可以对由表单元件显示的公告内容进行修改。修改公告内容主要使用【更新记录】行为实现。

制作流程

主要操作流程为"添加'更新记录'行为"→"设置更新记录"，具体实现过程见表9-16。

表 9-16 添加修改公告功能实现过程

制作目的	实现过程
添加"更新记录"行为	通过【服务器行为】面板添加【更新记录】行为
设置更新记录	指定记录集连接和记录表来源 指定更新后转向页面为"JMusicTop_Admin.asp"文件

上机实战　添加修改公告功能

01 切换至【服务器行为】面板，单击⊕按钮打开下拉菜单，选择【更新记录】命令，如图9-58所示。

02 打开【更新记录】对话框，设置【连接】和【选取记录自】选项为"bbs"，【要更新的表格】选项为"data"，然后在【在更新后，转到】栏中单击【浏览】按钮，如图9-59所示。

03 打开【选择文件】对话框，指定【查找范围】为"JMusicTop"，双击直接选用"JMusicTop_Admin.asp"文件，然后单击【确定】按钮，如图9-59所示。

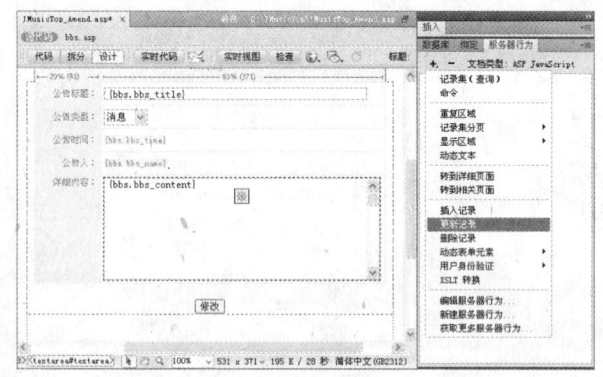

图9-58 添加"更新记录"行为

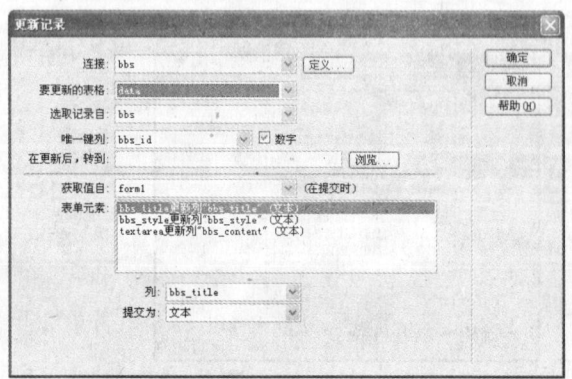
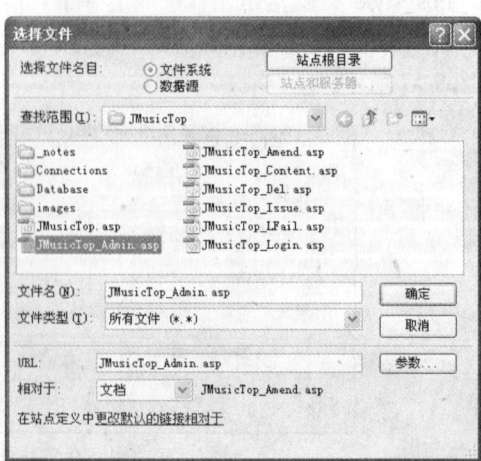

图9-59 设置更新记录行为

9.6.3 显示删除公告详细内容

制作分析

在删除公告页面删除某项公告时，需要先显示公告的详细内容，以便进一步确认是否要删除。

制作流程

显示删除公告详细内容的主要流程为"添加'记录集'"→"添加字段"，具体实现过程见表9-17。

表9-17 显示删除公告详细内容实现过程

制作目的	实现过程
添加"记录集"	通过【绑定】面板添加【记录集（查询）】行为 指定数据库连接并设置筛选
添加字段	分别为表格各单元格及表单元件添加相应字段 设置字段的字体大小与颜色

上机实战 显示删除公告详细内容

01 按下"F8"功能键打开【文件】面板，双击打开"JMusicTop_Del.asp"文件。

02 按下"Ctrl+F10"快捷键打开【绑定】面板，再单击⊞按钮，打开下拉菜单，选择【记录集（查询）】命令，如图9-60所示。

03 在【记录集】对话框中设置【名称】和【连接】为"bbs"，【表格】为"data"，然后在【筛选】栏中选择"bbs_id"选项，在【URL参数】选项中选择"bbs_id"选项，最后单击【确定】按钮，如图9-61所示。

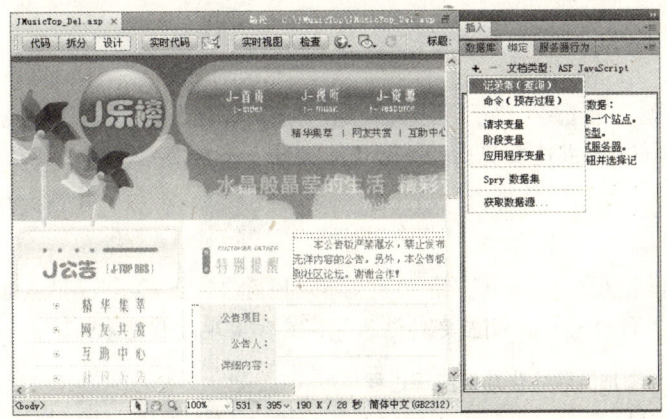 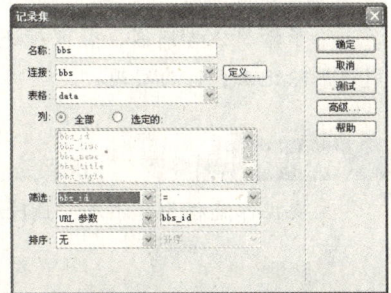

图9-60 绑定记录集　　　　　　　　图9-61 记录集绑定设置

04 在网页表格"公告项目"文本内容右边的单元格中先输入"[]"字符，在【绑定】面板中展开记录集后，拖动"bbs_style"字段到"[]"字符中间，然后以相同的方法，分别在相应的单元格中添加"bbs_title"、"bbs_time"、"bbs_name"和"bbs_coutent"字段，如图9-62所示。

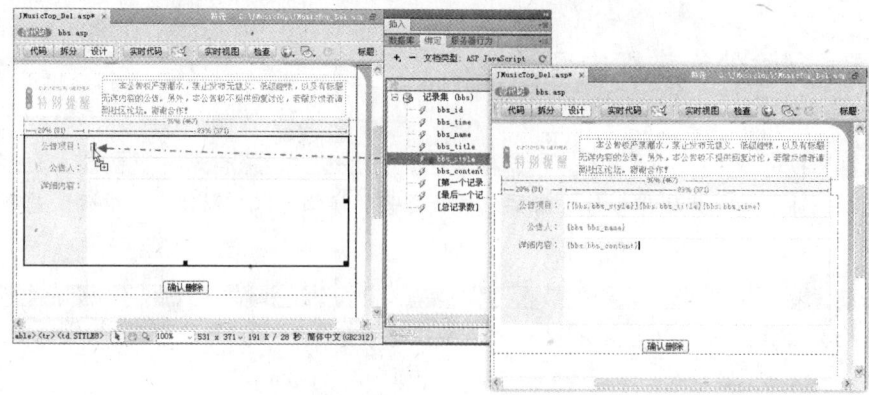

图9-62 添加字段

05 选择"bbs_time"字段,然后在【属性】面板的【目标规则】栏选择套用"text03" CSS 规则,如图 9-63 所示,从而美化所显示的内容。

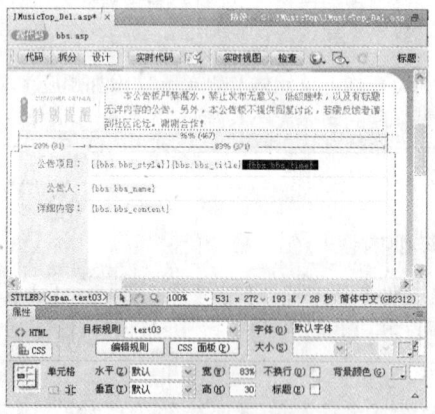

图9-63 设置字段外观属性

9.6.4 添加删除公告功能

制作分析

除了修改公告内容,管理员还可以将多余或违反规则的公告项目删除。删除公告内容主要使用【删除记录】行为实现。

制作流程

主要操作流程为"添加'删除记录'行为"→"设置更新记录",具体实现过程见表9-18。

表 9–18 添加删除公告功能实现过程

制作目的	实现过程
添加"删除记录"行为	通过【服务器行为】面板添加【删除记录】行为
设置更新记录	指定记录集连接和记录表来源 指定删除后转向页面为"JMusicTop_Admin.asp"文件

上机实战 添加删除公告功能

01 按下"Ctrl+F9"快捷键打开【服务器行为】面板,单击 按钮打开下拉菜单,选择【删除记录】命令,如图 9-64 所示。

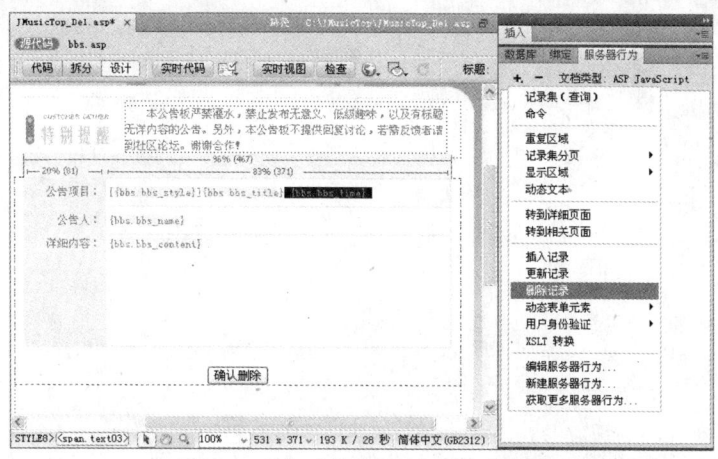

图9-64 添加"删除记录"服务器行为

02 在【删除记录】对话框中设置【连接】和【选取记录自】选项为"bbs",再设置【从表格中删除】选项为"data"选项,选择【唯一键列】为"bbs_id",然后在【删除后,转到】栏中单击【浏览】按钮,如图 9-65 所示。

03 打开【选择文件】对话框,指定【查找范围】为"JMusicTop",双击直接选用"JMusicTop_Admin.asp"文件,然后单击【确定】按钮,如图 9-65 所示,完成为网页添加删除公告内容。

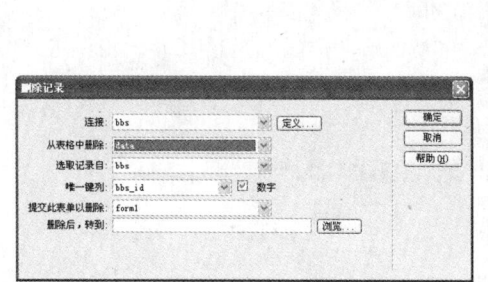
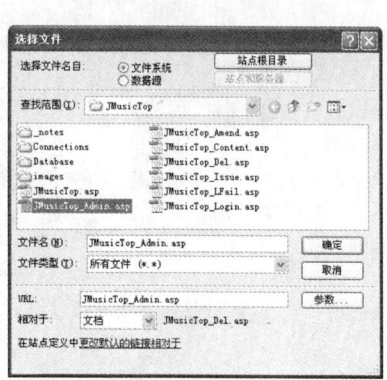

图9-65 设置删除记录行为

9.7 网络公告板成果预览

经过前面一系列的操作后,"J乐榜"网站公告板的设计已完成。下面通过 IE 浏览器预览整个设计成果。首先打开留言区主页"JMusicTop.asp"文件,如图 9-66 所示,页面上显示了已发布的公告项目,浏览者可以通过此页面进一步浏览公告详细内容和发布公告,而作为网站的管理员,还可以在登录后对已发布的公告进行修改或删除管理。

若要浏览某一项公告的详细内容,可以单击公告标题,进入详细内容页面"JMusicTop_Content.

asp",如图9-67所示,该页面将显示公告类型与标题、时间、公告人和具体内容,浏览完后,可以单击下方的"返回"链接,返回公告区主页面。

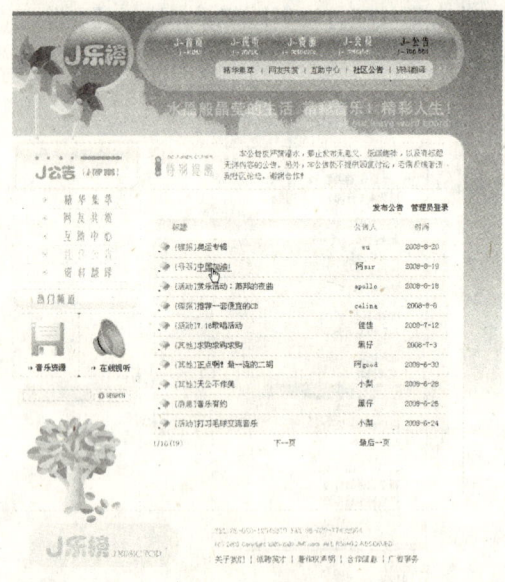
图9-66 公告区主页

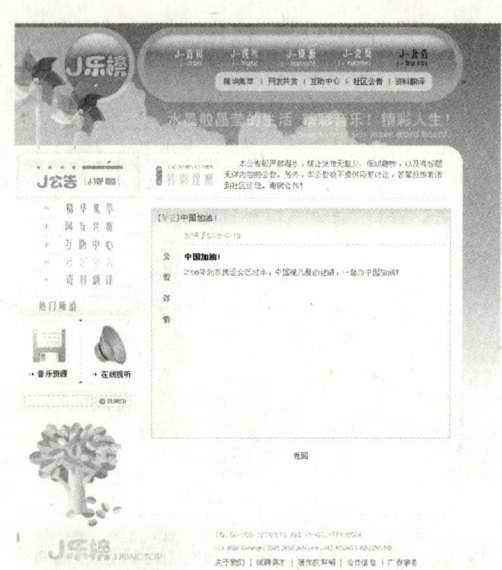
图9-67 公告详细页面

在公告区主页,浏览者单击右上方的"发布公告"链接,可以打开公告发布页面"JMusicTop_Issue.asp"发布公告,如图9-68所示,发布完后将自动返回公告区首页。

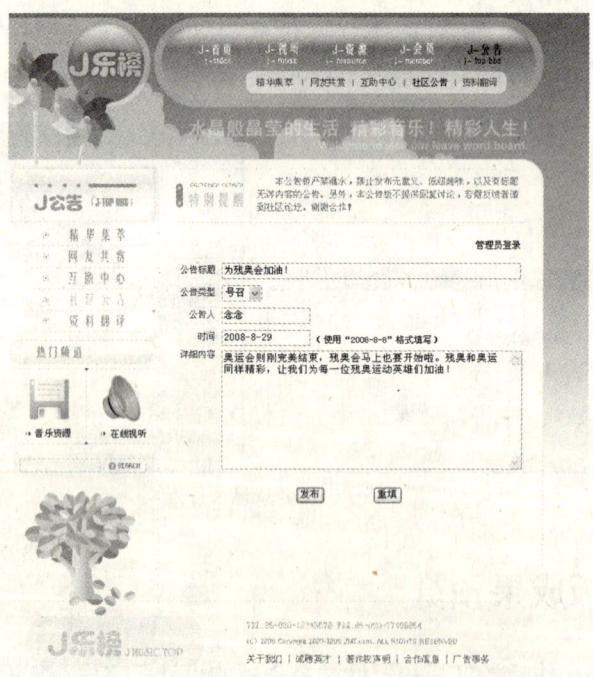
图9-68 发布公告页面

网站的公告管理员具有修改和删除公告信息的权力,在进入公告管理页面之前,首先要登录,如图9-69所示为管理员登录页面"JMusicTop_Login.asp",如果输入的管理员账号或密码出错,将显示错误提示页面。

图9-69　管理员登录页面

网络公告管理区"JMusicTop_Admin.asp"与公告板主页面相似，如图9-70所示，不同之处在于公告管理页面上具有"修改"和"删除"两项管理功能。当管理员完成公告管理任务后，可以单击上方的"退出管理"链接，返回公告主页面。

若需要更新某一项公告，可以在相应的公告项目后单击"修改"链接，进入公告修改页面"JMusicTop_Amend.asp"，如图9-71所示，通过该页面修改公告标题、类型或详细内容，完成后将返回管理区页面。

图9-70　公告管理界面

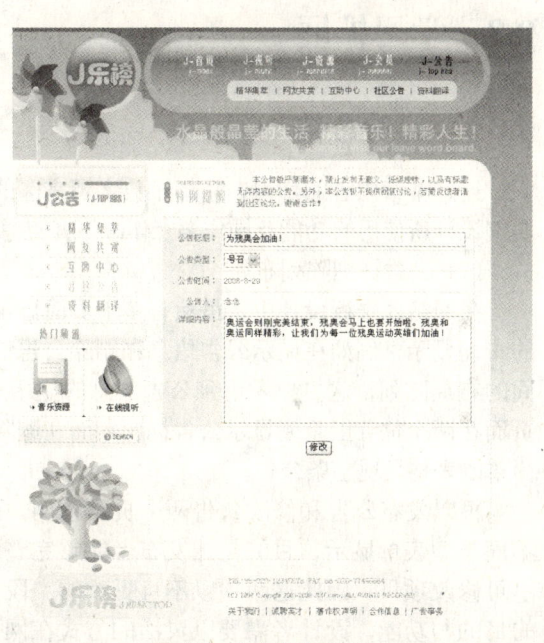

图9-71　公告修改页面

若想删除某一项多余或违反规则的公告，可以在对应的公告项目后单击"删除"链接，进入公告删除页面"JMusicTop_Del.asp"，其中显示了公告的详细信息，单击【确认删除】按钮便可以将公告删除，并返回管理区页面，如图9-72所示。

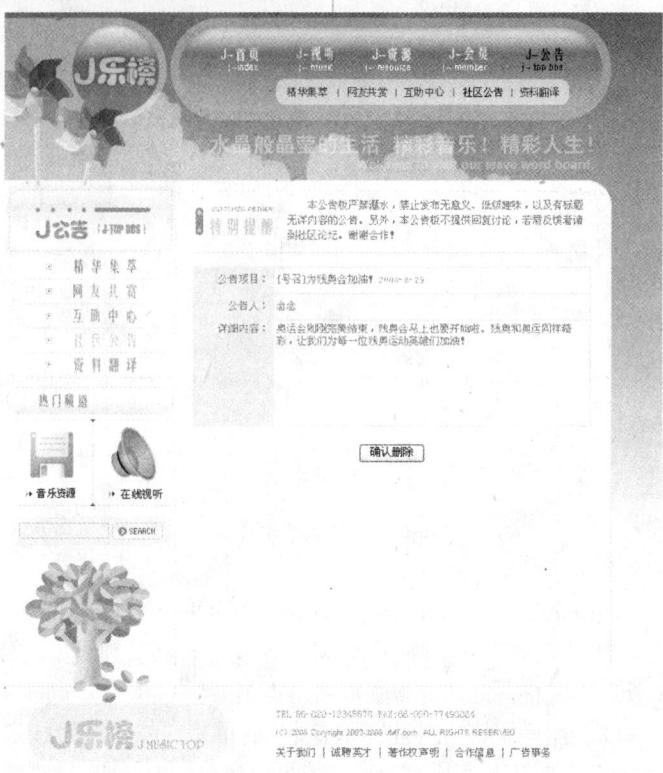

图9-72 新闻公告删除页面

9.8 学习扩展

9.8.1 经验总结

通过本章内容的学习，了解了数字留言区的设计思路与操作方法。下面针对本章网络公告板实例设计所使用的功能及操作要点作以下几点总结。

(1) 公告详细陈列布局

在网络公告板设计中，虽然有多个页面显示了内容相似的详细公告内容，但这些页面以不同的布局显示，例如在显示公告信息和删除公告信息两个页面中，所显示的内容大致相同，但以不同的布局陈列，这主要考虑到公告信息的显示重点。显示公告内容以完整性为主要考虑，因此，页面在两个位置上重复显示公告标题；而在删除页面则主要是为了确认内容是否删除，因此仅以简单的表格呈现整条公告。

再以发布公告和修改公告两个页面为例，两者都是通过表单呈现，其中，发布页面完全以不同类型表单显示，目的是让发布者能够完整发布内容，而修改公告页面中，时间和公告人为不可修改项目，因此这两项以不可更改的字段显示。由此可见，在动态网页设计中，出于不同的目的与功能，设计者需要以灵活的方式在网页上显示相关信息，使整个设计更趋合理性与专业性。

(2) 导航状态信息

导航状态信息的作用是提示当前网页中所显示的记录在数据库中的位置及数据库中相关记录的总数。以本章"J 乐榜"为例，在公告板主页中每页将显示 10 条公告记录，数据库中目前共有 19 条公告记录，因此，若是翻至第二页的话，导航状态信息将显示 11/19（19），表示当前页中显示数据库中第 11 至 19 条公告记录且数据库中总共有 19 条公告。

在默认情况下，使用 Dreamweaver CS5 所提供的【记录集导航状态】功能为动态网页插入导航状态信息后，其显示的格式为"记录 { 记录集 _first} 到 { 记录集 _last}（总共 { 记录集 _total}"，这个格并不适用所有设计需求，因此，可以根据实际需要修改其格式。但需要注意的是不能改动"{}"符号中内容。此外可以设置其字体外观属性，使导航状态信息与页面设计风格相符。

(3) 重复区域的表格背景设置

使用表格可以整齐的陈列一组数据信息，并且通过设置表格框线进行区分，但单纯以表格及单元格框线远远不能满足美观需求，这时，可以通过添加背景图像实现精美的表格效果。在设置"重复区域"的情况下，只需为表格中某一个或某一行 / 列单元格设置背景图像，在实际的网页浏览时中，就会在该区域显示相同的背景效果。以本例"J 乐榜"网络公告板主页为例，为重复区域设置了一张下方有线条的背景图像，重复显示该区域，表格的第一行将完全显示区分线条，既美观又实用。

9.8.2 设计观摩

下面选用太平洋汽车网公告牌和 CCTV 社区公告板两个例子作为参考。

太平洋汽车网是太平洋专业网站旗下的一个以汽车为主题的分类网站，如图 9-73 所示。该站社区为网友提供了一个强大而专业的信息公告牌，网络用户可以在该公告牌中各个栏目下浏览查看丰富的公告信息，也可以通过页面右侧的"个人信息发布"和"信息搜索"两项功能发布各类公告信息，以及根据不同"信息性质"搜索需要的公告信息。

图9-73　太平洋汽车网公告牌

中央电视台官方网站具有一个公告板，专门提供各类公告信息和节目资讯，如图9-74所示。用户进入公告页面后可以在页首看到"公告板"主题横幅，以及"空间介绍"、"特别聚焦"、"公告栏"等栏目。其中"公告栏"板块从上到下罗列了多项公告主题，浏览者可单击"阅读全文"链接进入详细的公告页面，了解更多信息，并且可以回复公告内容。作为央视用于发布各类信息的主窗口，公告板中的公告内容由网站管理员发布，也就说，该公告板不提供自由发布公告的功能。

图9-74　CCTV社区公告板

9.9　本章小结

本章通过公告板主页，管理者登录区，建立、修改和删除公告信息的动态页面及相关功能的制作，介绍了整个"J乐榜"站内公告板系统的设计过程，认识和了解了网站公告板的制作理念与方法。

9.10　上机实训

实训要求：为"JMusicTop_Content.asp"页面添加"返回"按钮。

操作提示：打开光盘中的练习文件，先在网页中指定的位置插入素材图片，然后为该图片设置超链接，最后设置图片边框为0，操作流程如图9-75所示。

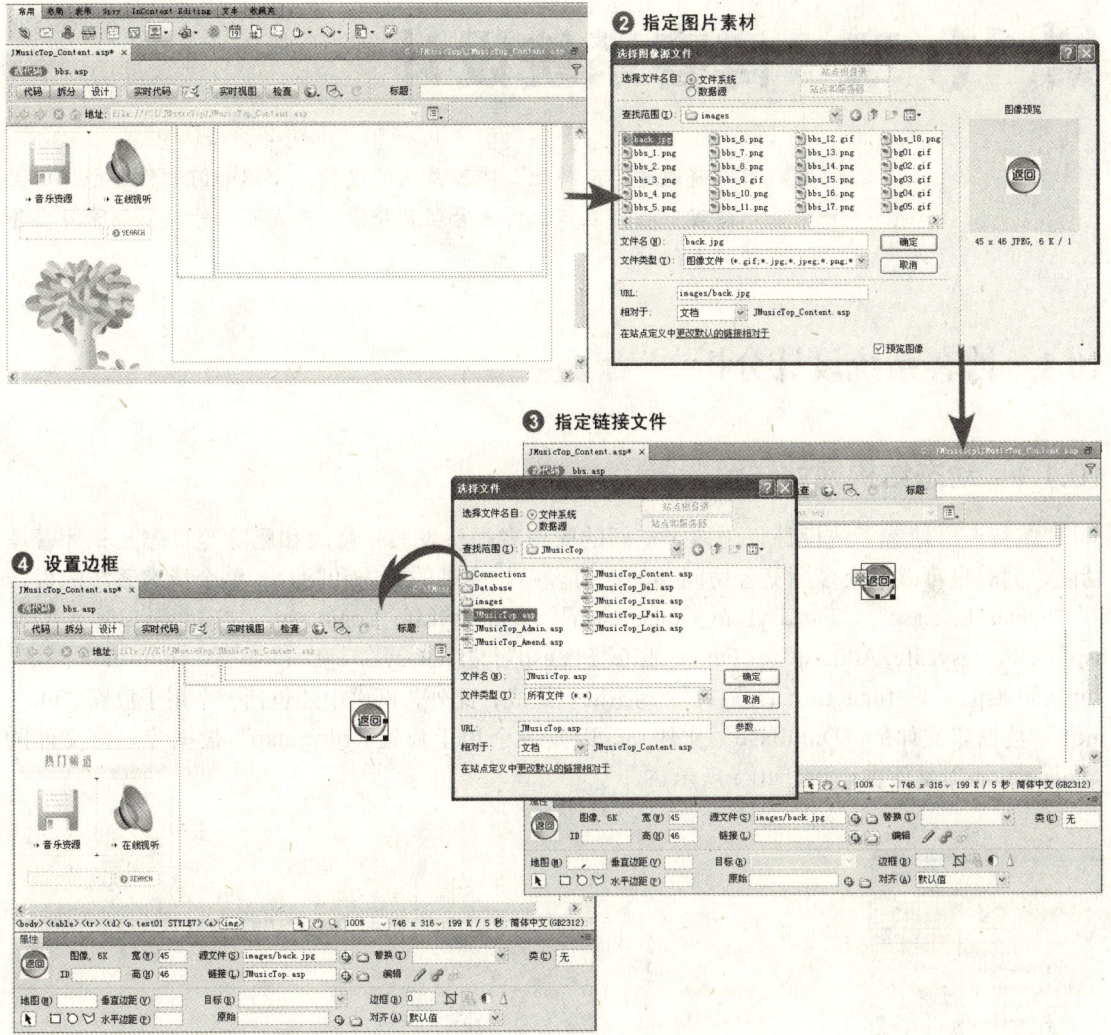

图9-75 添加"返回"按钮的操作流程

第 10 章 博客系统设计

> 本章将通过"范特西"博客系统的设计,介绍如何制作一个可以显示博客日志列表,让博客管理者登录,并发布、修改和删除日志等的动态网站。

10.1 博客系统设计分析

10.1.1 动态结构网站详解

"范特西"博客系统设计将为博客空间的管理者提供发布、修改和删除等日志及相片管理功能,同时也可以供众多浏览者访问并阅读博客中已发表的日志和相片。整个博客系统的设计由"FantasyLife.asp"、"FantasyLife_Content.asp"、"FantasyLife_Login.asp"、"FantasyLife_Admin.asp"、"FantasyLife_Add.asp"、"FantasyLife_Fix.asp"、"FantasyLife_Del.asp"、"photoshow.asp"、"upload.asp"和"fupaction.asp" 10个动态网页组成,此外,网站中还包括一个用于放置"blog.mdb"数据库文件的"Database"文件夹,以及一个用于放置"blog.asp"数据库连接文件的"Connections"文件夹,如图10-1所示。

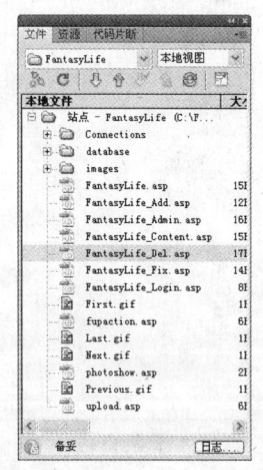
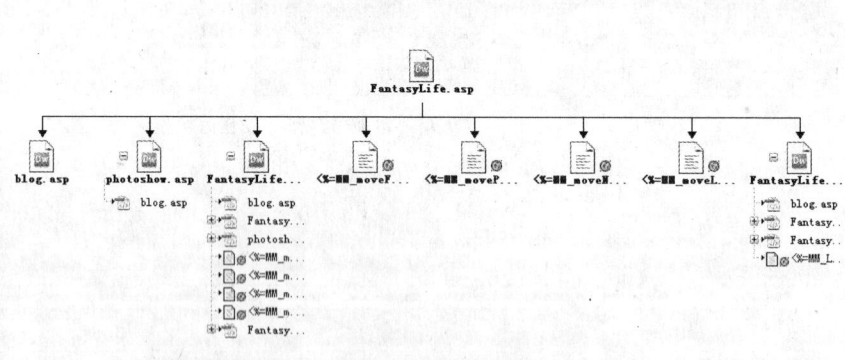

图10-1 "范特西"博客系统的网站文件及网站地图

当浏览者打开"范特西"博客的主页后,便可以看到已发布的最新日志及相片,并且可以翻页查阅更多日志内容。而作为博客的管理者,可以在登录后发布新日志、修改及删除已发布的日志。整个博客系统中还包括"photoshow.asp""upload.asp"和"fupaction.asp"三个比较特殊的文件,主要用于博客系统的图像管理,其中,"photoshow.asp"文件为弹出小窗口显示日志相片,"upload.asp"文件用于相片文件的上传,"fupaction.asp"文件用于执行文件上传并记录与相片文件相关的信息。如图10-2所示为"范特西"博客系统的设计结构。

第10章 博客系统设计

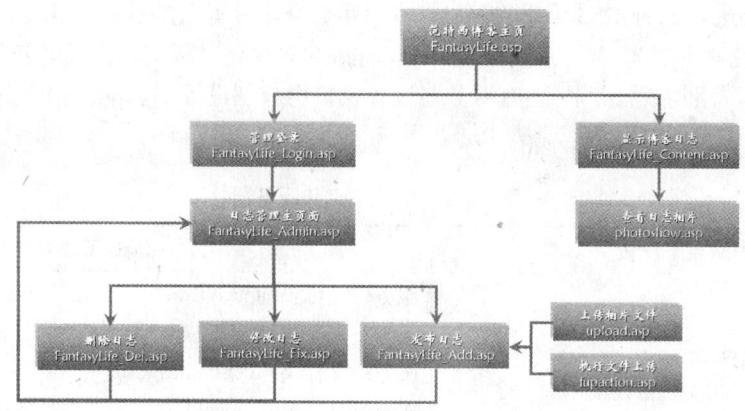

图10-2 "范特西"博客系统的设计结构图

10.1.2 网站数据库分析

"范特西"博客系统所使用的数据库文件名称为"blog.mdb",包括"blogadmin"和"blogdata"两个数据表。其中,"blogadmin"数据表由"id"和"pw"两个字段组成,用于保存博客管理员的账号和密码;"blogdata"数据表由"log_"前缀的多个字段组成,用于记录博客日志的编号、发布时间、日志标题、详细内容、天气图标、日志相片以及相片的标题等信息,如图10-3所示。

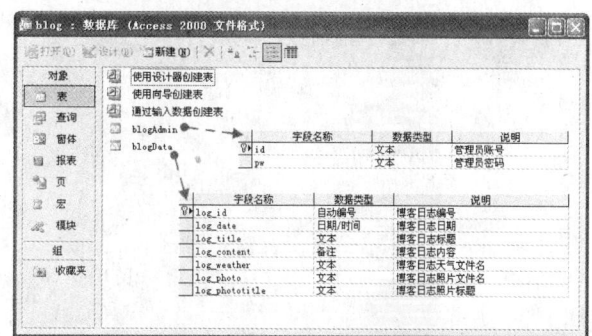

图10-3 网络公告板数据库

> **提示** 本例直接使用已创建"blogadmin"和"blogdata"两个数据表的数据库文件"blog.mdb",其位置为网站文件夹"FantasyLife"的"Database"文件夹中(即本书光盘的"...\Practice\Ch10\FantasyLife\Database"位置)。

10.2 博客程序设计前准备

10.2.1 动态网站环境配置

将光盘中的"...\Practice\Ch10\FantasyLife"文件夹复制到本地电脑 C 盘位置,然后参照本书第 7 章的 7.2.1 小节所详细介绍的方法完成动态网站的环境配置。

有关本章实例的动态网站环境配置,下面列举两项重要的设置,具体如下。

(1) 设置 IIS 中默认网站的属性,修改其主目录为"C:\FantasyLife",如图 10-4 所示。

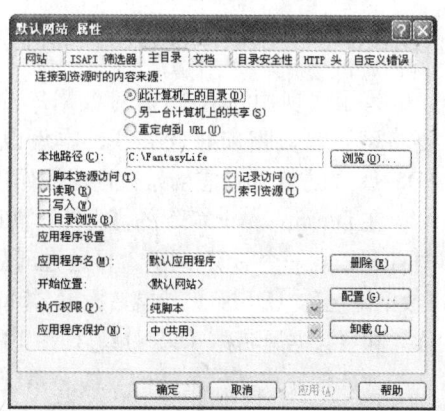

图10-4 设置默认网站主目录

(2) 在 Dreamweaver CS5 中定义网站，这里主要介绍设置【站点】和【服务器】两个分类，其中，【站点】设置主要为"站点名称"和"本地站点文本夹"两项，设置见表10-1，而【服务器】设置则需要"添加新服务器"，在服务器设置窗口中分别设置"基本"和"高级"两项内容，如图 10-5 所示，具体设置的内容见表 10-1。

表 10–1 设置站点和服务器

【站点】设置	添加新服务器
站点名称：FantasyLife 本地站点文件夹：C:\ FantasyLife \	服务器名称：FantasyLife 连接方法：本地 / 网络 服务器文件夹：C:\ FantasyLife \ Web URL：http://localhost/ 服务器模型：ASP JavaScript

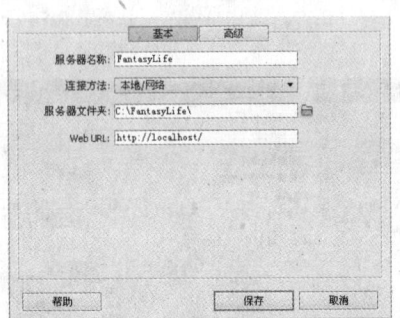 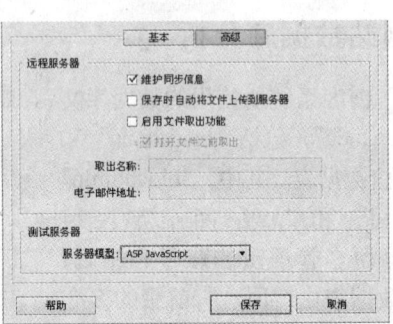

图10-5 添加服务器

10.2.2 设置ODBC数据源

设置 IIS 本地服务器的主目录并定义动态网站后，将通过开放式数据库连接（ODBC）驱动程序将本例所提供的数据库文件指定为数据源。通过"控制面板"打开【管理工具】窗口，执行【ODBC 数据源管理器】程序，然后指定电脑 C 盘中的 "/FantasyLife/database" 文件夹中的 "blog.mdb" 数据库文件，如图 10-6 所示。

10.2.3 Dreamweaver动态数据设置

为了实现由 ASP 网页对数据库的访问与管理，需要将网页与数据库建立关联，本例以指定数据源名称（DSN）的方式为动态网站数据库操作提供连接通道。

在 Dreamweaver CS5 的【文件】面板中已定义的网站中打开任意一个 ASP 网页，再通过【数据库】面板使用【数据源名称（DSN）】功能，设置 "blog" 作为【连接名称】和【数据源名称（DSN）】，如图 10-7 所示。

如此便完成了"范特西"博客系统设计的准备工作，下一节开始，将进入具体的网页动态制作，包括博客主页

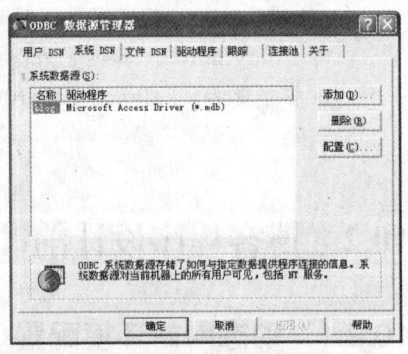

图10-6 指定ODBC数据源

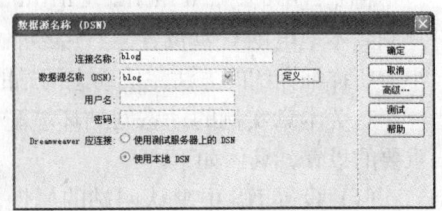

图10-7 指定数据源名称

面、日志内容显示页面、管理员登录、日记的发布、修改和删除日志页面等实例。

> **提示** 动态网页需要预先完成一系列连贯的设计才可以呈现设计结果,因此,在多数的设计小实例中未提供预览结果,待完成整个实例设计后,将在10.8节集中预览整个实例效果,若读者在各节的制作过程中对具体操作有不解,也可先跳到10.8节中查看对应的操作结果。

10.3 制作博客系统主页

10.3.1 绑定列表字段

制作分析

在博客主页面"FantasyLife.asp"左侧将显示已发布的日志,本小节将在指定位置添加日志时间与标题两个字段,以显示各篇日志的简要信息。

制作流程

主要操作流程为"绑定记录集"→"插入数据字段"→"为字段套用样式",具体实现过程见表10-2。

表 10-2 绑定列表字段实现过程

制作目的	实现过程
绑定记录集	通过【绑定】面板指定添加记录集 设置根据"log_date"字段以"升序"排列
插入数据字段	通过【绑定】面板在网页左侧空白单元格中分两行添加"log_date"和"log_title"两个字段
为字段套用样式	为网页所添加的"log_date"字段套用"text3"样式

上机实战 绑定列表字段

01 按下"F8"功能键打开【文件】面板,双击打开"FantasyLife.asp"文件。
02 按下"Ctrl+F10"快捷键打开【绑定】面板,单击 按钮,打开下拉菜单,选择【记录集(查询)】命令,如图10-8所示。

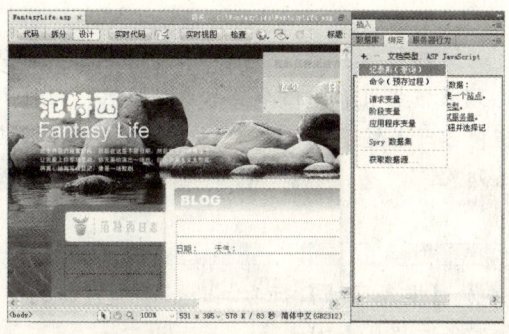

图10-8 添加记录集

03 在【记录集】对话框中设置【名称】和【连接】为"blog",【表格】为"blogdata",然后在【排序】栏中选择"log_date"项目,并选择"升序"类型,然后单击【确定】按钮,如图10-9所示。

04 在【绑定】面板中展开记录集,拖动"log_date"字段到网页左侧空白单元格中,如图10-10所示。

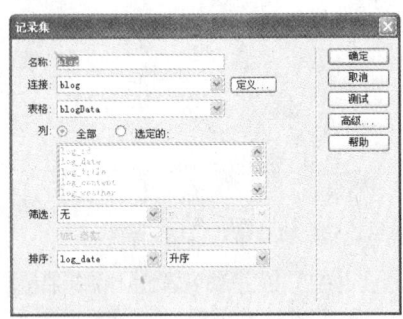 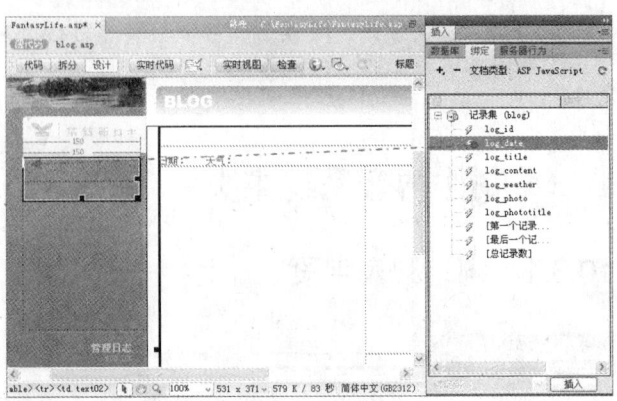

图10-9 记录集绑定设置　　　　　　　图10-10 添加字段

05 将光标定位在添加的字段后面,按下"Shift+Enter"快捷键执行断行,再按照步骤3的方法在另一行添加"log_title"字段,如图10-11所示。

06 选择第一行中的字段项目,然后通过【属性】面板套用"text03"样式,如图10-12所示,使两行字拥有不同的外观效果。

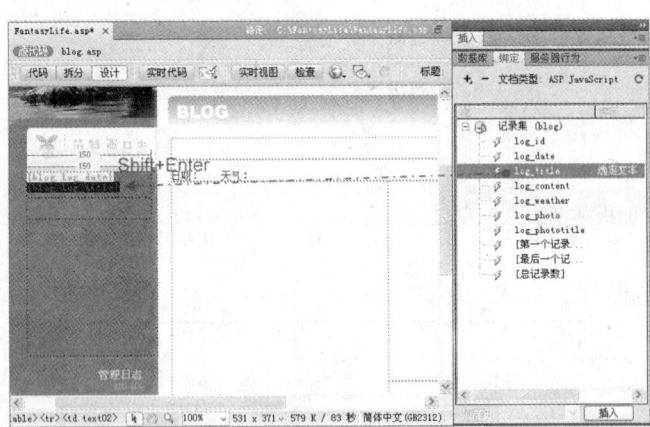 

图10-11 添加另一字段　　　　　　　图10-12 设置字段文本属性

10.3.2 制作日志列表

■ 制作分析 ■

博客主页面左侧的日志列表根据页面篇幅而显示多条日志,同时浏览者可以通过日志标题链接打开详细的日志页面。当博客日志超过4篇时,为了方便查看更多日志,需要添加翻页功能,从而产生一个功能完善的日志列表区。

■ 制作流程 ■

主要的操作流程为"添加【重复区域】行为"→"添加【转到详细页面】行为"→"插入【记录集导航条】",具体实现过程见表10-3。

表 10-3 制作日志列表实现过程

制作目的	实现过程
添加【重复区域】行为	通过【插入】面板添加【重复区域】行为 设置参照记录集以及显示记录笔数为 5
添加【转到详细页面】行为	通过【插入】面板添加【转到详细页面】行为 指定转到的网页文件
插入【记录集导航条】	通过【插入】面板为网页插入【记录集导航条】对象 设置以"图像"显示导航条 删除因插入导航条而产生的多余空行

上机实战 制作日志列表

01 将鼠标移至网页左侧已添加字段的单元格左侧,单击选取整行单元格,然后切换【插入】面板至【数据】分类,单击【重复区域】按钮,如图 10-13 所示。

02 在【重复区域】对话框中选择【记录集】为"blog",设置显示 5 条记录,然后单击【确定】按钮,如图 10-14 所示。

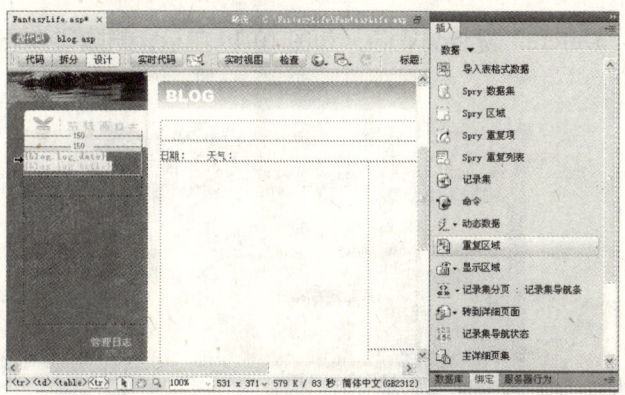
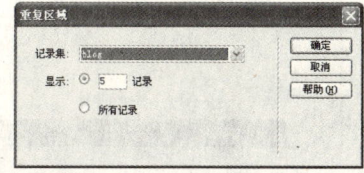

图10-13 添加"重复区域"行为　　　　图10-14 设置显示的记录数

03 在网页的表格中选择"blog_title"字段,在【插入】面板中单击【转到详细页面】按钮,打开下拉菜单,选择【转到详细页面】命令,如图 10-15 所示。

04 在【转到详细页面】对话框的【详细信息页】栏中输入文件名"FantasyLife_Content.asp",然后单击【确定】按钮,如图 10-16 所示。

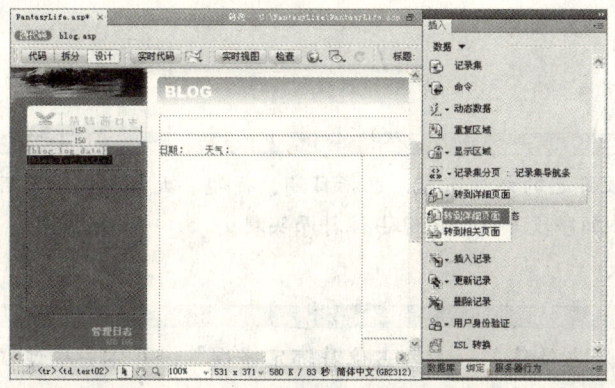
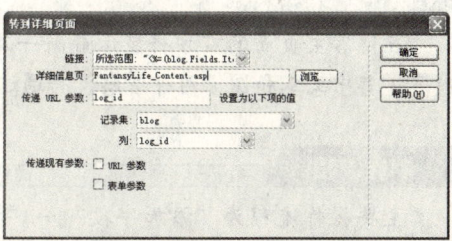

图10-15 添加"转到详细页面"行为　　　　图10-16 设置转到详细页面

05 将光标定位在下方空白单元格，然后在【插入】面板的【数据】分类中单击【记录集分页】按钮，打开下拉菜单，选择【记录集导航条】命令，如图10-17所示。

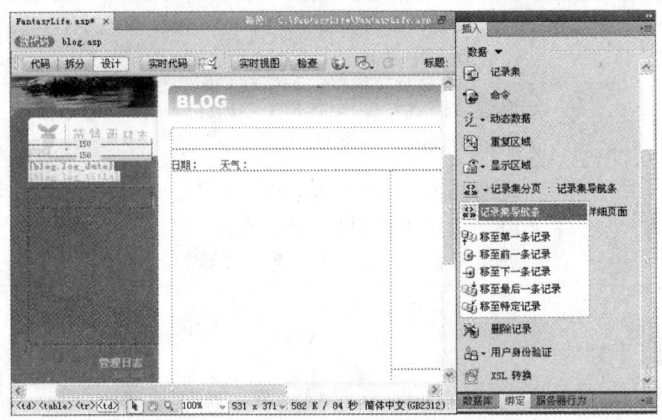

图10-17 插入记录导航条

06 在【记录集导航条】对话框中选择【记录集】为"blog"，【显示方式】为"图像"，然后单击【确定】按钮，如图10-18所示。

07 选择导航条表格上方的空格符，按下"Delete"键将其删除，如图10-19所示，删除该多余空行。

图10-18 设置导航条

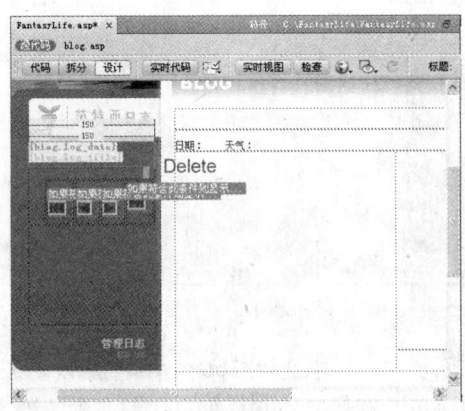

图10-19 调整导航条表格

10.3.3 显示最新日志内容

制作分析

在博客主页面的右方将显示最新一篇项日志的详细内容，包括日期、标题、天气和详细日志内容。其中文本和图像两种信息，将通过添加字段并结合图像占位符而实现。

制作流程

主要操作流程为"添加字段"→"插入占位符"→"为占位符绑定字段"，具体实现过程见表10-4。

表 10–4　显示最新日志内容实现过程

制作目的	实现过程
添加字段	通过【绑定】面板为网页右侧表格各空白单元格添加字段"log_title""log_date"、"log_content"和"log_phototitle"
插入占位符	通过【插入】面板分别在网页右侧表格指定位置插入两个图像占位符
为占位符绑定字段	通过【绑定】面板为两个图像占位符绑定相应字段 通过【属性】面板为占位符字段设置正确的文件路径

上机实战　显示最新日志内容

01 在【绑定】面板中展开记录集，拖动"log_title"字段到网页左侧上方空白单元格中，如图 10-20 所示。

02 按照步骤 1 的操作方法，接着在网页右侧表格其他空白单元格内添加"log_date"、"log_content"和"log_phototitle"3 个字段。

03 将光标定位在表格内容为"天气："的文本右边，在【插入】面板的【常用】分类中单击打开【图像】下拉菜单，选择【图像占位符】命令，如图 10-21 所示。

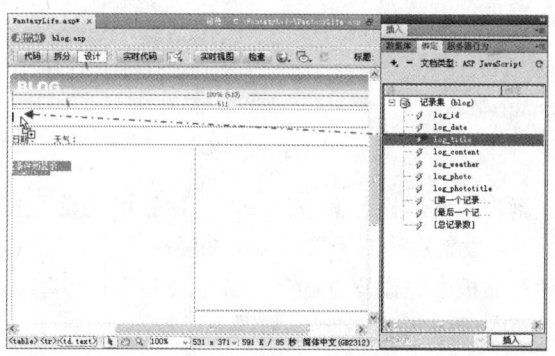

图10-20　添加字段

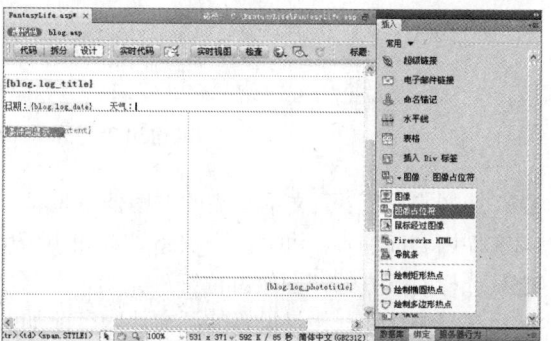

图10-21　插入"图像占位符"

04 在【图像占位符】对话框中设置【名称】为"weather"，再设置【宽度】为 19，【高度】为 18，然后单击【确定】按钮，如图 10-22 所示。

05 将光标定位在表格靠右的单元格内，在【插入】面板的【常用】分类中单击打开【图像】下拉菜单，选择【图像占位符】命令，如图 10-23 所示。

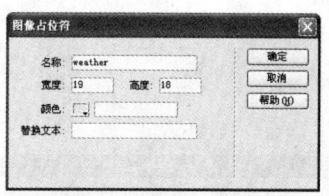

图10-22　设置"图像占位符"

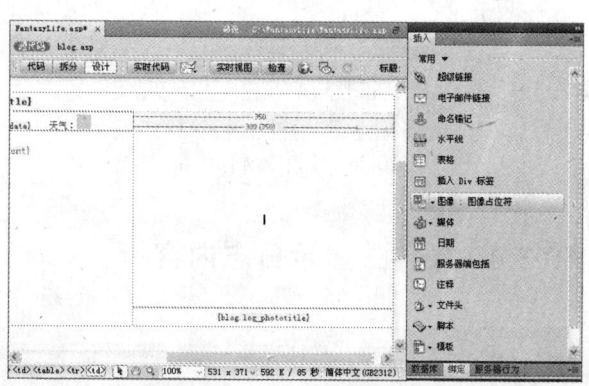

图10-23　插入"图像占位符"

06 在【图像占位符】对话框中设置【名称】为"photo",再分别设置【宽度】为330,【高度】都为247,然后单击【确定】按钮,如图10-24所示。

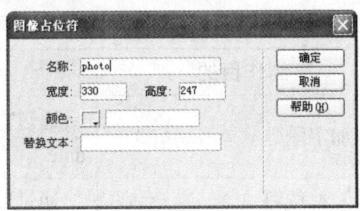

图10-24 设置"图像占位符"

07 从【绑定】面板中拖动"log_weather"字段到"天气:"文本右侧的"图像占位符"上方;拖动"log_photo"字段到下方的"图像占位符"上方,如图10-25所示。

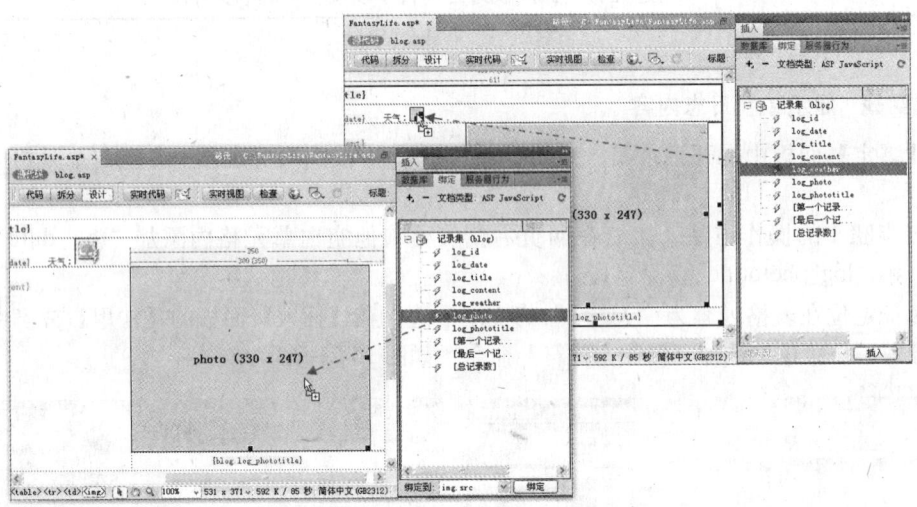

图10-25 为"图像占位符"添加字段

08 选择"天气:"文本右侧的"图像占位符"元素,在【属性】面板的【源文件】栏已设置的源文件内容前加入"images/"文本,如图10-26所示,设置正确的天气图像文件路径。

09 选择右下方的"图像占位符"元素,在【属性】面板中先设置宽和高参数分别为330和247,然后在【源文件】栏已设置的源文件内容前加入"images/photo/"文本,如图10-27所示。

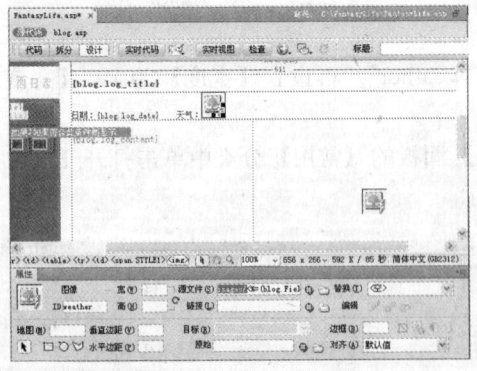

图10-26 修改源文件路径

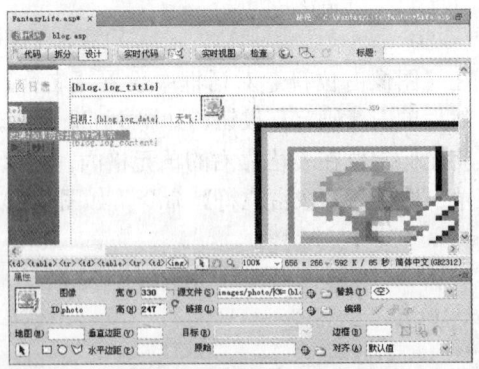

图10-27 修改另一源文件路径

10.3.4 条件式显示日志内容

制作分析

当数据库中未记录日志内容时,网页中用于显示详细日志内容的表格将以空白显示,如此空白表格变得多余,这时,便可显示内容为"数据库中未添加日志"的提示。下面将通过"显示区域"服务器行为来控制区域的显示。

制作流程

主要操作流程为"添加记录集不为空显示区域"→"添加记录集为空显示区域",具体实现过程见表10-5。

表10-5 条件式显示日志内容实现过程

制作目的	实现过程
添加记录集不为空显示区域	通过【插入】面板为指定的表格添加"如果记录集不为空则显示"行为
添加记录集为空显示区域	通过【插入】面板为指定的表格添加"如果记录集为空则显示区域"行为

上机实战 条件式显示日志内容

01 在网页选择显示详细日志内容的表格,然后在【插入】面板的【数据】分类中单击【显示区域】按钮,打开下拉菜单选择【如果记录集不为空则显示】命令,如图10-28所示。

02 在【如果记录集不为空则显示区域】中选择【记录集】为"blog",然后单击【确定】按钮,如图10-29所示。

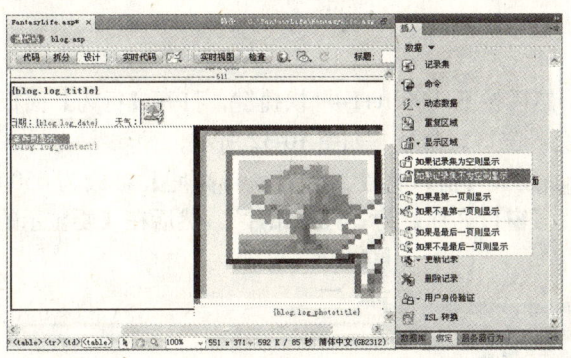
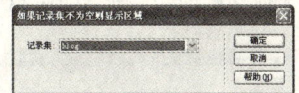

图10-28 选择另一表格　　图10-29 设置记录集不为空的显示区域

03 选择网页下方内容为"数据库中未添加日志"的表格,在【插入】面板中单击【显示区域】按钮,打开下拉菜单选择【如果记录集为空则显示】命令,如图10-30所示。

04 在【如果记录集为空则显示区域】对话框中选择【记录集】为"blog",然后单击【确定】按钮,如图10-31所示。

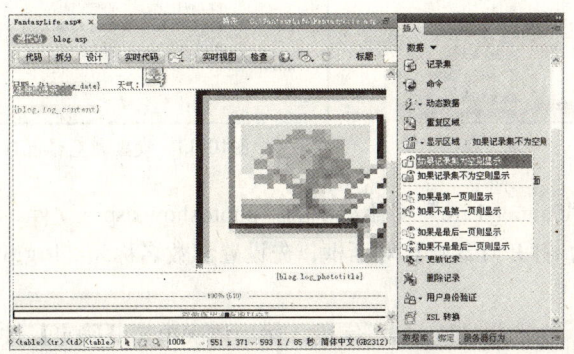
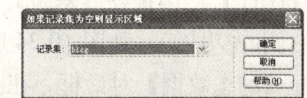

图10-30 选择表格　　图10-31 设置记录集为空的显示区域

10.3.5 制作相片浏览功能

制作分析

在博客主页面中所显示的最新一篇日志中可能会有相片，但由于页面篇幅有限，只能以小图显示相片内容，为了方便浏览者浏览实际大小的相片，将通过添加"行为"的方法制作单击即可弹出新窗口的特效。

制作流程

主要操作流程为"添加行为特效"→"设置行为特效"，具体实现过程见表10-6。

表10-6　制作相片浏览功能实现过程

制作目的	实现过程
添加行为特效	通过【行为】面板为图像占位符添加"打开浏览器窗口"行为
设置行为特效	分别设置浏览器窗口大小、属性和窗口名称 指定浏览器窗口所显示的文件以及设置动态参数

上机实战　制作相片浏览功能

01 在网页右边选择较大的图像占位符，然后按下"Shift+F4"快捷键，打开【行为】面板，单击 ➕ 按钮，打开下拉菜单后选择【打开浏览器窗口】命令，如图10-32所示。

02 打开【打开浏览器窗口】对话框后，设置【窗口宽度】和【窗口高度】参数为650和500，选择【需要时使用滚动条】复选项，设置【窗口名称】为"日志相片"，然后在【要显示的URL】栏单击【浏览】按钮，如图10-33所示。

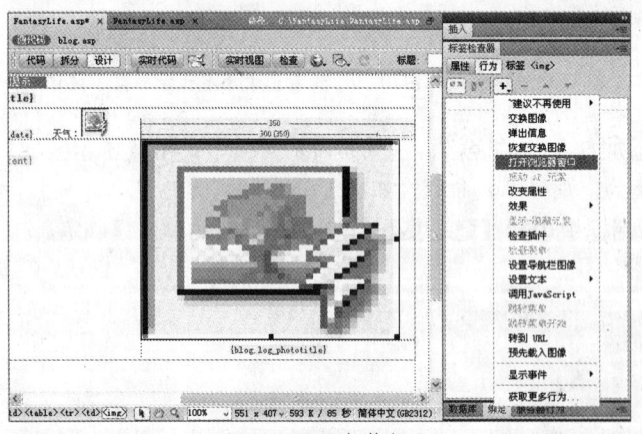

图10-32　添加执行

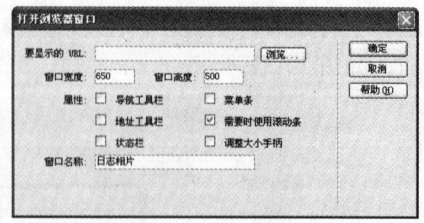

图10-33　设置浏览器窗口

03 打开【选择文件】对话框后，选择"FantasyLife"文件夹中的"photoshow.asp"文件，在窗口下方的【URL】栏中选择【参数】按钮，打开【参数】对话框，先设置参数名称为"log_id"，然后单击右侧的 ✏ 按钮，如图10-34所示。

04 打开【动态数据】对话框，在【域】中选择"log_id"字段，然后依次单击【确定】按钮，完成动态数据设置，如图10-35所示。

博客系统设计 第10章

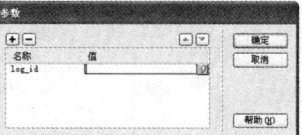

图10-34　选择文件　　　　　　　　　　图10-35　设置动态数据

10.4　制作日志与相片显示页面

10.4.1　制作相片显示页面

制作分析

本例设计中，在博客主页面和日志详细页面中单击日志相片后，将可以打开一个被限制了大小的浏览器窗口，以实际大小显示日志相片。本小节将在完成页面基本内容编排的基础上，完成日志相片显示页面的制作。

制作流程

主要操作流程为"绑定记录集"→"占位符字段绑定"→"编辑按钮元件代码"，具体实现过程见表10-7。

表10–7　制作相片显示页面实现过程

制作目的	实现过程
绑定记录集	通过【绑定】面板指定添加记录集"blog" 设置绑定筛选为 log_id=URL 参数（log_id）
占位符字段绑定	为图像占位符绑定字段"log_photo" 通过【属性】面板修改图像占位符的实际源文件
编辑按钮元件代码	在"拆分"视图模式中为按钮元件加入"onclik="javascript:self.close();""代码

上机实战　制作相片显示页面

01 按下"F8"功能键打开【文件】面板，双击打开"photoshow.asp"文件。

02 按下"Ctrl+F10"快捷键打开【绑定】面板，再单击 ➕ 按钮，打开下拉菜单，选择【记录集（查询）】命令，如图10-36所示。

03 在【记录集】对话框中设置【名称】和【连接】为"blog"，【表格】为"blogdata"，然后在【筛选】栏中选择"log_id"项目，并在下一栏中选择"URL 参数"选项，接着输入"log_id"内容，最后单击【确定】按钮，如图10-37所示。

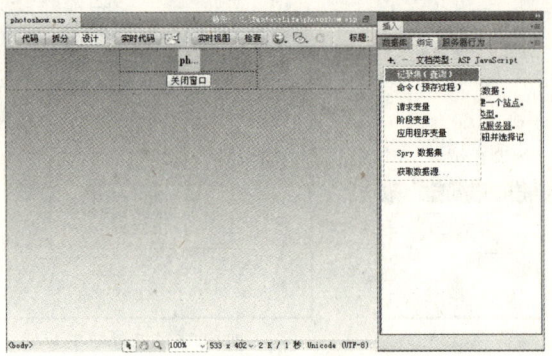
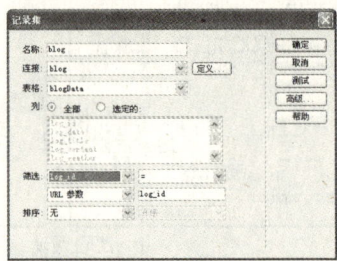

图10-36　添加记录集　　　　　　　　　图10-37　设置记录集绑定

04 从【绑定】面板中拖动"log_photo"字段到网页表格上方的图像占位符上方，如图10-38所示。

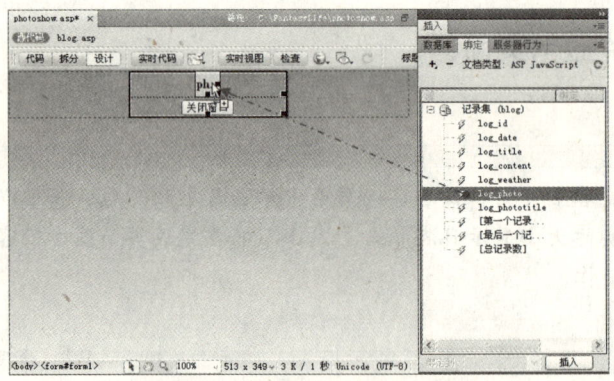

图10-38　为图像占位符绑定字段

05 选择绑定字段的"图像占位符"元素，在【属性】面板的【源文件】栏已设置的源文件内容前加入"images/photo/"文本，如图10-39所示。

06 选择表格下方内容为【关闭窗口】的按钮元件，在【文档】工具栏单击【拆分】按钮，切换至"拆分"视图，在"代码"区中自动找到按钮元件代码，如图10-40所示。

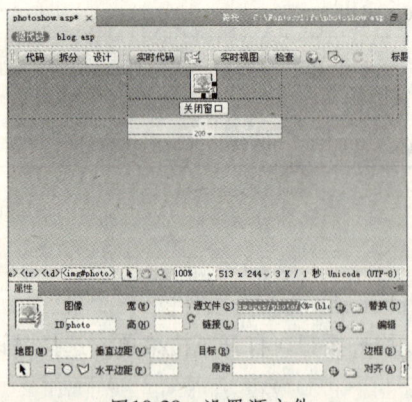
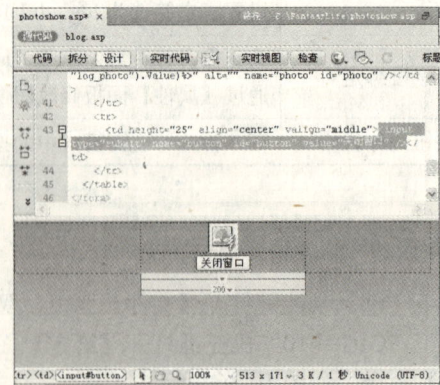

图10-39　设置源文件　　　　　　　　　图10-40　选择按钮元件

07 在"代码"区中将光标定位在"id='button'"内容后方，按下"Enter"键自动打开下拉菜单，选择"onclick"选项，再按下"Enter"键插入该语句，接着在后面双引号中输入内容

"javascript:self.close();",如图 10-41 所示,为按钮添加关闭窗口的动作行为。

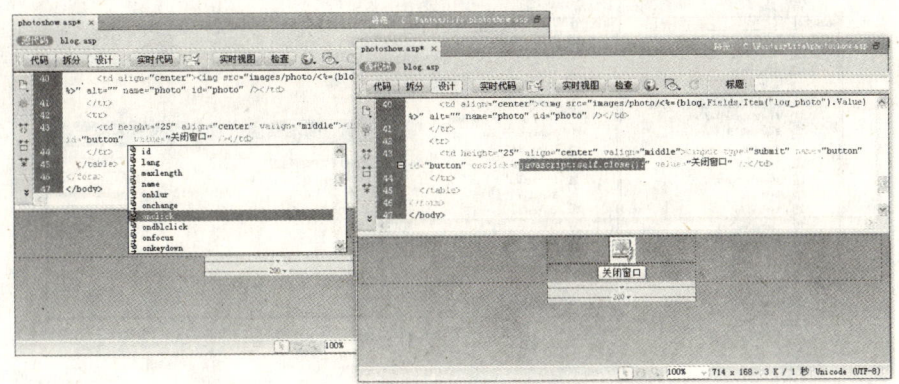

图10-41 编辑关闭窗口语句

10.4.2 复制文件并设置记录集绑定

制作分析

本小节制作显示日志详细内容的页面"FantasyLife_Content.asp",该页面的内容布局与博客的主页面"FantasyLife.asp"相似,因此将通过复制的方式快速设计日志显示页面,然后再适当修改原来文件中所绑定的记录集。

制作流程

整个操作流程为"复制网页文件"→"修改记录集"→"添加记录集",具体实现过程见表10-8。

表 10-8 复制文件并设置记录集绑定实现过程

制作目的	实现过程
复制网页文件	通过【文件】面板快速复制"FantasyLife.asp"文件,并修改其名称为"FantasyLife_Content.asp"
修改记录集	在【绑定】面板中修改原有记录集的绑定筛选为 log_id=URL 参数(log_id),排序为无
添加记录集	通过【绑定】面板指定添加记录集"blog2" 设置记录集绑定排序为"log_date",类型为"升序"

上机实战 复制文件并设置记录集绑定

01 按下"F8"功能键打开【文件】面板,选择"FantasyLife.asp"文件,然后按下"Ctrl+D"快捷键,快速复制所选文件,接着修改新文件名称为"FantasyLife_Content.asp",按下"Enter"键,如图 10-42 所示。

02 随之弹出【更新文件】对话框,询问是否更新文件链接,单击【更新】按钮,如图 10-42 所示,完成复制文件的操作。

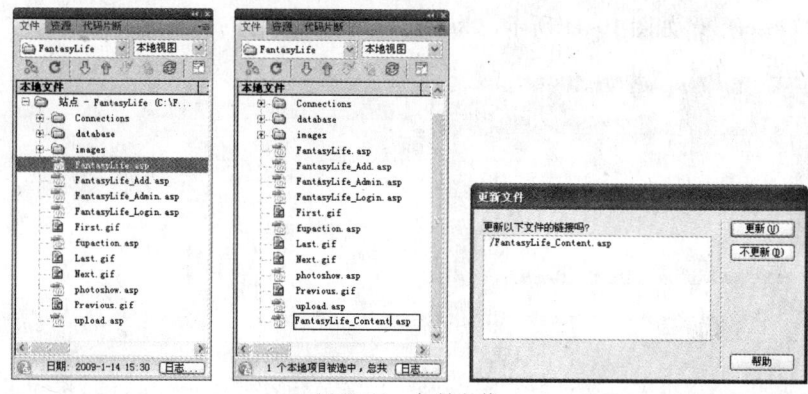

图10-42 复制文件

03 在【文件】面板中双击打开"FantasyLife_Content.asp"文件后,按下"Ctrl+F10"快捷键打开【绑定】面板,双击已添加的记录集,如图10-43所示。

04 打开【记录集】对话框后,在【筛选】栏中选择"log_id"项目,并在下一栏中选择"URL参数"选项,接着输入"log_id"内容,在【排序】栏选择"无"选项,然后单击【确定】按钮,如图10-43所示。

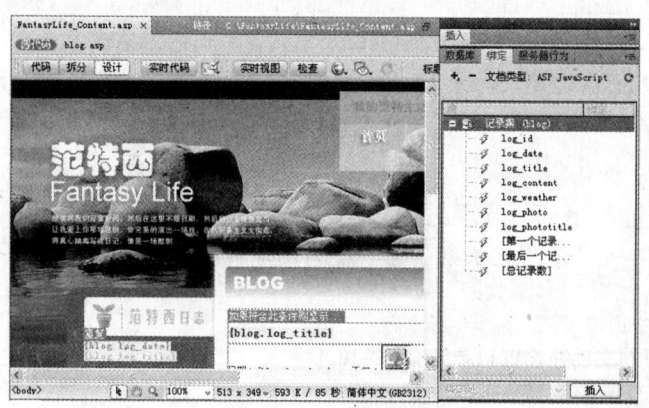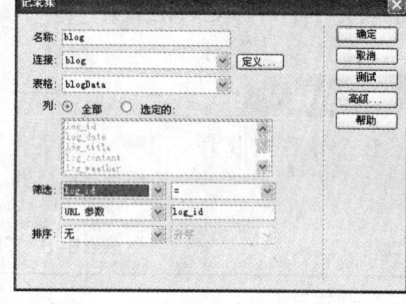

图10-43 修改记录集

05 在【绑定】面板中单击按钮,打开下拉菜单,选择【记录集(查询)】命令,在打开的【记录集】对话框中设置【名称】为"blog2",再设置【连接】为"blog",【表格】为"blogdata",然后在【排序】栏中选择"log_date"项目,并设置为【升序】,最后单击【确定】按钮,如图10-44所示。

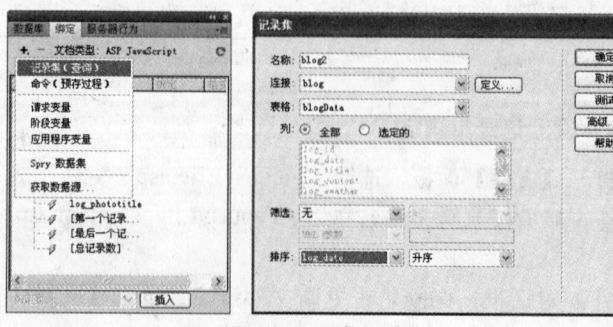

图10-44 添加记录集

10.4.3 修改服务器行为

制作分析

在前一小节的操作中,已经为显示详细日志内容的页面修改并添加了记录集,因此,网页中相应字段及动态行为也需要修改记录集参照来源,使网页能够正常显示相应的数据内容,本节将通过修改与删除部分服务器行为的方式完成相关操作。

制作流程

主要操作流程为"修改网页字段记录集"→"修改重复区域和导航条行为参照记录集"→"删除多余行为",具体实现过程见表10-9。

表10-9 修改服务器行为实现过程

制作目的	实现过程
修改网页字段记录集	通过【服务器行为】面板分别修改网页右侧已添加的两项字段的记录集为"blog2"
修改重复区域和导航条行为参照记录集	在【服务器行为】面板修改"重复区域"的参照记录集为"blog2" 在【服务器行为】面板修改导航条行为组合的参照记录集为"blog2"
删除多余行为	在【服务器行为】面板中删除"如果记录集不为空则显示(blog)"和"如果记录集为空则显示(blog)"两项行为 删除网页右边下面的多余表格内容

上机实战 修改服务器行为

01 在网页左侧中选择"blog.log_date"字段,在【服务器行为】面板快速找到与该字段对应的"动态文本(blog.log_date)"行为,双击该行为打开的【动态文本】对话框。在【域】中展开"blog2"记录集,选择"log_date"字段,然后单击【确定】按钮,如图10-45所示,修改所选字段的记录集。

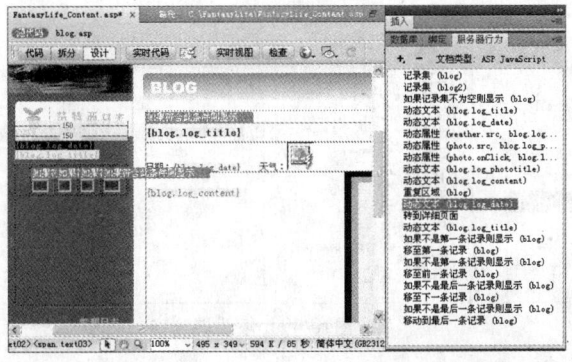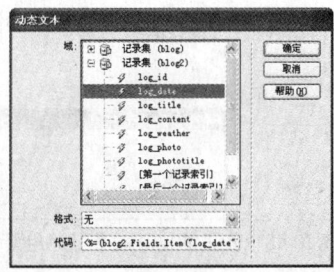

图10-45 修改动态文件行为

02 按照步骤1的操作方法,再为网页左侧的第二个记录集字段"blog.log_title"修改记录集为"blog2"。

03 在【服务器行为】面板中双击"重复区域（blog）"行为，在打开的【重复区域】对话框中修改【记录集】选项为"blog2"，然后单击【确定】按钮，如图10-46所示，修改重复区域的参照记录集。

04 在【服务器行为】面板中双击"如果不是第一条记录则显示（blog）"行为，在打开的【如果不是第一条记录则显示】对话框中修改【记录集】选项为"blog2"，然后单击【确定】按钮，如图10-47所示。

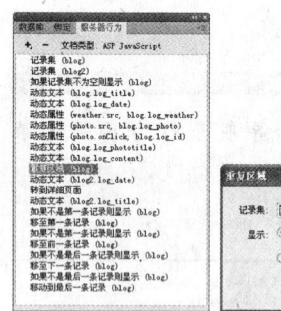 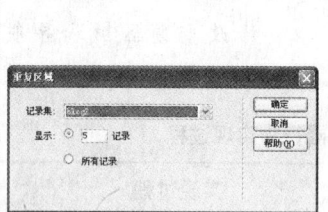 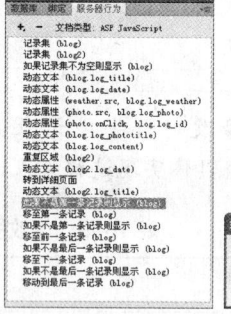 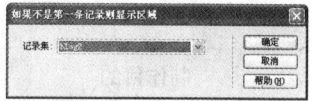

图10-46　修改重复区域行为　　　　　　　图10-47　修改导航条行为

05 在【服务器行为】面板中双击"移至第一条记录（blog2）"行为，在打开的【移至第一条记录】对话框中修改【记录集】选项为"blog2"，然后单击【确定】按钮，如图10-48所示。

> **提示**　在【服务器行为】面板中，由"如果不是第一条记录则显示"往下8项行为组成了网页中的记录集导航条功能，由于步骤3的操作中已修改了"如果不是第一条记录则显示（blog）"行为的记录集为"blog2"，因此，接下来的其他7项行为将一起修改为同一记录集"blog2"，但其中有四项显示一个红色感叹号，因此步骤4的操作中，将再次确认修改其记录集为"blog2"，同时一次性确认修改所有相关行为项目。

06 在【服务器行为】面板中双击"转到详细页面"行为，在打开的【转到详细页面】对话框中修改【记录集】选项为"blog2"，然后单击【确定】按钮，如图10-49所示，修改传递URL参数的参照记录集。

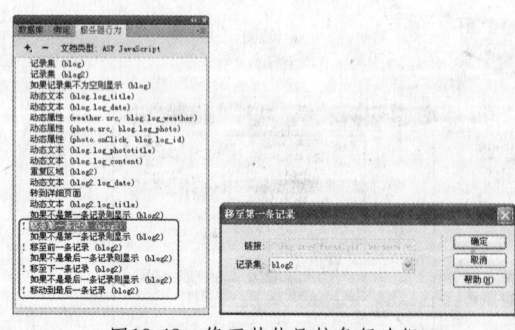 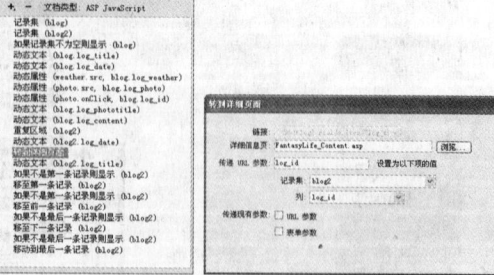

图10-48　修正其他导航条行为组　　　　　图10-49　修改转到详细页面行为

07 配合"Ctrl"键选取"如果记录集不为空则显示（blog）"和"如果记录集为空则显示（blog）"两项行为，再按下"Delete"键将其删除，选择网页下方内容为"数据中未添加日志"的表格，按下"Delete"键将其删除，如图10-50所示，使网页不再显示该多余的内容。

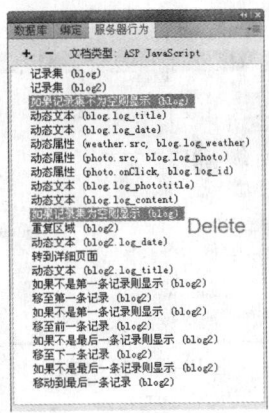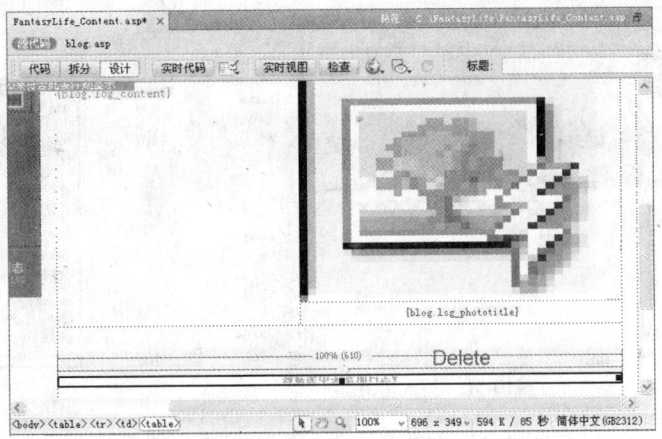

图10-50　删除多余行为和多余网页内容

10.5　发布日志页面设计

10.5.1　编排图片上传栏

制作分析

图文并茂的博客日志可以增强信息的表达，以及增强日志内容的可阅读性，因此，本例博客系统设计中有一项重要的操作就是上传日志相片文件，本小节将在发布日志页面"FantasyLife_Add.asp"已有的表单设计基础上，编排图片上传栏的内容，包括一张图片、按钮、隐藏域和文本字段元件。

制作流程

主要的操作流程为"插入图片"→"插入表单元件"，具体实现过程见表10-10。

表10–10　编排图片上传栏实现过程

制作目的	实现过程
插入图片	通过【插入】面板在网页表格的"图片"栏指定插入"BLOG_b_0.png"素材图片
插入表单元件	通过【插入】面板在"图片"栏中插入"按钮"、"隐藏域"和"文本字段"三个元件 通过【属性】面板设置"文本字段"名称与字符宽度

上机实战　编排图片上传栏

01　按下"F8"功能键打开【文件】面板，双击打开"FantasyLife_Add.asp"文件。
02　将光标定位在表格中内容为"图片："的右边空白单元格内，然后在【插入】面板的【常用】分类中单击【图像】按钮，如图10-51所示。
03　在打开的【选择图像源文件】对话框中指定"FantasyLife\images\"路径下的"BLOG_b_0.png"图片素材，然后单击【确定】按钮，如图10-52所示，插入该图像。

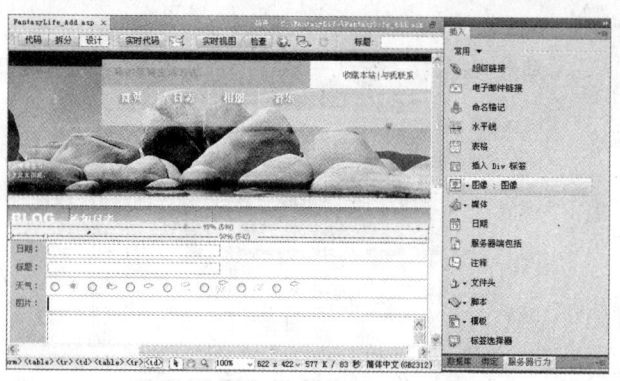
图10-51 插入图片

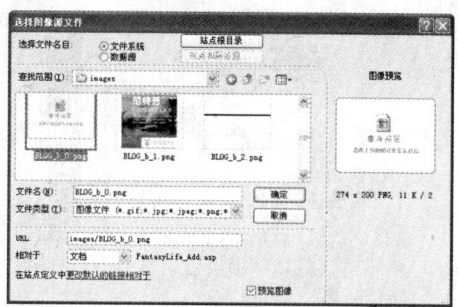
图10-52 指定图片

04 将光标定位在新插入图片的右侧，切换【插入】面板为"表单"分类，单击【按钮】按钮，如图 10-53 所示，插入一个按钮元件。

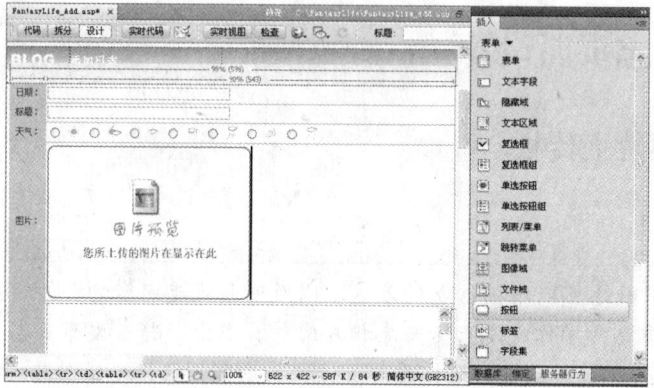
图10-53 插入按钮元件

05 将光标定位在新插入的按钮元件右侧，在【插入】面板中单击【隐藏域】按钮，如图 10-54 所示，插入一个"隐藏域"元件。

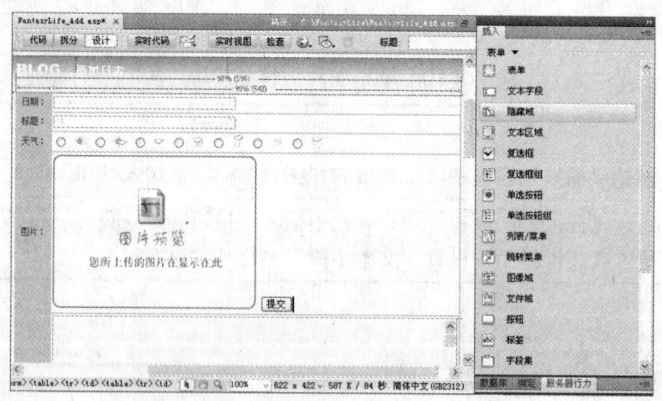
图10-54 删除多余行为和多余网页内容

06 将光标定位在新插入的隐藏域元件右侧，按下"Shift+Enter"快捷键执行断行，然后在【插入】面板中单击【文本字段】按钮，如图 10-55 所示，插入一个"文本字段"元件。
07 选择新插入的文本字段元件，在【属性】面板设置其名称为"log_phototitle"，【字符宽度】为50，如图 10-56 所示。

博客系统设计 第10章

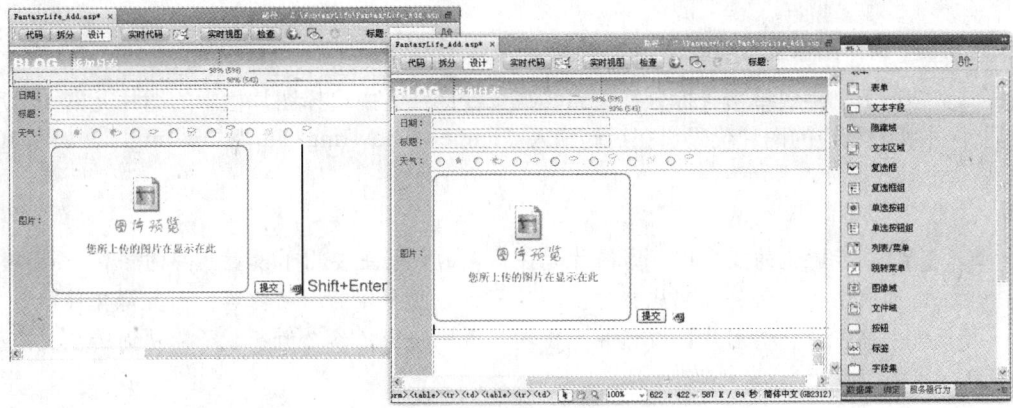

图10-55　插入文本字段元件

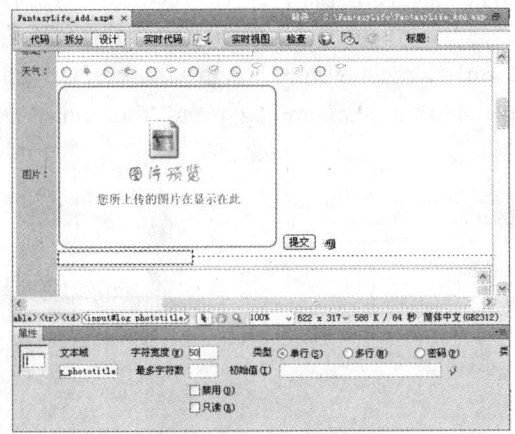

图10-56　设置文本字段元件属性

10.5.2　制作图像上传功能

制作分析

在发布日志页面"FantasyLife_Add.asp"中完成上传图片栏的编排后，将通过为所插入的图像与表单元件编辑代码，使这些元件具有实际的图像上传功能。

制作分析

主要的操作流程为"编辑图片代码"→"编辑按钮元件代码"→"编辑隐藏域代码"，具体实现过程见表10-11。

表10-11　制作图像上传功能实现过程

制作目的	实现过程
编辑图片代码	在【拆分】视图模式下，找到图片元素的代码，并修改其name和id值
编辑按钮元件代码	在【拆分】视图模式下，找到按钮元件的代码，并修改其type值，再输入"onClick"动作行为代码
编辑隐藏域代码	在【拆分】视图模式下，找到隐场域元件的代码，并修改其name和id值

上机实战 制作图像上传功能

01 在【文档】工具栏中单击【拆分】按钮,在"设计"区中选择图片栏中的图片元素,然后在"代码"区中找到相应的图片代码,在后面输入 "name="showImg" id="showImg"",如图10-57所示。

> **提示** 在步骤1的操作中,为图片元件加入的代码主要用于设置图片的名称与id值。由于该图片元素将在完成文件上传后显示为所上传的图片内容,而其源文件路径正是由单击【上传图片】按钮并上传图片后所获得的参数值所赋予,从而转变成新上传的图片。

02 在"设计"区中选择图片栏中的按钮元件,并在"代码"区中找到相应的按钮元件代码,先修改"type"的值为"button"、"value"的值为"上传图片",接着在代码后面输入 "onClick="window.open('upload.asp?useForm=form1&prevImg=showImg&upUrl=images/photo&ImgS=300&ImgW=600&ImgH=450&reItem=log_photo','fileUpload','width=400,height=180')"" 内容,如图10-58所示。

图10-57 编辑图片的name与id

图10-58 编辑按钮类型与动作行为

> **提示** 使用Dreamweaver CS5为网页插入的按钮元件默认动作为"提交表单"(submit)类型,因此,在步骤2的操作中,先将按钮元件的类型改为"button",也就是一般按钮并设置按钮名称。然后在整个按钮代码后面编辑一个"onClick"动作代码,以设置单击该按钮后执行的操作。其中,"window.open"表示打开一个窗口,后面括号内说明窗口所打开的文件为"upload.asp",并开始收集图片的名称、上传的保存路径,接着的 ImgS=300、ImgW=600、ImgH=450 三项用于控制上传图片的最大容量(K)和最大宽度与高度。也就是说,可以通过修改这三项的值,为所上传图片限制不同的容量和宽高值。

03 在"设计"区中选择图片栏中的隐藏域元件,并在"代码"区中找到相应的元件代码,接着在其后面输入 "name="log_photo" id=" log_photo"" 内容,如图10-59所示。

> **提示** 在步骤3的操作中,为隐藏域元件加入的代码主要用于设置该元件的名称与id值,其作用是将所上传图片文件名称保存在"log_photo"字段中,从而将文件名记录到数据库中。

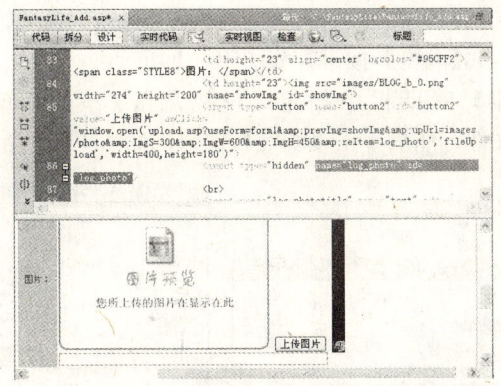

图10-59　编辑隐藏域的name与id

10.5.3　将日志添加到数据库

制作分析

完成图片上传栏的制作后，发布日志页面"FantasyLife_Add.asp"便具备用于填写详细日记信息并上传日志图片的功能，接下来将通过【插入记录】行为，实现将日记信息添加到数据库中。

制作流程

主要的操作流程为"添加'插入记录'行为"→"设置'插入记录'行为"，具体实现过程见表10-12。

表10–12　将日志添加到数据库实现过程

制作目的	实现过程
添加"插入记录"行为	通过【服务器行为】面板添加"插入记录"行为
设置"插入记录"行为	指定【连接】为"blog"，【插入的表格】为"blogData" 指定转入网页为"FantasyLife_Admin.asp"文件

上机实战　将日志添加到数据库

01 在【服务器行为】面板中单击➕按钮，打开下拉菜单，选择【插入记录】命令，如图10-60所示。

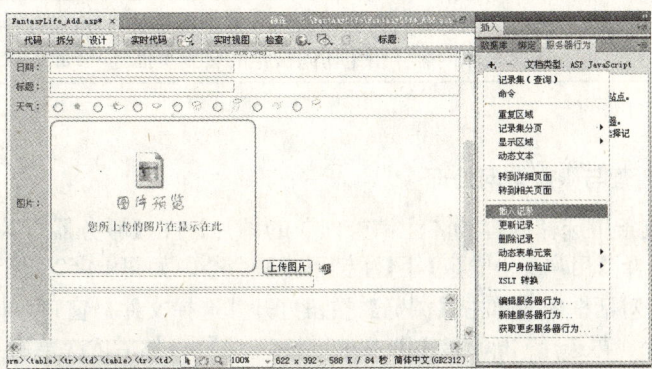

图10-60　添加"插入记录"行为

02 打开【插入记录】对话框后，在【连接】栏中选择"blog"选项，在【插入的表格】栏中选择"blogData"选项，再单击【浏览】按钮，如图10-61所示。

03 在打开的【选择文件】对话框中指定【查找范围】为"FantasyLife"文件夹，选择"FantasyLife_Admin.asp"文件，然后单击【确定】按钮，如图10-61所示。

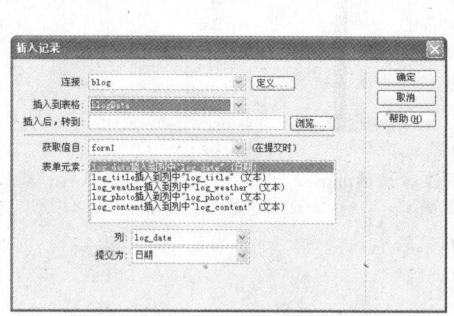 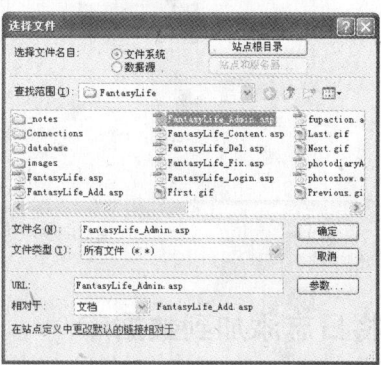

图10-61 设置"插入记录"行为

10.5.4 注销管理与限制访问处理

制作分析

为了防止非博客管理者在浏览器中直接输入地址而进入日志发布页面，将使用"注销用户"和"限制对页的访问"两种行为让管理员安全退出登录（退出时清除管理员的登录信息），同时使网页在打开前先检查是否使用了正确的登录账号和密码，否则将自动转向指定的其他页面。

制作流程

主要操作流程为"添加【注销用户】行为"→"添加【限制对页的访问】行为"，具体实现过程见表10-13。

表10-13 注销管理与限制访问处理实现过程

制作目的	实现过程
添加【注销用户】行为	通过【服务器行为】面板为网页所选图片插入【注销用户】行为 指定转到页面为"FantasyLife_Login"文件
添加【限制对页的访问】行为	通过【服务器行为】面板为网页插入【限制对页的访问】行为 选择限制内容并指定访问被拒的转到页面为"FantasyLife_Login.asp"文件

上机实战 注销管理与限制访问处理

01 在网页右边导航条中选择内容为"注销管理"的图片，在【服务器行为】面板中单击按钮，打开下拉菜单选择【用户身份验证】|【注销用户】命令，如图10-62所示。

02 在【注销用户】对话框中先单击【浏览】按钮打开【选择文件】窗口，指定【查找范围】为"FantasyLife"文件夹，再选择"FantasyLife_Login.asp"文件，然后依次单击【确定】按钮，如图10-63所示。

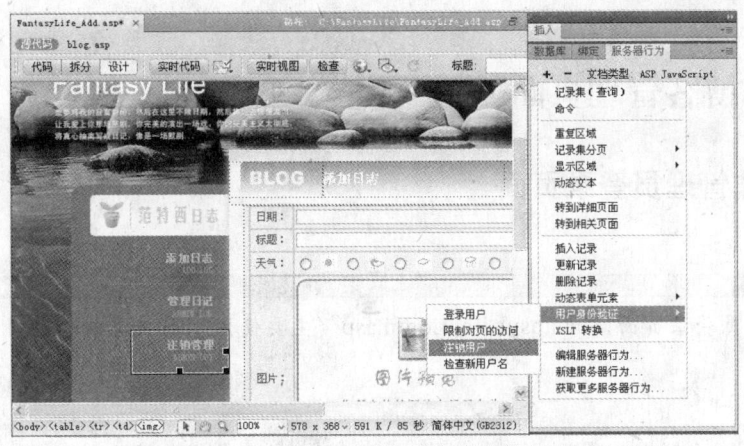

图10-62 添加"注销用户"服务器行为

图10-63 设置"注销用户"行为

03 在【服务器行为】面板中再次单击 按钮，打开下拉菜单选择【用户身份验证】|【限制对页的访问】命令。

04 在【限制对页的访问】对话框中默认选择"用户名和密码"作为限制条件，在【如果访问被拒绝，则转到】栏中单击【浏览】按钮，打开【选择文件】窗口，指定【查找范围】为"FantasyLife"文件夹，选择"FantasyLife_Login.asp"文件，然后依次单击【确定】按钮，如图10-64所示。

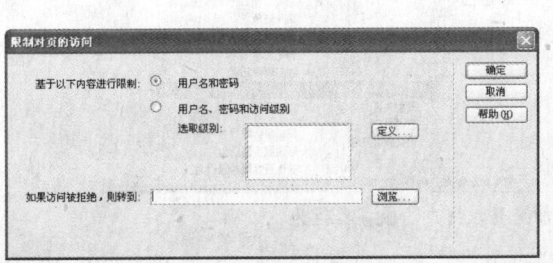
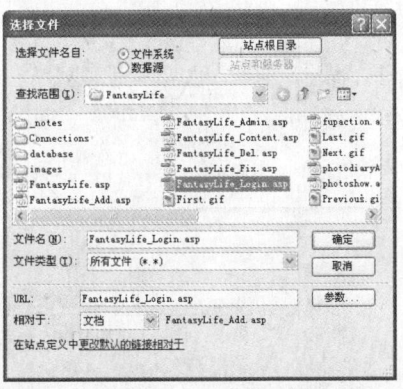

图10-64 设置限制访问

10.6 制作博客管理页面

10.6.1 制作管理员登录页面

制作分析

博客的管理员登录页面"FantasyLife_Login.asp"主要使用"用户身份验证"类型的"登录用户"行为完成。

制作流程

主要的操作流程为"添加【插入记录】行为"→"指定登录成功页面"→"指定登录失败页面",具体实现过程见表10-14。

表10-14 制作管理员登录页面实现过程

制作目的	实现过程
添加【插入记录】行为	通过【服务器行为】面板添加【插入记录】行为 指定"使用连接验证"来源
指定登录成功页面	指定登录成功链接页面为"FantasyLife_Admin.asp"
指定登录失败页面	指定登录成功链接页面为"FantasyLife.asp"

上机实战 制作管理员登录页面

01 按下"F8"功能键打开【文件】面板,双击打开"FantasyLife_Login.asp"文件。

02 按下"Ctrl+F9"快捷键打开【服务器行为】面板,单击⊞按钮打开下拉菜单,选择【用户身份验证】|【登录用户】命令,如图10-65所示。

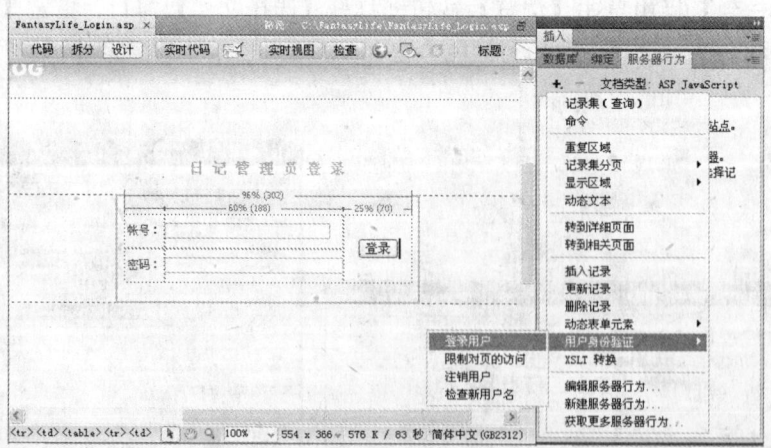

图10-65 添加"登录用户"服务器行为

03 在【登录用户】对话框中自动获取页面上的表单以及表单中的字段项目,设置【使用连接验证】和【表格】选项分别为"blog"和"blogadmin",再分别选择【用户名列】和【密码列】为"id"和"pw",然后在【如果登录成功,转到】栏中单击【浏览】按钮,如图10-66所示。

04 打开【选择文件】对话框,指定【查找范围】为"FantasyLife",再双击选择"FantasyLife_Admin.asp"文件,如图10-66所示。

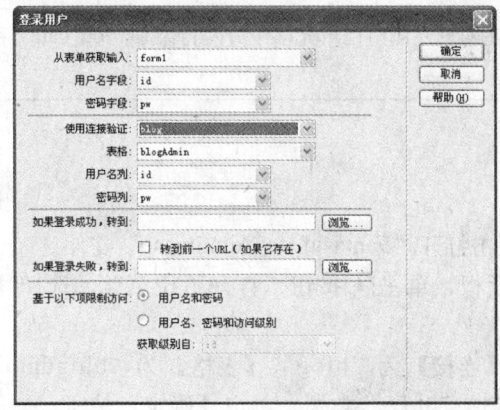 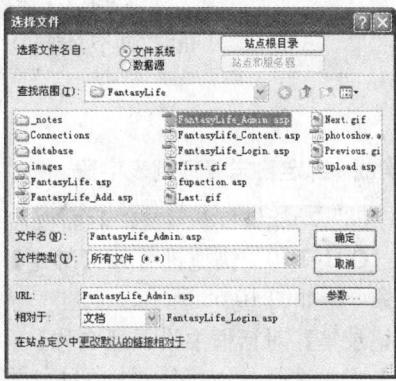

图10-66　设置连接验证并指定登录成功转到的页面

05 返回【登录用户】对话框,以相同操作为【如果登录失败,转到】栏中指定文件为"FantasyLife.asp",然后依次单击【确定】按钮,如图10-67所示,完成添加"登录用户"行为。

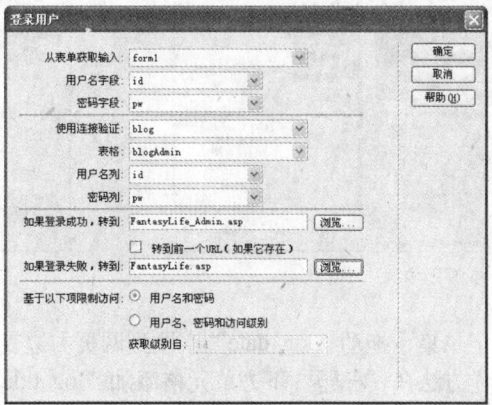

图10-67　指定登录失败转到的页面

10.6.2　绑定日志管理列表字段

制作分析

本小节将开始制作日志管理页面"FantasyLife_Admin.asp",先在网页的指定位置添加日志时间与标题两个字段,以显示已发布日志的时间与标题。

制作流程

主要操作流程为"绑定记录集"→"插入数据字段",具体实现过程见表10-15。

表 10–15　绑定日志管理列表字段实现过程

制作目的	实现过程
绑定记录集	通过【绑定】面板指定添加记录集 设置根据"log_date"字段以"升序"排列
插入数据字段	通过【绑定】面板在网页左侧空白单元格中分两行添加"log_date"和"log_title"两个字段

上机实战　绑定日志管理列表字段

01 按下"F8"功能键打开【文件】面板，双击打开"FantasyLife_Admin.asp"文件。

02 按下"Ctrl+F10"快捷键打开【绑定】面板，单击 按钮，打开下拉菜单，选择【记录集（查询）】命令，如图 10-68 所示。

03 在【记录集】对话框中设置【名称】和【连接】为"blog"，【表格】为"blogdata"，然后在【排序】栏中选择"log_date"项目，并选择"升序"类型，单击【确定】按钮，如图 10-69 所示。

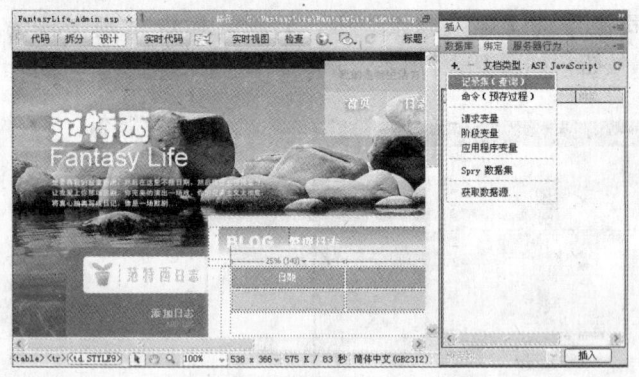
图10-68　添加记录集

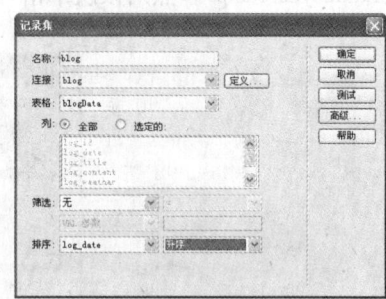
图10-69　记录集绑定设置

04 在【绑定】面板中展开记录集，拖动"log_date"字段到网页右边表格内容为"日期"的下方空白单元格，接着以相同的操作方法在"标题"下方单元格添加"log_title"字段，如图 10-70 所示。

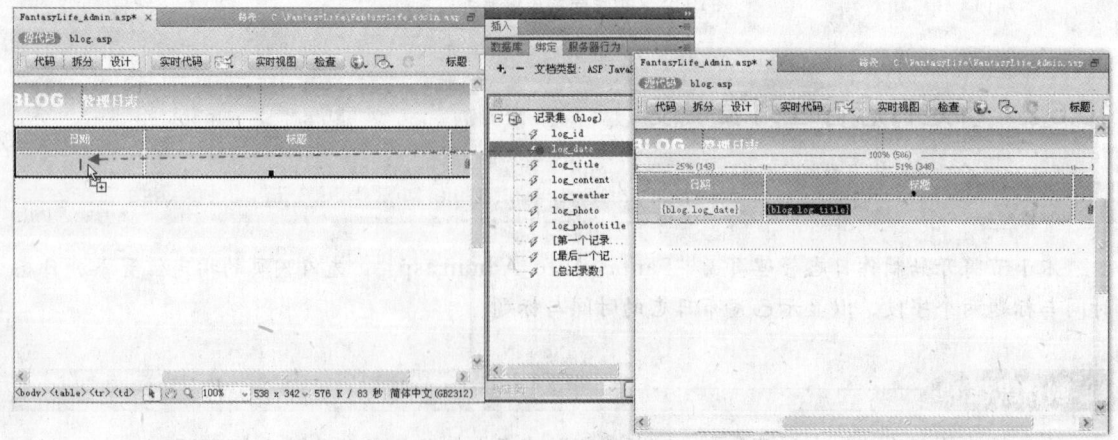
图10-70　添加字段

10.6.3 制作日志管理列表

制作分析

日志管理页面"FantasyLife_Admin.asp"将针对所有已发布的日志进行管理,由于页面篇幅所限,需要以分页的形式显示所有日志项目。

制作流程

主要的操作流程为"添加【重复区域】行为"→"插入【记录集导航条】",具体实现过程见表10-16。

表 10-16　制作日志管理列表实现过程

制作目的	实现过程
添加【重复区域】行为	通过【插入】面板添加【重复区域】行为 设置参照记录集以及显示记录笔数为 12
插入【记录集导航条】	通过【插入】面板为网页插入【记录集导航条】对象 设置以"图像"显示导航条 删除多余空行并手动调整导航条表格宽度

上机实战　制作日志管理列表

01 将鼠标移至网页左边表格第二行单元格左侧,单击选取整行单元格,然后切换【插入】面板至【数据】分类,单击【重复区域】按钮,如图 10-71 所示。

02 在【重复区域】对话框中选择【记录集】为"blog",设置显示 12 条记录,然后单击【确定】按钮,如图 10-72 所示。

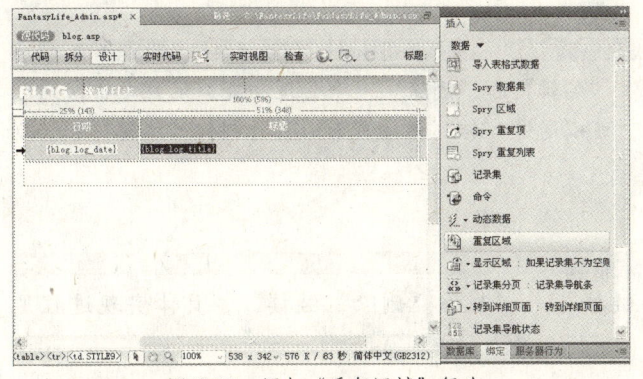

图10-71　添加"重复区域"行为

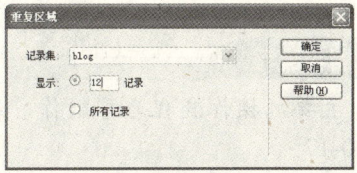

图10-72　设置显示的记录数

03 将光标定位在下方空白单元格,在【插入】面板的【数据】分类中单击【记录集分页】按钮,打开下拉菜单,选择【记录集导航条】命令,如图 10-73 所示。

04 在【记录集导航条】对话框中选择【记录集】为"blog",【显示方式】为"图像",然后单击【确定】按钮,如图 10-74 所示。

05 选择导航条表格上方的空格符,按下"Delete"键将其删除,然后再向右拖动导航条表格右下调整点,扩大导航按钮之间的距离,如图 10-75 所示。

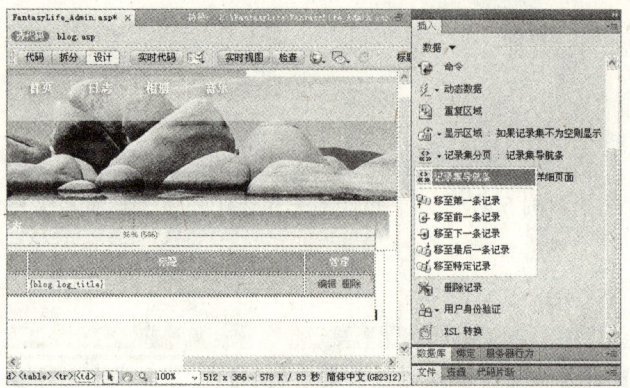

图10-73　插入记录导航条　　　　　　　　　　图10-74　设置导航条

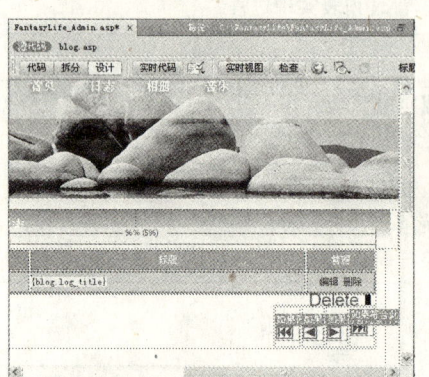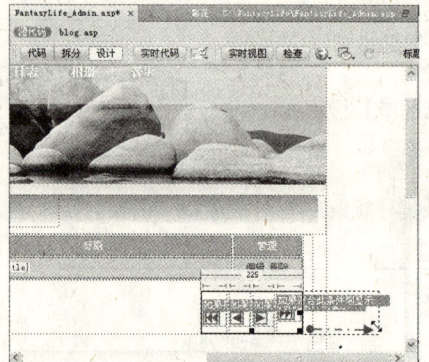

图10-75　调整导航条表格

10.6.4　转到详细管理页面

制作分析

在日志管理页面的管理列表中主要提供"编辑"和"删除"两个管理功能，用户单击这两个文本链接，可以打开相应的管理操作页面，可以通过"转到详细页面"行为制作"编辑"和"删除"链接。

制作流程

主要的操作流程为"制作'编辑'链接"→"制作'删除'链接"，具体实现过程见表10-17。

表10-17　转到详细管理页面实现过程

制作目的	实现过程
制作"编辑"链接	通过【插入】面板为"编辑"文本添加【转到详细页面】行为，指定转到的网页文件为"FantasyLife_Fix.asp"
制作"删除"链接	通过【插入】面板为"删除"文本添加【转到详细页面】行为，指定转到的网页文件"FantasyLife_Del.asp"

上机实战　转到详细管理页面

01 在网页右边表格内容为"管理"的下方选择"编辑"文本,在【插入】面板中单击【转到详细页面】按钮,打开下拉菜单,选择【转到详细页面】命令,如图10-76所示。

02 在【转到详细页面】对话框的【详细信息页】栏中直接输入"FantasyLife_Fix.asp"文件,然后单击【确定】按钮,如图10-77所示。

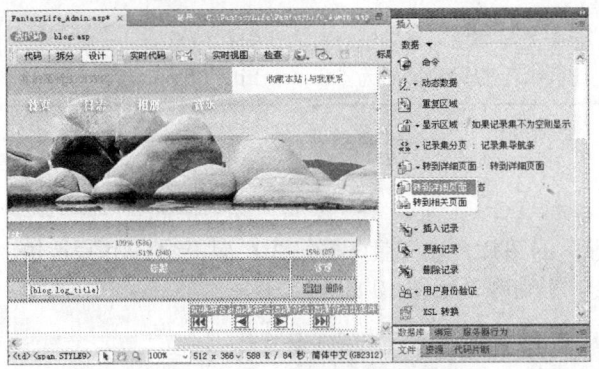

图10-76　添加"转到详细页面"行为

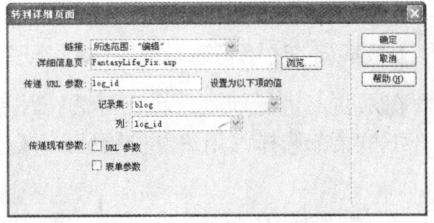

图10-77　设置转到详细页面

03 在网页右边表格内容为"管理"的下方选择"删除"文本,在【插入】面板中单击【转到详细页面】按钮,打开下拉菜单,选择【转到详细页面】命令,如图10-78所示。

04 在【转到详细页面】对话框的【详细信息页】栏中直接输入"FantasyLife_Del.asp"文件,然后单击【确定】按钮,如图10-79所示。

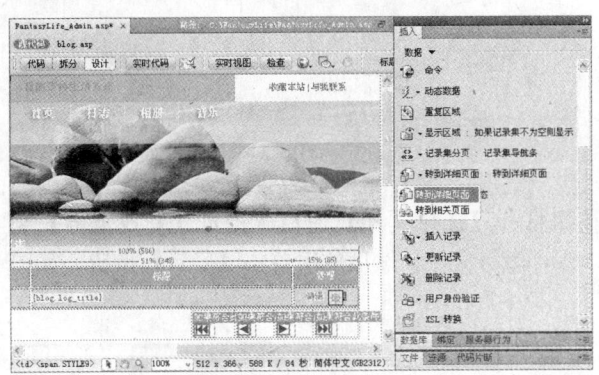

图10-78　设置转到详细页面

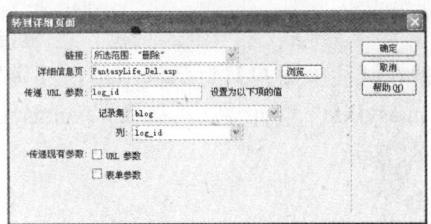

图10-79　设置转到详细页面

10.6.5　注销管理与限制访问处理

制作分析

为了防止非本博客管理者在浏览器地址栏直接输入网址以进入日志管理页面,将使用"注销用户"和"限制对页的访问"两种行为让管理员安全退出登录,同时使网页在打开前先检查是否使用了正确的登录账号和密码。

制作流程

主要操作流程为"添加【注销用户】行为"→"添加【限制对页的访问】行为",具体实现过程见表10-18。

表10-18 注销管理与限制访问处理实现过程

制作目的	实现过程
添加【注销用户】行为	通过【服务器行为】面板为网页所选图片插入【注销用户】行为 指定转到页面为"FantasyLife_Login"文件
添加【限制对页的访问】行为	通过【服务器行为】面板为网页插入【限制对页的访问】行为 选择限制内容并指定访问被拒的转到页面为"FantasyLife_Login.asp"文件

上机实战 注销管理与限制访问处理

01 在网页右边导航列选择内容为"注销管理"的图片,在【服务器行为】面板中单击 按钮,打开下拉菜单选择【用户身份验证】|【注销用户】命令,如图10-80所示。

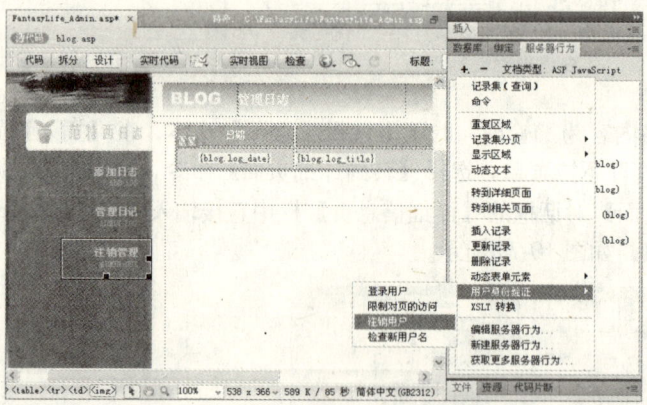

图10-80 添加"注销用户"服务器行为

02 在【注销用户】对话框中单击【浏览】按钮打开【选择文件】窗口,指定【查找范围】为"FantasyLife"文件夹,再选择"FantasyLife_Login.asp"文件,然后依次单击【确定】按钮,如图10-81所示。

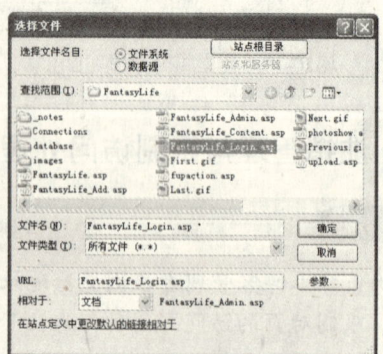

图10-81 设置"注销用户"行为

03 在【服务器行为】面板中单击 按钮,打开下拉菜单选择【用户身份验证】|【限制对页的访问】命令,如图10-82所示。

04 在【限制对页的访问】对话框中默认选择"用户名和密码"作为限制条件,在【如果访问被拒绝,则转到】栏中单击【浏览】按钮,打开【选择文件】窗口,指定【查找范围】为"FantasyLife"文件夹,选择"FantasyLife_Login.asp"文件,然后依次单击【确定】按钮,如图10-82所示。

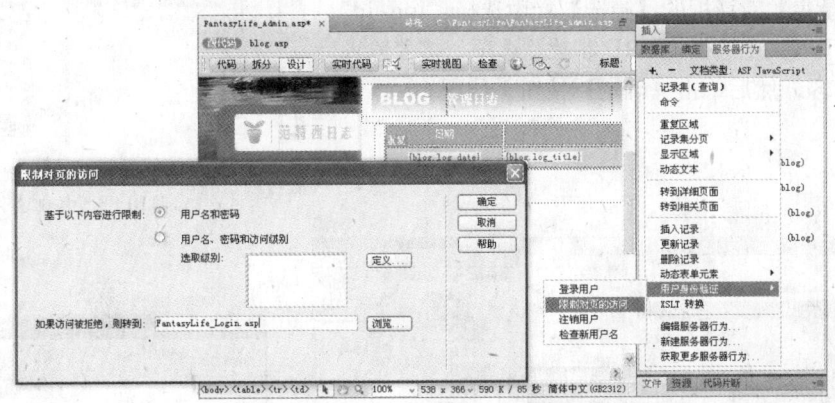

图10-82　设置限制访问

10.7　日志修改与删除页面制作

10.7.1　复制文件并添加记录集

制作分析

　　用于修改日志详细内容的页面"FantasyLife_Fix.asp"与添加日志的页面"FantasyLife_Add.asp"相似,因此通过复制的方式快速设计日志修改页面,然后再为复制的文件绑定记录集。

制作流程

　　整个操作流程为"复制网页文件"→"添加记录集",具体实现过程见表10-19。

表 10-19　复制文件并添加记录集实现过程

制作目的	实现过程
复制网页文件	通过【文件】面板快速复制"FantasyLife_Add.asp"文件,并修改其名称为"FantasyLife_Fix.asp"
添加记录集	通过【绑定】面板指定添加记录集"blog" 设置记录集绑定筛选为 log_id=URL 参数 (log_id)

上机实战　复制文件并添加记录集

01 按下"F8"功能键打开【文件】面板,选择"FantasyLife_Add.asp"文件,按下"Ctrl+D"快捷键快速复制所选文件,接着修改新文件名称为"FantasyLife_Fix.asp",然后按下"Enter"键,如图 10-83 所示。

02 在【文件】面板中双击打开"FantasyLife_Fix.asp"文件，按下"Ctrl+F10"快捷键打开【绑定】面板，单击 + 按钮，打开下拉菜单，选择【记录集（查询）】命令，如图10-84所示。

03 在【记录集】对话框的【筛选】栏中选择"log_id"项目，并在下一栏中选择"URL参数"选项，接着输入"log_id"内容，然后单击【确定】按钮，如图10-85所示。

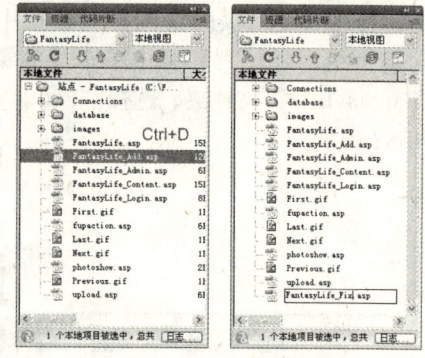

图10-83　复制文件

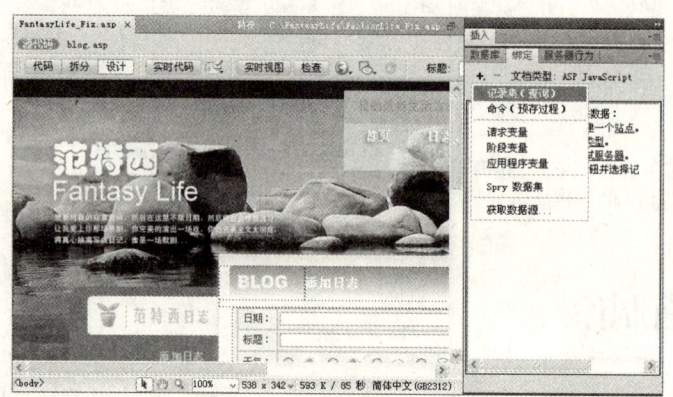

图10-84　添加记录集

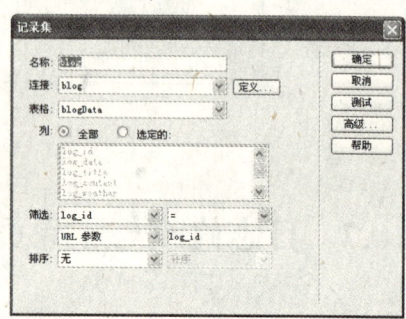

图10-85　设置记录集

10.7.2　为修改页面绑定记录集字段

制作分析

修改日志的页面中除了日志时间，还可以修改其他诸如标题、天气、相片和详细日志内容，在修改些内容之前，首先要在网页中显示原来的日志信息，因此本节先为网页指定位置及表单元件绑定字段，因为图片上传栏中的相关设置比较特殊，所以还需要修改图片源文件及隐藏域的字段绑定等。

制作流程

主要操作流程为"绑定记录集字段"→"设置动态单选按钮"→"设置图片源文件"，具体实现过程见表10-20。

表10-20　为修改页面绑定记录集字段实现过程

制作目的	实现过程
绑定记录集字段	通过【绑定】面板为网页中指定位置及表单元件绑定相应的字段
设置动态单选按钮	通过【服务器行为】面板将网页中的单选按钮设置为动态单选按钮
设置图片源文件	通过【属性】面板为指定的图片指定"数据源"作为源文件

上机实战　为修改页面绑定记录集字段

01 在网页右边表格中选择"日期"栏右侧的文本字段元件，按下 Delete 键将其删除，接着在【绑定】面板中打开记录集，拖动"log_date"字段到删除文本字段元件的位置，如图 10-86 所示。

图10-86　添加时间字段

02 按照步骤 2 的操作方法，分别拖动"log_title"、"log_phototitle"和"log_content"到表格中对应的表单元件上，如图 10-87 所示。

03 在"图片"栏中选择任何一个单选按钮元件，然后切换至【服务器行为】面板，单击 按钮，打开下拉菜单，选择【动态表单元素】|【动态单选按钮】命令，如图 10-88 所示。

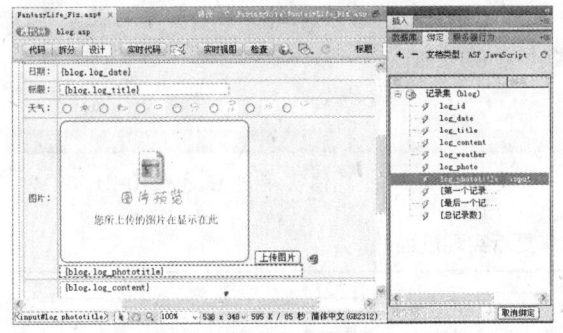

图10-87　添加其他字段至表单元件

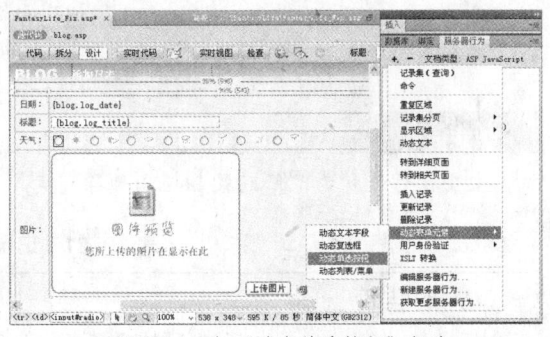

图10-88　添加"动态单选按钮"行为

04 在【动态单选按钮】对话框的【选取值等于】栏中单击 按钮，显示【动态数据】对话框，在【域】中选择"log_weather"字段，然后依次单击【确定】按钮，如图 10-89 所示。

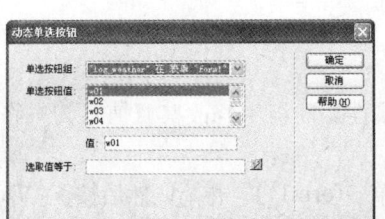
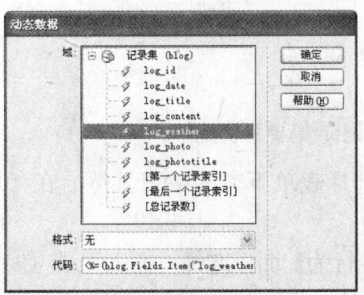

图10-89　设置动态"单选按钮"

05 在"图片"栏选择图片元素,在【属性】面板的【源文件】栏单击【浏览文件】按钮,打开【选择图像源文件】对话框,先选择【选择文件名自】类型为"数据源",然后在【域】中选择"log_phoot"字段,接着在下方的【URL】栏中所显示的ASP代码前输入路径"images\photo\",单击【确定】按钮,如图10-90所示。

06 在"图片"栏右边选择隐藏域元件,在【绑定】面板中选择"log_photo"字段,然后单击面板下方的【绑定】按钮,如图10-91所示,将所选字段绑定到隐藏域。

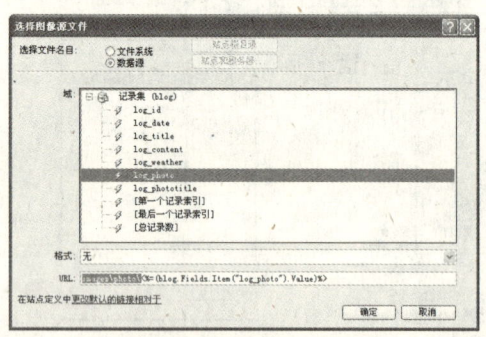
图10-90 设置图片源文件

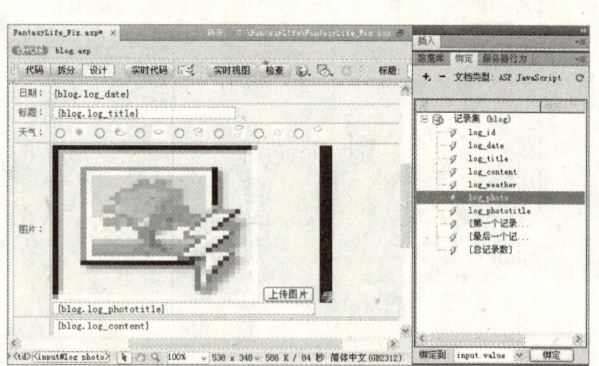
图10-91 为隐藏域绑定字段

10.7.3 记录集更新处理

制作分析

对日志编辑页面"FantasyLife_Fix.asp"部分表单元件值进行修改并删除原来多余的服务器行为,再利用"更新记录"行为实现编辑日志后对数据库的更新。

制作流程

主要操作流程为"修改按钮值与删除行为"→"更新记录",具体实现过程见表10-21。

表10-21 记录集更新实现过程

制作目的	实现过程
修改按钮值与删除行为	通过【属性】面板修改表单下方的按钮值为"修改日志" 通过【服务器行为】面板将原来多余的"插入记录"行为删除
更新记录	通过【服务器行为】面板添加"更新记录"行为 设置更新记录的数据库链接及更新的表格 指定更新记录后转向页面为"FantasyLife_Admin.asp"

上机实战 记录集更新处理

01 在网页中选择表单下方的按钮,然后在【属性】面板中修改其【值】为"修改日志",如图10-92所示。

02 在【服务器行为】面板选择"插入记录(表单 'form1')"行为,然后按下"Delete"键将其删除,如图10-93所示。

03 在【服务器行为】面板中单击⊕按钮打开下拉菜单,选择【更新记录】命令,如图10-94所示。

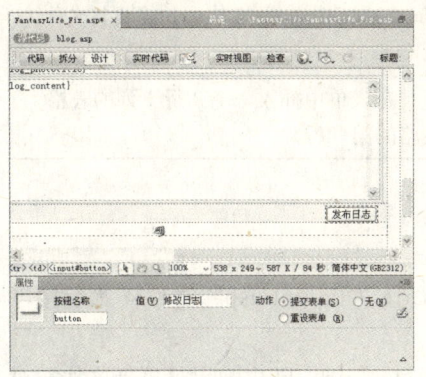

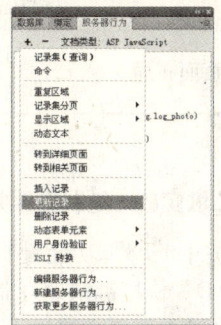

图10-92 修改按钮值　　　图10-93 删除多余服务器行为　　　图10-94 添加"更新记录"行为

04 在【更新记录】对话框中设置【连接】和【选取记录自】选项为"blog",【要更新的表格】为"blogDate",再选择【唯一键列】为"log_id",然后在【在更新后,转到】栏中单击【浏览】按钮,如图10-95所示。

05 打开【选择文件】对话框,指定【查找范围】为"FantasyLife",选择"FantasyLife_Admin.asp"文件,然后单击【确定】按钮,如图10-95所示。

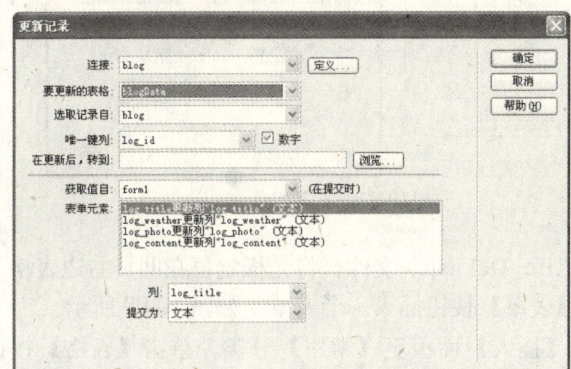
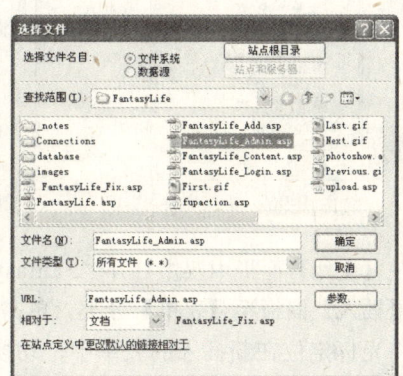

图10-95 设置更新记录

10.7.4 复制文件并编排页面布局

制作分析

本小节将接着制作删除日志的页面"FantasyLife_Del.asp",由于该页面与显示详细日志的页面"FantasyLife_Content.asp"相似,同样通过复制的方式快速完成所需的基本设计,然后再根据实际需求编排页面内容。

制作流程

整个操作流程为"复制网页文件"→"编排页面布局",具体实现过程见表10-22。

表 10-22 复制文件并编排页面布局实现过程

制作目的	实现过程
复制网页文件	通过【文件】面板快速复制"FantasyLife_Content.asp"文件，并修改其名称为"FantasyLife_Del.asp"
编排页面布局	通过【插入】面板中在网页中插入表单，并在表单中插入一个2行1列的表格 将网页右边原有的整格表格移至新插入表格的第一行

上机实战 复制文件并编排页面布局

01 按下"F8"功能键打开【文件】面板，选择"FantasyLife_Content.asp"文件，然后按下"Ctrl+D"快捷键快速复制所选文件，如图10-96所示。

02 修改新文件名称为"FantasyLife_Del.asp"，然后按下"Enter"键，随之弹出【更新文件】对话框，询问是否更新文件链接，单击【更新】按钮，如图10-97所示。

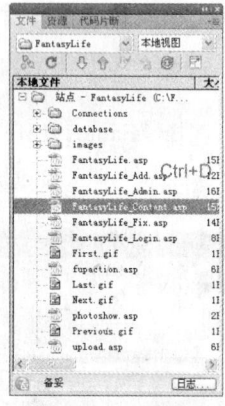
图10-96 复制文件

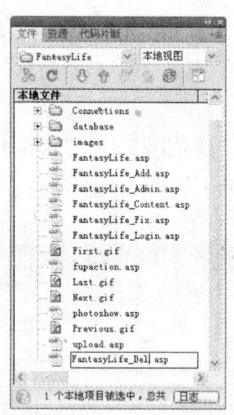

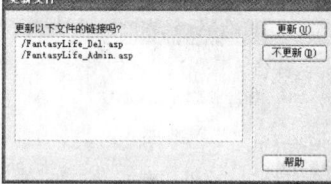
图10-97 更新文件

03 在【文件】面板中双击打开"FantasyLife_Del.asp"文件，将光标定位在网页右边表格下方，切换【插入】面板至【表单】分类，单击【表单】按钮插入一个表单，如图10-98所示。

04 将光标定位在新插入的表单中，切换【插入】面板至【常用】分类，单击【表格】按钮，如图10-99所示。

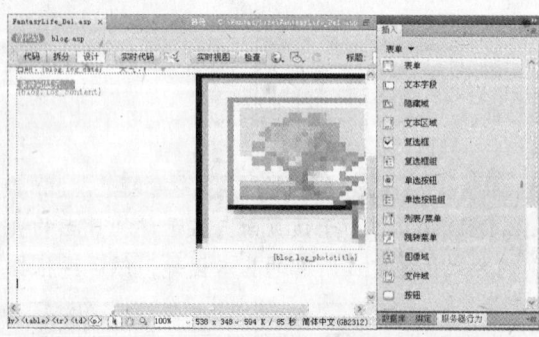
图10-98 插入表单

图10-99 设置插入表格

05 在打开的【表格】对话框中设置【行数】为2，【列数】为1，【表格宽度】为100，【边框粗细】、【单元格边距】和【单元格间距】都为0，然后单击【确定】按钮，如图10-100所示。

06 单击显示详细日志内容的表格下边框，按下"Ctrl+X"快捷键剪切整个表格，然后将光标定位在新插入表格第一行单元格内，按下"Ctrl+V"快捷键粘贴整个表格，如图10-101所示。

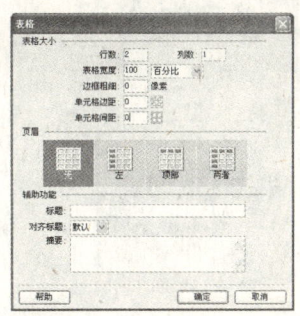

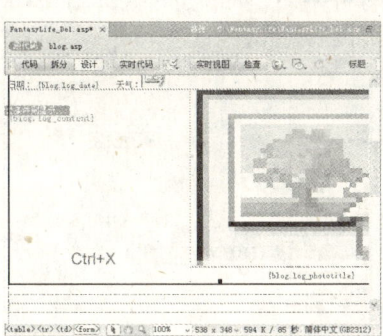

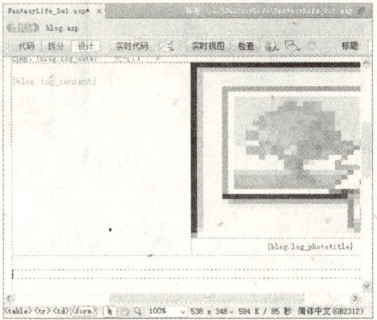

图10-100　设置插入表格　　　　　　　　　　图10-101　移动表格

10.7.5　记录集删除处理

■ 制作分析 ■

详细日志内容页面"FantasyLife_Content.asp"中没有提交按钮元件，因此，复制该文件后还需要再加入一个用于提交删除的"确认删除"按钮，再通过添加"删除记录"行为完成整个日志删除页面的制作。

■ 制作流程 ■

主要操作流程为"修改按钮值与删除行为"→"更新记录"，具体实现过程见表10-23。

表10-23　记录集删除处理实现过程

制作目的	实现过程
插入按钮	通过【属性】面板调整表单内表格第二行的高度与垂直对齐方式 通过【插入】面板在表单下方插入"确认删除"按钮
删除记录	通过【服务器行为】面板添加"删除记录"行为 设置更新记录的数据库链接及更新的表格 指定更新记录后转向页面为"FantasyLife_Admin.asp"

■ 上机实战　记录集删除处理

01 将光标定位在网页右边表单最下方的一行单元格中，通过【属性】栏设置【高】为30，再设置【垂直】对齐选项为"底部"，如图10-102所示。

02 切换【插入】面板至【表单】分类，单击【按钮】按钮，插入一个按钮元件，选择新插入的按钮元件，通过【属性】面板设置【值】为"确认删除"，如图10-103所示。

03 打开【服务器行为】面板，单击+按钮打开下拉菜单，选择【删除记录】命令，如图10-104所示。

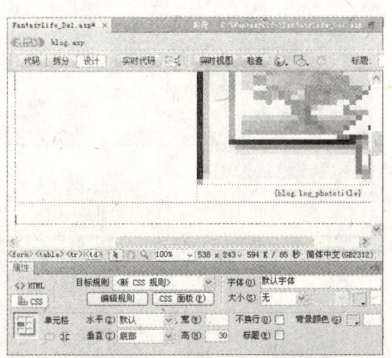

图10-102　修改单元格属性

图10-103 插入按钮

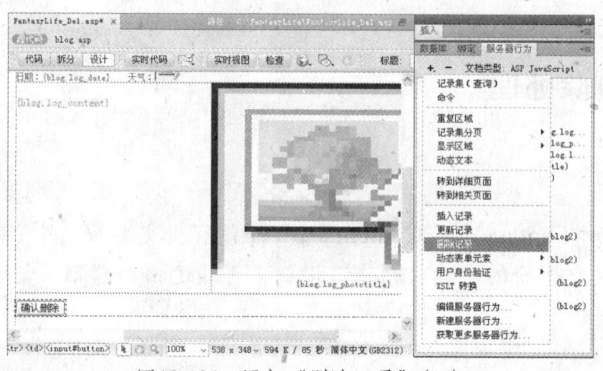

图10-104 添加"删除记录"行为

04 在【删除记录】对话框中设置【连接】和【选取记录自】选项为"blog",【要更新的表格】为"blogDate",再选择【唯一键列】为"log_id",然后在【在更新后,转到】栏中单击【浏览】按钮,如图10-105所示。

05 打开【选择文件】对话框,指定【查找范围】为"FantasyLife",选择"FantasyLife_Admin.asp"文件,然后单击【确定】按钮,如图10-105所示。

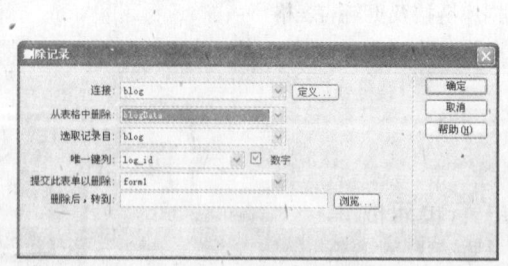 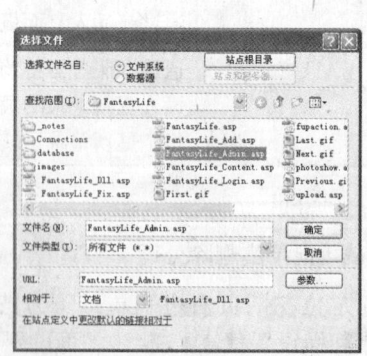

图10-105 设置更新记录

10.8 博客系统成果预览

经过前面一系列的操作,"范特西"博客系统的设计已完成,下面通过IE浏览器预览整个设计成果。首先打开博客主页"FantasyLife.asp",当博客中未添加任何日志时,页面显示"数据库中未添加日记！"，这时，博客管理员可以单击网页左边的【管理日记】按钮，如图10-106所示，进入管理员登录页面。

进入日志管理员登录页面"FantasyLife_Login"后，可以在输入账号和密码（都为admin）后单击【登录】按钮，如图10-107所示，进入博客日志管理页面。

图10-106　尚未添加日志的"范特西"博客主页面　　　图10-107　日志管理登录页面

在博客日志管理页面"FantasyLife_Admin.asp"中，左边导航栏有"添加日志"、"管理日志"和"注销管理"3个按钮，右边显示日志管理列表，如图10-108所示，单击"添加日志"按钮后便可以进入发布日志的页面，若想退出管理则可以单击"注销管理"按钮，返回博客主页面"FantasyLife.asp"。

在日志发布页面"FantasyLife_Add.asp"中，管理员可以填写博客日志的日期、标题和详细的日志内容，再选择天气小图标，然后单击【上传图片】按钮，如图10-109所示，准备上传日志相片。

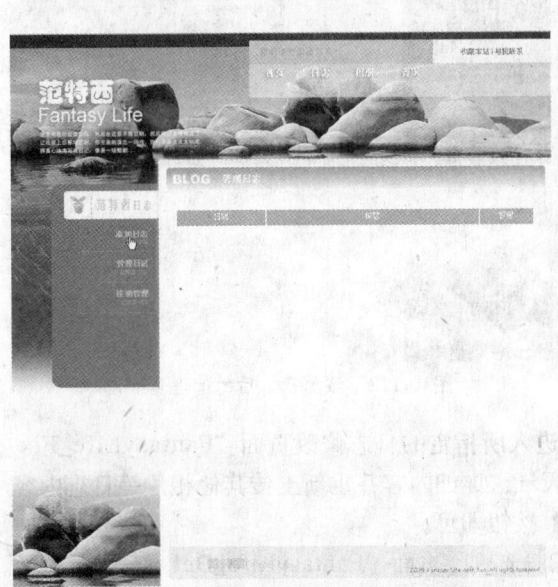 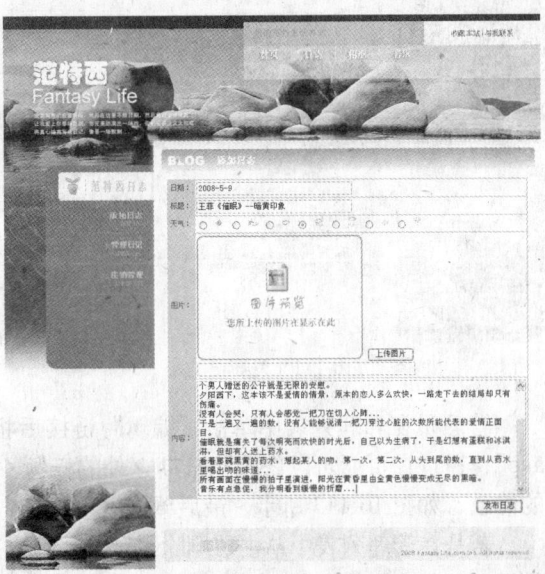

图10-108　日志管理页面　　　图10-109　添加日志

随之打开【图片上传】对话框，单击【浏览】按钮打开【选择文件】对话框，指定图片所在路径后，再选择所需的图片文件，然后单击【打开】按钮，返回【图片上传】对话框后单击【开始上传】按钮，如图10-110所示。

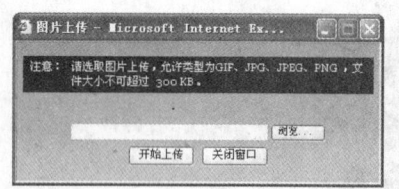

图10-110　上传日志相片

完成图片上传后，所上传的图片将自动保存在网站的"images\photo\"路径下，并且显示在日志发布页面以供预览，这时接着输入日志相片标题，然后便可以单击【发布日志】按钮，将所有的日志信息保存于网站数据库，如图10-111所示。

完成发布日志后将返回日志管理页面"FantasyLife_Admin.asp"，如图10-112所示。当发布多篇日志后，日志将显示在日志管理列表中，管理员可以在列表右边单击"编辑"或"删除"链接文本，进入相应的操作页面，执行修改日志内容或删除整篇日志的管理操作。

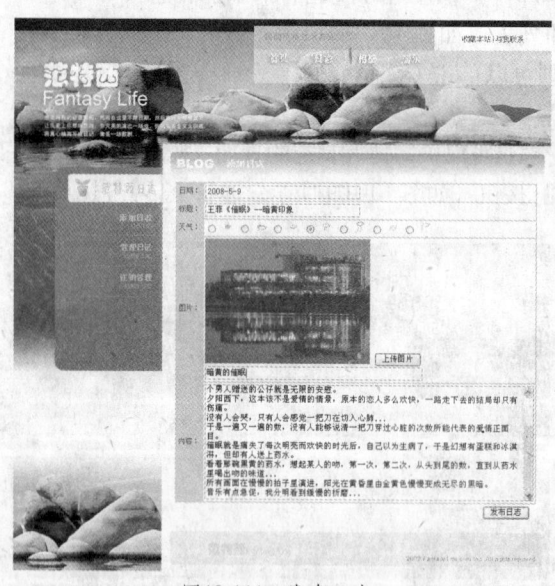
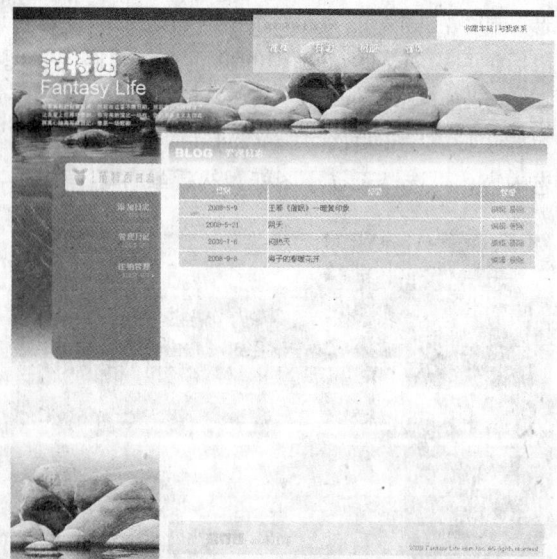

图10-111　发布日志　　　　　　　　　　　图10-112　添加日志后的管理页面

管理员在管理列表中单击"编辑"链接后将进入所指定的日志修改页面"FantasyLife_Fix.asp"，通过该页面可以修改除日期之外的标题、天气、详细内容并重新上传其他相片等日志内容的修改，如图10-113所示，最后单击【修改日志】按钮即可。

若是在管理列表中单击"删除"链接，将进入日志删除页面"FantasyLife_Del.asp"，该页面将显示所指定日志的标题、日期、天气、详细的日志内容以及日志相片，单击【确定删除】按钮便可以将显示的日志从数据库中删除，如图10-114所示。

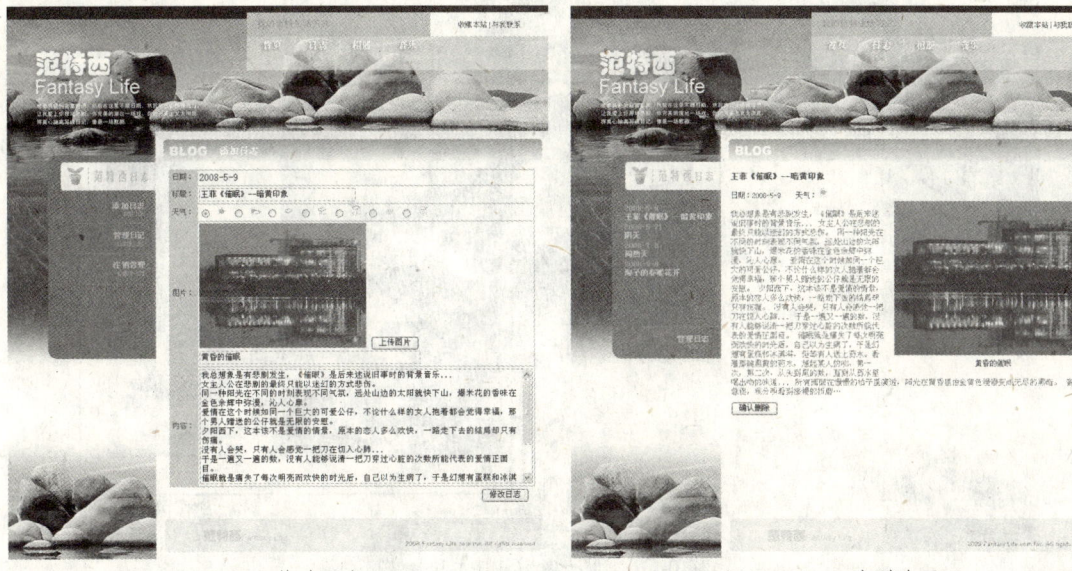

图10-113　修改日志页面　　　　　　　　　图10-114　日志删除页面

完成添加日志以及其他一系列管理操作后，返回博客主页面"FantasyLife.asp"后，可以看到页面右边显示最新一篇日志的内容，而左边显示已发布的日志主题列表，浏览者可以单击列表中的标题进入显示某一篇日志的详细页面，如图10-115所示。

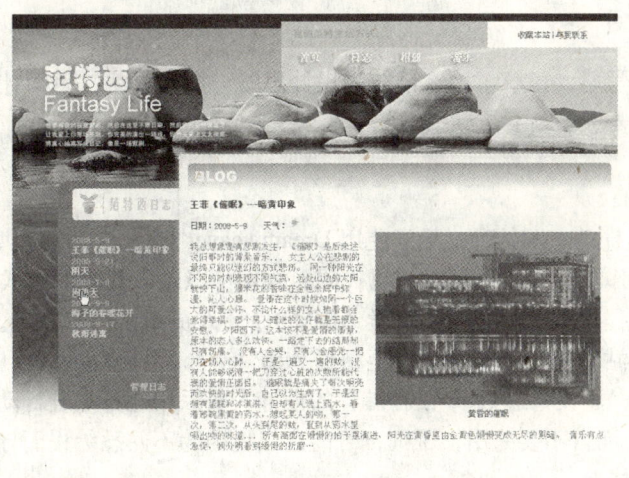

图10-115　添加日记后的博客主页面

进入某一篇日志的详细页面"FantasyLife_Content.asp"后，该页面右边将显示指定的日志内容，而左边同样显示已发布的日志主题列表，浏览者可以从中单击查看其他日志的详细内容。此外，若觉得日志中所显示的相片较小，可以单击图片而打开新窗口，以实际大小显示日志相片，如图10-116所示。

图10-116　以大图浏览日志相片

10.9　学习扩展

10.9.1　经验总结

通过本章内容的学习，了解了博客系统的设计思路与操作方法。下面针对博客系统设计实例所使用的功能及操作要点作以下几点总结。

1. ASP代码编写

使用ASP技术设计动态网站时，除了使用Dreamweaver CS5本身所提供的众多应用程序制作网页上各种常用的操作功能外，也可以在【代码】视图中以输入代码的方式，更为自由地为实现更多网页功能进行编程。但这对于一些初学ASP的设计人员而言较有困难。想通过编写ASP程序代码的方式实现网站功能，必须熟悉甚至精通ASP编程，包括对ASP组件的认识与应用、熟练编辑语法等。因此，建议精通ASP语言编程的设计人员采用此方法进行动态网页设计，对于不熟悉ASP设计的人士而言不要采用，否则，可能会出现因为不熟悉编程而导致网页设计混乱，同时也白白浪费时间等情况。

除了使用Dreamweaver CS5提供的丰富应用程序完成动态网页设计，还可以到软件的官方网站http://www.adobe.com/cfusion/exchange/index.cfm?event=productHome&exc=3&loc=en_us搜索、下载并安装Extension插件，从而以更丰富的功能完成动态网页的设计。以本章博客系统设计为例，便可以使用一个"ASP Upload"插件来实现文件上传功能的制作，安装该插件后可以实现通过对话框设计的方式快速完成图片上传的制作，从而省去插入表单、编辑代码等麻烦。

2. 应用ASP文件

在"范特西"博客系统设计中，制作日志相片上传功能部分主要通过ASP支持文件再配合少量的代码编写来完成。这对于一些不熟悉ASP编程的设计者而言，也是一个不错的方法，前提是要先获得相关的 ASP 支持文件，例如本例博客系统设计中，使用了"fupaction.asp"和"upload.asp"两个文件直接完成日志相片上传的制作。

ASP 支持文件其实是一种已在文件内完成相关功能及程序代码编写的特殊文件，这些文件大多只在后台运行但不显示具体的页面内容。使用 ASP 支持文件制作动态网页时，需要了解文件内一些重要的程序端口的写法，例如其中应用到哪些数据库字段，或是与其他页面中表单元件相接应的名称等，只有了解这些程序端口的应用，才可以得心应手的应用 ASP 文件完成动态网站设计。

3. 绑定多个记录集

对于一些动态页面设计而言，只绑定一个记录集将无法正常显示所需的网页信息，以本例详细的日志显示页面"FantasyLife_Content.asp"为例，若只使用原来所绑定的一个记录集，则只能显示最新一篇日志内容，而只有重新绑定一个设置不同"筛选"或"排序"方式的记录集，才可以正常显示网页信息。

当然，为动态网页绑定记录集的原则是越少越好，若是绑定太多的记录集将使字段应用产生混乱，不易于数据库信息的管理，因此，当网页中不同区域所需的数据字段相同，那么在允许的条件下，尽量使用同一个记录集进行绑定，而对于一个网页而言，更少的绑定记录集项目将可以使网页设计更加简便而高效。

10.9.2 设计观摩

下面选用新浪博客和 MSN Spaces 两个例子作为参考。

新浪网是我国最大的门户网站之一，不但为用户提供了各类丰富的信息，同时还提供强大的博客服务。使用新浪博客不但可以撰写图文并茂的网络日志，还可以加入声音和视频等多媒体信息，此外，每个博客还可以根据个人喜好创建相册、留言、好友、友情链接、评论等频道，如图 10-117 所示。

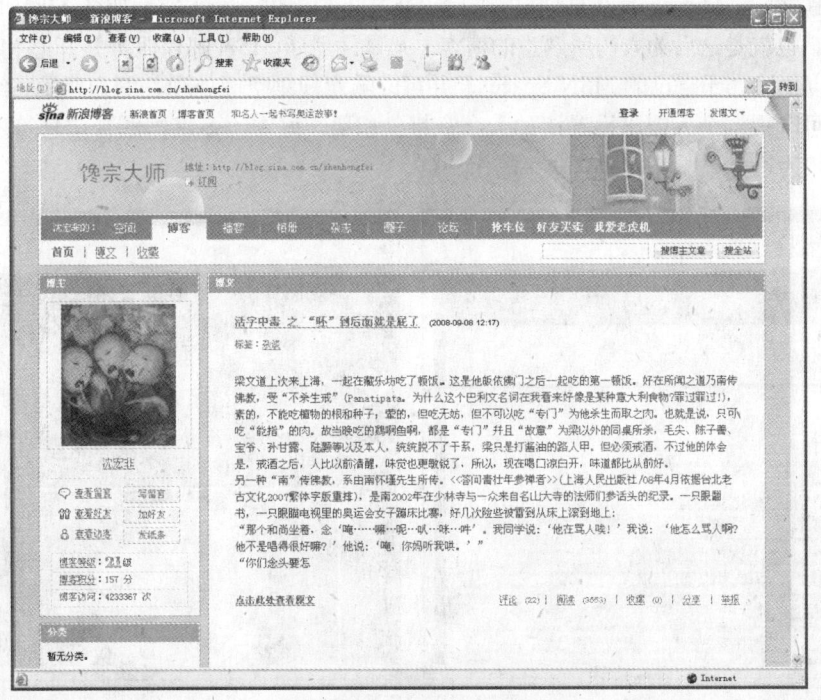

图 10-117 新浪博客空间

新浪网的受众面广，因此成为现在最热门的博客网站之一，其用户数达到千万级，任何人都可以在新浪博客上注册并拥有属于自己的博客空间。此外，新浪博客还开创了极具特色的名人博客，正是通过名人博客带来了极大访问量，并创造了非常大的商机，如图10-118所示为新浪博客首页。

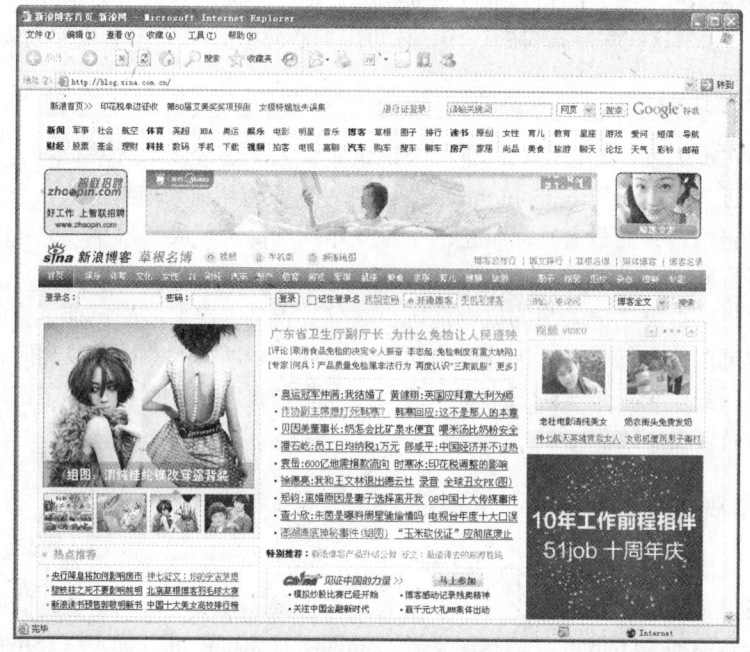

图10-118　新浪博客首页

MSN是Microsoft为其用户提供的网络通讯系统，作为目前全球用户数最多也是最受欢迎的在线通讯工具之一，Microsoft在早期已专门为MSN用户提供了个人空间服务MSN Spaces，如图10-119所示，也就是之后为人们所熟悉的博客。凡是注册了MSN邮件服务并开通MSN在线通讯的用户都可以创建属于自己的MSN Spaces，并可以随意规划空间外观，例如背景、线条、字体和颜色等，还可以根据个人需求设置诸如个人资料、相册、好友、多媒体影音信息等。因为该博客空间的历史较为悠久，所以也拥有众多的用户群。

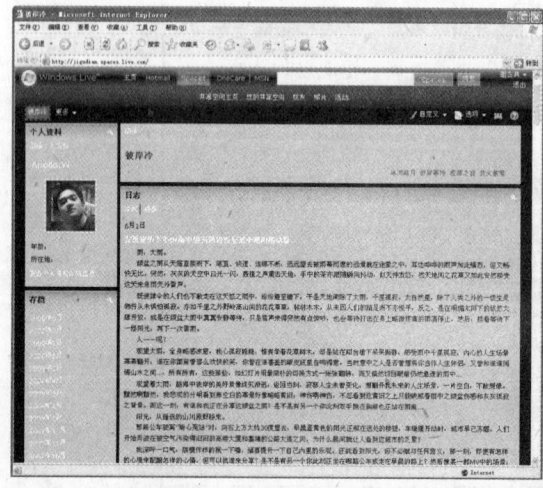 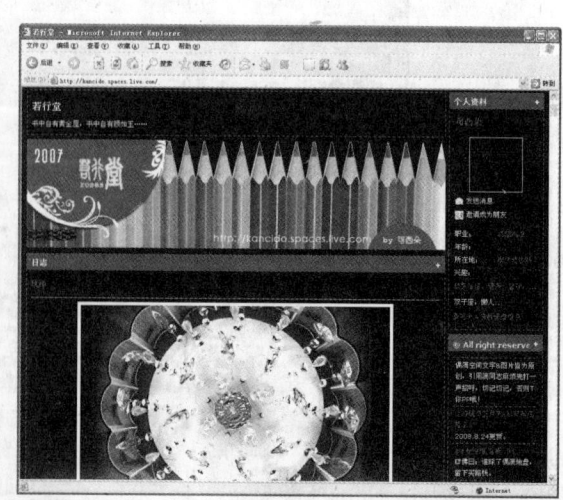

图10-119　MSN Spaces

10.10 本章小结

本章通过博客日志列表，管理者登录，发布、修改和删除日志等功能页面的制作，介绍了整个"范特西"博客系统的设计过程，认识并了解了一个简单的博客系统的制作理念与方法。

10.11 上机实训

实训要求：将"FantasyLife_Admin.asp"文件上的日志导航条修改为更精美的导航按钮。

操作提示：打开练习文件后，选择网页下面的第一个导航按钮，通过插入【图像】功能，从新指定图像文件，接着再以相同的方法，依次指定其他导航按钮的图像素材，操作流程如图10-120所示。

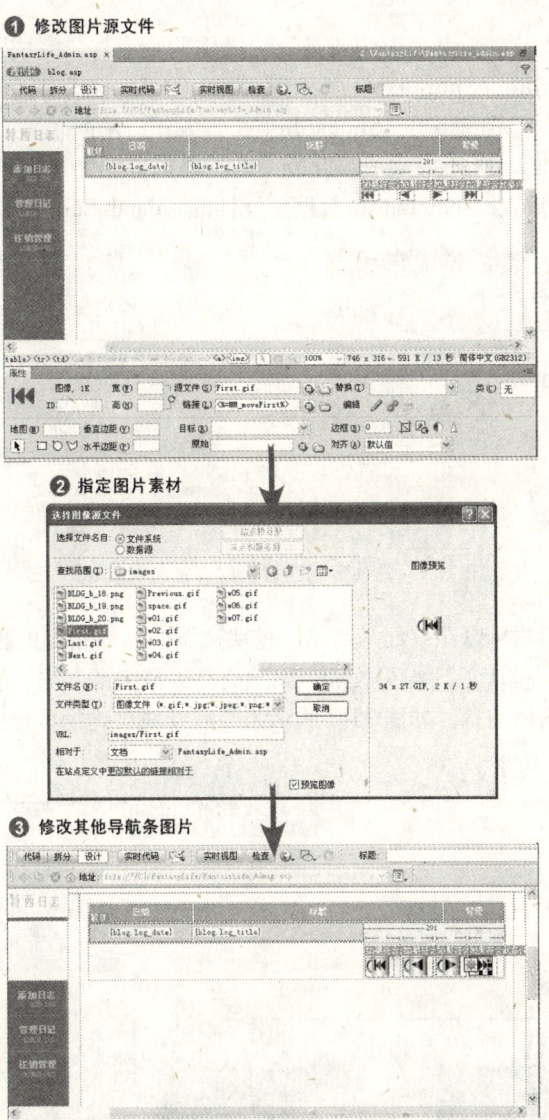

图10-120　修改为更精美的导航按钮的操作流程

第11章 购物车程序设计

> 本章将通过"靓鞋城"购物车程序设计,介绍一个具备显示购物信息、添加商品到购物车、设置购物数量、清空商品、商品统计等功能的动态页面设计方法。

11.1 购物车程序设计分析

11.1.1 动态网站结构详解

"靓鞋城"购物车程序主要由"选购商品"、"操作购物车"、"完成购买"等模块组成,其中"展示商品"模块包括"ShoesShop.asp"、"ShoesShop_Add.asp"两个动态页面,"操作购物车"模块则包括"ShoesShop_Cart.asp"、"ShoesShop_Del.asp"两个动态页面,而"统计信息"模块则由"ShoesShop_Finish.asp"页面完成。此外,网站还包含放置"shop.asp"数据库连接文件的"Connections"文件夹和放置"shop.mdb"数据库文件的"database"文件夹,如图11-1所示。

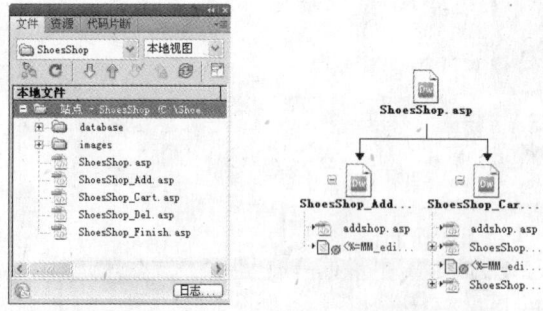

图11-1 购物车程序的网站文件和网站地图

使用购物车程序的用户可以在"展示商品"模块选购商品,然后把商品添加到购物车。此外,还可以在"操作购物车"模块更改购买数量、删除商品或清空购物车,最终确认购买后在"完成购买"模块看到自己的购物信息。如图11-2所示为"靓鞋城"购物车程序的设计结构。

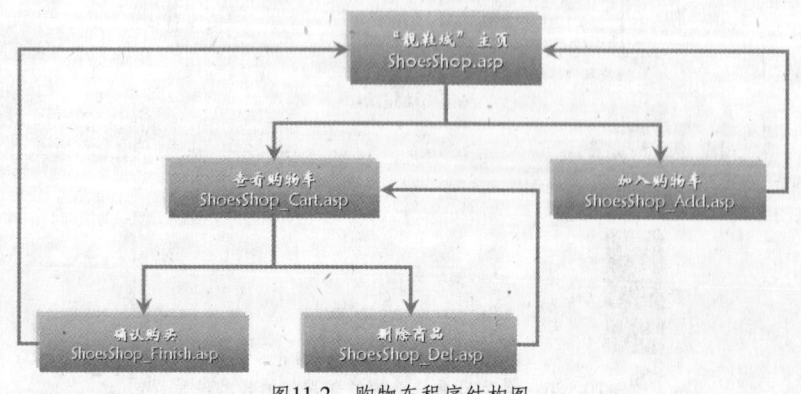

图11-2 购物车程序结构图

11.1.2 网站数据库分析

购物车程序使用的数据库文件名为"shop.mdb",存放在网站的"database"文件夹中。该数据库包含名为"Customer"、"Orders"、"Product"、"ShoppingCart"4个数据表,其中"Customer"数据表用于保存用户信息,包含5个字段,除"CustomerID"为自动编号之外,其他均为文本类型;"Orders"数据表用于记录订单信息,包括订单编号、顾客编号、总金额等字段;"Product"数据表用于保存商品信息,包含5个字段,包括商品编号、名称、规格、图片等字段;最后一个"ShoppingCart"数据表用于记录购物信息,其中包括顾客编号、商品编号、商品名称、商品价格及数量等字段。如图11-3所示,为数据库结构图。

> **提示** 本例直接使用已完成创建全部数据表的数据库文件"shop.mdb",其位置为网站文件夹"ShoesShop"的"database"文件夹中(即本书光盘的"...\Practice\Ch11\ShoesShop\database"位置)。

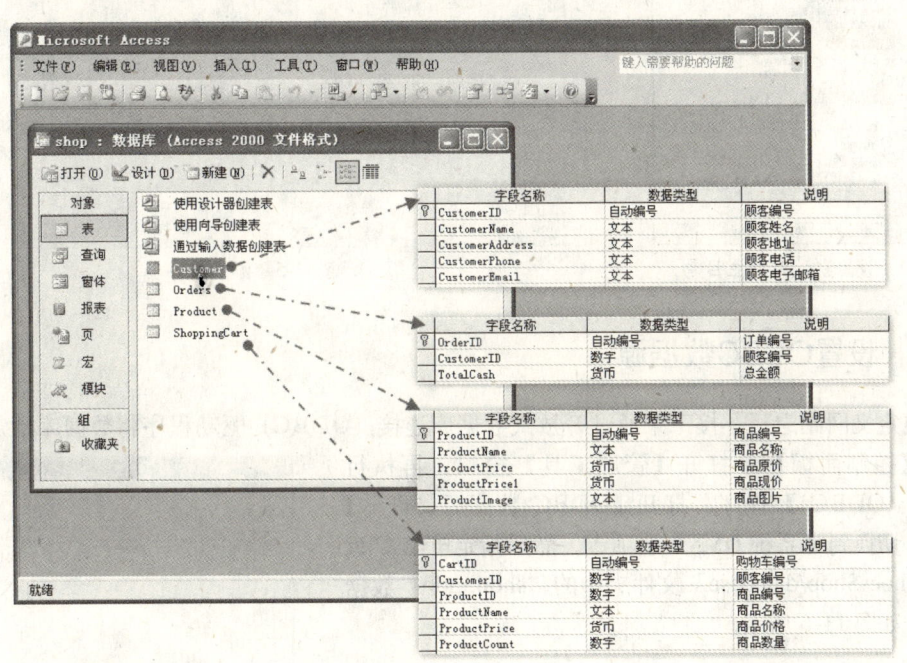

图11-3 数据库结构

11.2 购物车程序设计前准备

11.2.1 动态网站环境配置

先将实例光盘中的"...\Practice\Ch11\ShoesShop"文件夹复制到本地电脑C盘位置,然后参照本书第7章的7.2.1小节所详细介绍的方法完成动态网站的环境配置。

有关本章实例的动态网站环境配置,下面列举两项重要的设置,具体如下。

(1) 设置IIS中默认网站的属性,修改其主目录为"C:\ShoesShop",如图11-4所示。

(2) 在 Dreamweaver CS5 中定义网站，这里主要介绍设置【站点】和【服务器】两个分类，其中，【站点】设置主要为"站点名称"和"本地站点文本夹"两项，而【服务器】则需要"添加新服务器"，在服务器设置窗口中分别设置"基本"和"高级"两项内容，具体如图 11-5 所示，所添加的服务器设置参照表 11-1。

表 11-1 定义网络

【站点】设置	添加新服务器
站点名称：ShoesShop 本地站点文件夹：C:\ShoesShop\	服务器名称：ShoesShop 连接方法：本地 / 网络 服务器文件夹：C:\ShoesShop\ Web URL：http://localhost/ 服务器模型：ASP JavaScript

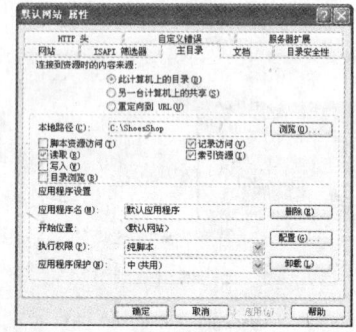

图11-4 设置默认网站主目录

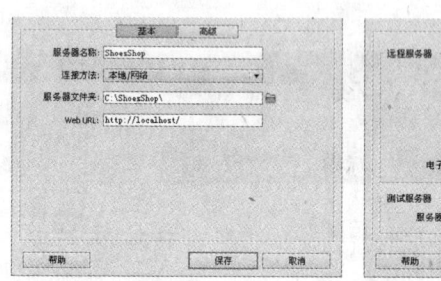

图11-5 添加服务器

11.2.2 设置ODBC数据源

完成定义网站之后，接下来通过开放式数据库连接（ODBC）驱动程序将数据库指定为数据源，在【控制面板】中打开【管理工具】窗口，再执行【数据源（ODBC）】程序，打开【ODBC 数据源管理器】对话框，切换到【系统DSN】选项卡，然后指定电脑C盘中的"/ShoesShop/database"文件夹中的"shop.mdb"数据库文件，如图 11-6 所示。

11.2.3 Dreamweaver动态数据设置

为了能够在动态网页中访问和管理数据库，需要将网页和数据库建立关联，本例以指定数据源名称（DSN）方式为网页操作数据库提供连接通道。

在 Dreamweaver CS5 的【文件】面板中打开任意一个 ASP 页面，再在【数据库】面板中使用【数据源名称（DSN）】功能，打开【数据源名称（DSN）】对话框，设置【连接名称】为"shop"和【数据源名称（DSN）】，如图 11-7 所示。

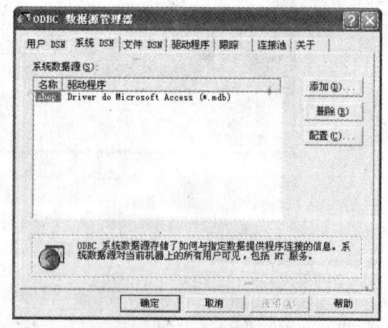

图11-6 指定ODBC数据源

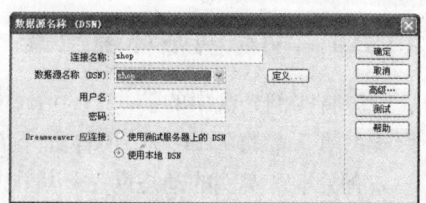

图11-7 指定数据源名称

至此，本例购物车程序设计的准备步骤已经完成，下一节开始，将详细介绍各个动态网页的具体制作方法，包括选购商品、操作购物车、完成购买等实例的操作。

> **提示** 在 11.8 节中完整集中地预览整个实例效果，若读者在各节或小节的制作过程中对具体操作有所不解，也可先跳到 11.8 节中查看对应的操作结果。

11.3 购物车主页超链接处理

制作分析

购物车主页展示着各种商品，为了方便选购，每件商品都需要添加用于选购的超链接，另外页面还需要一个用于查看购物车的超链接。完成超链接处理后，顾客可以在购物车主页浏览各种商品，若需要选购某一样商品时则单击商品图片下方的"选购"图片超链接，该超链接包含一个名为"ProductID"的参数，它链接到"加入购物车"页面。当希望查看购物车时，则单击页面下方的图标链接到"查看购物车"页面。

制作流程

购物车主页超链接处理主要操作流程为"插入选购超链接"→"插入查看购物车超链接→加入传递阶段变量"，具体实现过程见表11-2。

表 11-2　购物车主页超链接处理实现过程

制作目的	实现过程
插入选购超链接	通过【属性】面板为网页中 12 个"选购"图片相同的设置超链接 设置 12 个超链接的链接参数依次为 1 到 12
插入查看购物车超链接	通过【属性】面板为"查看购物车"图片设置超链接
加入传递阶段变量	通过代码视图添加 ASP 代码

上机实战　购物车主页面设计

（1）购物车主页超链接处理

01 按下"F8"功能键打开【文件】面板，双击打开"ShoesShop.asp"网页文件，如图 11-8 所示。

02 单击选择页面中左侧第一件商品下方的"选购"图片，在【属性】面板中的【链接】项目上单击 📁 按钮，如图 11-9 所示。打开【选择文件】对话框，选择"ShoesShop_Add.asp"文件，单击【参数…】按钮，如图 11-10 所示。

03 打开【参数】对话框，在【名称】列下方输入"ProductID"，再在【值】列中输入"1"，如图 11-11 所示，依次单击【确定】按钮完成操作。

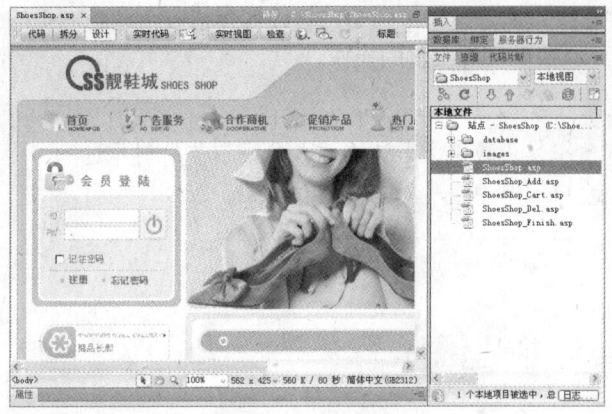

图11-8 打开"ShoesShop.asp"网页文件

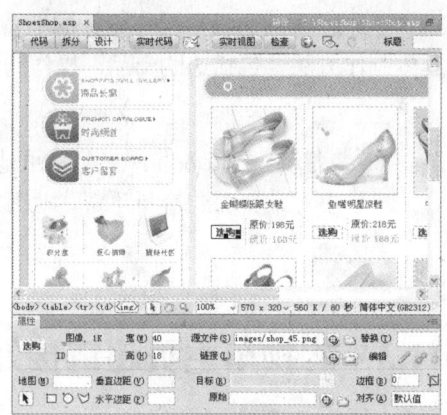

图11-9 选择图片

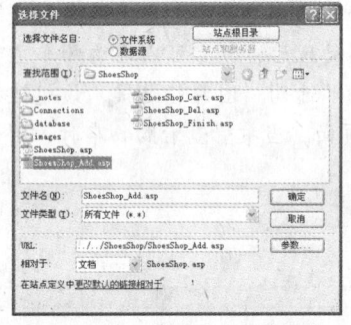

图11-10 设置"选购"超链接

图11-11 设置参数

04 按照步骤2和步骤3的方法设置第二件商品下方的"选购"图片,设置它的参数"ProductID"的值为2,然后以相同的方法将剩下的10个"选购"图片全部设置完毕。

05 单击选择页面下方的"查看购物车"图片,在【属性】面板中设置【链接】栏为"ShoesShopCart.asp"页面,如图11-12所示。

> **提示** 以上步骤为"选购"图片添加链接的同时设置了"ProductID"参数,其作用是将该参数值传递到所链接的"ShoesShop_Add.asp"网页,以便"加入购物车"页面显示所指定购买的商品;此外,需要注意一点,购物车中商品为某个会员所购买,因此,还需要为"ShoesShop.asp"文件添加一个"阶断变量"值,将登录的会员ID(默认已登录)传送至"ShoesShop_Add.asp"网页,以便判断出选购商品的会员。

(2)加入传递阶段变量

06 在【文档】工具栏中单击【代码】按钮,切换至"代码"编辑视图。

07 在 </HEAD> 和 <BODY> 标签之间(本例中的第7和第8行代码之间)加入"<%Session("id")=1%>"代码,如图11-13所示,加入名为"id"、值为1的阶段变量。

> **提示** 阶段变量是ASP中用于记录浏览器的单独变量,只要浏览器没有关闭,阶段变量的值就一直保留。因此,阶段变量适合在网页之间传递数据,例如传递登录后的用户名等重要数据。

购物车程序设计 第11章

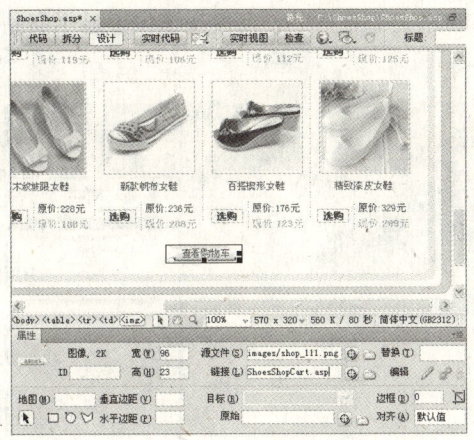

图11-12 设置超链接

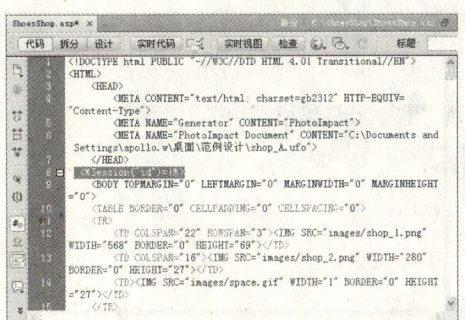

图11-13 加入阶段变量

11.4 加入购物车页面设计

11.4.1 显示商品信息

制作分析

在选购商品之前，应先将商品的详细信息显示出来让顾客参考，然后再确认将选购商品加入购物车，最后返回主页。

制作流程

让加入购物车页面显示商品信息的主要操作流程为"插入记录集"→"显示绑定的信息"，具体实现过程见表11-3。

表11-3 显示商品信息实现过程

制作目的	实现过程
插入记录集	通过【绑定】面板插入记录集 设置记录集的筛选条件为"ProductID"的值
显示绑定的数据	通过鼠标拖动的方法在网页中显示动态数据

上机实战 显示商品信息

01 按下"F8"功能键打开【文件】面板，双击打开"ShoesShop_Add.asp"网页文件。

02 按下"Ctrl+F10"快捷键打开【绑定】面板，单击 按钮，在打开的下拉菜单中选择【记录集（查询）】命令。

03 在打开【记录集】对话框中设置【名称】为"shopset"，【连接】为"shop"，【表格】为【Product】，在【筛选】栏中选择"ProductID"选项，并在下一栏中选择【URL 参数】选项，输入"ProductID"语句，然后单击【确定】按钮，如图 11-14 所示。

245

04 在【绑定】面板中拖动"ProductName"字段到表格的相应单元格中,以便在该位置显示商品名称,如图11-15所示。

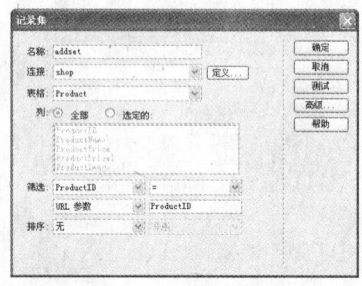

图11-14 设置记录集

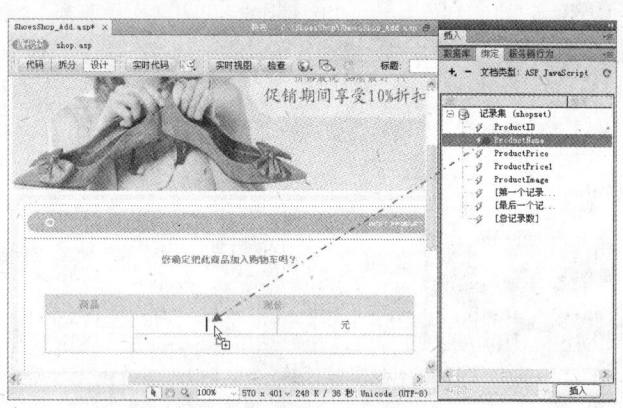

图11-15 添加商品名字段

05 按照步骤3相同的操作方法,拖动"ProductPrice1"字段到商品名称右边的单元格中,以显示商品现价,如图11-16所示。

06 将光标定位在商品名左边的单元格中,然后在【插入】面板单击展开【图像】下拉菜单,选择【图像占位符】命令,在【图像占位符】对话框中设置【名称】为"image",【宽度】为114,【高度】为115,然后单击【确定】按钮,如图11-17所示。

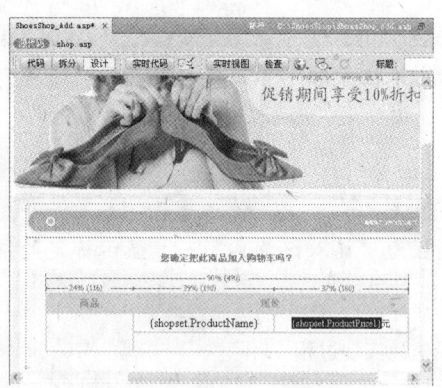

图11-16 添加商品价格字段

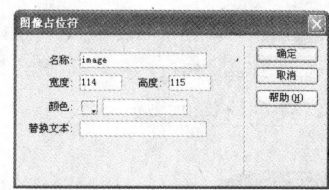

图11-17 插入图像占位符

07 选择新插入的图像占位符,在【属性】面板中单击【源文件】右侧的 按钮,打开【选择图像源文件】对话框后,先在上方选择【选择文件名自】选项为【数据源】,再在【域】中选择"ProductImage"字段,然后在【URL】栏的代码前面加上"images/"内容,单击【确定】按钮,如图11-18所示。

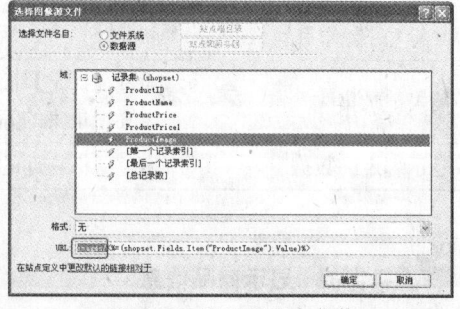

图11-18 设置图像占位符

11.4.2 添加选购记录

制作分析

确认购买商品,必须先提交一份表单,待提交成功后便可以将商品加入购物车。提交表单的过程是指将商品的信息插入到数据库成为一条记录，当数据库中产生一条新记录的时候，就表示购物车新增一件商品。

要添加选购记录，就需要在页面中添加分别用于保存商品编号、商品名称、商品现价以及顾客编号的4个隐藏域，提交表单过程中将隐藏域的值插入到数据库成为一条记录。

制作流程

添加选购记录的主要操作流程为"插入表单元件"→添加"插入记录"行为，具体实现过程见表11-4。

表11-4 添加选购记录实现过程

制作目的	实现过程
插入表单元件	通过【插入】面板添加4个隐藏域并赋值 通过【插入】面板添加按钮
添加"插入记录"行为	通过【文件】面板添加"插入记录"行为 指定数据库和转入网页

上机实战 添加选购记录

01 将光标定位在商品名下方的表格中，在【插入】面板切换至【表单】分类，单击【按钮】按钮，随之打开提示框，询问是否添加表单，单击【是】按钮，如图11-19所示。

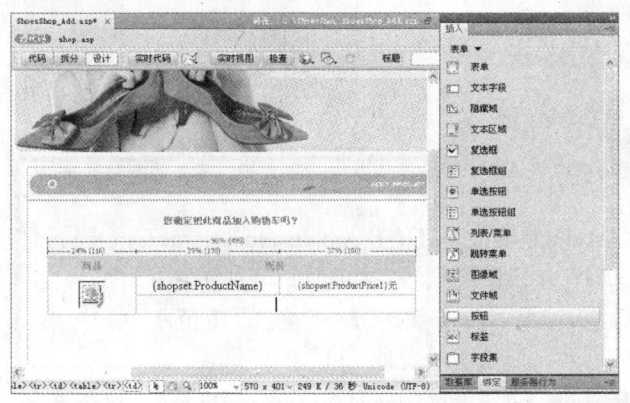

图11-19 定位光标及插入按钮

> **提示** 插入按钮的同时会插入一个表单，并且表单包含按钮。接下来将隐藏域添加到该表单中，使得提交表单时能够取得隐藏域的值。

02 通过属性面板设置按钮的【值】为"加入购物车"，然后将光标定位在【加入购物车】按钮之后，将【插入】面板切换到【表单】分类，单击【隐藏域】按钮，在表单中添加一个隐藏域元件，如图11-20所示。

03 通过【属性】面板设置【隐藏区域】下方的文本框的值为"ProductID"，然后单击【值】栏右边的 按钮，如图11-21所示。

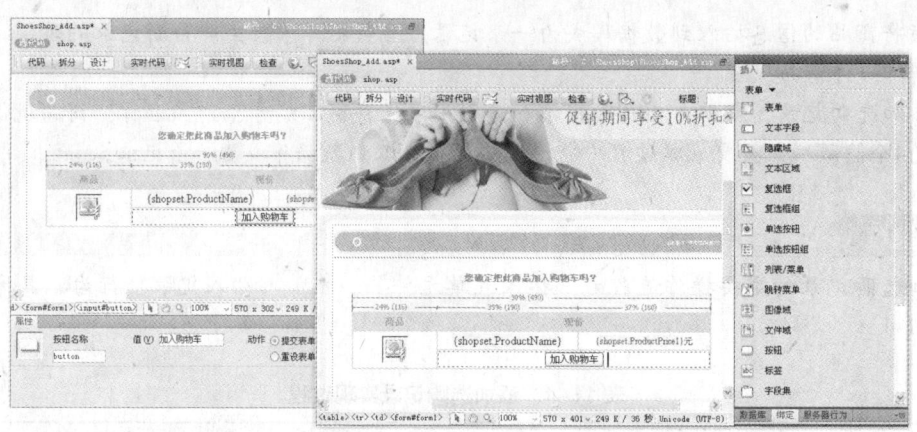

图11-20 定位光标及插入隐藏域

04 打开【动态数据】对话框,在【域】栏中选择"ProductID"字段,在【代码】栏中可以看到自动生成的代码,单击【确定】按钮,如图11-22所示,完成对隐藏域值的设置。

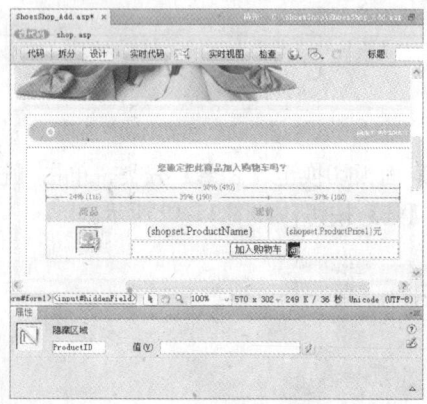

图11-21 设置隐藏域

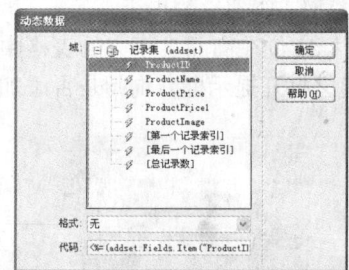

图11-22 设置动态数据

05 按照相同的方法继续添加名为"ProductName"、【值】为"ProductName"的字段,以及名为"ProductPrice"、【值】为"ProductPrice1"字段的隐藏域,如图11-23所示。

06 添加名为"CustomerID"的隐藏域,在【属性】面板的【值】栏中填入"<%= String(Session("id")) %>",如图11-24所示,取得阶段变量"id"的值。

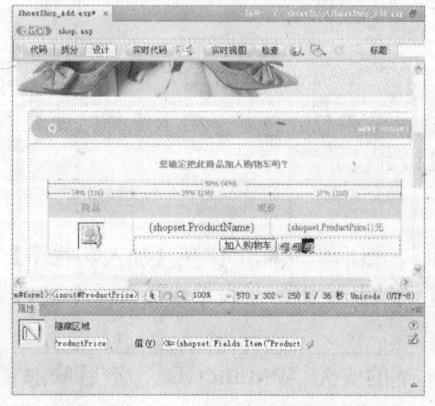

图11-23 加入其他隐藏域

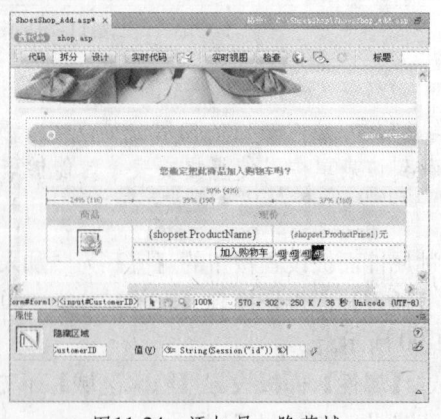

图11-24 添加另一隐藏域

07 按下"Ctrl+F9"快捷键打开【服务器行为】面板,单击面板上的+按钮,打开下拉菜单,选择【插入记录】命令。

08 在【插入记录】对话框中设置【连接】为"shop",【插入到表格】为"ShoppingCart",再单击【浏览】按钮,如图11-25所示。

09 打开【选择文件】对话框,指定【查找范围】为"ShoesShop"文件夹,选择"ShoesShop.asp"文件,然后单击【确定】按钮,如图11-26所示。

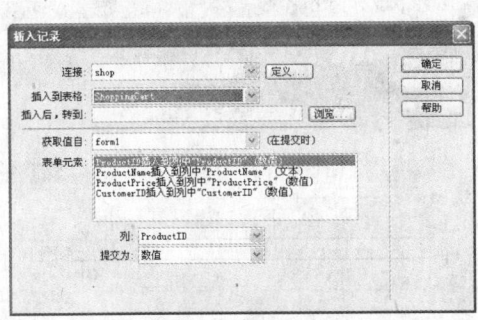 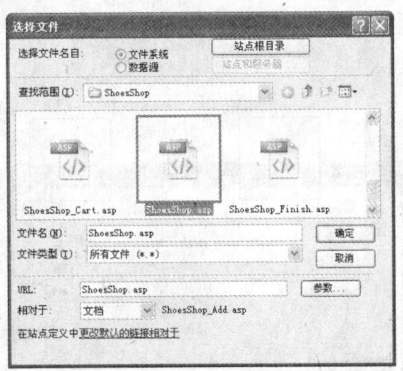

图11-25 设置插入记录　　　　　　　图11-26 指定转到文件

11.5 制作购物车内容查看页面

11.5.1 显示购物车信息

制作分析

购物车内容查看页面需要显示选购商品的名称、价格、数量、金额等商品信息,让顾客一目了然。

制作流程

显示购物车信息的主要操作流程为"插入记录集"→"显示绑定的信息",具体实现过程见表11-5。

表 11-5 显示商品信息实现过程

制作目的	实现过程
插入记录集	通过【绑定】面板插入记录集 设置记录集的筛选条件为阶段变量"id"的值
显示绑定的数据	通过鼠标拖拽的方法在网页中显示动态数据

上机实战 显示商品信息

01 按下"F8"功能键打开【文件】面板,然后双击打开"ShoesShop_Cart.asp"网页文件。

02 按下"Ctrl+F10"快捷键打开【绑定】面板,单击【绑定】面板上的⊞按钮,在打开的下拉菜单中选择【记录集(查询)】命令。

03 在显示的【记录集】对话框中设置【名称】为"cartset",【连接】为"shop",【表格】为"ShoppingCart",接着在【筛选】栏选择【CustomerID】选项,并在下一栏中选择【阶段变量】选项,输入"id"语句,然后单击【确定】按钮,如图11-27所示。

04 选定表格的第二行中的所有单元格,如图11-28所示,在【文档】工具栏中单击【代码】按钮。

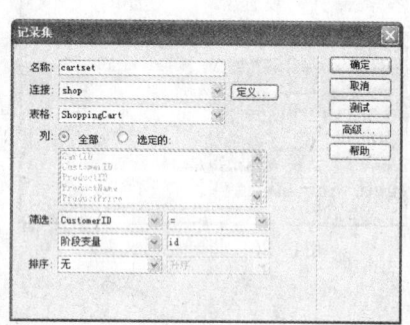
图11-27 设置记录集

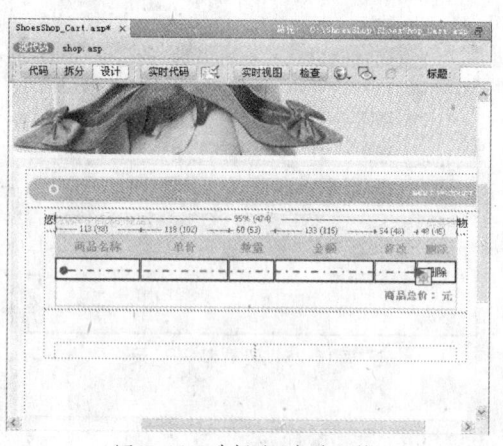
图11-28 选择这6个单元格

05 切换至"代码"编辑视图后,在【插入】面板中单击【表单】按钮,打开【标签编辑器-form】对话框,设置右侧的【名称】栏为"form1",然后单击【确定】按钮,如图11-29所示。

> 提示 在"代码"编辑视图中可以更为灵活地为多个单元格添加表单。这种给6个单元格添加表单的方法,能够使得一样商品的信息包含在同一表单中。

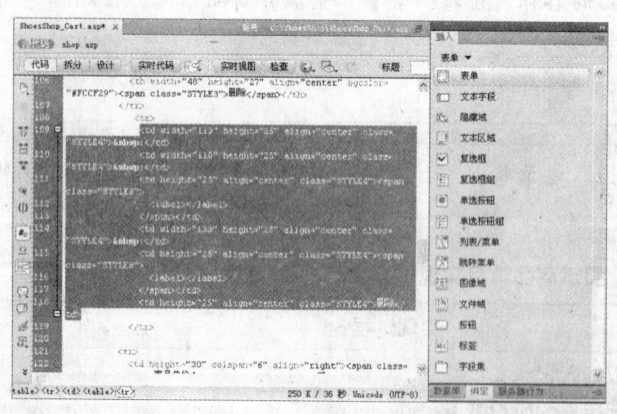
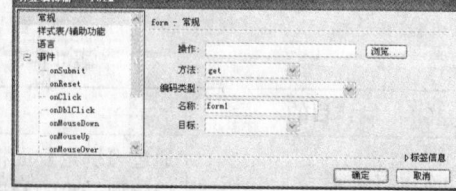
图11-29 添加表单

06 切换至【设计】视图,然后在【绑定】面板中拖动"ProductName"和"ProductPrice"字段到表格第二行第一个和第二个单元格,如图11-30所示,以便在该位置显示商品名称及商品价格。

07 将光标定位在表格第二行第三个单元格,切换【插入】面板至【表单】分类,单击【文本字段】按钮,再通过【属性】面板设置其名称为"count",【字符宽度】为2,如图11-31所示。

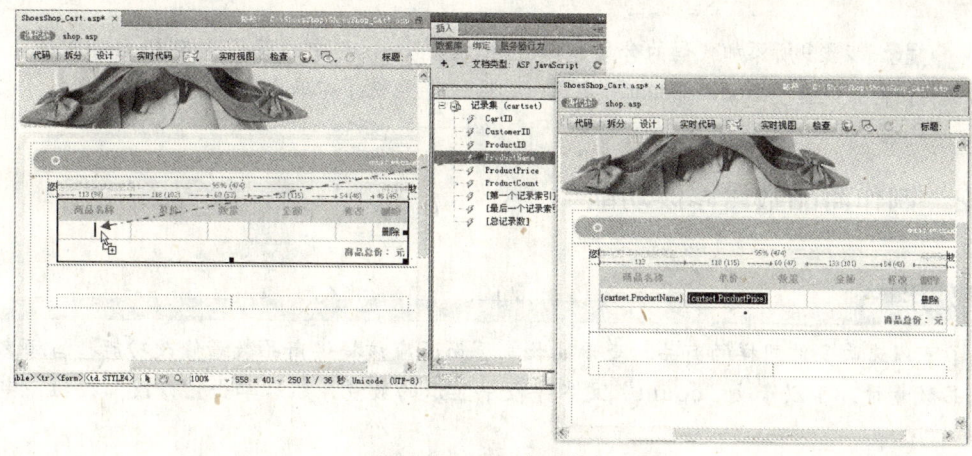

图11-30 显示商品信息

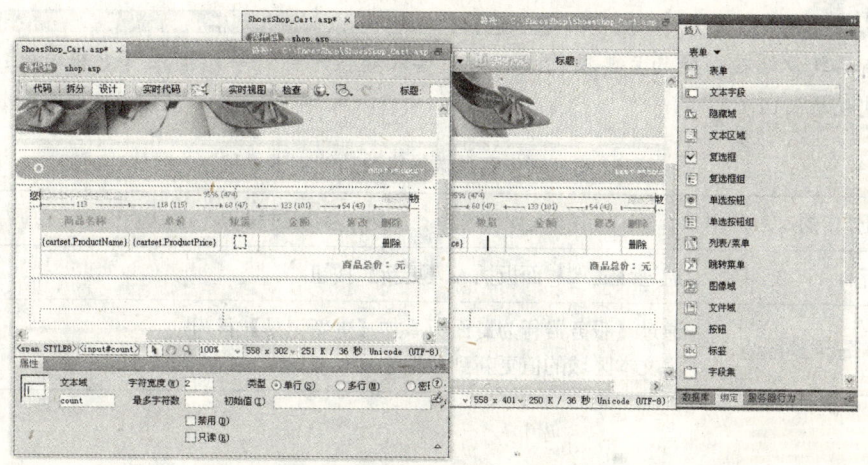

图11-31 插入文本字段

08 从【绑定】面板中拖动"ProductCount"字段到网页的"count"文本字段元件上,如图11-32所示。

09 将光标定位在第二行第四个单元格中,然后切换到【拆分】视图,在视图中的光标处添加代码"<%=(cartset.Fields.Item("ProductPrice").Value*cartset.Fields.Item("ProductCount").Value)%>",如图11-33所示。

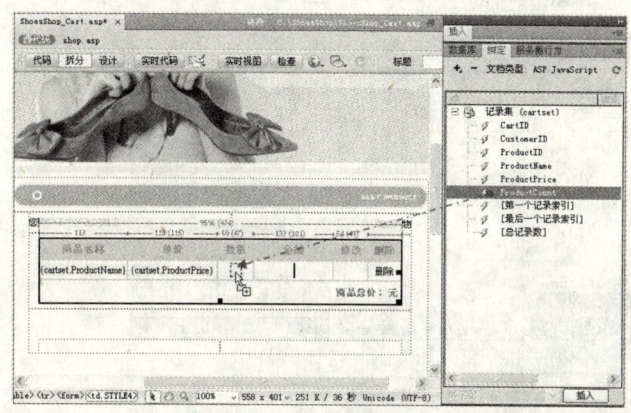

图11-32 显示商品数量

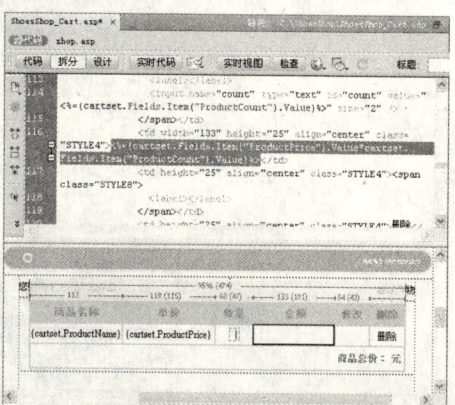

图11-33 显示商品金额

> **提示** 步骤9所添加代码的含义是：取出记录集"cartset"中的商品价格"ProductPrice"字段及商品数量"ProductCount"字段，然后求得乘积并在单元格中显示。

11.5.2 制作商品数量修改功能

制作分析

为了可以选购多件同样的商品，查看购物车页面还应该提供商品数量修改功能，当顾客需要更改商品数量时，可以修改"count"文本字段中显示的数量，然后单击"修改"按钮，完成更改操作。

制作流程

制作商品数量修改功能的主要操作流程为"插入按钮元件"→"插入【更新记录】行为"，具体实现过程见表11-6。

表11-6 制作商品数量修改功能实现过程

制作目的	实现过程
插入按钮元件	通过【插入】面板插入【更新】按钮
插入【更新记录】行为	通过【服务器行为】面板添加【更新记录】行为 将文本区域的值更新到数据库

上机实战 制作商品数量修改功能

01 将光标定位在表格第二行倒数第二个单元格中，将【插入】面板切换到【表单】选项卡，单击【按钮】按钮，然后在【属性】面板设置【值】为"修改"，如图11-34所示。

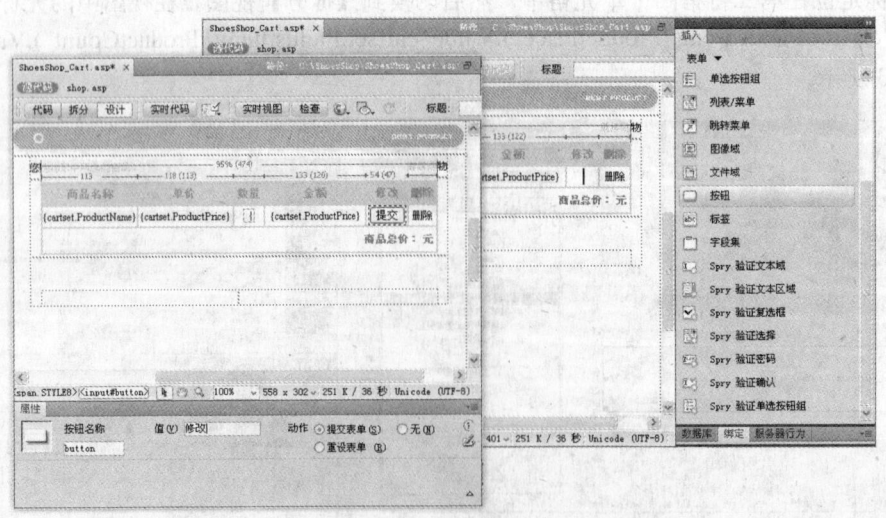

图11-34 设置按钮属性

02 按下"Ctrl+F9"快捷键打开【服务器行为】面板,然后单击面板上的按钮,打开下拉菜单,选择【更新记录】命令。

03 在【更新记录】对话框中设置【连接】为"shop",【要更新的表格】为"ShoppingCart",然后单击【浏览】按钮,如图11-35所示。

04 打开【选择文件】对话框,指定【查找范围】为"ShoesShop"文件夹,然后选择"ShoesShop_Cart.asp"文件,依次单击【确定】按钮完成操作,如图11-36所示。

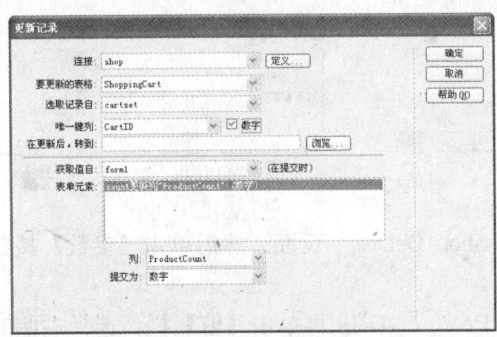

图11-35　设置更新记录

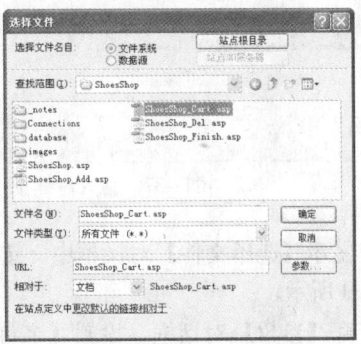

图11-36　选择转到文件

11.5.3　制作删除商品和继续购物功能

制作分析

本页的删除商品功能使用了带参数的超链接,顾客需要在购物车中删除某一样商品时,可以单击"删除"链接文字,链接到"ShoesShop_Del.asp"页面以确认删除。而继续购物功能则使用静态超链接,当顾客希望继续购物时,可以单击"继续购物"链接文字,链接到主页面。

制作流程

制作删除商品和继续购物功能的主要操作流程为"插入"删除"链接文字"→"插入"继续购物"链接文字",具体实现过程见表11-7。

表 11-7　制作删除商品和继续购物功能实现过程

制作目的	实现过程
插入【删除】链接文字	通过【插入】面板插入"删除"超级链接 设置链接参数为商品编号"ProductID"
插入【继续购物】链接文字	通过【属性】面板设置"继续购物"链接文字

上机实战　制作删除商品和继续购物功能

01 将光标定位在第二行最后一个单元格中,在【插入】面板中切换至【常用】分类,然后单击【超级链接】按钮,如图11-37所示。

02 在【超级链接】对话框中设置【文本】为"删除",然后单击【链接】栏右侧的【浏览】按钮,如图11-38所示。

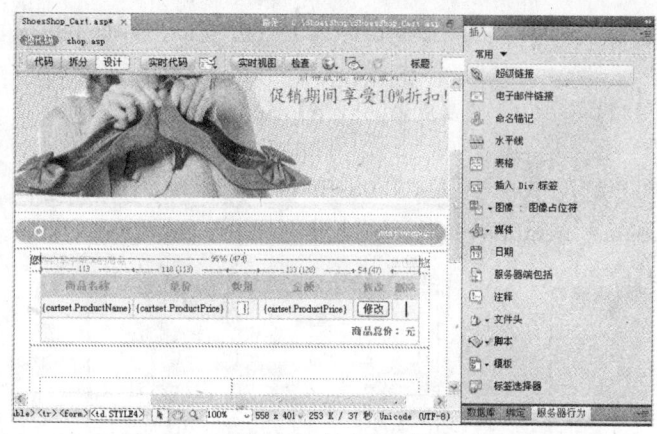
图11-37 插入超链接

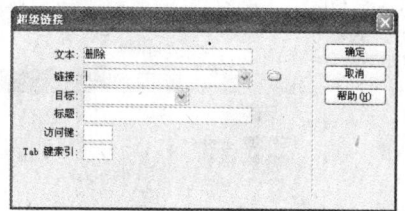
图11-38 设置超级链接

03 在显示【选择文件】对话框中，选择"ShoesShop_Del.asp"页面，然后单击【参数】按钮。如图11-39所示。

04 打开【参数】对话框，设置【名称】栏为"ProductID"，再单击【值】栏，选择右侧的 按钮，如图11-40所示，在显示的【动态数据】对话框中选择"ProductID"字段，如图11-41所示。最后依次单击【确定】按钮完成操作。

图11-39 选择转到文件

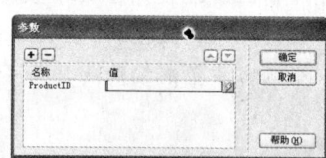
图11-40 设置参数

05 选择页面中的"继续购物"文本，然后在【属性】面板上设置【链接】为"ShoesShop.asp"页面，如图11-42所示。

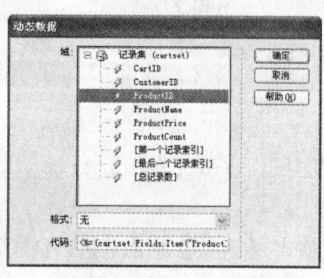
图11-41 选择动态数据

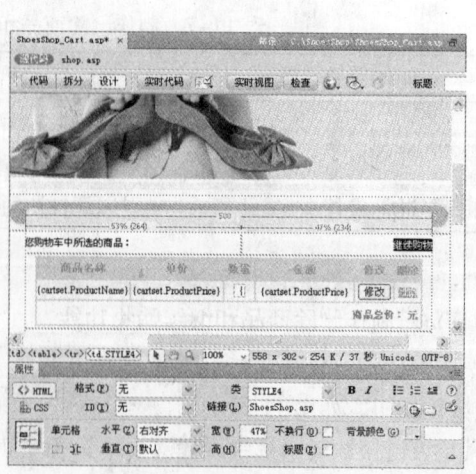
图11-42 设置超链接

11.5.4 设置重复区域和显示总价

制作分析

前面的实例介绍了如何显示或操作一样商品信息，但顾客在购物时往往选择多样商品，因此在查看购物车页面也应该显示多行数据，显示多行数据可以使用【服务器行为】面板中的【重复区域】行为来实现。另外，购物车还需要显示购物的总价，以便于顾客在购物时作为参考，计算总价的思路是：每一样商品的单价与数量的乘积等于该样商品的金额，再把每一样商品的金额相加，就能得到购物的总价。

制作流程

设置重复区域和显示总价的主要操作流程为"设置重复区域"→"显示总价"，具体实现过程见表11-8。

表 11-8 设置重复区域和显示总价实现过程

制作目的	实现过程
设置重复区域	选择商品信息的区域 通过【服务器行为】面板设置重复区域
显示总价	通过 ASP 代码定义总价变量 通过 ASP 代码计算并显示总价

上机实战 设置重复区域和显示总价

01 将光标定位在表格第二行的任意单元格中，再在标签选择器上选择"<tr>"标签，然后在【服务器行为】面板中单击面板上的 按钮，打开下拉菜单，选择【重复区域】命令，如图 11-43 所示。

02 在【重复区域】对话框中选择【显示】栏中的【所有记录】单选框，然后单击【确定】按钮，如图 11-44 所示。

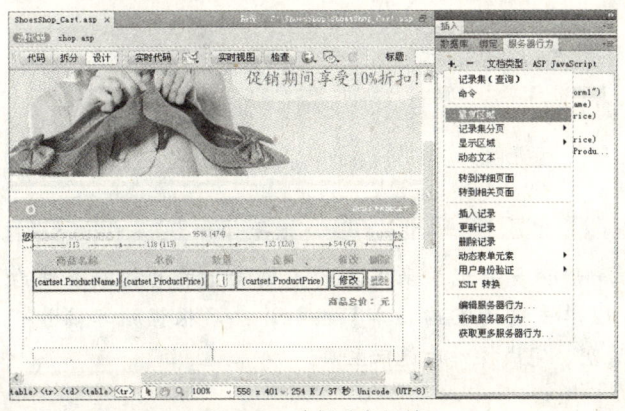

图 11-43 选择重复区域

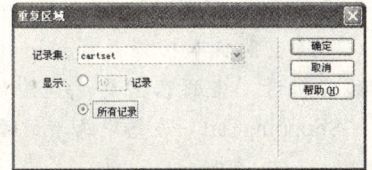

图 11-44 设置重复区域

03 切换到【代码】视图，在"</HEAD>"和"<BODY>"标签之间加入代码"<%var totalcash=0;%>"，如图 11-45 所示，加入一个名为"totalcash"的变量。

04 切换至"拆分"编辑模式,在下方网页"设计"模式中,先将光标定位在购物车表格的第三行单元格内,然后在上方"代码"模式中,找到相应的光标定位,然后在光标定位处的上一组代码标签中(</form></tr> 标签下的"<%"标签后面)输入代码"totalcash=totalcash+((cartset.Fields.Item("ProductPrice").Value)*(cartset.Fields.Item("ProductCount").Value))"代码,如图11-46所示,从而计算出商品总价。

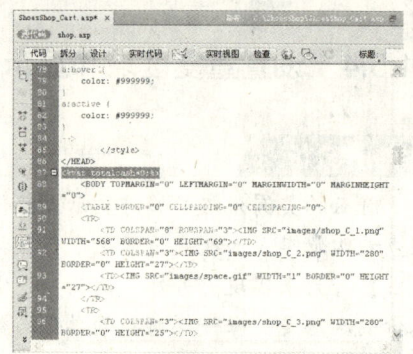

图11-45 加入总价变量

> **提示** 步骤4的代码含义是:当显示出一行商品信息后,总价"totalcash"等于自身的值加上这一行商品的金额。按照这种方法依次相加每一行的金额,最终得到商品总价。

05 在"设计"模式中选择"商品总价:元"文本,在"代码"模式中的相应位置("商品总价:"和"元"代码之间)加入"<%=totalcash%>",使得在该位置显示商品总价,如图11-47所示。

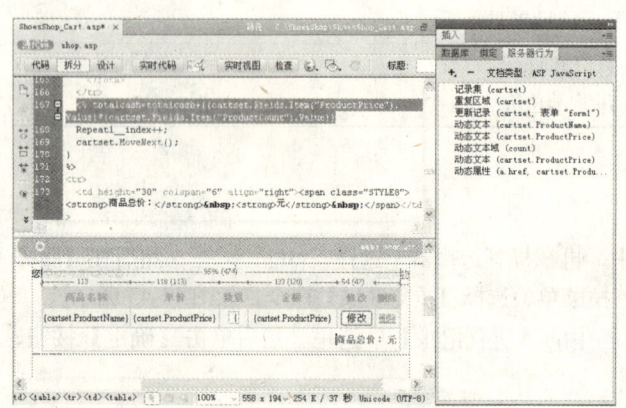

图11-46 加入计算总价代码

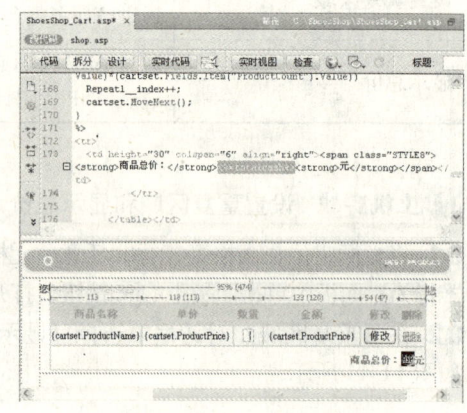

图11-47 显示商品总价

11.5.5 添加清空购物车功能

■ **制作分析**

　　清空购物车功能是通过一次性从数据库删除多条记录来实现的,删除记录的判断条件为顾客编号。当顾客需要清空购物车时,可以单击【清空购物车】按钮,然后根据顾客编号将"ShoppingCart"表格中属于该顾客的数据清空,完成操作后返回主页。

■ **制作流程**

　　添加清空购物车功能的主要操作流程为"添加'删除记录'行为"→"修改代码",具体实现过程见表11-9。

表 11-9　添加清空购物车功能实现过程

制作目的	实现过程
添加"删除记录"行为	通过【服务器行为】面板添加"删除记录"行为
修改代码	修改所生成的隐藏域的值 修改所生成的删除代码

上机实战　添加清空购物车功能

01 在【设计】视图中，将光标定位在"商品总价"下方的单元格上，然后切换【插入】面板到【表单】选项卡，单击【按钮】按钮，随之打开提示框，询问是否添加表单，单击【是】按钮，如图 11-48 所示。

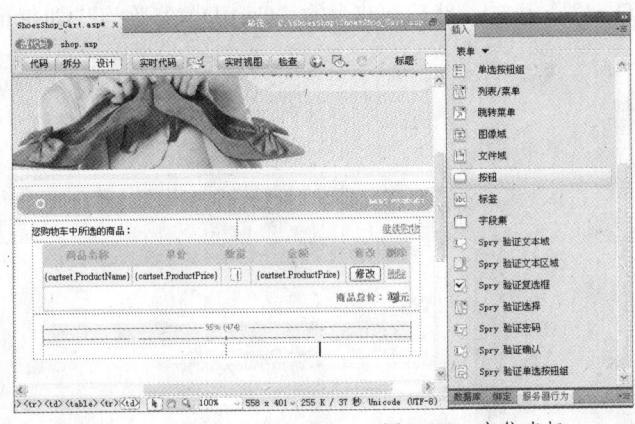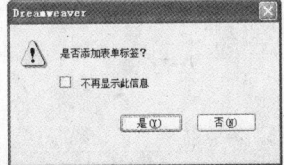

图11-48　定位光标

02 这时 Dreamweaver CS5 会自动生成一个表单，在【属性】面板中设置按钮的【值】为"清空购物车"，如图 11-49 所示。

03 按下"Ctrl+F9"打开【服务器行为】面板，单击面板上的 + 按钮，打开下拉菜单，选择【删除记录】命令，如图 11-50 所示。

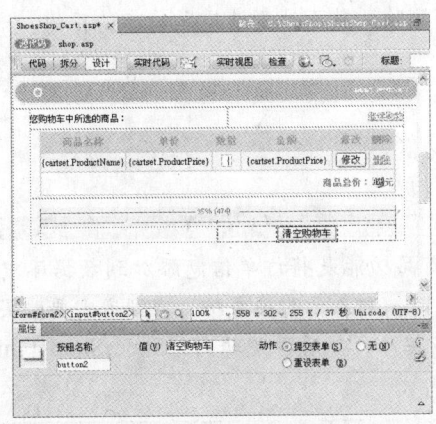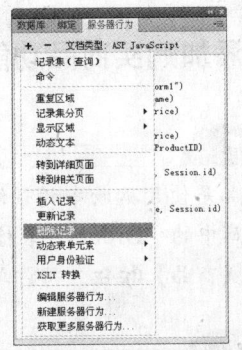

图11-49　设置按钮　　　　　　　　图11-50　选择命令

04 显示【删除记录】对话框后，设置【连接】为"shop"，【从表格中删除】为"ShoppingCart"，

【删除后，转到】为"ShoesShop.asp"。单击【确定】按钮，如图 11-51 所示。

05 在"清空购物车"按钮后面自动生成两个隐藏域后，选择 ID 为"MM_recordId"的第二个隐藏域，在【属性】面板中修改【值】为"<%= String(Session("id")) %>"，如图 11-52 所示，取得阶段变量"id"的值。

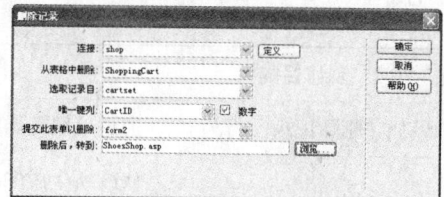

图11-51 设置删除记录

> **提示** 删除记录的取值是"MM_recordId"隐藏域的值，即从数据库删除满足此条件的记录。将隐藏域修改成阶段变量"id"的值，使得删除所有用户编号等于阶段变量的记录。

06 切换到【代码】视图，在网页代码的开头部分找到"MM_editCmd.CommandText = "DELETE FROM ShoppingCart WHERE CartID = ?""语句，然后将其中的"CartID"修改为"CustomerID"，如图 11-53 所示。

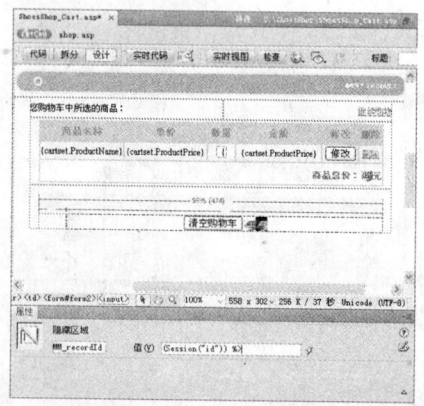

图11-52 修改隐藏域的值

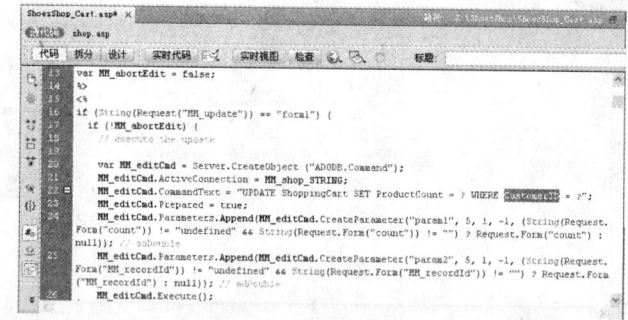

图11-53 修改删除代码

> **提示** 步骤 6 所修改代码中的"CartID"为"CustomerID"，即把删除数据的判断条件改为顾客编号，执行【清空购物车】命令的时候，就会将"ShoppingCart"表中所有顾客编号等于阶段变量"id"的数据删除，从而达到清空购物车的目的。

11.5.6 添加购买商品功能

制作分析

购买商品是使用购物车的最终目的，购买商品功能是将订单信息添加到数据库中成为一行记录，当数据库中的"Orders"表格添加一行记录时，则表示购买成功。当顾客需要购买商品时，可以单击【购买商品】按钮，将订单信息添加到数据库，然后再跳转到"ShoesShop_Finish"页面。

制作流程

添加购买商品功能的主要操作流程为"插入相关元件"→"添加"插入记录"行为"，具体实现过程见表11-10。

表 11–10 添加选购记录实现过程

制作目的	实现过程
插入相关元件	通过【插入】面板添加按钮 通过【插入】面板添加 2 个隐藏域
添加"插入记录"行为	通过【文件】面板添加"插入记录"行为 将 2 个隐藏域的值添加到数据库

上机实战 添加购买商品功能

01 将光标定位在【清空购物车】按钮左边的单元格中，然后在【插入】面板中选择【表单】分类，单击【按钮】按钮，随之打开提示框，询问是否添加表单，单击【是】按钮，如图 11-54 所示。

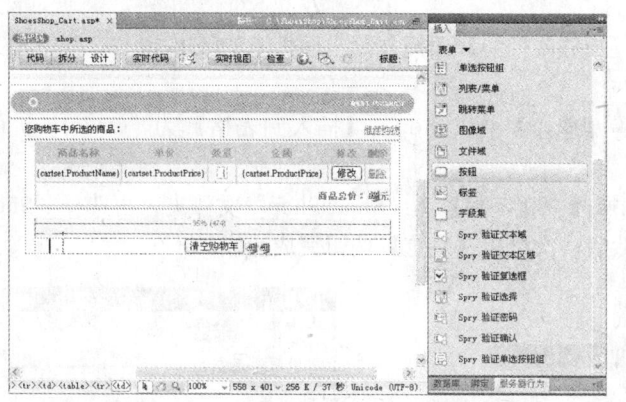
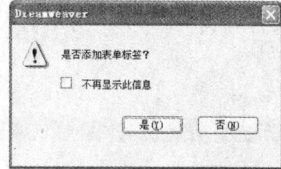

图11-54 定位光标

02 在【属性】面板中设置该按钮的【值】为"购买商品"，如图 11-55 所示。

03 将光标定位在【加入购物车】按钮之后，将【插入】面板切换到【表单】选项卡，单击【隐藏域】按钮，在表单中添加一个隐藏域元件，如图 11-56 所示。

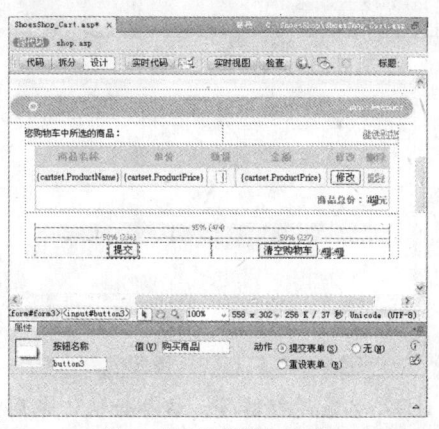
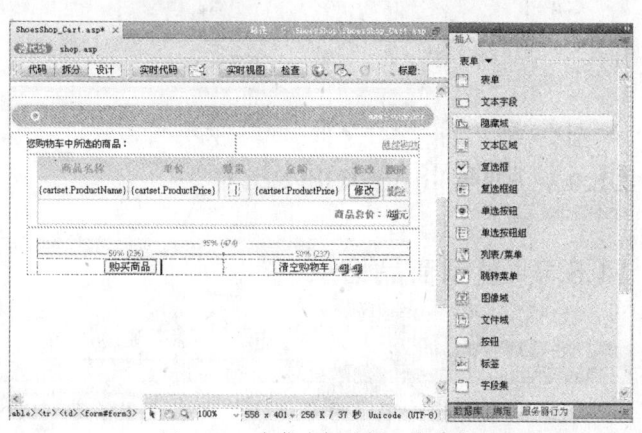

图11-55 设置按钮的值　　　　　　　图11-56 定位光标并插入隐藏域

04 通过属性面板设置【隐藏区域】下方的文本框的值为"CustomerID"，【值】为"<%= String(Session("id")) %>"，如图 11-57 所示。

05 按照相同的方法继续添加名为"TotalCash"，【值】为"<%=totalcash%>"的隐藏域，取得变量"totalcash"的值，如图 11-58 所示。

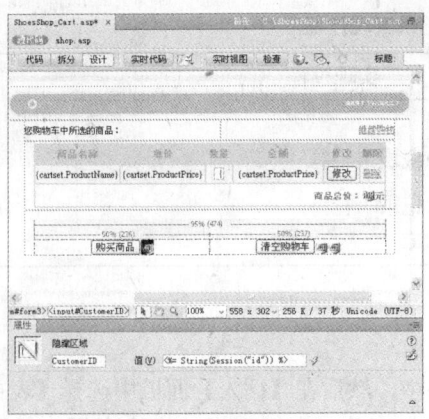
图11-57 设置隐藏区域

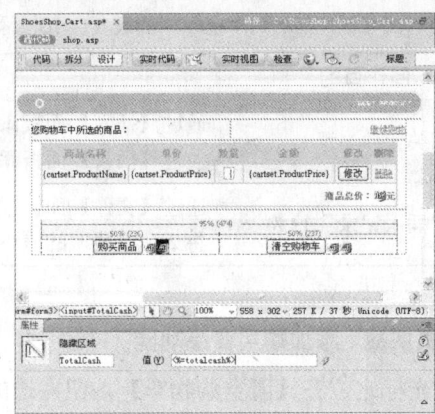
图11-58 添加隐藏域

06 按下"Ctrl+F9"快捷键打开【服务器行为】面板并单击面板上的 按钮,打开下拉菜单,选择【插入记录】命令。

07 在【插入记录】对话框中设置【连接】为"shop",【插入到表格】为"Orders",单击【浏览】按钮,如图11-59所示。

08 打开【选择文件】对话框,选择【查找范围】为"ShoesShop"文件夹,再选择"ShoesShop_Finish"文件,如图11-60所示,然后依次单击【确定】按钮完成操作。

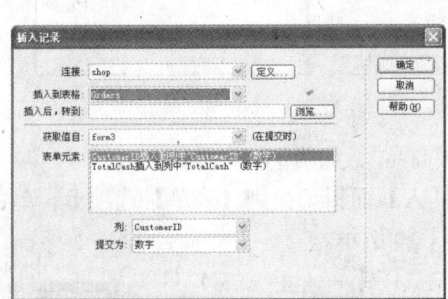
图11-59 设置插入记录

图11-60 选择转到文件

11.6 删除商品页面设计

11.6.1 显示商品信息

制作分析

在前一节的操作中,为"删除"文字设置了带"ProductID"参数的超链接,该参数值传递到删除商品网页后,作为绑定记录集的筛选条件,从而显示想要删除的商品。

制作流程

显示商品信息的主要操作流程为"插入记录集"→"显示绑定的信息",具体实现过程见表11-11。

表 11-11 显示商品信息实现过程

制作目的	实现过程
插入记录集	通过【绑定】面板插入记录集 设置记录集筛选条件为 URL 参数 "ProductID" 的值
显示绑定的数据	通过鼠标拖动的方法在网页中显示动态数据

上机实战 显示商品信息

01 按下"F8"功能键打开【文件】面板,然后双击打开"ShoesShop_Del.asp"网页文件。

02 按下"Ctrl+F10"快捷键打开【绑定】面板,在【绑定】面板中单击 + 按钮,在打开的下拉菜单中选择【记录集(查询)】命令。

03 在显示的【记录集】对话框中设置【名称】为"delset"、【连接】为"shop"、【表格】为"ShoppingCart",接着在【筛选】栏选择【ProductID】选项,并在下一栏中选择【URL 参数】选项,然后单击【确定】按钮,如图 11-61 所示。

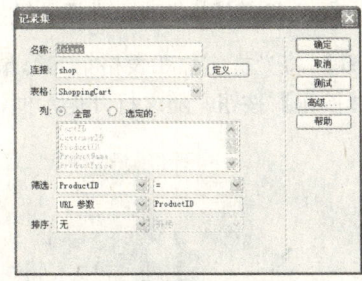

图11-61 设置记录集

04 在【绑定】面板中拖动"ProductName"、"ProductPrice"、"ProductCount"字段到表格第二行的第一、第二和第三个单元格,以便在这些位置显示商品信息,如图 11-62 所示。

05 将光标定位在第二行第四个单元格中,切换到【拆分】视图,在光标处添加代码"<%=(delset.Fields.Item("ProductPrice").Value* delset.Fields.Item("ProductCount").Value)%>",如图 11-63 所示。

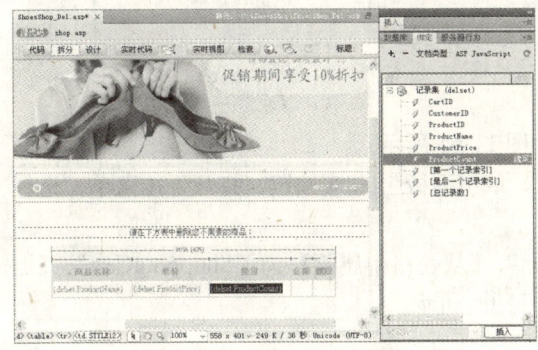

图11-62 显示商品信息

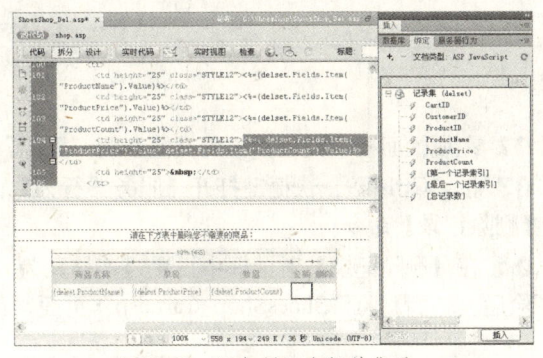

图11-63 添加显示金额的代码

11.6.2 将购物数据从数据库删除

制作分析

将购物数据从数据库删除是指从"ShoppingCart"数据表中删除一行记录。当数据表中成功删除了一行记录则表示从购物车删除了该样商品。在页面中顾客对购物数据进行确认,确认无误后单击"删除"按钮,将数据从数据库删除,然后返回到"ShoesShop_Cart"页面。

制作流程

将购物数据从数据库删除的主要操作流程为"添加'删除'按钮"→"添加【删除记录】行

为",具体实现过程见表11-12。

表11-12 添加清空购物车功能实现过程

制作目的	实现过程
添加"删除"按钮	通过【插入】面板添加"删除"按钮
添加【删除记录】行为	通过【服务器行为】面板添加【删除记录】行为 设置从数据库删除记录的条件为商品编号

上机实战 将购物数据从数据库删除

01 将光标定位在表格第二行最后一个单元格中,将【插入】面板切换到【表单】选项卡,单击【按钮】按钮,随之打开提示框,询问是否添加表单,单击【是】按钮,如图11-64所示。

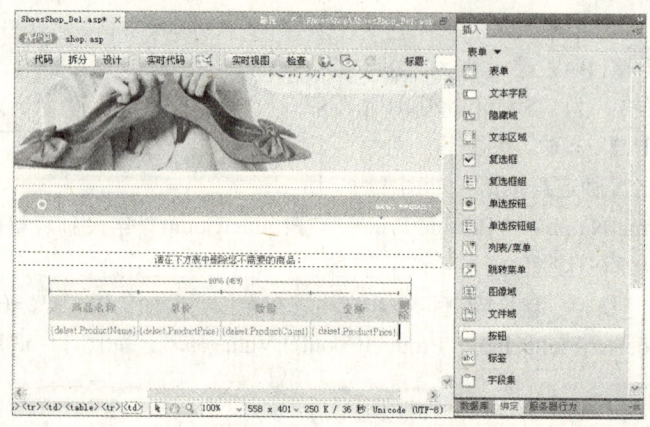
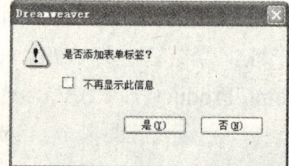

图11-64 定位光标

02 在属性面板中设置按钮的【值】为"删除",如图11-65所示。
03 按"Ctrl+F9"快捷键打开【服务器行为】面板,单击面板上的⊕按钮,打开下拉菜单,选择【删除记录】命令。
04 在【删除记录】对话框中设置【连接】为"shop",【从表格中删除】为"ShoppingCart",【删除后,转到】为"ShoesShop_Cart.asp"页面,如图11-66所示。

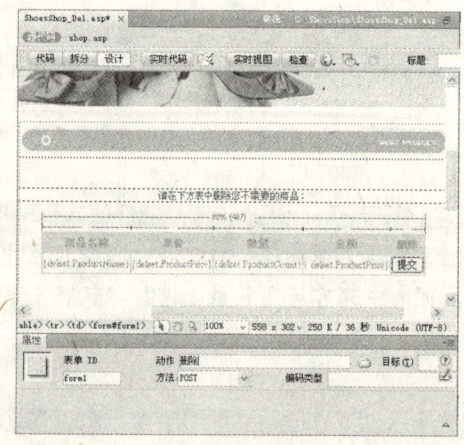
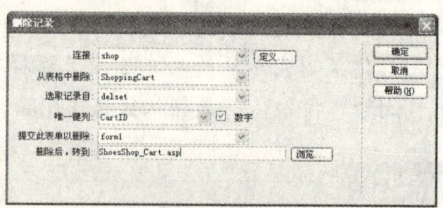

图11-65 设置按钮的值　　　　图11-66 设置删除记录

11.7 制作统计信息页面

11.7.1 添加记录集

制作分析

进入统计信息页面则表示已完成商品购买,因此需要在此页面上显示出已购买的商品信息和订单信息,由于购物信息和订单信息分别保存在"ShoppingCart"及"Orders"两个数据表中,所以需要分别插入两个记录集。

制作流程

添加记录集其主要操作流程为"插入购物信息记录集"→"插入订单信息记录集",具体实现过程见表11-13。

表 11-13 添加记录集实现过程

制作目的	实现过程
插入购物信息记录集	通过【绑定】面板插入购物信息记录集 设置记录集的筛选条件为阶段变量"id"的值
插入订单信息记录集	通过【绑定】面板插入订单信息记录集 设置记录集的筛选条件为阶段变量"id"的值

上机实战 添加记录集

01 按下"F8"功能键打开【文件】面板,双击打开"ShoesShop_Finish.asp"网页文件。

02 按下"Ctrl+F10"快捷键打开【绑定】面板,单击面板中的按钮,在打开的下拉菜单中选择【记录集(查询)】命令。

03 在显示的【记录集】对话框中设置【名称】为"setcart",【连接】为"shop",【表格】为"ShoppingCart",接着在【筛选】栏选择【CustomerID】选项,并在下一栏中选择【阶段变量】选项,并输入"id"语句,然后单击【确定】按钮,如图 11-67 所示。

04 在【绑定】面板中单击按钮,在打开的下拉菜单中选择【记录集(查询)】命令。

05 在显示的【记录集】对话框中设置【名称】为"setorder",【连接】为"shop",【表格】为"Orders",接着在【筛选】栏选择【CustomerID】选项,并在下一栏中选择【阶段变量】选项,并输入"id"语句,然后单击【确定】按钮,如图 11-68 所示。

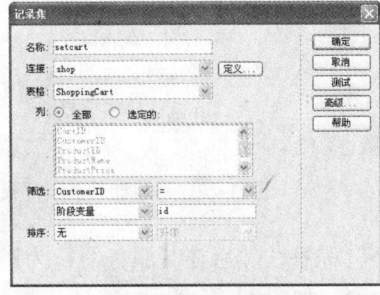
图11-67 设置记录集

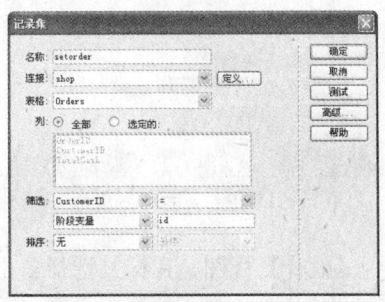
图11-68 设置第二个记录集

11.7.2 添加动态数据

制作分析

需要在统计信息页面中显示的动态数据包括表格中各个相应单元格内的商品信息，以及在表格下方的订单信息。

制作流程

添加动态数据其主要操作流程为"插入购物信息"→"显示商品金额"→"插入订单信息"，具体实现过程见表11-14。

表11-14 添加动态数据实现过程

制作目的	实现过程
插入购物信息	通过鼠标拖动的方法在页面上插入购物信息 设置重复区域
显示商品金额	使用ASP代码计算并显示商品金额
插入订单信息	通过鼠标拖动的方法在页面上插入订单信息

上机实战 添加动态数据

01 在【绑定】面板中选择"setcart"记录集，拖动其中的"ProductName"、"ProductPrice"和"ProductCount"字段到表格第二行的第一、第二、第三个单元格，以便在表格中显示商品名称、商品价格和购买数量，如图11-69所示。

02 将光标定位在第二行最后一个单元格中，然后切换到【拆分】视图，添加代码"<%=(setcart.Fields.Item("ProductPrice").Value* setcart.Fields.Item("ProductCount").Value)%>"，如图11-70所示，从而显示商品金额。

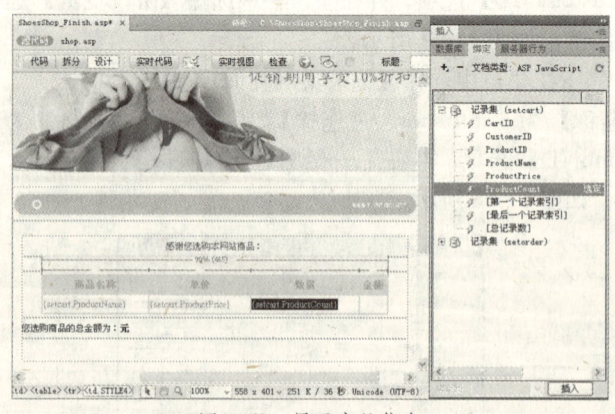

图11-69 显示商品信息

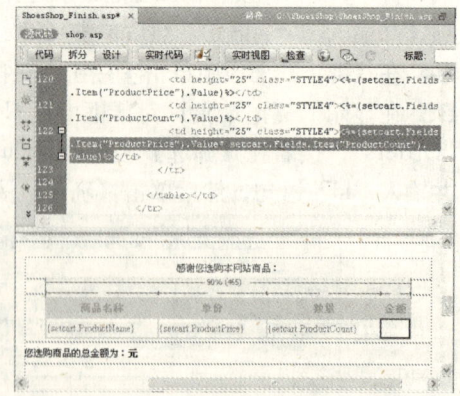

图11-70 添加计算金额的代码

03 切换到【设计】视图，在标签选择器上选择"<tr>"标签，然后在【服务器行为】面板中单击面板上的+按钮，选择下拉菜单中的【重复区域】命令，如图11-71所示。

第11章 购物车程序设计

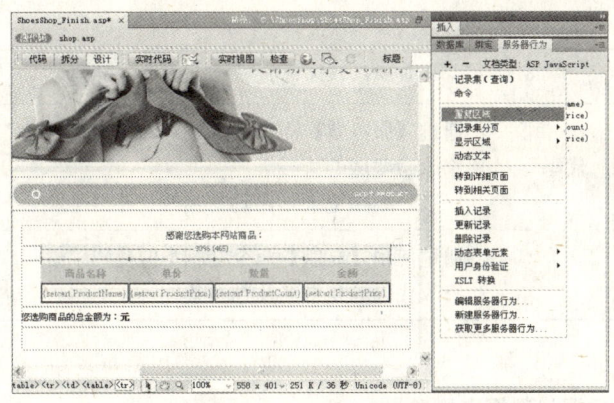

图11-71 选择重复区域

04 打开【重复区域】对话框,选择【显示】栏中的【所有记录】单选框,然后单击【确定】按钮,如图11-72所示。

05 在【绑定】面板中展开"setorder"记录集,拖动其中的"TotalCash"字段到表格下方的"您选购商品的总金额为:"文字后面,以便在这个位置显示总金额,如图11-73所示。

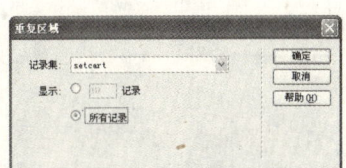

图11-72 显示总金额

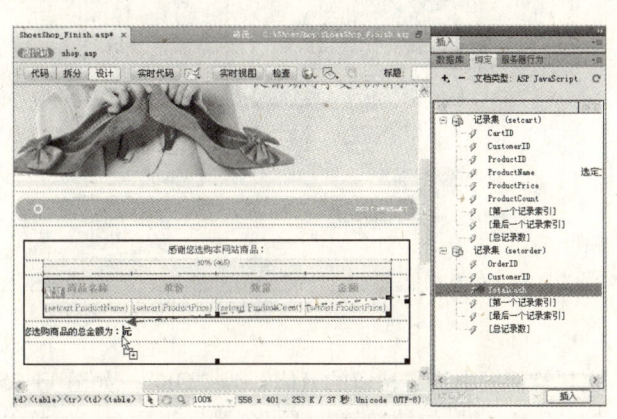

图11-73 显示总金额

11.7.3 将相关数据从数据库删除

制作分析

将相关数据从数据库删除的操作包括删除"ShoppingCart"和"Orders"表格中全部与用户相关的记录。

制作流程

主要操作流程为"添加【OK】按钮"→"添加并修改"删除记录"代码"→"添加清空订单的代码",具体实现过程见表11-15。

表11-15 将相关数据从数据库删除实现过程

制作目的	实现过程
添加【OK】按钮	通过【插入】面板添加【OK】按钮

265

续表

制作目的	实现过程
添加并修改"删除记录"代码	通过【服务器】面板添加"删除记录"行为 修改隐藏域的值 修改"删除记录"代码的判断条件
添加清空订单的代码	通过使用【复制】命令复制类似代码 修改代码的变量名及判断条件

上机实战 将相关数据从数据库删除

01 将光标定位在"总金额"下方的单元格中,如图11-74所示。切换【插入】面板到【表单】选项卡,单击【按钮】按钮。

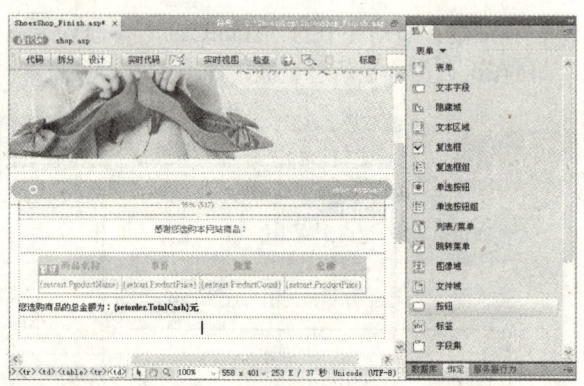
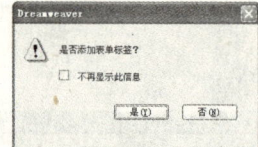

图11-74 定位光标

02 在属性面板中设置按钮的【值】为"OK",如图11-75所示。

03 按"Ctrl+F9"快捷键打开【服务器行为】面板,单击面板上的按钮,打开下拉菜单,选择【删除记录】命令。

04 在【删除记录】对话框中设置【连接】为"shop",【从表格中删除】为"ShoppingCart",【删除后,转到】为"ShoesShop.asp",单击【确定】按钮,如图11-76所示,完成后页面中会生成两个隐藏域。

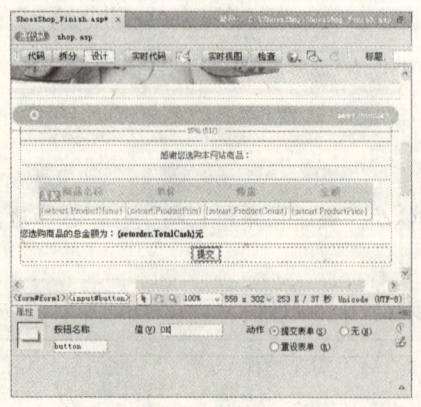
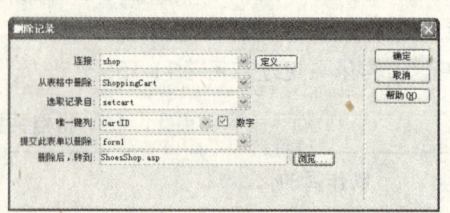

图11-75 设置按钮的值　　　　图11-76 设置删除记录

05 选择ID为"MM_recordId"的隐藏域,在【属性】面板中修改【值】为"<%= String(Session ("id")) %>",如图11-77所示,从而取得阶段变量"id"的值。

06 切换到【代码】视图,在网页代码开头部分的代码中找到"MM_editCmd.CommandText = "DELETE FROM ShoppingCart WHERE CartID = ?""语句,然后将其中的"CartID"修改为"CustomerID",如图11-78所示,以便清空"ShoppingCart"数据表。

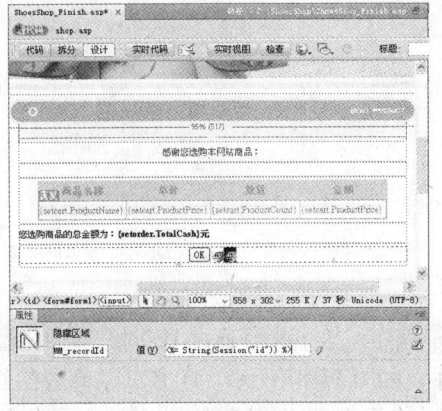

图11-77 修改隐藏域的值值

图11-78 修改代码

07 选择由"var MM_editCmd = Server.CreateObject ("ADODB.Command");"开始,以"MM_editCmd.ActiveConnection.Close();"结束的语句,按下"Ctrl+C"快捷键复制所选语句,如图11-79所示。

08 将光标定位在步骤7所复制语句的下一行,然后按下"Ctrl+V"快捷键粘贴语句,如图11-80所示。

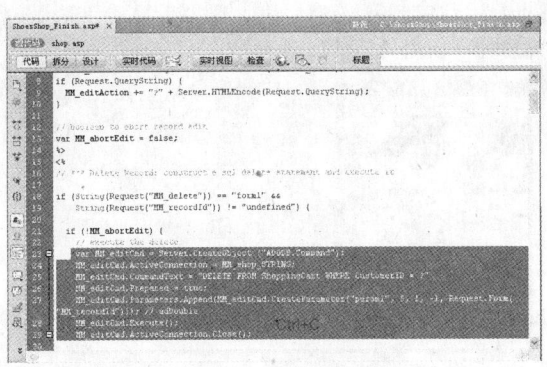

图11-79 复制代码

图11-80 插入新的一行

09 将这段代码中所有名为"MM_editCmd"的变量修改为"MM_editCmd1",完成效果如图11-81所示。

10 找到这段代码中的"MM_editCmd.CommandText= "DELETE FROM ShoppingCart WHERE CustomerID = ?""代码,修改其中的"ShoppingCart"为"Orders",如图11-82所示。

> **提示** 步骤9的操作等同于新建一个变量并用于操作数据库,而步骤10则修改了语句中的数据表名,这样就能够删除掉"Orders"表中全部顾客编号等于阶段变量"id"的数据,达到清空数据表的目的。

图11-81 修改变量名

图11-82 修改代码

11.8 购物车程序成果预览

经过本章前面一系列的操作，完成了靓鞋城的购物车程序，接下来将通过 IE 浏览器预览整个设计成果，首先预览购物车主页"ShoesShop.asp"文件，如图 11-83 所示，顾客可以单击各个商品图片下方的"选购"图像超链接选购商品，然后可以单击页面下方的"查看购物车"图像超链接进入查看购物车页面。

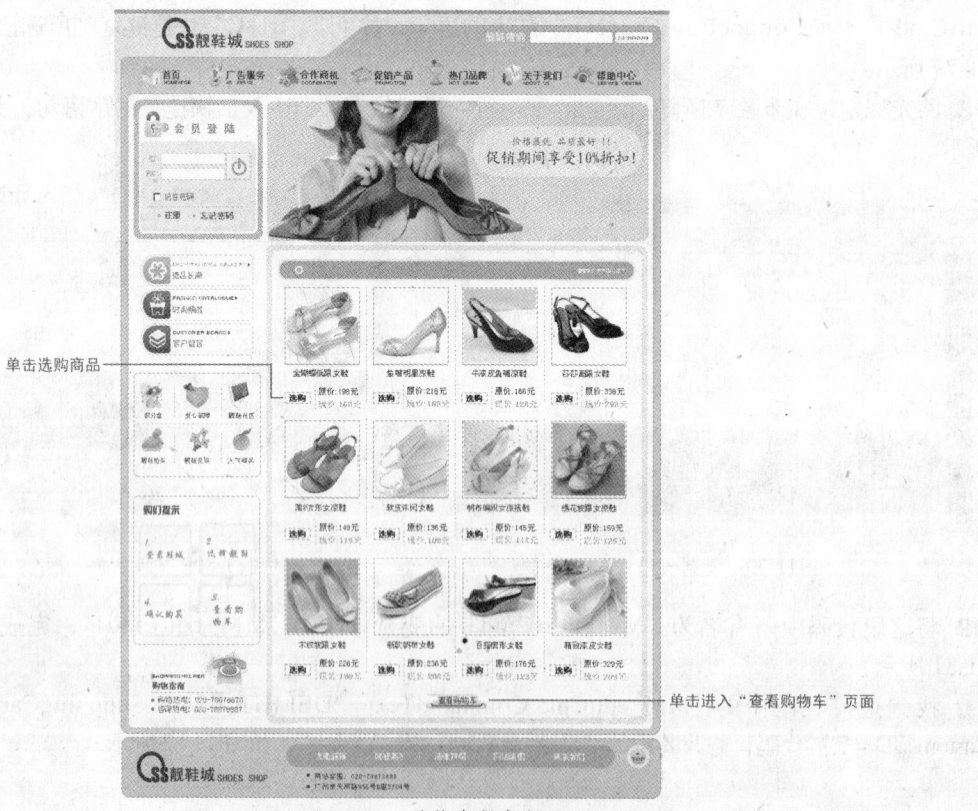

图11-83 购物车程序主页

选购某件商品后，将显示"ShoesShop_Add.asp"网页文件，从中可以看到该种商品的详细信息，如图 11-84 所示，单击【加入购物车】按钮可以将商品加入到购物车。

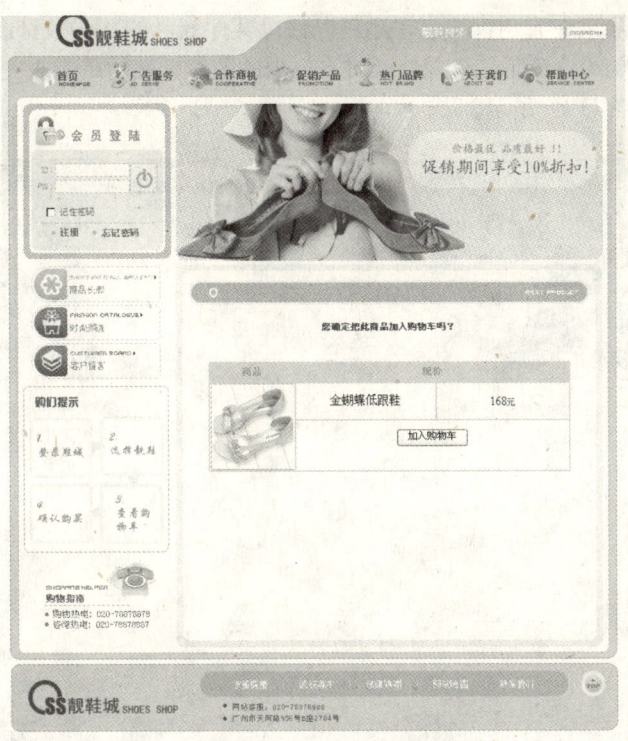

图8-84 加入购物车页面

已选购商品后进入查看购物车页面,在页面中可以查看选购商品的信息。若希望继续购物,则可以单击表格右上方的"继续购物"超链接,从而返回购物车主页,如图11-85所示。

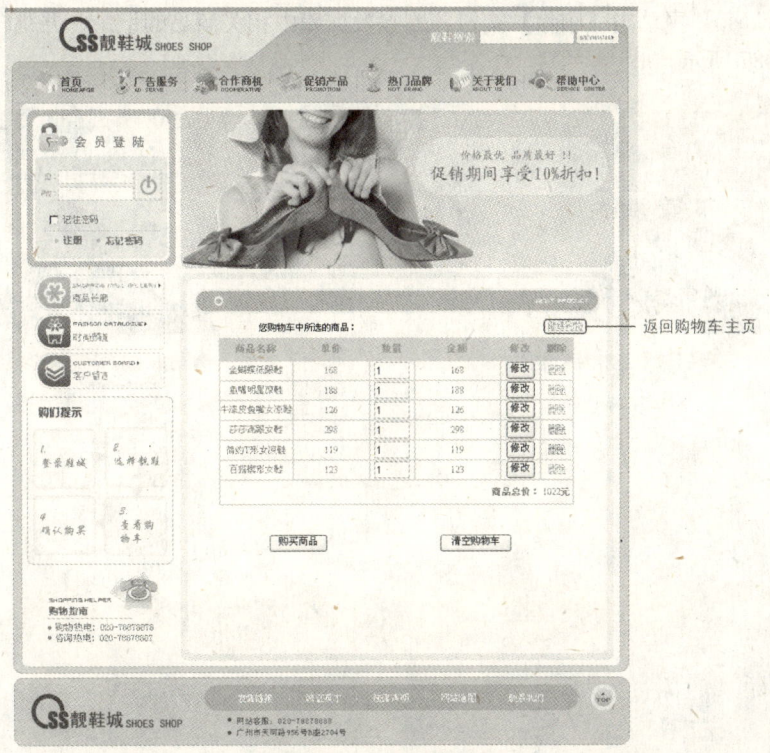

图11-85 查看购物信息

在购物车页面中除了查看购物信息，还可以修改某件商品的购买数量或删除已选购的商品。当需要修改某种商品购买数量时，可以修改文本框内的数值，然后单击右侧的【修改】按钮，从而修改购买数量，如图11-86所示。

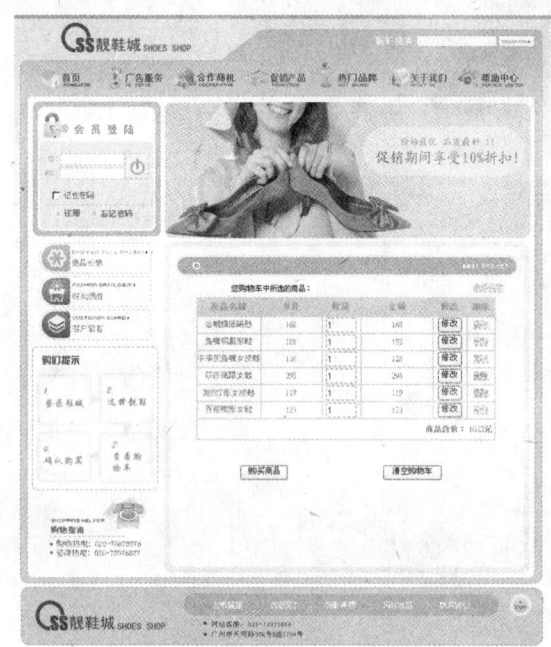
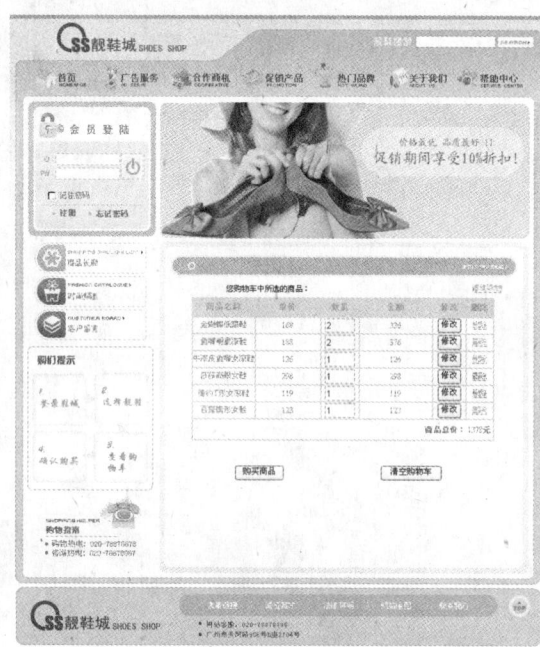

图11-86　修改购买数量

若想要删除该种商品，可以单击右侧的"删除"超链接，在显示的删除商品页面"ShoesShop_Del.asp"中单击【删除】按钮，删除数据库中相关商品的记录，并跳转回查看购物车页面，如图11-87所示。

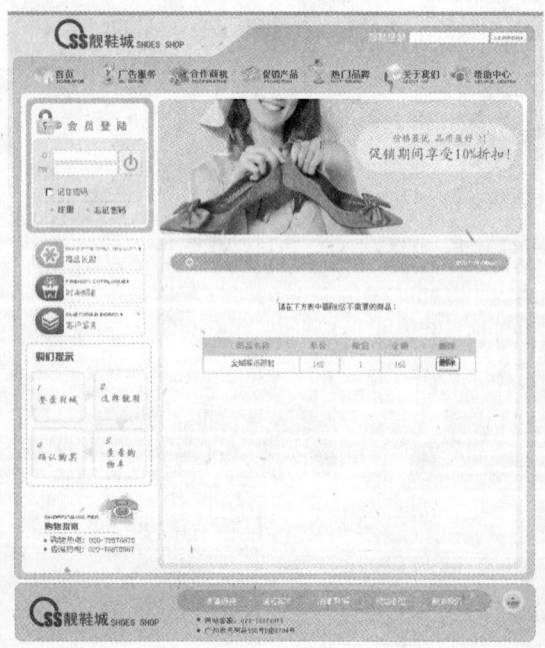
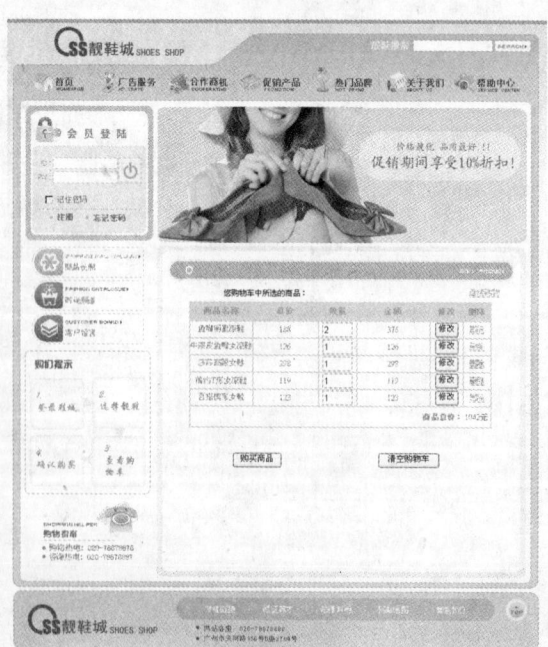

图11-87　删除商品

若顾客希望一次性清空所有购物信息时,可以单击表格右下方的【清空购物车】按钮,删除数据库中相关商品的记录,然后显示购物车主页。此时如果再单击"查看购物车"图像超链接,可以看到如图 11-88 所示的空的购物车。

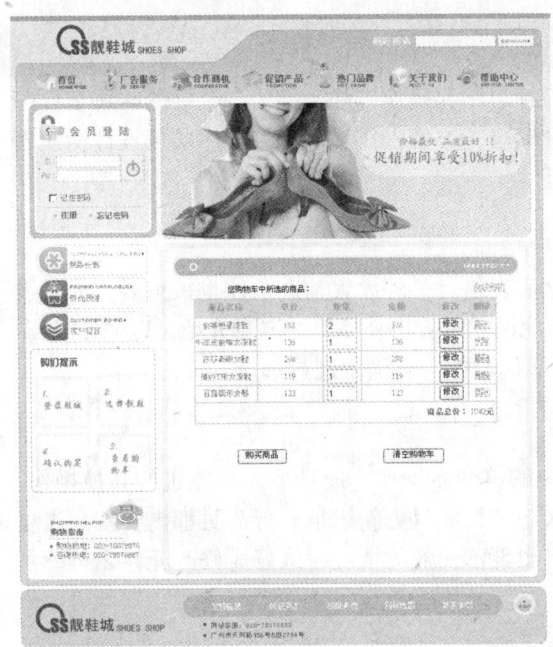
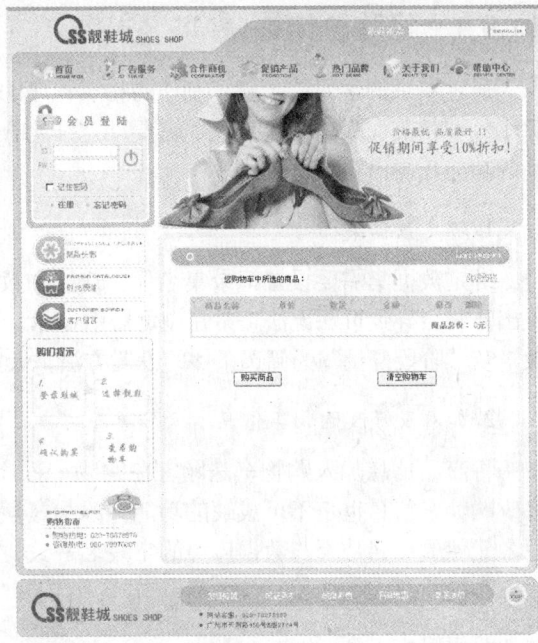

图11-88　清空购物车

若确认购买所选商品,可以单击表格左下方的【购买商品】按钮,将购物订单添加到数据库中,显示购买成功页面"ShoesShop_Finish.asp",如图 11-89 所示,可以查看购物及订单信息。单击【OK】按钮返回购物车首页,完成购物的全程操作。

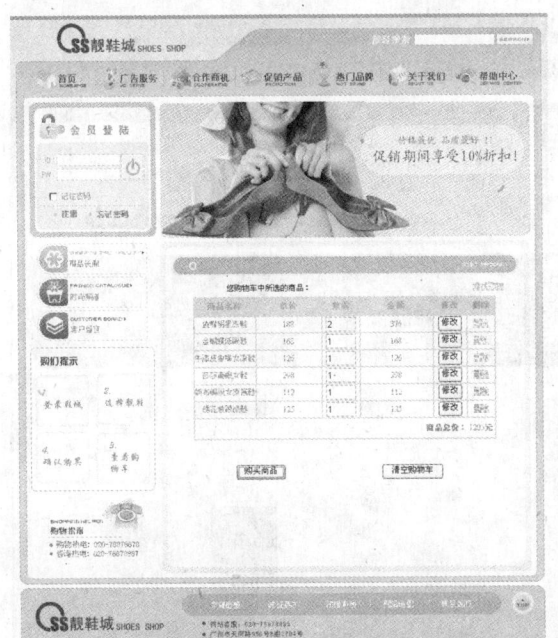
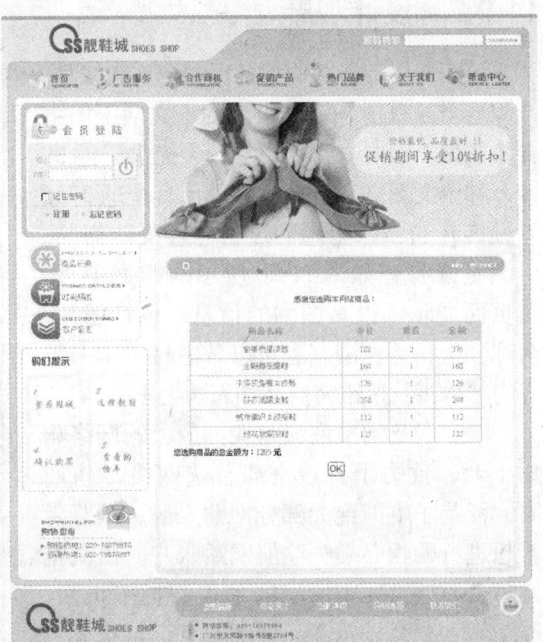

图11-89　购物及订单信息

11.9 学习扩展

11.9.1 经验总结

通过本章的学习，了解了制作购物车程序的设计思路和操作方法。作为一个好的购物车程序除了外观精美、吸引人之外，还需要动态结构合理紧凑，方便操作。购物车程序实例设计所使用到的功能及操作要点总结如下。

1. 绑定数据集

绑定数据集需要设置记录集名称、连接和数据库表格，另外设置筛选条件也很重要，如果设置出错将会导致页面无法正常在浏览器中显示，因此设置时应格外谨慎。本章介绍了以"URL 参数"及"阶段变量"为筛选条件的设置方法，大家可以根据实际需求进行选择。

2. 加入及修改购物车信息

将商品信息加入购物车是顾客在购物车程序中的第一步操作，成功后才可能进行其他操作；修改购物车信息也是不可或缺的功能。添加【插入记录】或【更新记录】行为时都需要留意表单中各元件的命名是否与数据库中的字段名一致，当出现不一致的情况时最好先修改元件名再添加服务器行为。

3. 清空购物车功能

直接编辑代码在动态网页设计中更灵活多变，本章关于清空购物车功能使用了添加【删除记录】行为并修改其代码的方法，修改代码之前最好能读懂代码含义，同时注意不要改动其他代码，否则可能会使页面出错。

11.9.2 设计观摩

下面选用当当网购书主页和淘宝商城加入购物车页面两个实例作为参考。

当当网目前是全球最大的中文网上图书音像商城，面向全世界中文读者提供了近 30 多万种中文图书和音像商品，已有全球 3756 万顾客在当当网上选购过自己喜爱的商品。由浏览器打开如图 11-90 所示的购书主页，该页面展示了很多图书的信息，包括图片、名称、价格等。浏览者可以单击每一本书下方的"购买"按钮将商品加入购物车。

淘宝网及淘宝商城是亚洲最大的网络购物平台，致力于打造全球首选网络零售商圈，覆盖了中国绝大部分网购人群。浏览者若想进行购物必须先注册网购账户。由浏览器打开如图 11-91 所示的加入购物车页面，该页面主要是显示商品详细信息，包括显示商品的图片、价格等信息，还可以选择商品

图11-90　当当网购书主页

颜色等，然后将商品加入购物车。

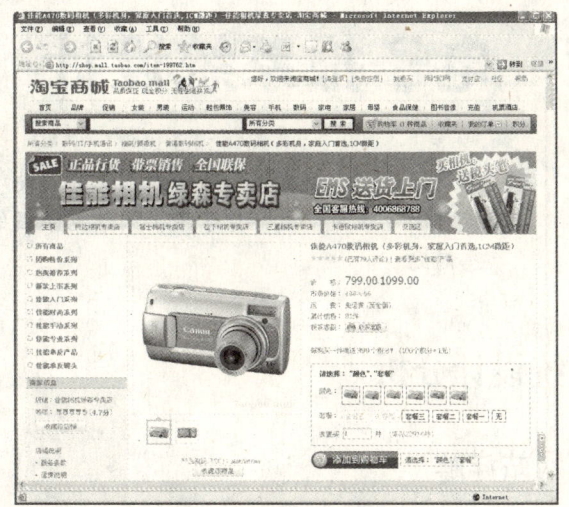

图11-91　淘宝商城加入购物车页面

11.10　本章小结

本章通过购物清单、添加商品、设置商品数量与价格、清空商品等一系列页面及功能制作，介绍了整个"靓鞋城"购物车系统的设计过程，认识并了解了购物车系统的基本制作理念与方法。

11.11　上机实训

实训要求：为"ShoesShop_Finish.asp"添加图形化购物按钮。

操作提示：将光标定位在网页下方的空白单元格，再插入一个"图像域"表单元件，指定元件图片素材，最后设置元件名称，操作流程如图11-92所示。

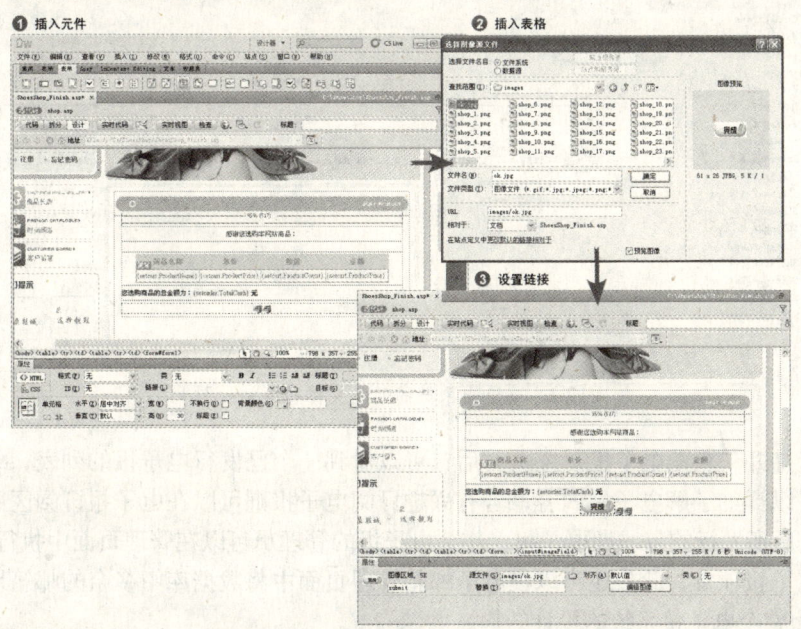

图11-92　添加图形化购物按钮的操作流程

第 12 章 电子报系统设计

> 本章通过"双菱资讯"电子报系统实例设计,介绍如何制作一个提供订阅电子报、发行电子报、阅读电子报信息、订阅邮箱管理的动态网站。

12.1 电子报系统设计分析

12.1.1 动态结构网站详解

"双菱资讯"电子报系统主要由订阅电子报、管理电子报、管理用户邮箱等模块组成,其中"订阅电子报"部分包括电子报的主页面"SLEpaper.asp"和电子报阅读页面"SLEpaper_Read.asp"两个动态网页,"管理电子报"模块则包括"SLEpaper_Admin.asp"、"SLEpaper_Add.asp"、"SLEpaper_Update.asp"、"SLEpaper_DelPaper.asp"和"SLEpaper_Send.asp"五个动态网页,而"管理用户邮箱"模块则由"SLEpaper_Email.asp"和"SLEpaper_DelEmail.asp"两个动态网页组成。由于本电子报系统的制作由外部插件制作电子报编辑功能,并因此建立一个文本编辑区内框架的静态页面"pd_edit.htm"。此外,网站还包含一个放置"paper.asp"数据库连接文件的"Connections"文件夹;放置"paper.mdb"数据库文件的"database"文件夹,以及放置网站图片素材的"editor_images"和"images"文件夹,如图 12-1 所示。

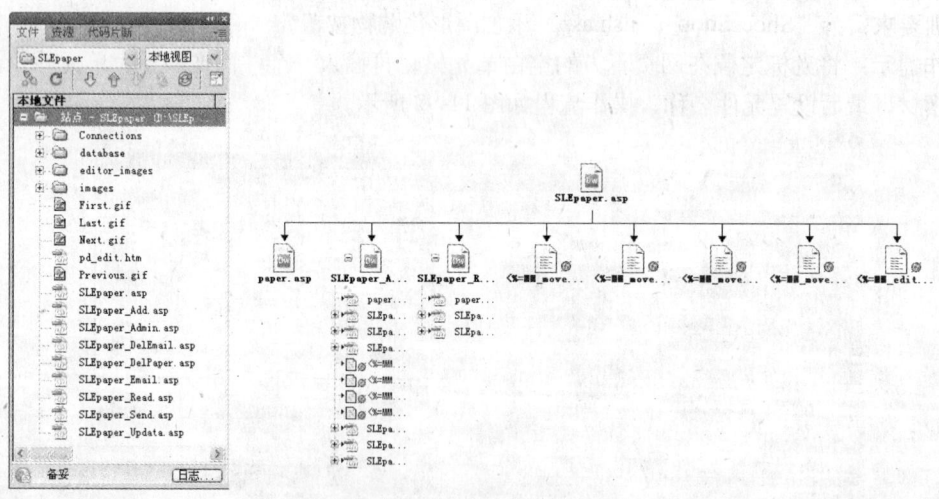

图12-1 电子报系统的网站文件和网站地图

当浏览者打开"双菱电子报"主页面后,可以看到一个已发行电子报的列表,单击相应的阅读链接后便可以详细了解电子报内容,若有兴趣订阅电子报则可以在电子报订阅区中输入个人电子邮件订阅以后所发行的每一期电子报。作为电子报的管理员可以在管理页面中执行新增、更新、发行和删除电子报项目,此外还可以在电子邮箱管理页面中将数据库中多余的邮箱地址删除。如图 12-2 所示为整个电子报系统的设计结构。

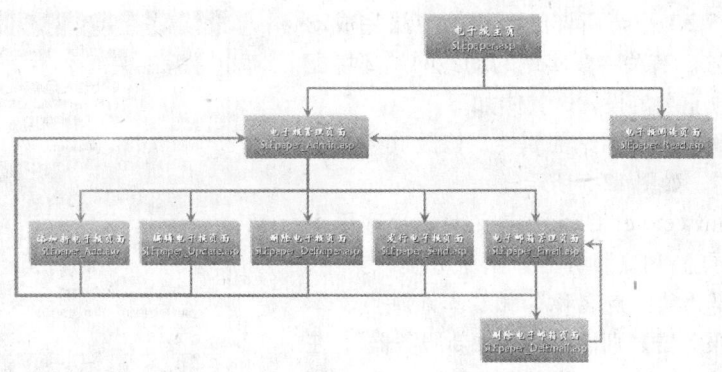

图 12-2　电子报系统结构图

12.1.2　网站数据库分析

"双菱资讯"电子报系统使用的数据库文件名为"paper.mdb",存放在网站的"database"文件夹中。该数据库包含名为"email"、"paper"的两个数据表,其中"email"数据表用于保存订阅电子报的邮箱地址,它包含"email_id"和"email_address"两个字段;另一个"paper"数据表则用于保存电子报信息,这些字段主要以"paper_"为前缀进行保存,包括电子报的编号、标题、内容、发行日期、是否发行五个字段,如图 12-3 所示为电子报系统的数据库。

在"paper"数据表中有两个字段需要特别说明一下:"paper_send"字段用于保存电子报是否已发行的数据判断值,当值为 0 表示为未发行,当值为 1 则表示已发行;另一个"paper_date"字段的默认值设置为"Date()",以获取新增电子报时的实际时间,如图 12-4 所示。

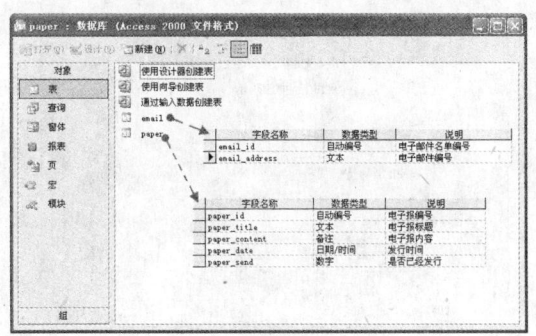

图 12-3　数据库结构

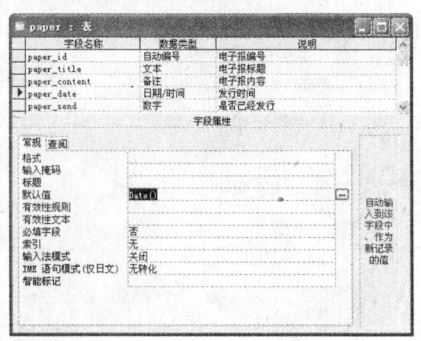

图 12-4　设置"paper_data"字段的默认值

> **提示**　本例直接使用已完成创建全部数据表的数据库文件"paper.mdb",其位置为网站文件夹"SLEpaper"的"database"文件夹中(即本书光盘的"...\Practice\Ch12\SLEpaper\database"位置)。

12.2　电子报系统设计前准备

12.2.1　动态网站环境配置

先将实例光盘中的"...\Practice\Ch12\SLEpaper"文件夹复制到本地电脑 C 盘位置,然后参照本书第 7 章的 7.2.1 小节所详细介绍的方法完成动态网站的环境配置。有关本章实例的动态网站环境配置，下面列举两项重要的设置，具体如下。

（1）设置 IIS 中默认网站的属性，修改其主目录为"C:\SLEpaper"，如图 12-5 所示。

（2）在 Dreamweaver CS5 中定义网站，这里主要介绍设置【站点】和【服务器】两个分类，其中，【站点】设置主要为"站点名称"和"本地站点文件夹"两项，而【服务器】则需要"添加新服务器"，在服务器设置窗口中分别设置"基本"和"高级"两项内容，具体如图 12-6 所示，所添加的服务器设置如表 12-1 所示。

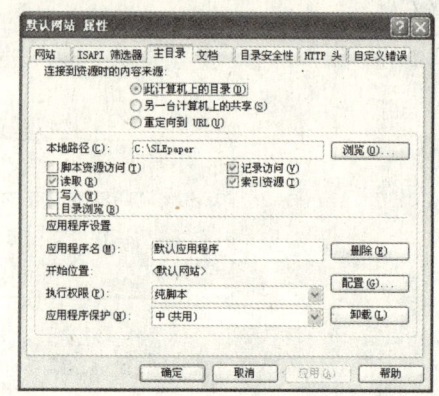

图 12-5　设置网站主目录

表 12-1　定义网站

【站点】设置	添加新服务器
站点名称：SLEpaper 本地站点文件夹：C:\SLEpaper\	服务器名称：SLEpaper 连接方法：本地 / 网络 服务器文件夹：C:\SLEpaper\ Web URL：http://localhost/ 服务器模型：ASP VBScript

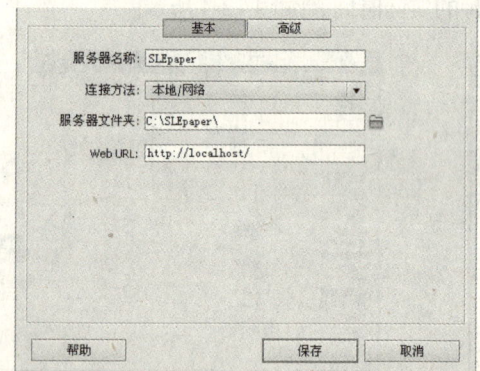 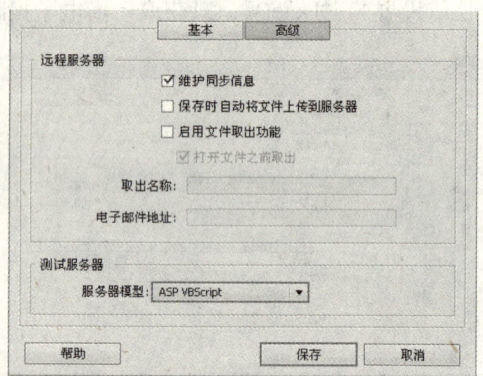

图 12-6　添加新服务器

12.2.2　设置 ODBC 数据源

设置 IIS 本地服务器的主目录并定义动态网站后，接下来通过开放式数据库连接（ODBC）驱动程序指定数据库为数据源，在【控制面板】中打开【管理工具】窗口，再执行【数据源（ODBC）】程序，打开【ODBC 数据源管理器】对话框，切换到【系统 DSN】选项卡，然后指定电脑 C 盘中的"/SLEpaper/database"文件夹中的"paper.mdb"数据库文件，如图 12-7 所示。

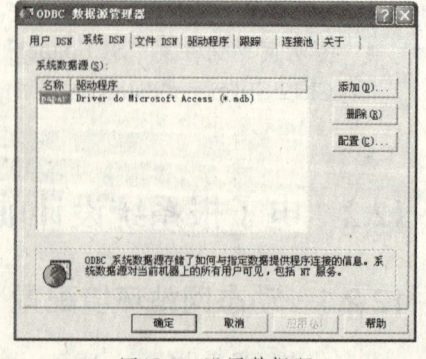

图 12-7　设置数据源

12.2.3 Dreamweaver动态数据设置

要在动态网页中访问和管理数据库，必须先将网页和数据库建立关联，本例以指定数据源名称（DSN）方式为网页操作数据库提供连接通道。

在Dreamweaver CS5的【文件】面板中打开任意一个ASP页面，再在【数据库】面板中使用【数据源名称（DSN）】功能，打开【数据源名称（DSN）】对话框，设置【连接名称】和【数据源名称（DSN）】为"paper"，如图12-8所示。

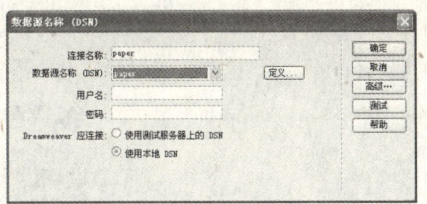

图12-8　指定数据源名称

至此，本例电子报系统设计的准备步骤已经完成，从下一节开始，将详细介绍各个动态网页的具体制作方法，包括订阅电子报、管理用户邮箱、管理电子报等实例的操作。

> **提示**　在12.9节中可以完整集中地预览整个实例效果，若读者在各节或小节的制作过程中对具体操作有所不解，也可先跳到12.9节中查看对应的操作结果。

12.3　电子报主页与阅读页面设计

12.3.1　显示已发行电子报信息

制作分析

在电子报系统主页面"SLEpaper.asp"中将显示已发行电子报的信息，浏览者可以先阅读这些电子报的详细内容，以决定是否订阅电子报。显示已发行的电子报信息的方法是先设置特殊筛选的记录集，再将相关字段添加到页面。

制作流程

主要操作流程为"插入记录集"→"显示绑定的信息"，具体实现过程见表12-2。

表12-2　显示已发行电子报信息实现过程

制作目的	实现过程
插入记录集	通过【绑定】面板添加记录集"paper"和"email" 设置"paper"记录集的筛选条件为已发行的电子报
绑定记录集字段	通过拖动的方法将已添加的记录集字段添加至页面相应位置
制作电子报阅读链接	通过【插入】面板为"阅读电子报"文本添加"转到详细页面"为"SLEpaper_Read.asp"页面

上机实战　显示已发行电子报信息

01 按下"F8"功能键打开【文件】面板，双击打开"SLEpaper.asp"网页文件。

02 按下"Ctrl+F10"快捷键打开【绑定】面板，单击 按钮，在打开的下拉菜单中选择【记录集（查询）】命令，如图 12-9 所示。

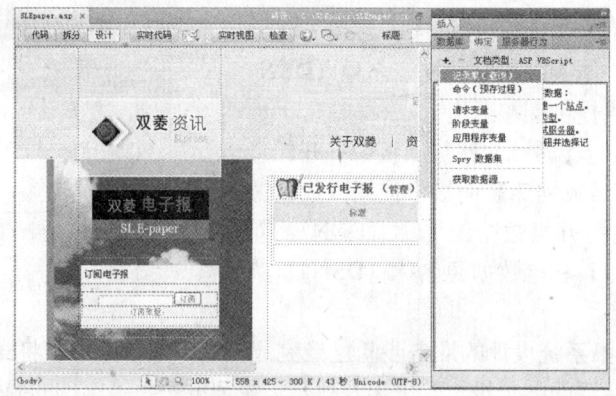

图12-9 添加记录集

03 在打开【记录集】对话框中设置【名称】、【连接】和【表格】为"paper"，然后在【筛选】栏中选择"paper_send"项目，再设置方式为"<>"，并在下一栏中选择"输入的值"选项，输入参数为 0，最后单击【确定】按钮，如图 12-10 所示。

> 提示 因为数据库中"paper"表的"paper_send"字段以 0 表示未发行，1 则表示已发行。因此步骤 3 的操作中设置筛选出"paper_send"字段不等于 0 的数据，即筛选出了所有已发行的电子报。

04 在【绑定】面板中再次单击 按钮，并在展开的下拉菜单中选择【记录集（查询）】命令。打开【记录集】对话框后，设置【名称】和【表格】为"email"，设置【连接】为"paper"，然后单击【确定】按钮，如图 12-11 所示。

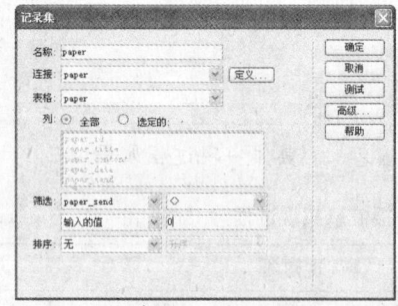

图12-10 "已发行电子报"记录集

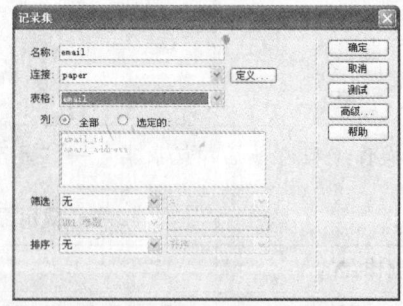

图12-11 "电子邮箱"记录集

05 在【绑定】面板中展开"paper"记录集，再拖动"[总记录集]"字段到网页中"发行总数："文本的后面，如图 12-12 所示，在此处显示电子报的发行总数。

06 按照步骤 5 的操作方法，分别在网页右边表格中添加"paper_title"和"paper_date"字段，在左边订阅电子报的位置添加"email"记录集中的"总记录数"字段，如图 12-13 所示。

07 在网页右边表格中选择"阅读旧电子报"文本，再切换【插入】面板为"数据"分类，单击展开【转到详细页面】下拉菜单，选择【转到详细页面】命令，如图 12-14 所示。

第12章 电子报系统设计

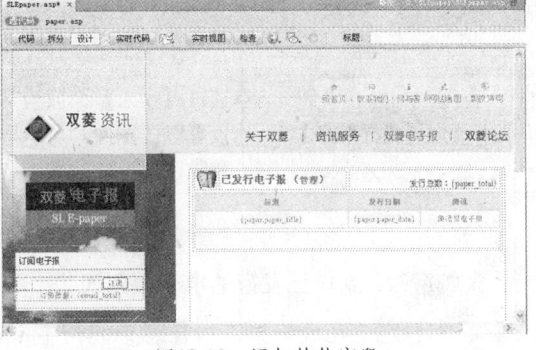

图12-12 添加"[总记录数]"字段　　　　图12-13 添加其他字段

08 在打开的【转到详细页面】对话框中单击【详细信息页】栏右边的【浏览】按钮,打开【选择文件】对话框,在【SELpaper】文件夹中双击选用"SELpaper_Read.asp"网页文件,如图12-15 所示。

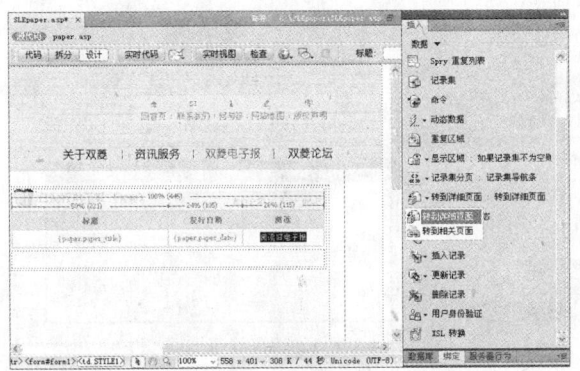

图12-14 转到详细页面　　　　　　　　图12-15 指定详细信息页

12.3.2 制作已发行的电子报列表

制作分析

在上一小节的操作中将电子报信息显示在主页面的右边表格,由于需要显示多条电子报信息,特别是电子报项目超过页面篇幅的容量时,还需要利用翻页的形式进行操作。

制作流程

制作已发行电子报列表的主要操作流程为"添加【重复区域】行为"→"插入【记录集导航条】",具体实现过程见表12-3。

表 12-3　制作已发行的电子报列表实现过程

制作目的	实现过程
添加【重复区域】行为	通过【插入】面板添加【重复区域】行为 设置参照记录集以及显示记录笔数为 15

续表

制作目的	实现过程
插入【记录集导航条】	通过【插入】面板为网页插入【记录集导航条】对象 设置以"图像"显示导航条 删除因插入导航条而产生的多余空行并调整导航条表格的宽度

上机实战 制作已发行的电子报列表

01 将光标定位在表格第二行任意单元格中,在"标签"选择器中单击"<tr>"标签,选择显示电子报信息的整行单元格,然后在【插入】面板中单击【重复区域】按钮,如图12-16所示。

02 在【重复区域】对话框中选择【记录集】为"paper",设置显示15条记录,然后单击【确定】按钮,如图12-17所示。

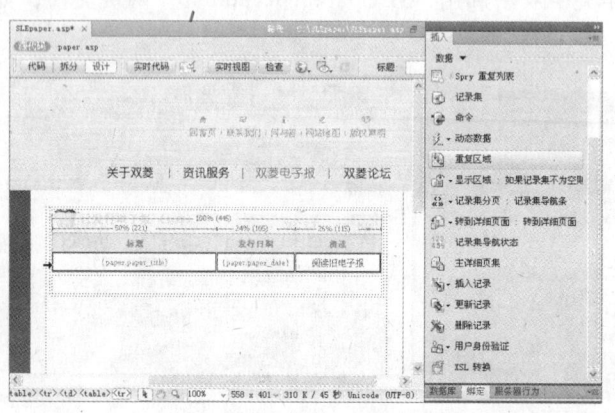
图12-16 选择重复区域

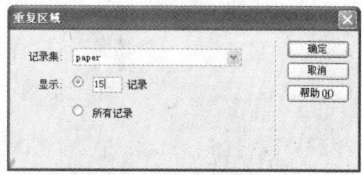
图12-17 设置重复区域

03 将光标定位在表格下方空白单元格中,在【插入】面板的【数据】分类中单击【记录集分页】按钮,打开下拉菜单,选择【记录集导航条】命令,如图12-18所示。

04 打开【记录集导航条】对话框,选择【记录集】为"paper",再选择【显示方式】为"图像",然后单击【确定】按钮,如图12-18所示。

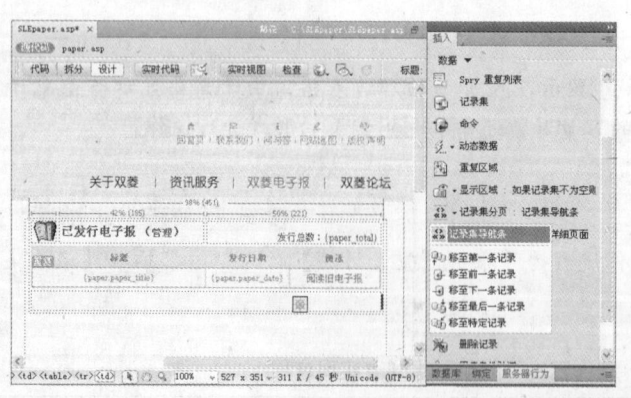

图12-18 插入记录记导航条

05 选择导航条表格上方的空格符,按下"Delete"键将其删除,再向右拖曳表格右下角调整点,如图12-19所示,删除该多余空行,并扩大各按钮图像的间距。

电子报系统设计 第12章

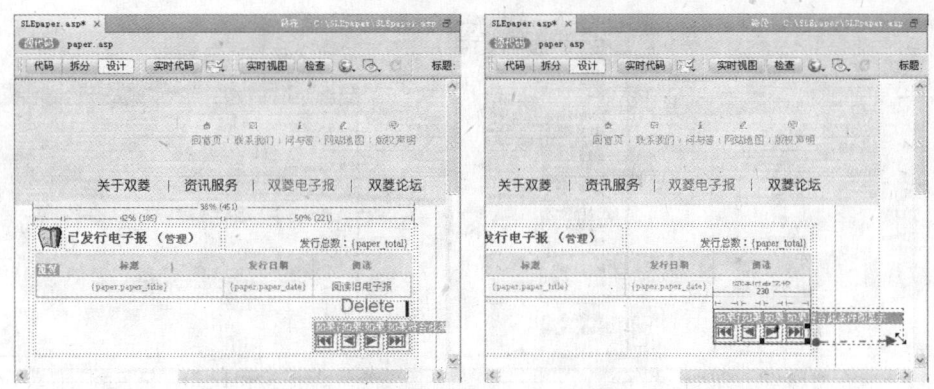

图12-19　调整导航条表格

12.3.3　制作订阅电子报功能

制作分析

浏览者若想要订阅电子报，可以在电子报主页面右边的订阅处输入个人电子邮件地址，然后单击【订阅】按钮完成订阅，成功订阅后，将显示"订阅成功！"提示信息。

制作流程

主要操作流程为"添加"插入记录"行为"→"请求变量"→"添加请求变量字段"，具体实现过程见表12-4。

表12-4　制作订阅电子报功能实现过程

制作目的	实现过程
添加"插入记录"行为	通过【服务器行为】面板添加"插入记录"行为 指定【连接】为"paper"，【插入的表格】为"email" 指定插入记录后的转向页面为"SLEpaper.asp" 设置指定文件的参数值"Message"为"订阅成功！"
请求变量	通过【绑定】面板添加"请求变量"为"Message"
添加请求变量字段	通过【绑定】面板添加"请求变量"名称至网页左边对应位置 通过【属性】面板为新增的变量字段套用 CSS 样式为"text01"

上机实战　制作订阅电子报功能

01 按下"Ctrl+F9"快捷键打开【服务器行为】面板，在【服务器行为】面板中单击面板上的 ⊕ 按钮，打开下拉菜单，选择【插入记录】命令，如图12-20所示。

02 在【插入记录】对话框中设置【连接】为"paper"，【插入到表格】为"email"，在【列】栏中选择"email_address"字段，然后单击【浏览】按钮，如图12-21所示。

03 在打开的【选择文件】对话框中，选择查找范围为"SLEpaper"文件夹，再选择"SLEpaper.asp"文件，单击【参数】按钮，如图12-22所示。

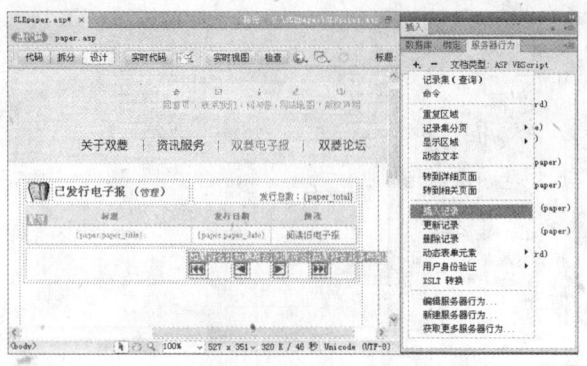
图12-20 插入记录

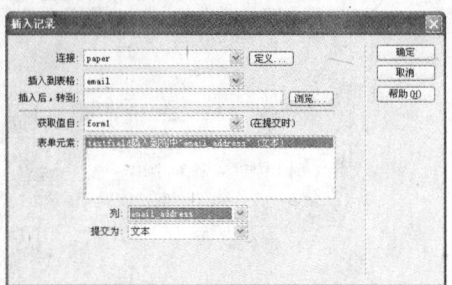
图12-21 设置插入记录

04 在【参数】对话框中设置【名称】为 "message",【值】为 "订阅成功！",如图 12-23 所示,然后依次单击【确定】按钮完成插入记录的设置。

图12-22 选择转到文件

图12-23 设置参数

05 将【应用程序】面板组切换到【绑定】面板中,单击面板上的 按钮,打开下拉菜单,选择【请求变量】命令,如图 12-24 所示。

06 在【请求变量】对话框中设置【类型】为 "请求",【名称】为 "Message",单击【确定】按钮,如图 12-24 所示。

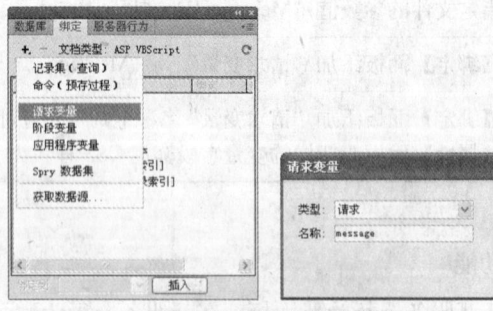
图12-24 添加请求变量

07 在【绑定】面板中展开 "Request" 变量,再拖动 "message" 变量值到网页左边内容为 "订阅电子报" 的单元格内,如图 12-25 所示。

08 选择新添加的变量字段,然后在【属性】面板中设置【样式】为 "text01" 样式项目,如图 12-26 所示,设置变量内容的外观。

电子报系统设计 **第12章**

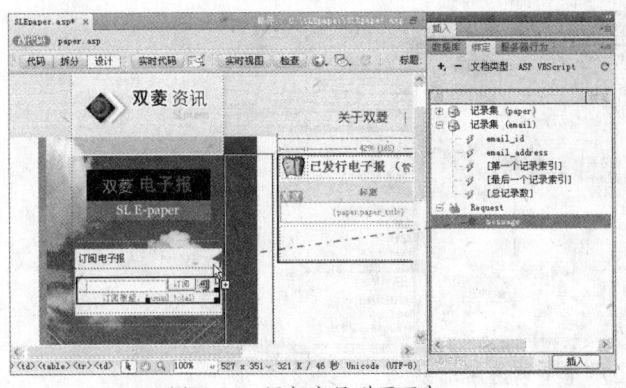
图12-25 添加变量到页面中

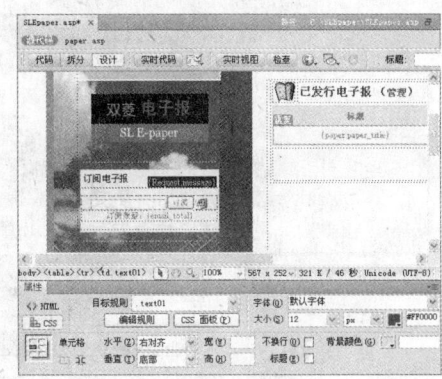
图12-26 套用CSS样式

> **提示** 请求变量可以实现在同一页面中传递参数值以显示相应信息。如本例操作中先通过"插入记录"行为指定转向页面并指定参数值,再通过添加"请求变量"并在同一页面添加变量字段的方式,轻松实现针对相同页面的操作而显示相应信息的效果。

12.3.4 检查新邮箱名称

制作分析

本电子报系统将根据浏览者的订阅邮箱地址发行电子报,若出现相同的邮箱地址,将产生重复发送电子报给订户的情况,给订户造成不便。可以通过【检查新用户名】服务器行为检查浏览者所提供的邮箱地址是否已被使用,若发现已使用将在页面中显示"您已经订阅过了!"的提示信息,以提醒订户使用其他邮箱地址订阅。

制作流程

主要操作流程为"检查新用户名"→"指定转到文件并设置参数",具体实现过程见表12-5。

表12-5 检查新邮箱名称实现过程

制作目的	实现过程
检查新用户名	通过【服务器行为】面板添加"检查新用户名"行为
指定转到文件并设置参数	指定转到页面为"SLEpaper.asp" 设置参数的名称为"Message",值为"您已经订阅过了!"

上机实战 检查新邮箱名称

01 按下"Ctrl+F9"快捷键打开【服务器行为】面板,在【服务器行为】面板中单击面板上的 ⊕ 按钮,打开下拉菜单,选择【用户身份验证】|【检查新用户名】命令,如图12-27所示。

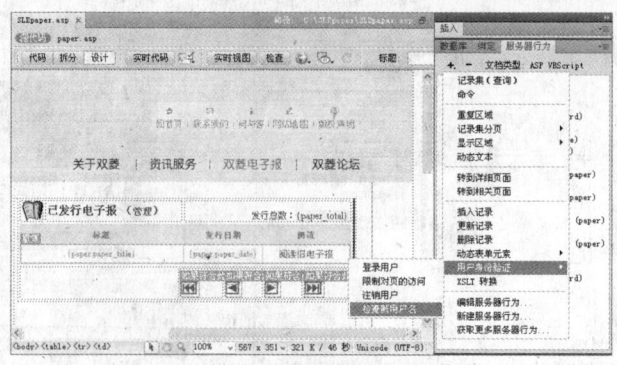

图12-27　检查新用户名

02 在【检查新用户名】对话框中单击【浏览】按钮，在【选择文件】对话框中指定"SLEpaper"文件夹，再双击选用"SLEpaper.asp"文件，然后单击【参数】按钮，如图12-28所示。

03 在打开的【参数】对话框中设置【名称】为"Message"，【值】为"您已经订阅过了！"，如图12-29所示，然后依次单击【确定】按钮完成操作。

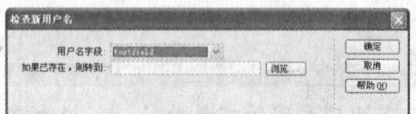
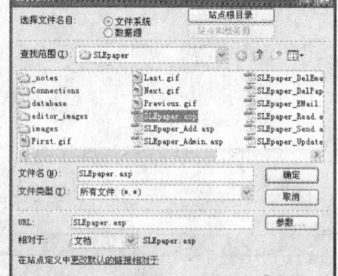

图10-28　指定转到文件　　　　　　　　　　图12-29　设置参数

12.3.5　制作电子报阅读页面

制作分析

在电子报主页可以通过相关链接打开对应电子报的详细内容页面"SLEpaper_Read.asp"，阅读某一份电子报的详细内容，可以通过为页面添加数据字段的方式快速完成显示电子报详细内容的页面。

制作流程

主要操作流程为"插入记录集"→"绑定数据字段"→"添加超链接"，具体实现过程见表12-6。

表12-6　制作电子报阅读页面实现过程

制作目的	实现过程
插入记录集	通过【绑定】面板添加记录集"paper" 设置记录集的筛选条件为"PaperID"的值
绑定数据字段	通过【绑定】面板以拖动的方式为网页中相应位置绑定数据字段

制作目的	实现过程
添加超链接	通过【属性】面板为网页文本添加返回主页超链接"SLEpaper.asp"

上机实战 制作电子报阅读页面

01 按下"F8"功能键打开【文件】面板,然后双击打开"SLEpaper_Read.asp"网页文件。

02 按下"Ctrl+F10"快捷键打开【绑定】面板,单击 ➕ 按钮,在打开的下拉菜单中选择【记录集(查询)】命令,如图12-30所示。

03 在打开的【记录集】对话框中设置【名称】、【连接】和【表格】为"paper",在【筛选】栏中选择"paper_id"项目,并在下一栏中选择"URL 参数"选项,接着输入"paper_id",然后单击【确定】按钮,如图12-31所示。

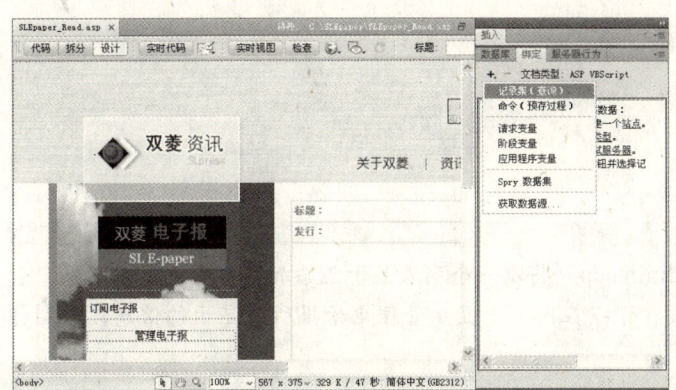
图12-30 添加记录集

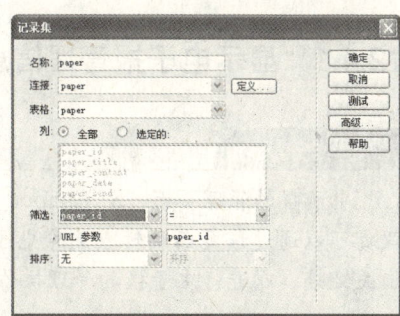
图12-31 设置记录集

04 在【绑定】面板中展开记录集,然后分别拖动"paper_title"、"paper_date"和"paper_content"字段到表格的相应单元格,如图12-32所示。

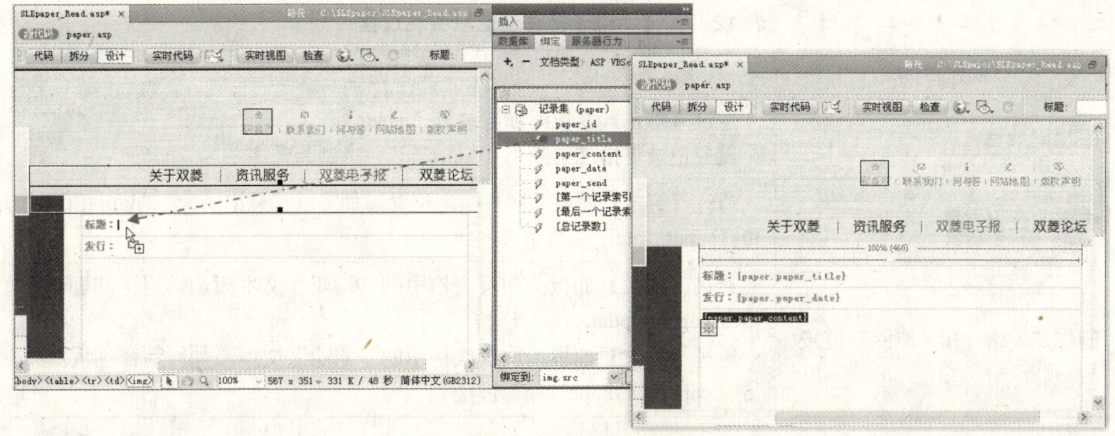
图12-32 添加数据字段

05 选择页面左侧的"返回主页"页面文本,通过【属性】面板中设置【链接】为"SLEpaper.asp"页面,如图12-33所示。

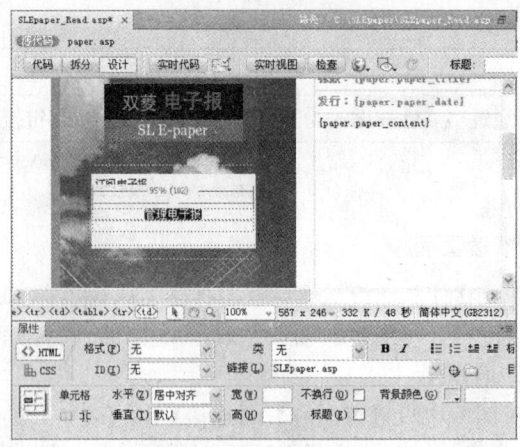

图12-33 设置超链接

12.4 制作电子报管理页面

12.4.1 显示电子报管理信息

制作分析

电子报的管理页面"SLEpaper_Admin.asp"将以一个列表显示已添加的所有电子报项目,管理员可以通过该页面编辑或删除电子报。可以在网页中显示管理电子报所要显示的信息,并制作相关链接,以进行电子报的管理操作。

制作流程

主要操作流程为"添加记录集"→"绑定的数据字段"→"制作"编辑"和"删除"链接",具体实现过程见表12-7。

表 12-7 显示电子报管理信息实现过程

制作目的	实现过程
添加记录集	通过【绑定】面板添加记录集"paper" 设置记录集排序字段为"paper_id",类型为升序
绑定的数据字段	通过【绑定】面板为网页指定位置添加字段"总记录数""paper_title"和"paper_date"三个字段
制作"编辑"和"删除"链接	通过【插入】面板为网页表格中的"编辑"文本添加转到详细页面为"SELpaper_Update.asp"链接 通过【插入】面板为网页表格中的"删除"文本添加转到详细页面为"SELpaper_DelPaper.asp"链接

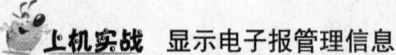 显示电子报管理信息

01 按下"F8"功能键打开【文件】面板,双击打开"SLEpaper_Admin.asp"网页文件。

02 按下"Ctrl+F10"快捷键打开【绑定】面板中,单击面板上的⊕按钮,在打开的下拉菜单中选择【记录集(查询)】命令,如图 12-34 所示。

03 在打开的【记录集】对话框中设置【名称】、【连接】和【表格】为"paper",在【排序】栏中选择排序参考为"paper_id"字段,再选择类型为"升序",然后单击【确定】按钮,如图 12-35 所示。

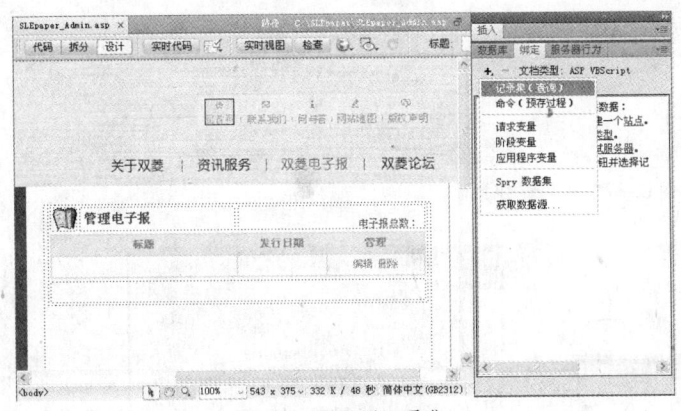
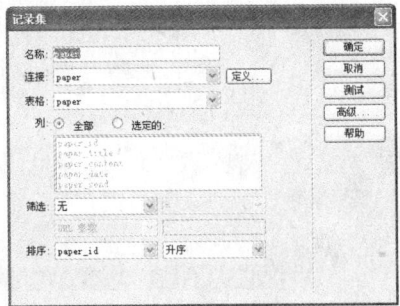

图12-34 设置记录集　　　　　　　图12-35 添加电子报总数

04 从【绑定】面板中拖动"[总记录数]"字段到"电子报总数:"页面文字的后面,如图 12-36 所示,在此处显示所管理的电子报总数。

05 根据步骤 4 相同的操作方法,继续从【绑定】面板中拖动"paper_title"和"paper_date"字段到"标题"与"发行日期"下方的单元格中,如图 12-36 所示,以显示出电子报的标题和发行日期。

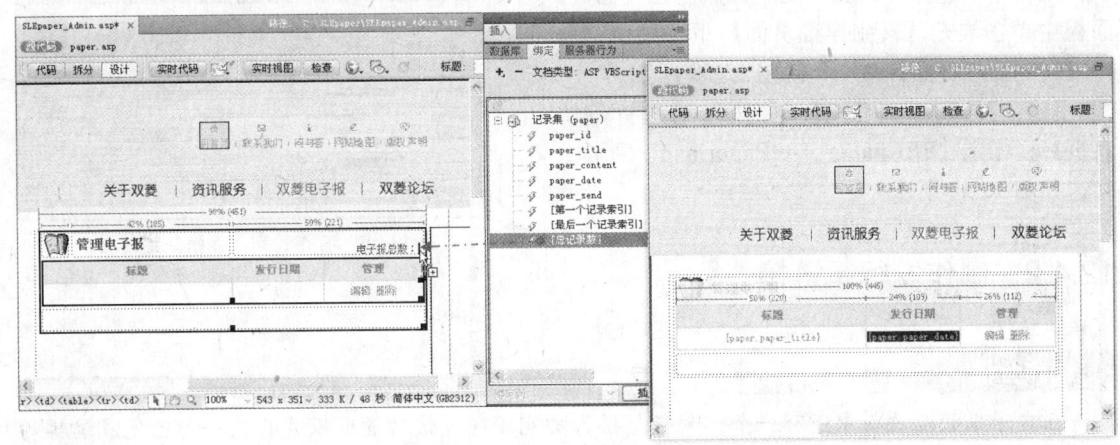

图12-36 添加其他字段

06 在表格中选择"编辑"文本,然后在【插入】面板的"数据"分类中单击展开【转到详细页面】下拉菜单,选择【转到详细页面】命令,如图 12-37 所示。

07 打开【转到详细页面】对话框,在【详细信息页】栏右边单击【浏览】按钮,打开【选择文件】对话框,在【SELpaper】文件夹中双击选用"SELpaper_Update.asp"网页文件,如图 12-38 所示。

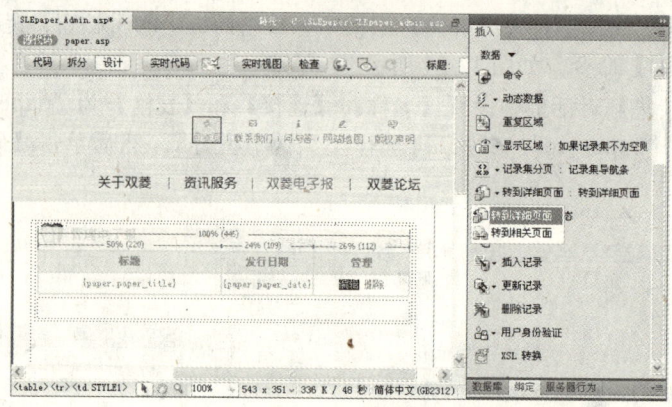

图12-37 转到详细页面

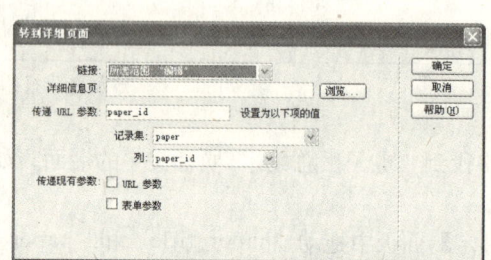
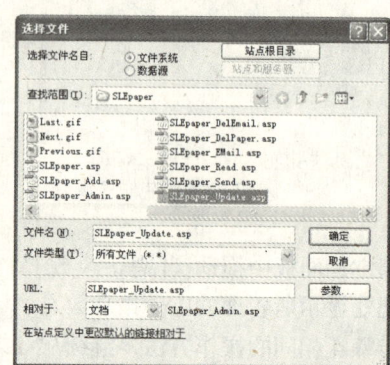

图12-38 指定详细信息页

08 在表格中选择"删除"文本,然后在【插入】面板中单击展开【转到详细页面】下拉菜单,选择【转到详细页面】命令,如图12-39所示。
09 打开【转到详细页面】对话框,在【详细信息页】栏指定"SELpaper_DelPaper.asp"网页文件,如图12-39所示。

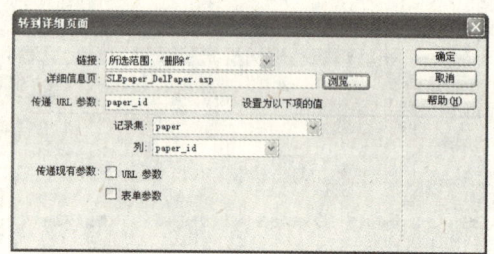

图12-39 制作转到"删除"详细页面

12.4.2 制作发行超链接

制作分析

在电子报管理页面中还有一个"发行"操作功能,通过该功能可以发行某一份已完成编辑的电子报,本节将制作电子报"发行"功能,由于数据库中包括了"未发行"和"已发行"两种电子报,因此,除了加入电子报发行链接,还要加一个判断功能,使已发行的电子报项目不再显示"发行"链接,避免重复发行电子报的错误操作。

制作流程

主要操作流程为"插入'发行'超链接"→"编辑判断语句"→"设置其他超链接",具体实现过程见表12-8。

电子报系统设计 第12章

表 12-8 制作发行超链接实现过程

制作目的	实现过程
插入"发行"超链接	通过【插入】面板插入文本为"发行"的超链接 设置超链接页面为"SELpaper_Send.asp" 设置链接文件的参数名称为"paper_id",值为"paper_id"字段
编辑判断语句	通过【拆分】视图模式在为"发行"链接文本前后输入 ASP 代码,以判断是否显示"发生"文本
设置其他超链接	通过【属性】面板为网页左边的"添加新电子报"文本设置超链接为"SELpaper_Add.asp" 通过【属性】面板为网页左边的"管理客户邮箱"文本设置超链接为"SELpaper_Email.asp"

上机实战 制作发行超链接

01 将光标定位在网页表格中已设置的"删除"链接右侧,在【插入】面板的"常用"分类中单击【超级链接】命令,如图 12-40 所示。

02 在【超级链接】对话框的【文本】栏输入"发行",在【链接】栏单击【浏览】按钮,如图 12-41 所示。

03 打开【选择文件】对话框后,指定【SELpaper】文件夹并双击选用"SELpaper_Send.asp"文件,然后单击【参数】按钮,如图 12-41 所示。

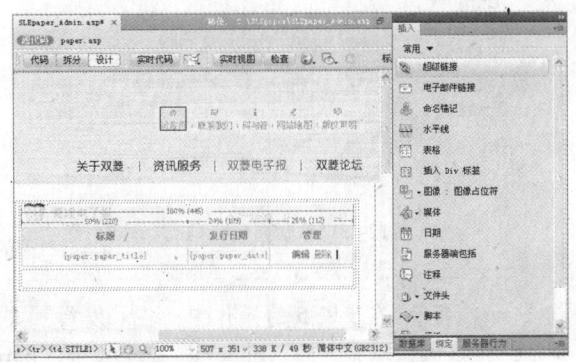

图12-40 添加"发行"超链接

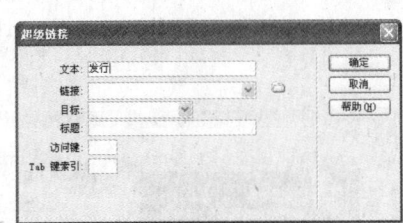

图12-41 设置超级链接

04 在【参数】对话框的【名称】列中输入"paper_id",再单击【值】列右边的 按钮,显示【动态数据】对话框,在【域】中选择"paper_id"字段,如图 12-42 所示,然后依次单击【确定】按钮完成操作。

05 将光标定位在"发行"超链接之前,在【文档】工具栏中单击【拆分】按钮切换至"拆分"视图,在"代码"视图找到对应位置,再输入代码"<%if (paperset.Fields.Item("paper_send").Value!=1) {%>",如图 12-43 所示。

289

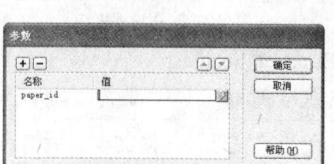 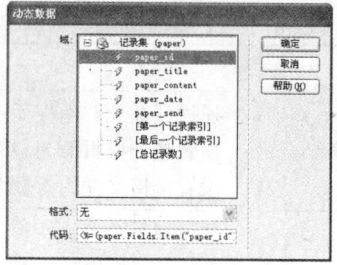

图12-42 设置参数名并选择值

06 在"设计"视图中将光标定位在"发行"文本后面,返回"代码"视图,找到对应位置后,输入另一组代码为"<% end if %>"代码,如图12-44所示。

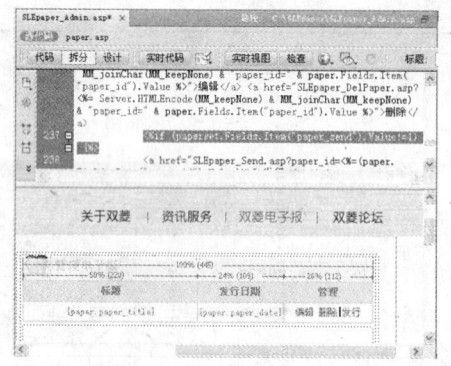 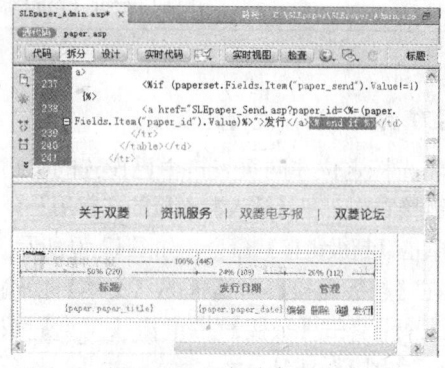

图12-43 添加判断代码　　　　　　　　图12-44 添加结束代码

> **提示** 在步骤5的操作中,在"发行"文本的HTML语句 <a href=…> 之前添加代码的作用是:当"papers"记录集的"paper_send"字段值不等于1时(即电子报未发行),则执行接下来的代码(显示"发行"超链接),否则将不执行。
> 在步骤6的操作中,在"发行"文本的HTML语句 </a> 后面所输入代码是作为步骤5中所输入代码的结束。

07 分别选取网页左边的"添加新电子报"和"管理客户邮箱"两个项目文本,然后通过【属性】面板的【链接】栏设置超链接为"SELpaper_Add.asp"和"SELpaper_Email.asp",如图12-45所示。

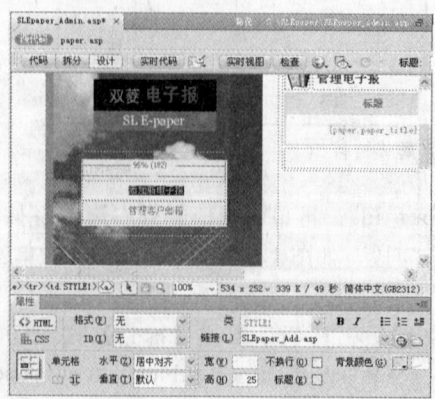 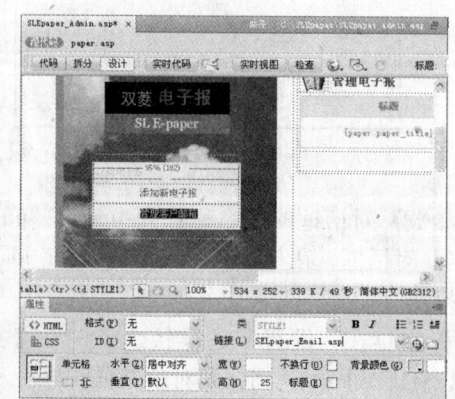

图12-45 设置其他超链接

12.4.3 制作电子报管理列表

制作分析

由于电子报的管理是针对数据中所记录的所有电子报项目，因此需要制作一整份电子报管理列表，限于网页页面篇幅有限，将以分页的方式显示数据库中所有电子报项目，本例将通过设置重复区和插入导航按钮的方法完成电子报管理列表的制作。

制作流程

主要操作流程为"添加【重复区域】行为"→"插入【记录集导航条】"，具体实现过程见表12-9。

表12-9 制作电子报管理列表实现过程

制作目的	实现过程
添加【重复区域】行为	通过【插入】面板添加【重复区域】行为 设置参照记录集以及显示记录笔数为15
插入【记录集导航条】	通过【插入】面板为网页插入【记录集导航条】对象 设置以"图像"显示导航条 删除因插入导航条而产生的多余空行并调整导航条表格的宽度

上机实战 制作电子报管理列表

01 将光标定位在表格第二行中的任意单元格中，在标签选择器中选择"<tr>"标签，然后切换【插入】面板至【数据】分类，单击【重复区域】按钮，如图12-46所示。

02 在打开的【重复区域】对话框中选择【记录集】为"paper"，设置显示15条记录，然后单击【确定】按钮，如图12-47所示。

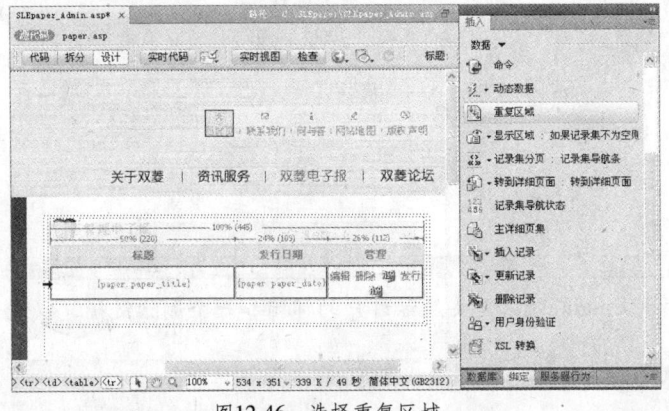

图12-46 选择重复区域

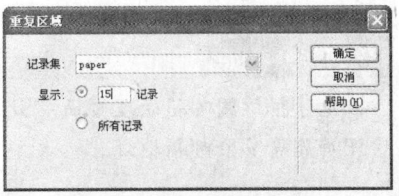

图12-47 设置重复区域

03 将光标定位在表格下方的空白单元格中，然后在【插入】面板的【数据】分类中单击【记录集分页】按钮，打开下拉菜单，选择【记录集导航条】命令，如图12-48所示。

04 在【记录集导航条】对话框中选择【记录集】为"paper",再选择【显示方式】为"图像",然后单击【确定】按钮,如图12-49所示。

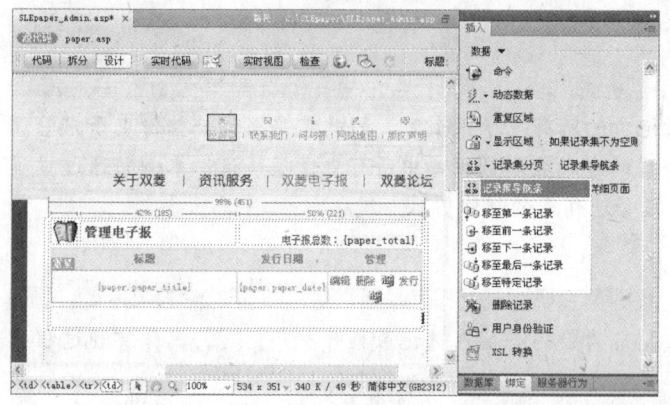

图12-48 设置重复区域　　　　　　　　　图12-49 插入记录集导航条

05 选择导航条表格上方的空格符,按下"Delete"键将其删除,再向右拖曳表格右下角调整点,如图12-50所示,删除该多余空行,并扩大各按钮图像的间距。

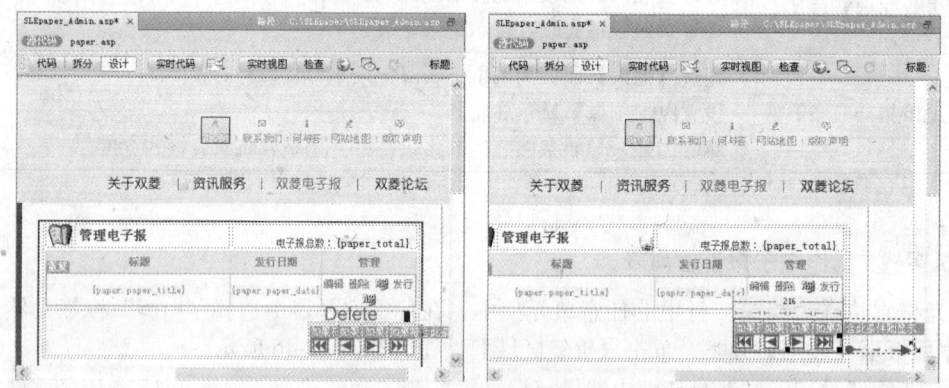

图12-50 调整导航条表格

12.5　订阅邮箱管理设计

12.5.1　编辑邮件地址信息

■ 制作分析 ■

　　电子报订阅邮箱管理页面"SLEpaper_Email.asp"需要显示订户的邮箱和一个删除链接,以便管理员删除多余邮箱地址。

■ 制作流程 ■

　　编辑邮件地址信息的主要操作流程为"添加记录集"→"设置转到详细页面"→"插入"设置超链接",具体实现过程见表12-10。

表12-10 编辑邮件地址信息实现过程

制作目的	实现过程
添加记录集	通过【绑定】面板添加记录集"email" 通过【绑定】面板为网页指定位置添加字段"email_address"
设置转到详细页面	通过【插入】面板为网页表格中的"删除"文本添加转到详细页面为"SELpaper_DelEmail.asp"链接
设置超链接	通过【属性】面板为网页左边的"返回管理页面"文本设置超链接为"SELpaper_Admin.asp"

上机实战 编辑邮件地址信息

01 按下"F8"功能键打开【文件】面板,然后双击打开"SLEpaper_Email.asp"网页文件。

02 按下"Ctrl+F10"快捷键打开【绑定】面板中,单击面板上的按钮,在打开的下拉菜单中选择【记录集(查询)】命令,如图12-51所示。

03 在显示的【记录集】对话框中设置【名称】和【表格】为"email",再设置【连接】为"paper",然后单击【确定】按钮,如图12-52所示。

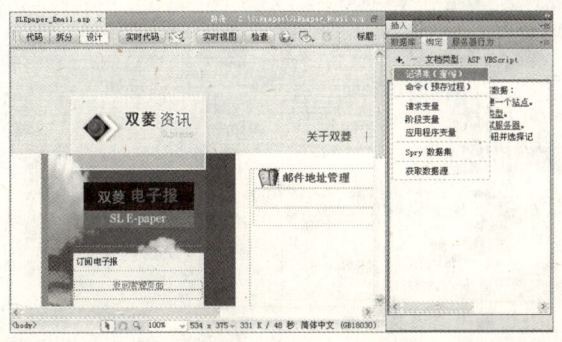

图12-51 添加记录集

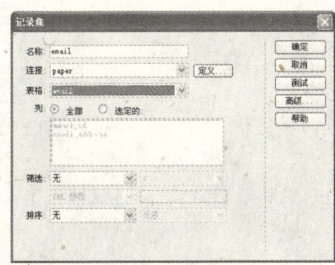

图12-52 添加记录集

04 在【绑定】面板展开记录集,拖动"email_address"字段到网页右边表格第二行的空白单元格中,如图12-53所示。

05 在网页右边表格第二行单元格中选择"删除"文本,然后在【插入】面板的"数据"分类中单击展开【转到详细页面】下拉菜单,选择【转到详细页面】命令,如图12-54所示。

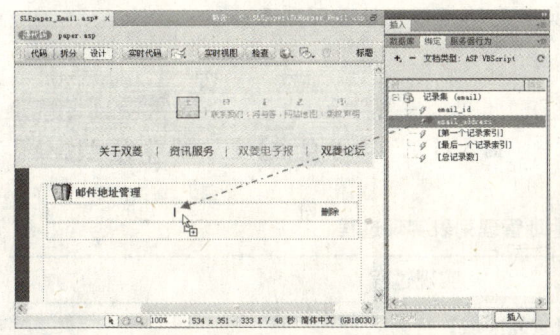

图12-53 绑定电子邮箱地址字段

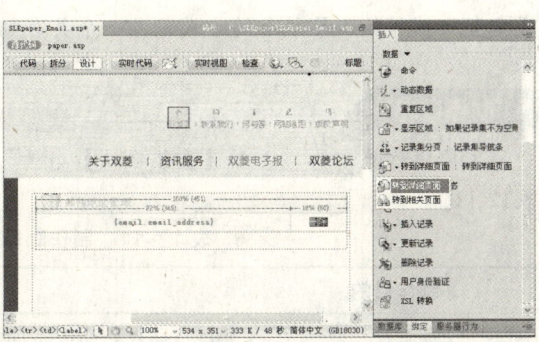

图12-54 转到详细页面

06 在【转到详细页面】对话框中的【详细信息页】栏右边单击【浏览】按钮,打开【选择文件】对话框,在【SELpaper】文件夹中双击选用"SELpaper_DelEmail.asp"网页文件,如图12-55所示。

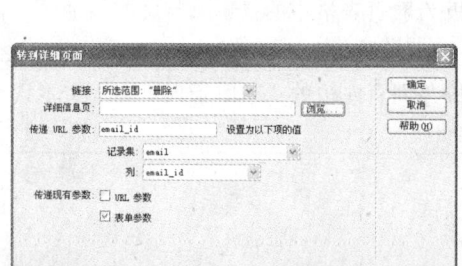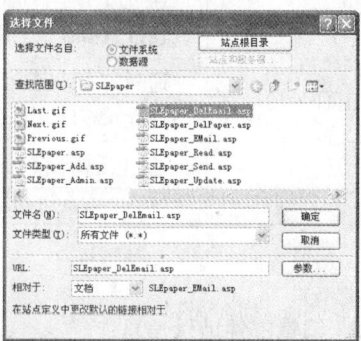

图12-55 设置转到详细页面

07 选取网页中左边的"返回管理页面"文本,通过【属性】面板的【链接】栏设置超链接为"SELpaper_Admin.asp",如图12-56所示。

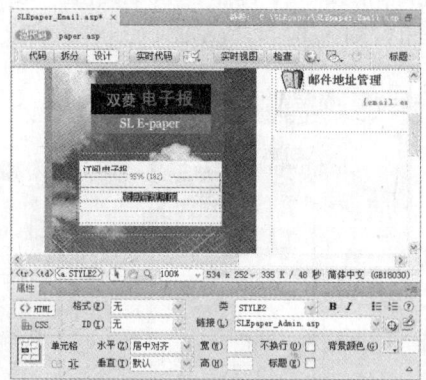

图12-56 设置参数名并选择值

12.5.2 制作邮箱地址管理列表

制作分析

在订户邮箱管理页面中同样需要将数据库所记录的所有邮箱地址显示出来,本小节将利用设置重复区域和加入导航条的方式完成一个具有翻页功能的邮箱地址管理列表。

制作流程

主要操作流程为"添加【重复区域】行为"→"插入【记录集导航条】",具体实现过程见表12-11。

表 12-11 制作邮箱地址管理列表实现过程

制作目的	实现过程
添加【重复区域】行为	通过【插入】面板添加【重复区域】行为 设置参照记录集以及显示记录笔数为 15

续表

制作目的	实现过程
插入【记录集导航条】	通过【插入】面板为网页插入【记录集导航条】对象 设置以"图像"显示导航条 删除因插入导航条而产生的多余空行并调整导航条表格的宽度

上机实战 制作邮箱地址管理列表

01 将光标定位在表格第二行中的任意单元格中,在标签选择器中选择"<tr>"标签,然后切换【插入】面板至【数据】分类,单击【重复区域】按钮,如图12-57所示。

02 在打开的【重复区域】对话框中选择【记录集】为"email",设置显示15条记录,然后单击【确定】按钮,如图12-58所示。

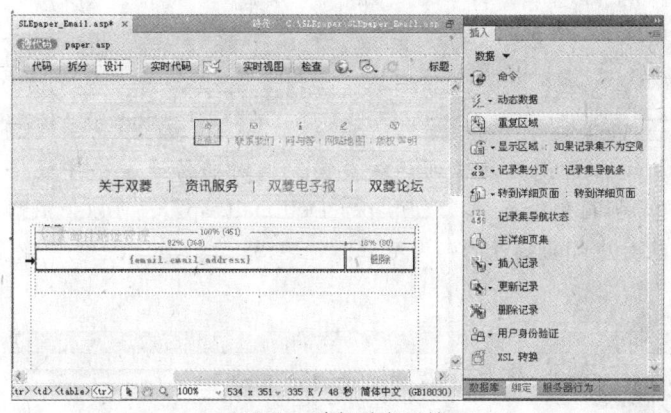

图12-57 选择重复区域

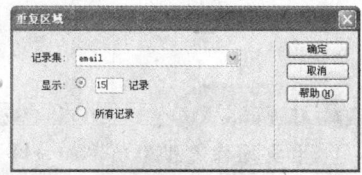

图12-58 设置重复区域

03 将光标定位在表格下方的空白单元格中,在【插入】面板的【数据】分类中单击【记录集分页】按钮,打开下拉菜单,选择【记录集导航条】命令,如图12-59所示。

04 打开【记录集导航条】对话框,选择【记录集】为"email",再选择【显示方式】为"图像",然后单击【确定】按钮,如图12-60所示。

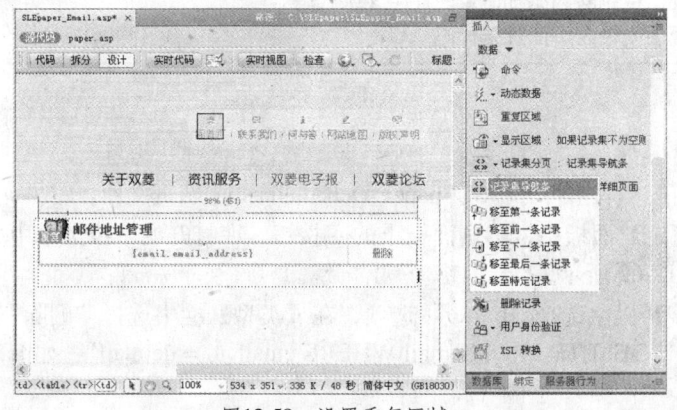

图12-59 设置重复区域

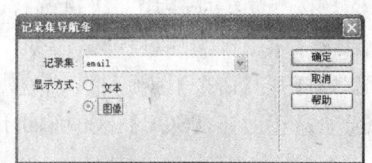

图12-60 插入记录集导航条

05 选择导航条表格上方的空格符,按下"Delete"键将其删除,再向右拖曳表格右下角调整点,如图12-61所示,删除该多余空行,并扩大各按钮图像的间距。

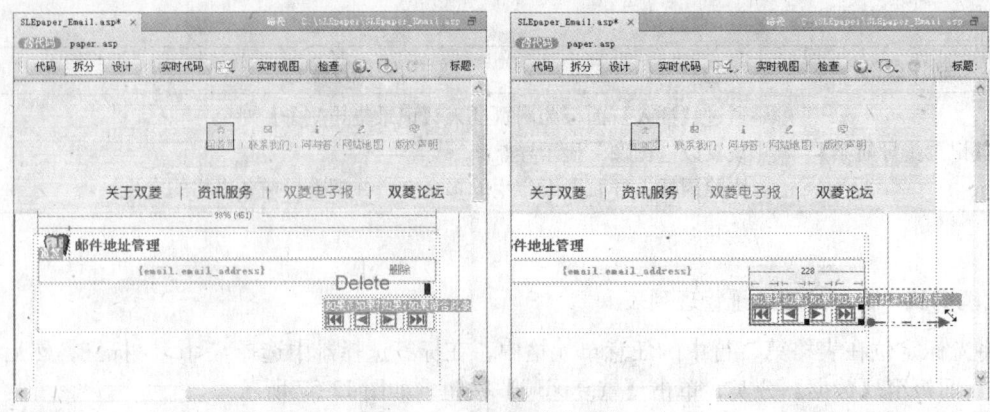

图12-61 调整导航条表格

12.5.3 制作删除邮箱页面

制作分析

为订户邮箱管理页面中的"删除"文本所设置的转到详细页面，同时将传递一个字段值"email_id"（邮箱地址的编号）到指定的邮箱删除页面"SLEpaper_DelEmail.asp"，可以使用预存过程获取该字段值，然后从数据库删除对应邮箱编号的邮件地址。

制作流程

主要操作流程为"添加命令"→"编辑ASP代码"，具体实现过程见表12-12。

表12-12 制作删除邮箱页面实现过程

制作目的	实现过程
添加命令	通过【绑定】面板添加命令（预存过程） 设置命令类型为"删除"，同时编辑SQL语句并添加变量参数
编辑ASP代码	在【代码】视图中删除因添加命令而产生多余代码 在【代码】视图中输入页面跳转代码

上机实战 制作删除邮箱页面

01 按下"F8"功能键打开【文件】面板，双击打开"SLEpaper_DelEmail.asp"网页文件。

02 按下"Ctrl+F10"快捷键打开【绑定】面板中，单击面板上的+按钮，在打开的下拉菜单中选择【命令（预存过程）】命令，如图12-62所示。

03 打开【命令】对话框，先在【连接】栏中选择"paper"选项，在【类型】栏中选择"删除"选项，然后在【SQL】区中编辑代码为"DELETE FROM email WHERE email_id = delmail"，如图12-63所示。

04 在【变量】区上方单击+按钮新增一个变量，分别设置【名称】为"delmail"，【类型】为"Integer"，【大小】为"1"，【运行值】为"Request("email_id")"，然后单击【确定】按钮，如图12-63所示。

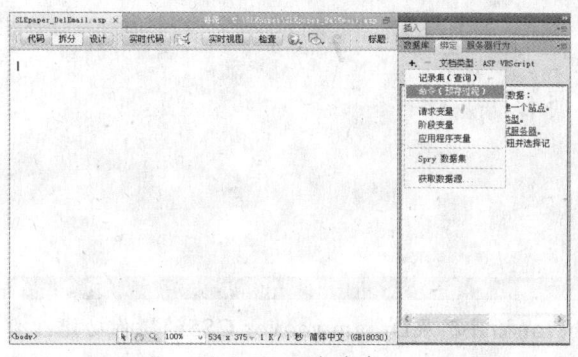
图12-62 添加命令

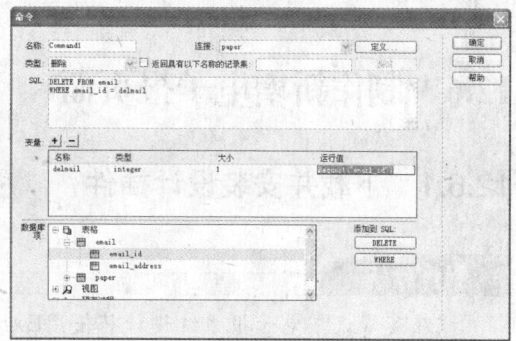
图12-63 选择命令

> **提示** 步骤3和步骤4的操作是为动态网页添加一个"删除"类型的命令,其中"SQL"语句的作用是从已连接的"paper"数据库中指定"email"数据表,并从该数据表中删除邮件地址编号等于变量"delmail"的记录。而所添加的变量"delemail"其类型为"integer"(整数),运行值为前一网页所传回的字段值"email_id"。正是通过该命令实现从数据库中删除所指定的订户邮箱地址。

05 为网页添加命令后,在【文档】工具栏中单击【代码】按钮,拖动选择文件"<!--#include file="Connections/paper.asp" -->"代码下方第二组以"<%"开始"%>"结束的代码(本例中的第13行至第19行),然后按下"Delete"键将其删除,如图12-64所示。

06 在所添加的命令代码后面("Command1.Execute();"代码的下一行,本例中的第24行)输入ASP代码"Response.Redirect("SLEpaper_Email.asp")",如图12-65所示。

> **提示** 在步骤6的操作中,在所添加的命令代码后面接着加入ASP代码"Response.Redirect("SLEpaper_Email.asp")",表示完成命令执行后到跳转到页面"SLEpaper_Email.asp"。该代码可以应用于任何ASP动态网页,只要将后面括号内的内容换成其他文件名称,便可执行页面跳转操作。

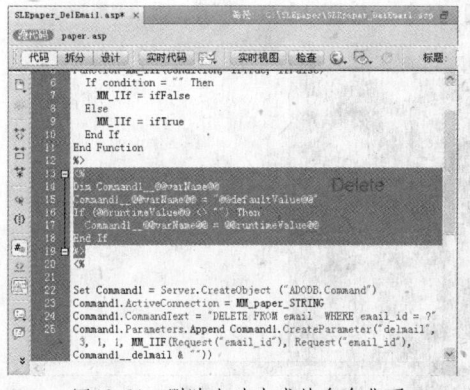
图12-64 删除自动生成的多余代码

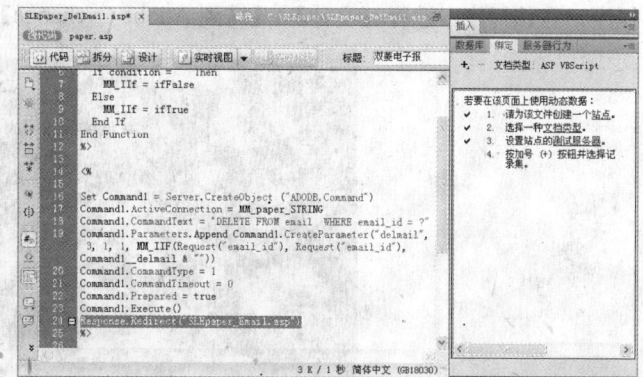
图12-65 添加代码

12.6 制作新增电子报页面

12.6.1 下载并安装设计插件

制作分析

"双菱资讯"电子报系统设计将使用Extension插件扩展Dreamweaver CS5的操作功能，为了使电子报内容的编辑更加专业，将使用一个名称为"PD On-Line Html Editor"的插件制作"SLEpaper_Add.asp"页面中的电子报编辑区。

"PD On-Line Html Editor"插件主要用于制作一个文本编辑区，安装该插件后便可以在网页中轻松插入一个如同Microsoft Word程序一样的文本编辑区，实现让浏览者在该网页中输入电子报文本内容，并设置文本大小、颜色、字体、粗/斜体、列表、对齐方式等格式外观。该插件可以直接由Adobe的官方网站的资源下载页面搜寻并下载，下面先介绍下载并安装"PD On-Line Html Editor"插件的方法。

制作流程

主要操作流程为"搜索并下载插件"→"安装插件"，具体实现过程见表12-13。

表12-13 下载并安装设计插件实现过程

制作目的	实现过程
搜索并下载插件	通过 Adobe Extension Mananger 程序打开浏览器并连接至 Adobe 官方网站 通过关键字快速搜索所需的插件项目 指定路径下载已搜索到的插件
安装插件	通过 Adobe Extension Mananger 程序指定并安装已完成下载的插件文件 了解插件的详细信息，以便使用该插件

上机实战 下载并安装设计插件

01 在 Dreamweaver CS5 中选择【帮助】|【扩展管理】命令打开 Adobe Extension Mananger CS5 程序，在该程序中选择【文件】|【转到 Adobe Exchange】命令，如图 12-66 所示。

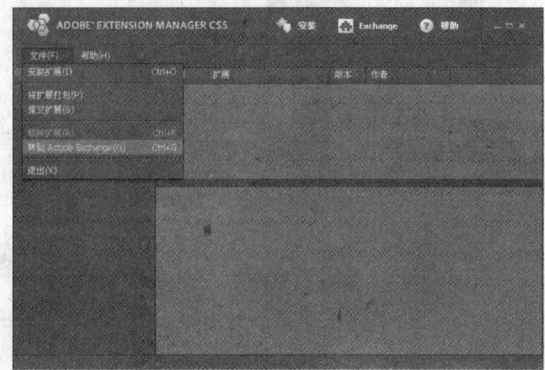

图12-66 在Adobe官网下载插件

02 系统自动打开浏览器并显示 Adobe Exchange 页面，先在页面中单击"Dreamweaver"链接，进入 Dreamweaver 产品页面后，在页面右边的"Search Dreamweaver"栏中输入"PD On-Line Html Editor"内容，然后单击【Search】按钮，如图 12-67 所示。

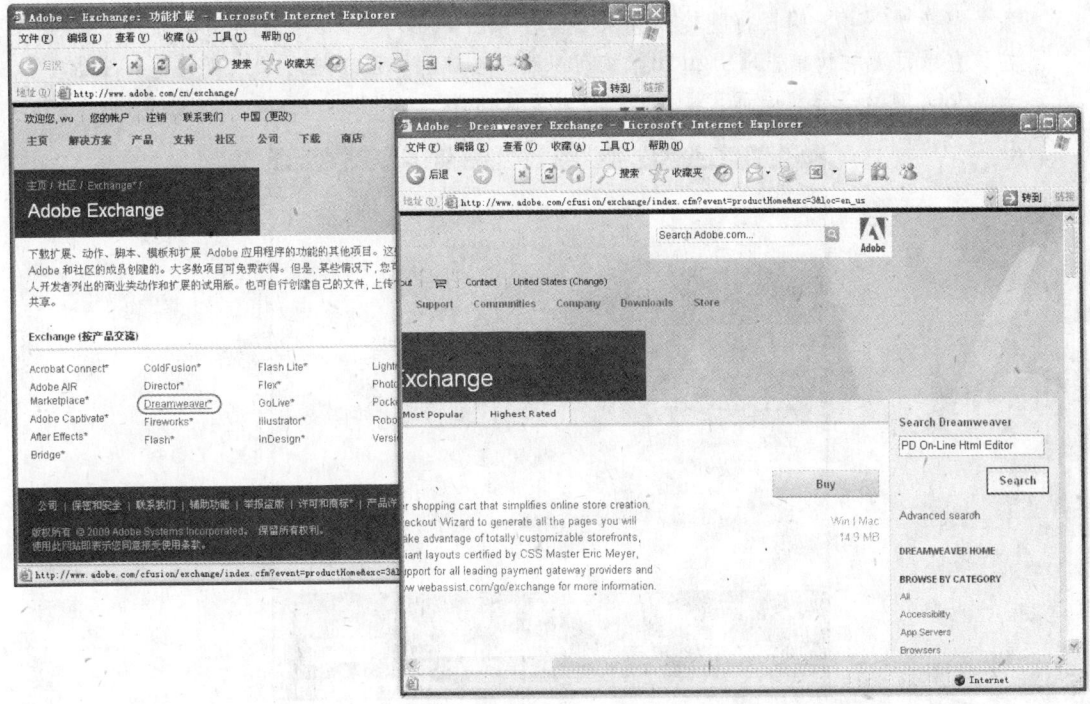

图12-67　打开 Adobe Extension Manager

03 浏览器中接着显示已搜索到的插件，单击【Download】按钮，如图 12-68 所示，准备下载该插件。

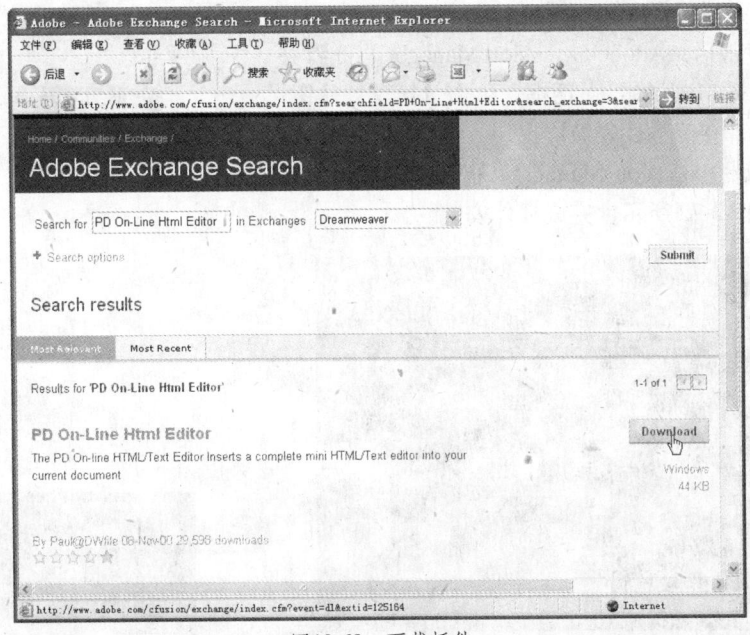

图12-68　下载插件

> **提示** Adobe 的官方网站提供了付费和免费两种插件资源，其中，直接显示"Download"下载按钮的为免费下载，而显示"Buy"下载按钮则为付费下载。此外，若想免费下载所搜索到的插件项目，必需先在网站中注册为会员，在未登录的情况下执行免费下载，网页将跳转到登录页面，如图 12-69 所示，若是非网站会员可以在该登录页面右边单击【Sign in】按钮，然后在注册页面中填写个人资料免费注册为 Adobe 网站会员，从而下载所需的免费设计插件。

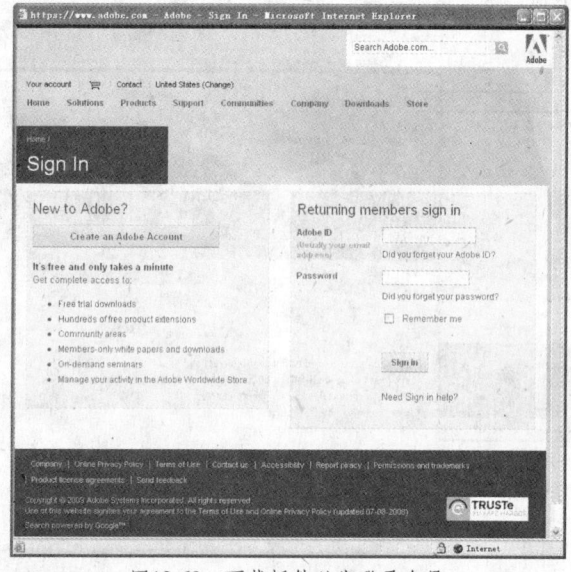

图12-69 下载插件必先登录会员

04 随之显示【文件下载】对话框，单击【保存】按钮，打开【另存为】对话框，指定保存位置，然后单击【打开】按钮，如图 12-70 所示。

05 完成程序下载后，Adobe Extension Manager 自动打开【Adobe Extension Manager】对话框，单击【接受】按钮，如图 12-71 所示，接受插件安装协议。

06 弹出【Adobe Extension Manager】提示框，单击【确定】按钮，如图 12-72 所示，完成插件安装。

图12-70 下载并打开文件

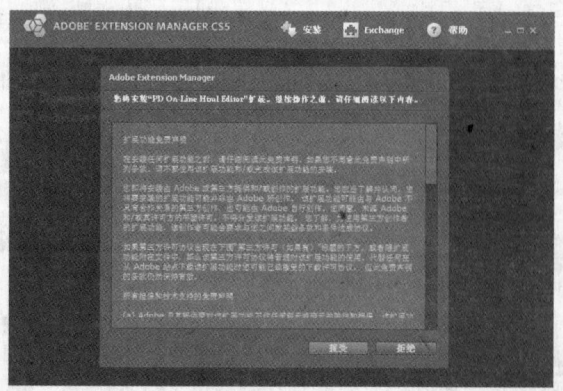

图12-71 安装插件

图12-72 完成插件安装

第12章 电子报系统设计

> **提示** 安装插件后，Extension 的界面中将显示插件的详细信息，如图 12-73 所示，其中窗口上方区域条列所安装的插件列表，下面则显示所选插件的详细信息，一般包括插件的作用和使用方法，同时还显示安装插件后其功能在对应软件中的位置，如本例所安装的插件的信息提示可以在【插入】面板中找到该插件功能。此外，需要注意的是，在安装插件过程中如果 Dreamweaver CS5 为开启状态，则需要先关闭该程序，然后再次开启才可以正常使用。

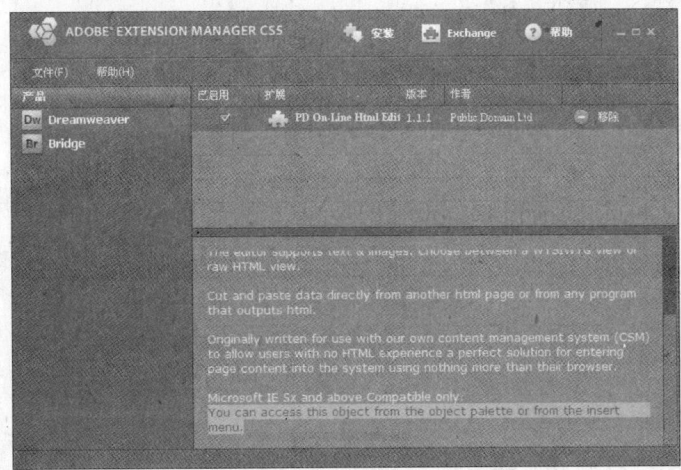

图12-73　显示安装插件的详细信息

12.6.2　制作新增电子报功能

制作分析

使用"PD On-Line Html Editor"插件为新增电子报页面"SLEpaper_Add.asp"制作一个专门用于编辑电子报内容的功能区，由于该插件为国外所开发，目前仍没有中文版本，因此使用该插件需要具备一定的英文基础，本小节的操作将详细介绍每一个步骤的设置方法，让读者能够了解该功能的应用操作，使用"PD On-Line Html Editor"插件功能所完成的文本编辑区结果如图12-74所示。

制作流程

主要操作流程为"插入电子报编辑区"→"修改电子报编辑区"，具体实现过程见表12-14。

表 12-14　制作新增电子报功能实现过程

制作目的	实现过程
插入电子报编辑区	通过【插入】面板插入电子报编辑区组件 分别设置组件的工具栏、宽/高、颜色
修改电子报编辑区	删除电子报编辑区组件全部空格 修改编辑区单元格对齐与高度 修改编辑区的高度和宽度

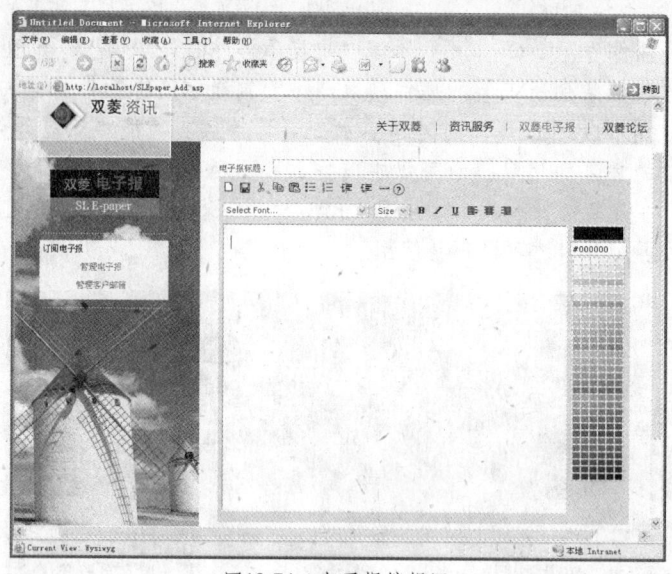

图12-74 电子报编辑区

上机实战 制作新增电子报功能

01 按下"F8"功能键打开【文件】面板，双击打开"SLEpaper_Add.asp"网页文件。

02 将光标定位在网页右边表格第二行单元格中，在【插入】面板的"常用"分类中单击【pd_html_editor】按钮，如图12-75所示。

03 打开【PD On-Line Html Editor Wizard】对话框，首先设置编辑区中的工具栏选项（默认全部选取），取消选择"Wysiwyg Switch"和"HyperLinkBar"两个复选项，使文本编辑区块中不显示添加网址链接功能和HTML预览按钮，然后单击【Next】按钮，如图12-76所示。

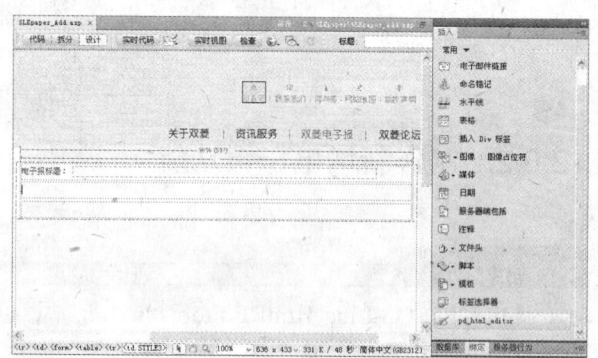

图12-75 插入pd_html_editor

04 进入下一步设置，要求输入编辑区的宽/高，分别在【width】栏输入580，在【Heigth】栏输入480，然后单击【Next】按钮，如图12-77所示。

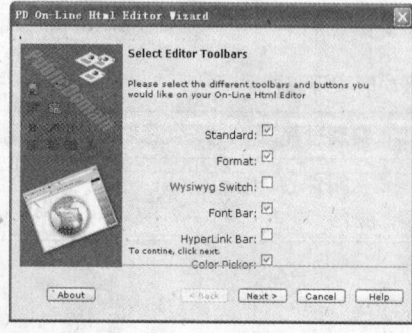

图12-76 选择编辑工具

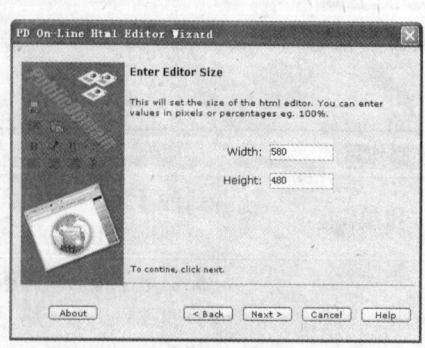

图12-77 设置编辑区范围

05 再进入下一步设置为编辑区的背景色和边框颜色,在这里使用默认值(都为灰色),然后单击【Next】按钮,如图 12-78 所示。

06 进入完成页面,其中将显示该插件所完成的设计内容的信息说明,直接单击【Finish】按钮,完成为网页插入文本编辑区的操作,如图 12-79 所示。

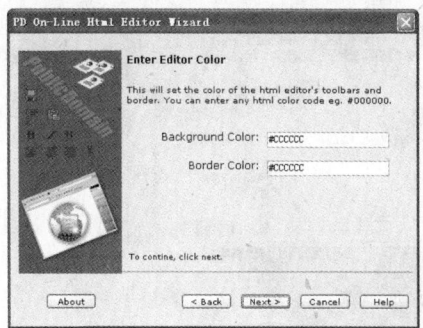
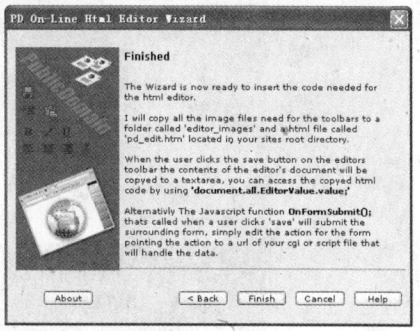

图12-78 设置背景和边框颜色　　　图12-79 完成设置

> **提示** 新插入的文本编辑区组件中的每一个工具按钮后面都带有一个" "字符(即空格)。这样会使得控件显得太宽而使页面布局被破坏,因此步骤 7 通过【查找和替换】命令将" "替换为空,从而删除全部空格。

07 选择【编辑】|【查找和替换】命令,打开【查找和替换】对话框,在【查找】区中输入" ",单击【查找下一个】按钮,再单击【替换】按钮,如图 12-80 所示,并以相同的动作依次替换其他" "字符。

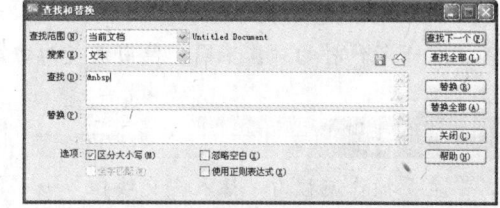

图12-80 替代文本

08 将光标定位在新添加的文本编辑区的第一行单元格,通过【属性】面板设置【水平】对齐方式为"左对齐",再设置【高】为"30",如图 12-81 所示。

09 按照步骤 8 的操作方法,为文本编辑区的第二行单元格设置相同的水平对齐方式和高度,如图 12-81 所示。

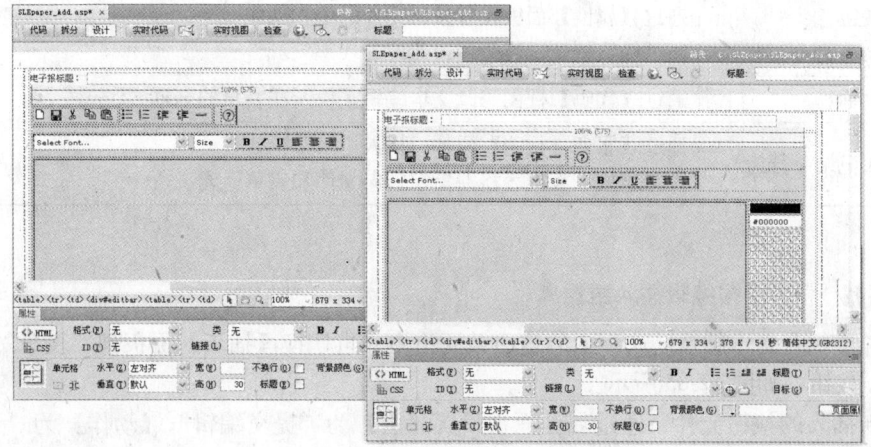

图12-81 设置单元格对齐与高度

10 在【文档】工具栏中单击【拆分】按钮，先在"设计"视图中选择文本编辑元件，然后在"代码"视图中找到相应的代码，修改"width=490 height=400"，如图 12-82 所示。

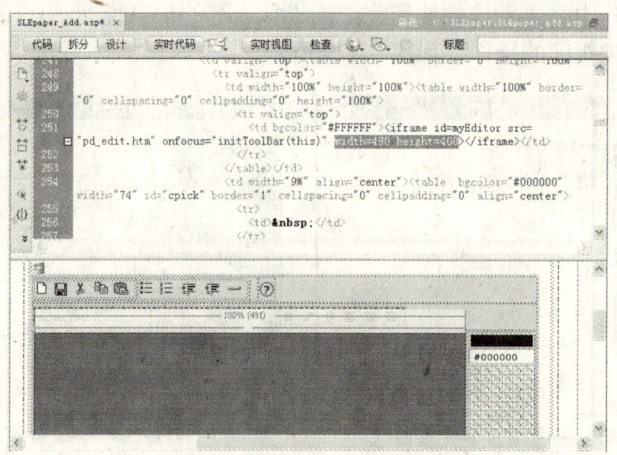

图12-82　设置文本编辑区宽/高

12.6.3　将电子报编辑插入数据库

制作分析

完成电子报编辑区的制作后，便可以使用【插入记录】行为将电子报的编辑结果添加到数据库，由于所针对的对象不同，使用该行为之前仍需要对提交按钮和原来的表单名称另行设置。

制作流程

主要操作流程为"插入提交按钮"→"修改表单名称"→"添加"插入记录"行为"，具体实现过程见表12-15。

表 12-15　将电子报编辑插入数据库实现过程

制作目的	实现过程
插入提交按钮	通过【插入】面板插入一个按钮元件 通过【属性】面板设置按钮元件的值和动作 通过标签检查器修改按钮元件的代码
修改表单名称	通过【代码】视图修改文本编辑区块所在表单的名称
添加"插入记录"行为	通过【服务器行为】添加"插入记录"行为 设置连接和数据表格并指定转向文件和表单元素

上机实战　将电子报编辑插入数据库

01 将光标定位在文本编辑区块下面的空白单元格中，再切换【插入】面板到"表单"分类，单击【按钮】按钮，如图 12-83 所示。

02 选择新插入的按钮元件，通过属性面板设置【值】为"提交编辑"，【动作】为"无"，如图 12-84 所示。

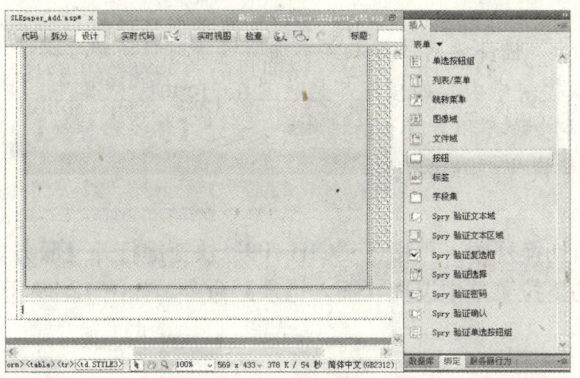
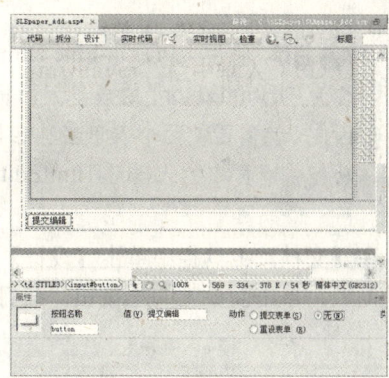

图12-83　插入按钮　　　　　　　　　图12-84　设置插入记录

03 在"标签"器中右击"<input#button>"标签项目,在展开的下拉菜单中选择【快速标签编辑器】命令,如图12-85所示。

04 在打开的【快速标签编辑器】中找到代码"value="提交编辑"",并在该代码后面输入代码"onClick="OnFormSubmit()"",如图12-86所示。

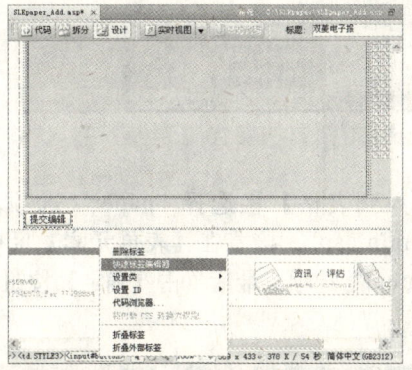
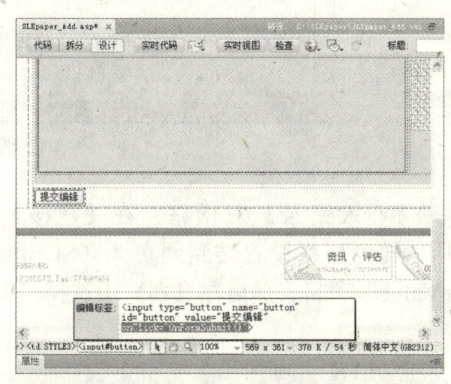

图12-85　选择标签编辑器　　　　　　图12-86　修改按钮

05 在【文档】工具栏中单击【代码】按钮,切换至代码编辑模式,然后选择【编辑】|【查找和替换】命令,如图12-87所示。

06 在打开的【查找和替换】对话框中分别在【查找】和【替换】区中输入"fHtmlEditor"和"form1"内容,然后单击【替换全部】按钮,如图12-88所示。

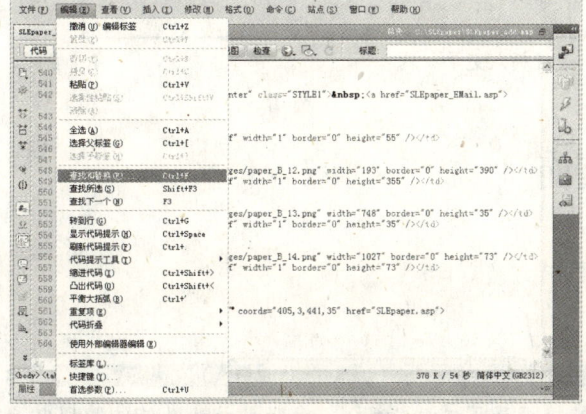
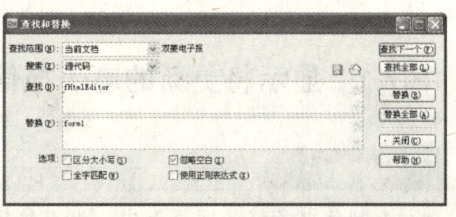

图12-87　查找和替换　　　　　　　　图12-88　替换代码

> **提示** 使用"PD On-Line Html Editor"插件为网页插入文本编辑模块时自动建立名称为"fHtmlEditor"的表单。而提交该模块中内容的按钮却是放置在"form1"表单中,因此,就需要使两个表单名称相同。在步骤5和步骤6的操作中,通过【替找和替换】功能将网页中的代码"fHtmlEditor"替换为"form1"。

07 在【文档】工具栏中单击【设计】按钮切换视图,再按下"Ctrl+F9"快捷键打开【服务器行为】面板,单击面板上的 按钮,在打开的下拉菜单中选择【插入记录】命令,如图12-89所示。

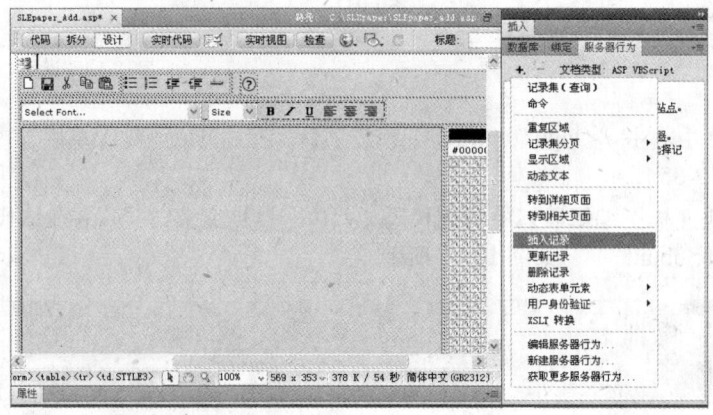

图12-89 插入记录

08 打开【插入记录】对话框,在【连接】和【插入到表格】栏选择"paper"选项,并在【插入后,转到】栏设置转到网页为"SLEpaper_Admin.asp",接着在【表单元素】区中选择"EditorValue"项目,然后在【列】中选择"PaperContent"选项,最后单击【确定】按钮,如图12-90所示。

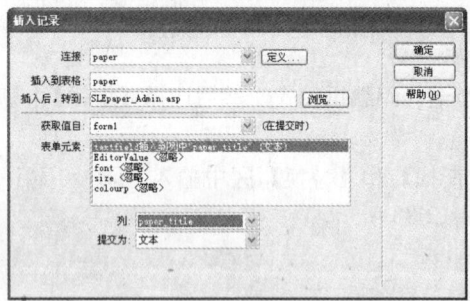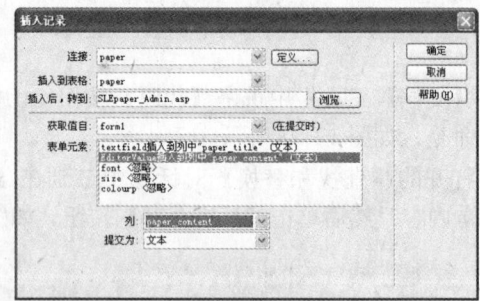

图12-90 设置插入记录

12.7 制作电子报更新与删除页面

12.7.1 显示将更新的电子报信息

制作分析

在制作电子报管理页面中,为"编辑"超链接设置了"paper_id"参数,该参数值传递到电子报更新编辑网页后，作为绑定记录集的筛选条件，然后再将数据字段绑定到网页相应的表单元件。本小节将在已完成的文本编辑区基础上，为网页绑定记录集及字段项目。

制作流程

主要操作流程为"插入记录集"→"绑定的数据字段"，具体实现过程见表12-16。

表 12–16 显示将更新的电子报信息实现过程

制作目的	实现过程
插入记录集	通过【绑定】面板插入记录集"paper" 指定绑定数据库并设置记录集筛选条件
绑定的数据字段	以拖动的方式将【绑定】面板中的字段绑定到网页元件 通过【代码】视图为网页的隐藏元件绑定数据字段

上机实战 显示将更新的电子报信息

01 按下"F8"功能键打开【文件】面板，双击打开"SlEpaper_Update.asp"网页文件。

02 按下"Ctrl+F10"打开【绑定】面板，在【绑定】面板中单击 按钮，在打开的下拉菜单中选择【记录集（查询）】命令，如图 12-91 所示。

03 在打开的【记录集】对话框中设置【名称】、【连接】和【表格】为"paper"，然后在【筛选】栏选择"paper_id"选项，在下一栏中选择【URL参数】选项，并接着输入"paper_id"，最后单击【确定】按钮，如图 12-92 所示。

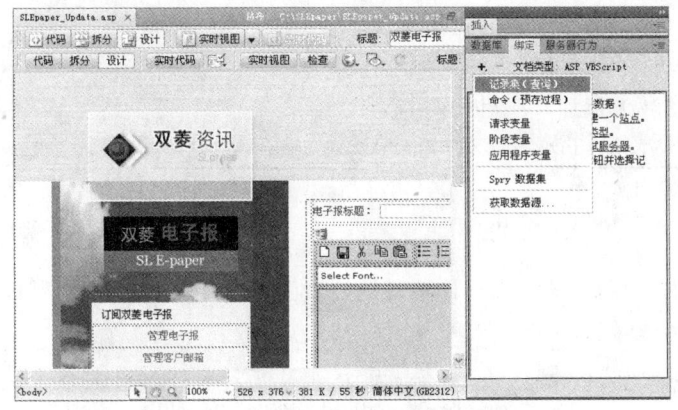

图12-91 插入记录集

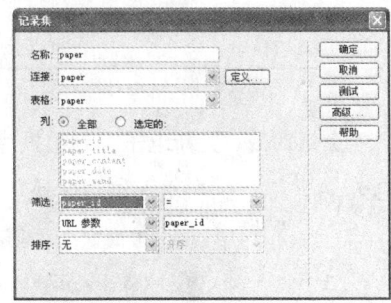

图12-92 设置记录集

04 展开新添加的记录集，然后拖动"paper_title"到网页右边表格中第一行的"文本字段"元件上，如图 12-93 所示。

05 将光标定位在表格下一行文本编辑区上方隐藏元素的后面，在【文档】工具栏中单击【拆分】按钮，在"代码"视图中找到并选取 <textarea name="EditorValue" style="display: none;"></textarea> 语句，然后在【绑定】面板的记录集中选择"paper_content"，再单击面板下方的【绑定】按钮，如图 12-94 所示。

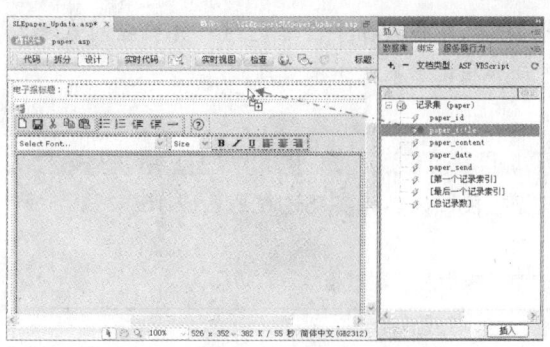
图12-93 绑定字段

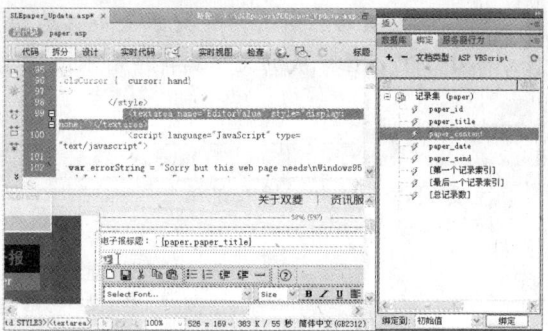
图12-94 为代码绑定字段

12.7.2 更新电子报到数据库

制作分析

更新电子报的制作跟新增电子报的制作相似,当电子报的更新页面完成更新时,在必需的网页元件与数据字段相绑定的操作后,再利用一个更新按钮并配合"更新记录"行为实现电子报的更新。

制作流程

主要操作流程为"插入更新按钮"→"添加"更新记录"行为",具体实现过程见表12-17。

表 12-17　更新电子报到数据库实现过程

制作目的	实现过程
插入更新按钮	通过【插入】面板插入一个按钮元件 通过【属性】面板设置按钮元件的值和动作 通过标签检查器修改按钮元件的代码
添加"更新记录"行为	通过【服务器行为】添加"更新记录"行为 设置连接和数据表格并指定转向文件和表单元素

上机实战 更新电子报到数据库

01 将光标定位在文本编辑区块下面的空白单元格中,再切换【插入】面板到"表单"分类,单击【按钮】按钮,如图 12-95 所示。

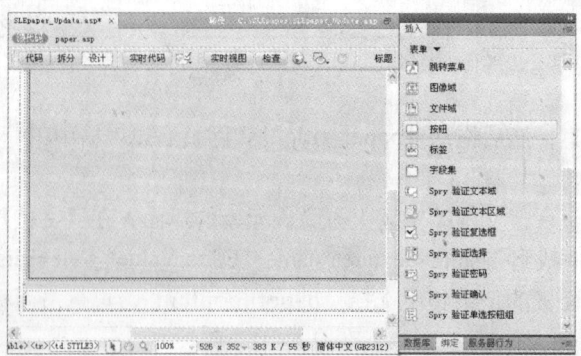
图12-95 插入按钮

02 选择新插入的按钮元件,通过属性面板设置【值】为"完成更新",【动作】为"无",如图 12-96 所示。

03 在"标签"器中右击"<input#button>"标签项目,在展开的下拉菜单中选择【快速标签编辑器】命令,如图 12-97 所示。

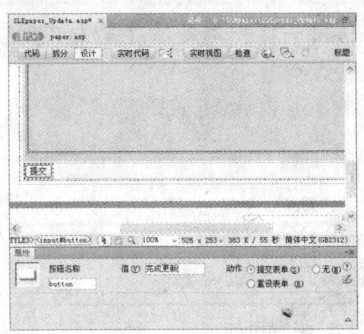 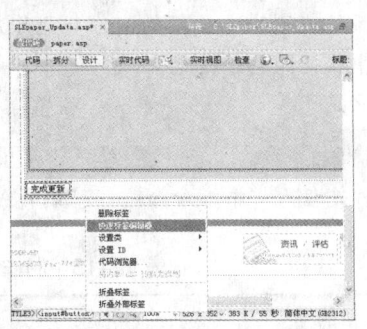

图 12-96 设置插入记录   图 12-97 选择标签编辑器

04 在打开的【快速标签编辑器】中找到代码"value="完成更新"",并在该代码后面输入代码"onClick="OnFormSubmit()"",如图 12-98 所示。

05 在【文档】工具栏中单击【设计】按钮切换视图,按下"Ctrl+F9"快捷键打开【服务器行为】面板,单击面板上的⊞按钮,在打开的下拉菜单中选择【更新记录】命令,如图 12-99 所示。

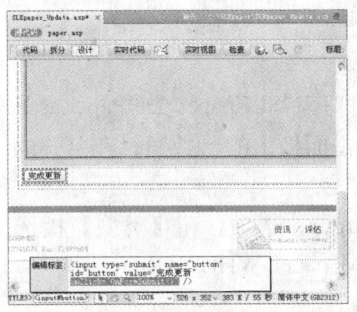 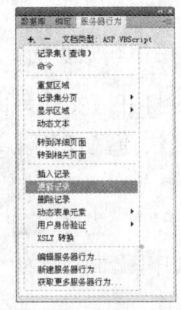

图 12-98 修改按钮   图 12-99 更新记录

06 打开【更新记录】对话框,在【连接】和【插入到表格】栏选择"paper"选项,并在【插入后,转到】栏单击【浏览】按钮,打开【选择文件】对话框,在"SLEpaper"文件夹中双击直接选用"SLEpaper_Admin.asp"文件,然后单击【确定】按钮,如图 12-100 所示。

07 返回【更新记录】对话框,在【表单元素】区中选择"textfiled"和"EditorValue"两个字段,然后在【列】栏中分别选择"paper_title"和"paper_content"选项,最后单击【确定】按钮,如图 12-100 所示。

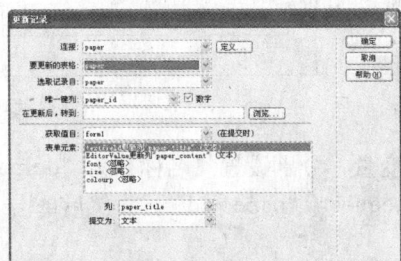 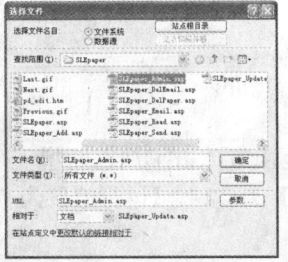

图 12-100 设置更新记录

12.7.3 制作电子报删除页面

制作分析

电子报系统中删除电子报的制作与删除订户电子信箱一样，都是通过单击"删除"链接快速删除数据库中相关的电子报记录。

制作流程

主要操作流程为"添加命令"→"编辑ASP代码"，具体实现过程见表12-18。

表 12-18　制作电子报删除页面实现过程

制作目的	实现过程
添加命令	通过【绑定】面板添加命令（预存过程） 设置命令类型为"删除"，同时编辑 SQL 语句并添加变量参数
编辑 ASP 代码	在【代码】视图中删除因添加命令而产生多余代码 在【代码】视图中输入页面跳转代码

上机实战　制作电子报删除页面

01 按下"F8"功能键打开【文件】面板，然后双击打开"SLEpaper_DelPaper.asp"网页文件。

02 按下"Ctrl+F10"快捷键打开【绑定】面板，单击面板上的按钮，在打开的下拉菜单中选择【命令（预存过程）】命令，如图12-101所示。

03 打开【命令】对话框，先在【连接】栏选择"paper"选项，在【类型】栏选择"删除"选项，然后在【SQL】区中编辑代码为"DELETE FROM paper WHERE paper_id = delpaper"，如图12-102所示。

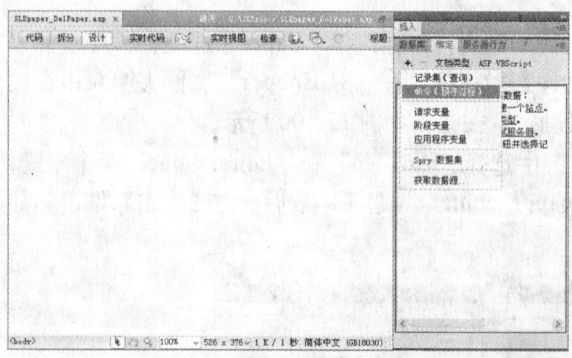

图12-101　添加命令

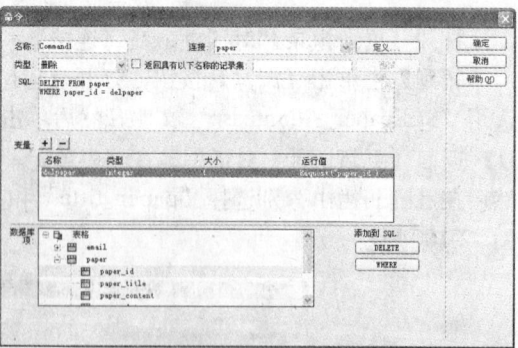

图12-102　选择命令

04 在【变量】区上方单击按钮新增一个变量，分别设置【名称】为"delpaper"，【类型】为"Integer"，【大小】为"1"，【运行值】为"Request（"paper_id"）"，然后单击【确定】按钮，如图12-102所示。

05 为网页添加命令后，在【文档】工具栏中单击【代码】按钮，选择文件"<!--#include

file="Connections/paper.asp" -->"代码下方第二组以"<%"开始"%>"结束的代码（本例中的第13行至第19行），然后按下"Delete"键将其删除，如图12-103所示。

06 在由添加命令而产生的代码的最后一行（"Command1.Execute();"代码的下一行，本例中的第24行）输入 ASP 代码"Response.Redirect("SLEpaper_Email.asp")"，如图12-104所示。

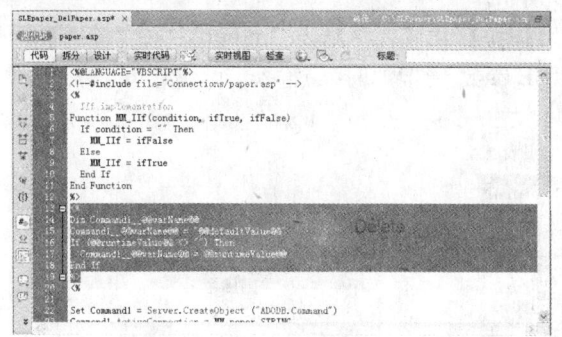

图12-103　删除自动生成的多余代码

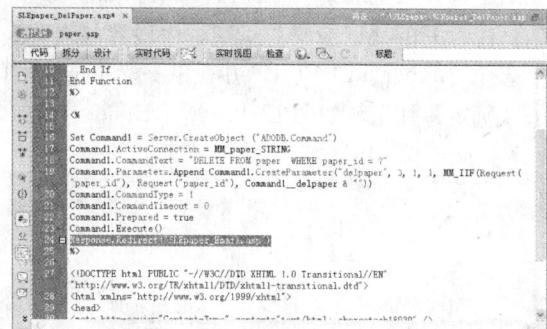

图12-104　添加代码

12.8　制作发行电子报页面

12.8.1　制作电子报发送列表

制作分析

在电子报发行页面"SLEpaper_Send.asp"文件中，将以列表的方式显示电子报发行成功后所有订阅客户的电子邮箱地址，以确认电子报的发送目标，本小节先在电子报发行页面中制作电子报发行成功时所显示的邮箱地址列表。

制作流程

主要操作流程为"插入记录集并绑定字段"→"添加【重复区域】行为"→"插入【记录集导航条】"，具体实现过程见表12-19。

表 12-19　制作电子报发行列表实现过程

制作目的	实现过程
插入记录集并绑定字段	通过【绑定】面板添加记录集"paper"和"email" 设置"paper"记录集的筛选为"URL 参数" 以拖动的方式将已电子邮箱字段添加至页面相应位置
添加【重复区域】行为	通过【插入】面板添加【重复区域】行为 设置参照记录集以及显示记录笔数为 15
插入【记录集导航条】	通过【插入】面板为网页插入【记录集导航条】对象 设置以"图像"显示导航条 删除实现过程导航条而产生的多余空行并调整导航条表格的宽度

上机实战　制作电子报发送列表

01 按下"F8"功能键打开【文件】面板，双击打开"SLEpaper_Send.asp"网页文件。

02 按下"Ctrl+F10"快捷键打开【绑定】面板，在【绑定】面板中单击按钮，在打开的下拉菜单中选择【记录集（查询）】命令，如图 12-105 所示。

03 在打开的【记录集】对话框中设置【名称】、【连接】和【表格】为"paper"，在【筛选】栏中选择"paper_id"项目，并在下一栏中选择"URL 参数"选项，接着输入"paper_id"，然后单击【确定】按钮，如图 12-106 所示。

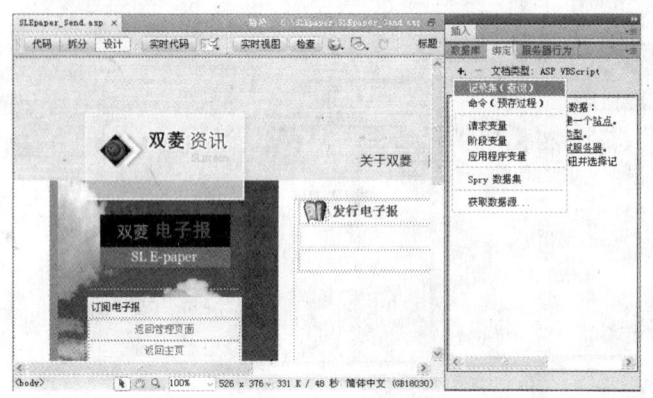
图12-105　添加记录集

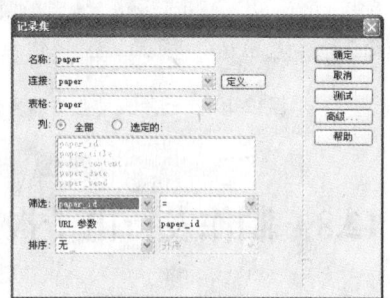
图12-106　设置记录集

04 在【绑定】面板中再次单击按钮，并在展开的下拉菜单中选择【记录集（查询）】命令。打开【记录集】对话框后，设置【名称】和【表格】为"email"，【连接】为"paper"，然后单击【确定】按钮，如图 12-107 所示。

05 在【绑定】面板中展开"paper"记录集，再拖动"email_address"字段到网页"发行成功"文本左边的空白单元格中，如图 12-108 所示，在此处显示电子报的发行总数。

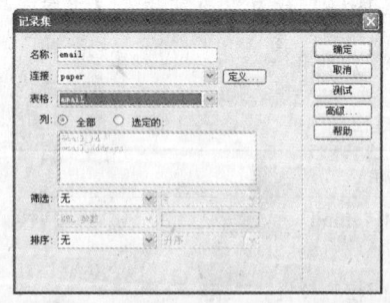
图12-107　添加并设置另一记录集

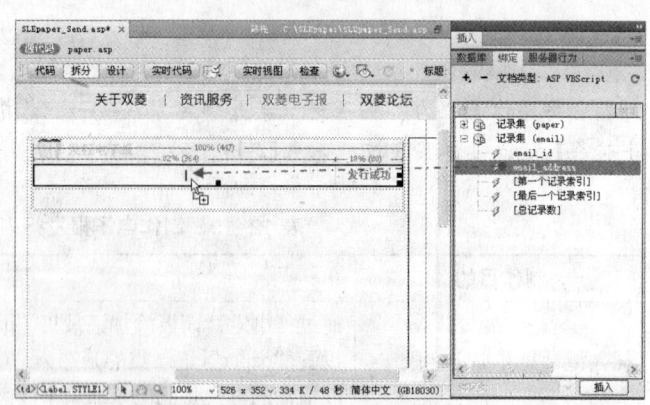
图12-108　绑定数据字段

06 移动鼠标至已绑定字段的单元格左侧，单击选取整行，然后在【插入】面板中单击【重复区域】按钮，如图 12-109 所示。

07 在打开的【重复区域】对话框中选择【记录集】为"email"，设置显示 15 条记录，然后单击【确定】按钮，如图 12-110 所示。

第12章 电子报系统设计

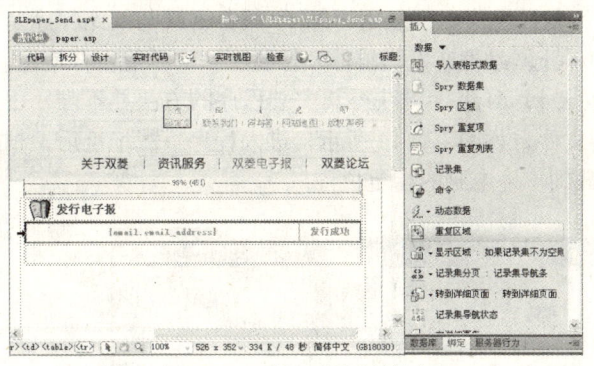

图12-109 插入重复区域图

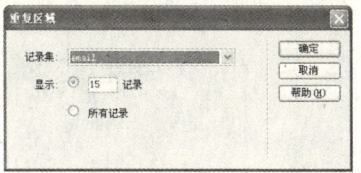

图12-110 设置重复区域

08 将光标定位在表格下方的空白单元格中,在【插入】面板的【数据】分类中单击【记录集分页】按钮,打开下拉菜单,选择【记录集导航条】命令,如图12-111所示。

09 打开【记录集导航条】对话框,选择【记录集】为"email",【显示方式】为"图像",然后单击【确定】按钮,如图12-112所示。

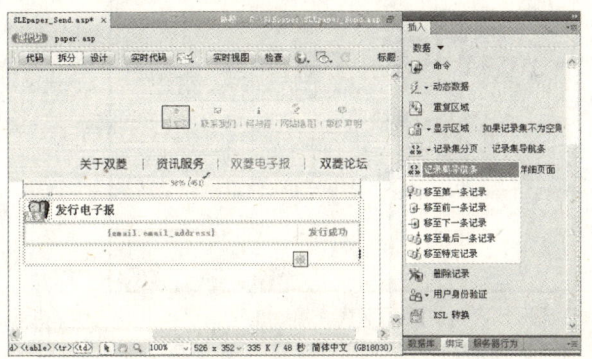

图12-111 插入记录集导航条

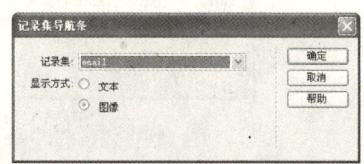

图12-112 设置导航条

10 选择导航条表格上方的空格符,按下"Delete"键将其删除,再向右拖曳表格右下角调整点,如图12-113所示,删除该多余空行,并扩大各按钮图像的间距。

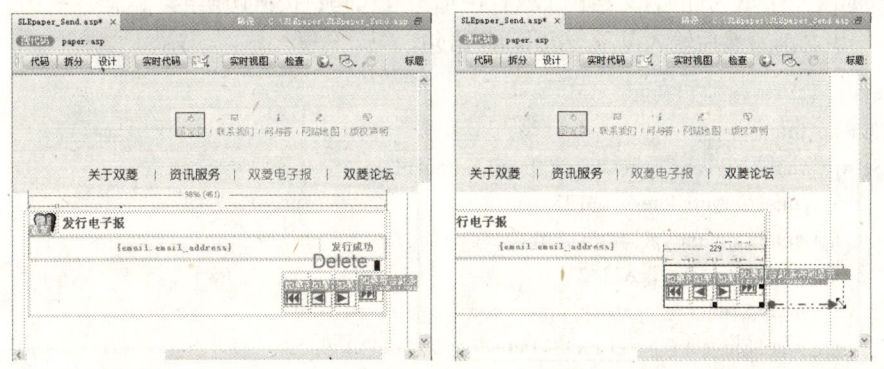

图12-113 调整导航条

12.8.2 添加发送邮件代码

本例电子报系统中将使用一段 jmail 代码,实现将电子报内容发送到所有订阅客户的电子邮件信箱中，jmail 是一个第三方服务器端邮件发送组件，可以用于 Web 服务器端与网站程序紧密配合，以接收与提交邮件到邮件服务器控件，让网站拥有发送邮件及接收邮件的功能。在使用 jmail 制作发送电子报功能之前，需要为系统安装 jmail 组件，获得其安装程序的方法并不难，用户可以先在网络中搜索并下载 jmail 组件安装文件，如图 12-114 所示，进入程序下载地址后，根据网站中的要求和提示，将 jmail 安装文件下载到本地电脑的指定位置。

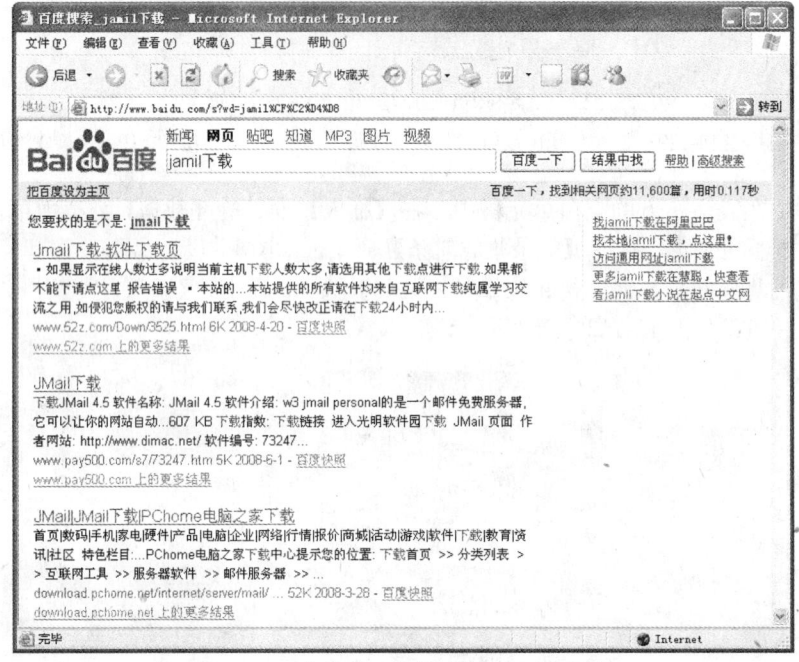

图12-114　由百度网搜索到的jmail下载资源

下载 jmail 组件安装程序到本地电脑后，直接执行程序文件安装，如图 12-115 所示，由于其组件的应用与系统紧密结合，建议根据安装程序的指引直接安装在电脑的系统分区，之后便可以在 Dreamweaver CS5 中应用 jmail 语句完成电子报发送的制作。

在 Dreamweaver CS5 的【文档】工具栏中单击【代码】按钮切换至"代码"视图，定位光标于 <html> 标识之前，然后输入以下一组 jmail 语句。

```
<%
Dim xp_jmail
Set xp_jmail = Server.CreateObject("Jmail.smtpmail")
    xp_jmail.Serveraddress = "127.0.0.1"
    xp_jmail.Contenttype = "text/html"
    xp_jmail.Charset = "gb2312"
    xp_jmail.Sender = "epaper@slpress.com"
    xp_jmail.Subject = paper.Fields.Item("paper_title").Value
    xp_jmail.Addrecipient email.Fields.Item("email_address").Value
    xp_jmail.Body = paper.Fields.Item("paper_content").Value
Set xp_jmail = Nothing
%>
```

如图 12-116 所示，接着便可以进行"SLEpaper_Send.asp"文件的邮件发送功能的制作。

第12章 电子报系统设计

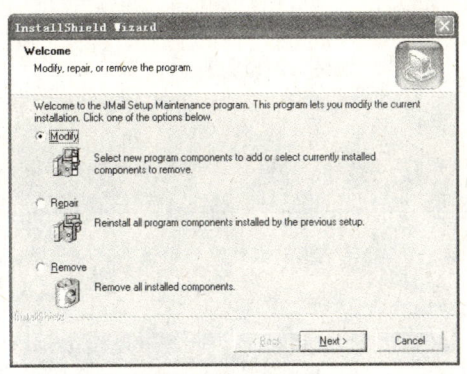

图12-115　安装jmail

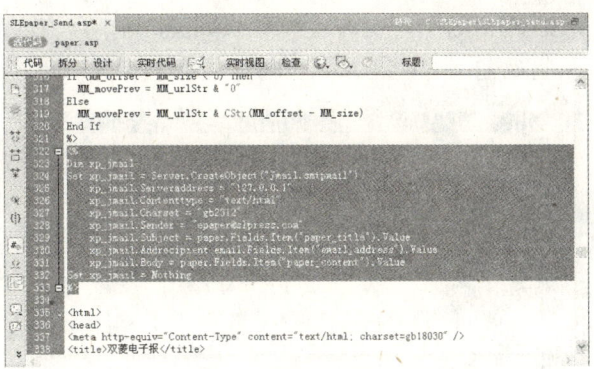

图12-116　编辑发送邮件代码

12.8.3　修改电子报发行状态

制作分析

本例电子报系统发行过的电子报将不能再次发行，因此在电子报的管理页面中，发行的电子报将不再显示"发行"链接，该链接的显示主要靠数据库中的"paper_send"字段来判断，也就是当电子报项目的send参数为0时显示"发行"功能链接，当参数为1时则不再显示。可以通过"更新"类型命令，将数据库中已发行的电子报项目的send值改为1。

制作流程

主要操作流程为"添加命令"→"编辑ASP代码"，具体实现过程见表12-20。

表 12-20　修改电子报发行状态的过程

制作目的	实现过程
添加命令	通过【绑定】面板添加命令（预存过程） 设置命令类型为"更新"，同时编辑 SQL 语句并添加变量参数
编辑 ASP 代码	在【代码】视图中删除因添加命令而产生多余代码

上机实战　修改电子报发行状态

01 按下"Ctrl+F10"快捷键打开【绑定】面板中，单击【绑定】面板上的按钮，在打开的下拉菜单中选择【命令（预存过程）】命令，如图 12-117 所示。

02 打开【命令】对话框，在【连接】栏选择"paper"选项，在【类型】栏选择"更新"选项，然后在【SQL】区中编辑代码为"UPDATE paper SET paper_send = 1 WHERE paper_id = send"，如图 12-118 所示。

03 在【变量】区上方单击按钮新增一个变量，分别设置【名称】为"send"、【类型】为"Integer"、【大小】为"1"、【运行值】为"Request（"paper_id"）"，然后单击【确定】按钮，如图 12-118 所示。

04 为网页添加命令后，在【文档】工具栏中单击【代码】按钮，选择文件"<% Set Command1

图12-117　添加命令

= Server.CreateObject ("ADODB.Command")…"代码上方"<%"开始"%>"结束的代码（即包含多个 @ 符号的一组 ASP 代码），然后按下"Delete"键将其删除，如图 12-119 所示。

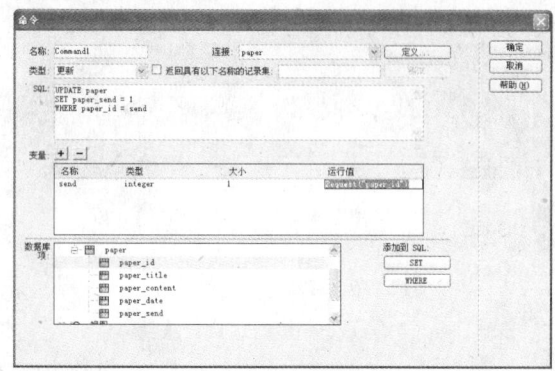

图12-118　选择命令

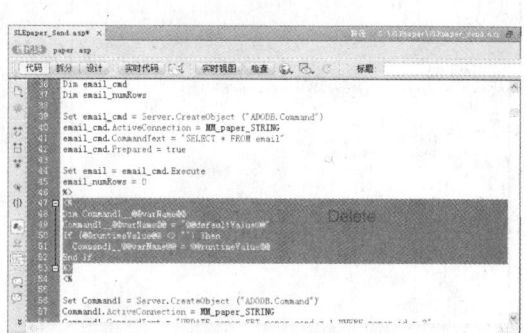

图12-119　删除自动生成的多余代码

12.9　电子报系统成果预览

经过前面一系列流程的操作，完成了整个"双菱资讯"电子报系统的制作，下面通过 IE 浏览器预览整个设计成果，首先预览电子报系统的主页"SLEpaper.asp"文件，如图 12-120 所示，页面的右方显示所有已发行的电子报列表，可以单击某一份电子报标题右边的"阅读旧电子报"链接文本，从而进入详细的电子报页面了解电子报信息，如图 12-121 所示。在电子报的详细页面"SLEpaper_Read.asp"中，浏览者可以了解到一份电子报的标题、发行时间和详细的电子报内容。

图12-120　电子报主页和阅读页面

图12-121　阅读电子报详细内容

若浏览者阅读电子报后决定订阅后续所发行的其他电子报，可以在主页面"SLEpaper.asp"左边所提供的电子报订阅区中输入个人的电子邮箱地址，然后单击【订阅】按钮提交订阅，完成订阅操作后，页面上将显示"订阅成功"的文本，同时可以在订阅区下方看到订阅数量产生变化，如图 12-122 所示。

第12章 电子报系统设计

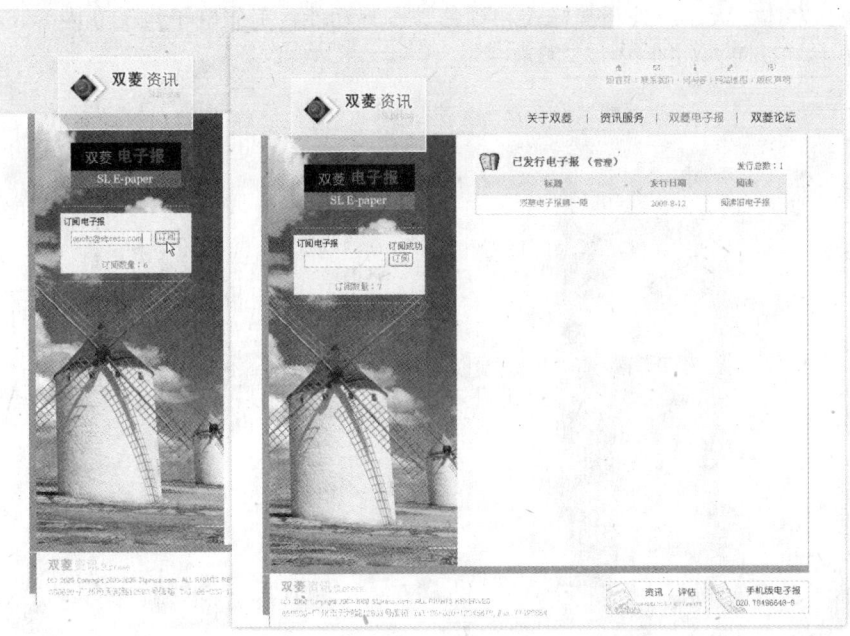

图12-122　订阅电子报

出于管理方便的需要，本电子报系统不接受订阅者以同一个电子邮箱多次订阅，因此，若在电子报订阅区中输入一个已经使用过的电子邮件地址而执行订阅，则页面将显示"您已经订阅过了！"文本内容，如图12-123所示。

电子报系统的管理员可以在主页面上的"管理"超链接中打开电子报管理页面"SLEpaper_Admin.asp"，如图12-124所示，在该管理页面的右边可以查看数据库中所有已发行或未发行的电子报列表，若想新增一份电子报则可以在页面左边单击"添加新电子报"链接文本，进入新增电子报页面，如图12-124所示。

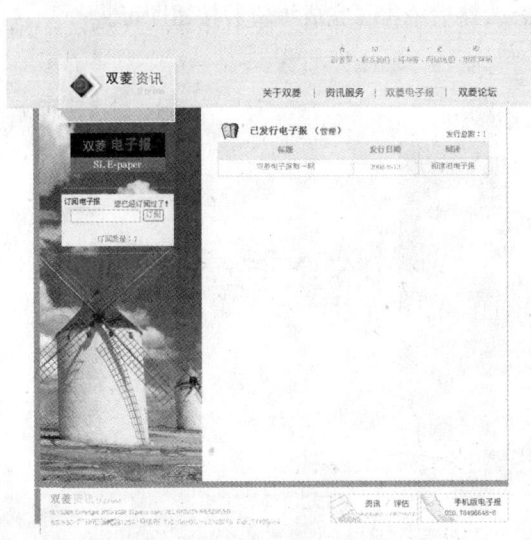

图12-123　检查重复邮箱地址

图12-124　电子报管理页面

进入新增电子报页面"SLEpaper_Add.asp"后，可以看到一个专业的文本编辑区块，管理者可以先在该编辑区上方输入电子报标题，接着编辑详细的电子报文本资料，同时使用编辑区中所提供的列表、字体、大小、外观、样式和颜色等设置功能,美化电子报文本内容,最后再单击【提交编辑】按钮即可,如图12-125所示。

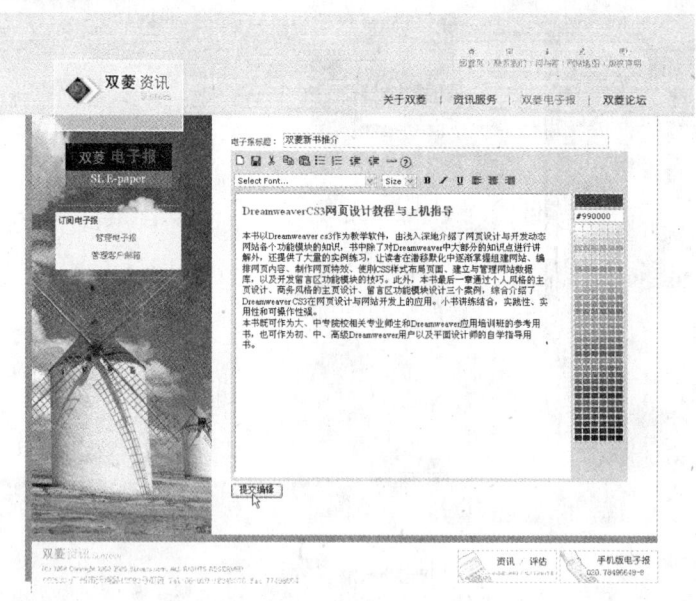

图12-125　新增并编辑电子

在电子报管理页面"SLEpaper_Admin.asp"中,除了添加新电子报的功能外,管理者还可以在电子报的管理列表中执行电子报的编辑、删除和发行处理,其中,若是已发行的电子报项目则只显示编辑和删除两项管理功能,若是未发行的新电子报项目,则多显示一项"发行"功能,如图 12-126 所示。

新增电子报项目后,若觉得电子报中的内容还需要更新修改,可以单击"编辑"链接文本,进入电子报的编辑页面"SLEpaper_Updata.asp",如图12-126所示,该页面与新增电子报页面相似,管理者可以修改电子报标题和详细的电子报内容,然后单击【完成编辑】按钮即可。

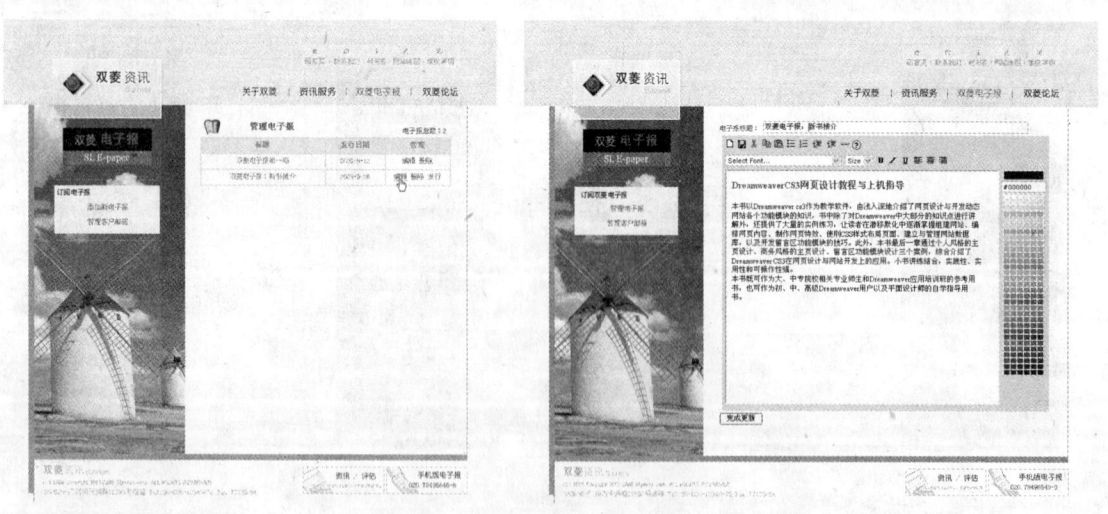

图12-126　更新修改电子报

一些不必要保留的多余电子报项目将可以删除,在管理列表中单击对应的电子报项目中的"删除"链接,则在"SLEpaper_DelPaper.asp"中将直接从数据库中删除指定的电子报项目,然后自动返回电子报管理页面，如图 12-127 所示，可以看到所删除的项目将不再显示。

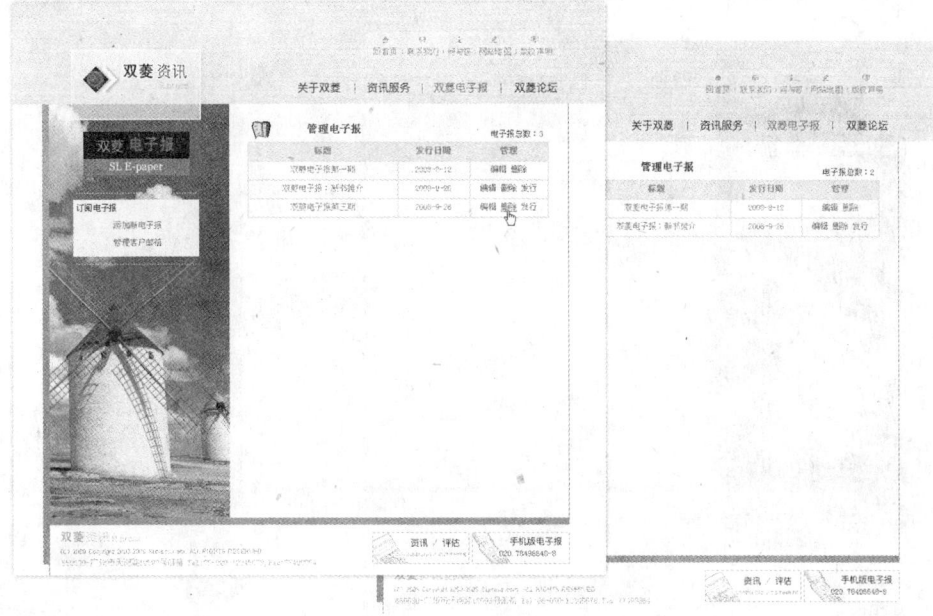

图12-127　删除电子报

在电子报管理页面中，管理者可以通过单击"发行"链接文本，将已完成编辑但未发行的电子报发行，在执行发行操作的页面"SLEpaper_Send.asp"中，当成功完成发行任务后，将显示一个电子邮件地址列表，如图 12-128 所示，表示电子报已发送到所列出的邮件地址。

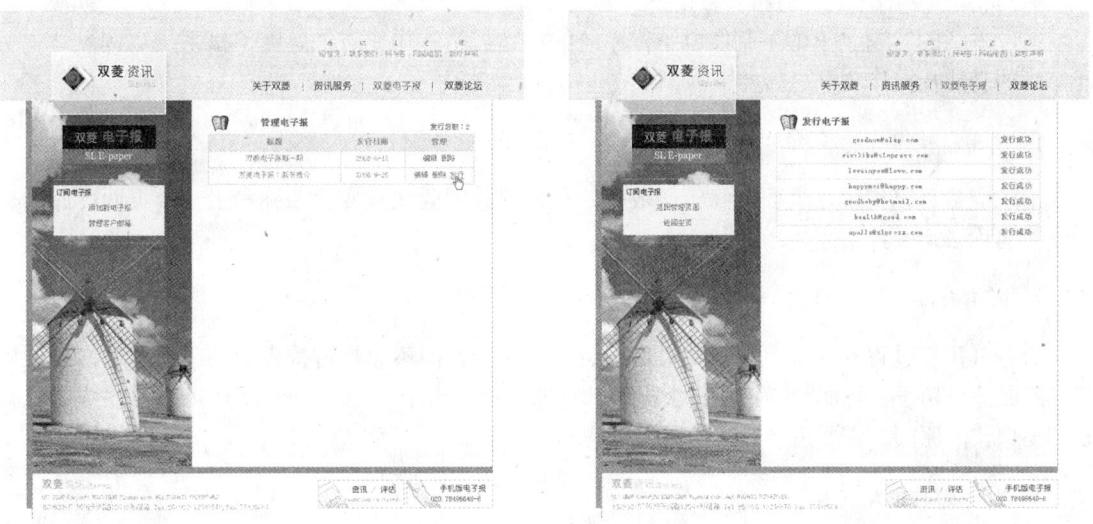

图12-128　发行电子报

在电子报的管理页面左边还有一项"管理客户邮箱"功能，单击该链接文本后便可以进入电子报订阅者的邮箱地址管理页面"SLEpaper_Email.asp"，该页面将数据库中所记录的邮箱地址以列表显示，而在每个邮箱地址右边都有一个"删除"链接，管理者单击"删除"链接后，将进入电子邮件删除页面"SLEpaper_DelEmail.asp"，该页面直接从数据库中删除所指定的邮箱地址，然后自动返回邮箱地址管理页面，从而可以看到指定删除的邮箱地址不再显示，如图 12-129 所示。

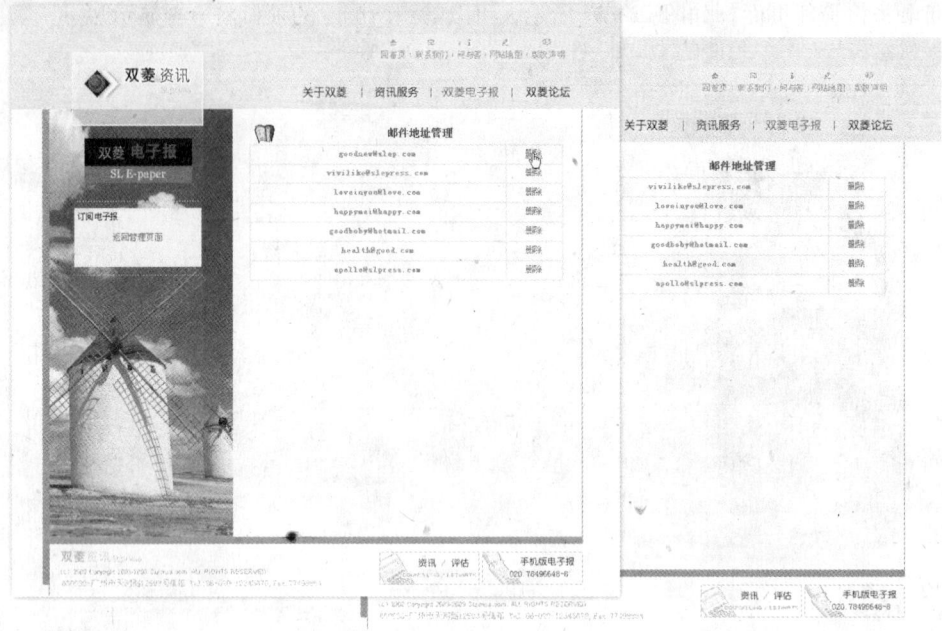

图12-129 管理邮箱地址

12.10 学习扩展

12.10.1 经验总结

通过本章的学习，了解了制作电子报系统的设计思路和操作方法。电子报系统实例设计中所使用到的功能及操作要点总结如下：

1. 使用请求变量

请求变量可以实现在页面之间传递数据，在设置时需要注意变量名称和上一个页面传递过来的参数名称必须一致。

2. 使用命令（预存过程）

命令（预存过程）的优点是打开页面后会自动运行，而不像超链接或者按钮需要单击才能执行，所以适合用于实现删除不希望再次操作的功能。但是由于 Dreamweaver CS5 自动生成的代码繁琐易出错的原因，需要适当对其代码进行修改。

3. 使用页面跳转代码

在执行命令（预存过程）完成之后，加入页面跳转代码，便可以实现无需手动操作跳转页面的功能。本例中将命令（预存过程）和页面跳转代码一起使用，实现删除后自动跳转页面的功能，如此管理员只需单击"删除"超链接就可以完成删除操作。

12.10.2 设计观摩

下面选用中国电子报首页和教育部电子报首页两个实例作为参考。

中国电子报由信息产业部主管，中国电子报社主办，隶属于中国电子信息产业发展研究院(CCID)，是具有机关报职能的电子信息产业行业报。立足电子信息产业，突出产业链优势，以新闻 + 专题 + 专辑的形式，报道范围贯通电子信息产业完整价值链，并深入到电子信息技术和产品的众多应用领域，为读者和客户提供权威资讯和实用解决方案。由浏览器打开如图 12-130 所示的中国电子报首页，可以在页面中看到已发行的电子报的列表，可以对每一份电子报进行阅读。若满意电子报的内容时可以进行订阅。

图12-130　中国电子报首页

教育部电子报内容涉及国内外教育局，报道范围贯通教育行业完整价值链，并深入到各级别教育的众多应用领域，为读者和客户提供权威资讯，在业界具有一定的影响力。由浏览器打开如图 12-131 所示的教育部电子报首页，在这里可以看到已发行的电子报的列表，还有电子报推荐，可以对电子报进行阅读，当觉得满意时还可以进行订阅。

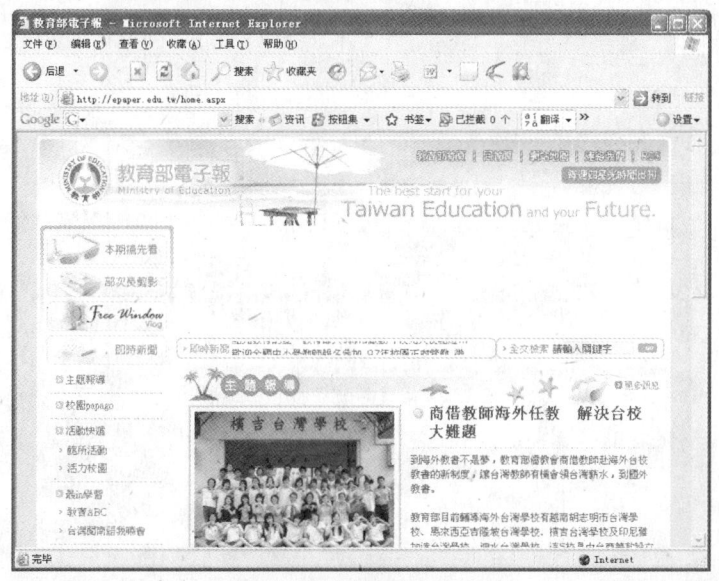

图12-131　教育部电子报首页

12.11 本章小结

本章通过电子报订阅、发行电子报、电子报阅读、订阅管理页面及相关功能的制作，介绍了整个"双菱资讯"电子报系统的设计过程，认识和了解了企业电子报的基本制作理念与方法。

12.12 上机实训

实训要求：为"SLEpaper"网站中各页面导航条上的"双菱电子报"按钮单独添加返回首页的链接。

操作提示：打开除了首页"SLEpaper.asp"之外的任何一个网页文件，为网页上导航条图片的"双菱电子报"文字位置绘制一个矩形热点区域，再设置链接即可，接着以相同的方法为其他页面做相同处理。操作流程如图 12-132 所示。

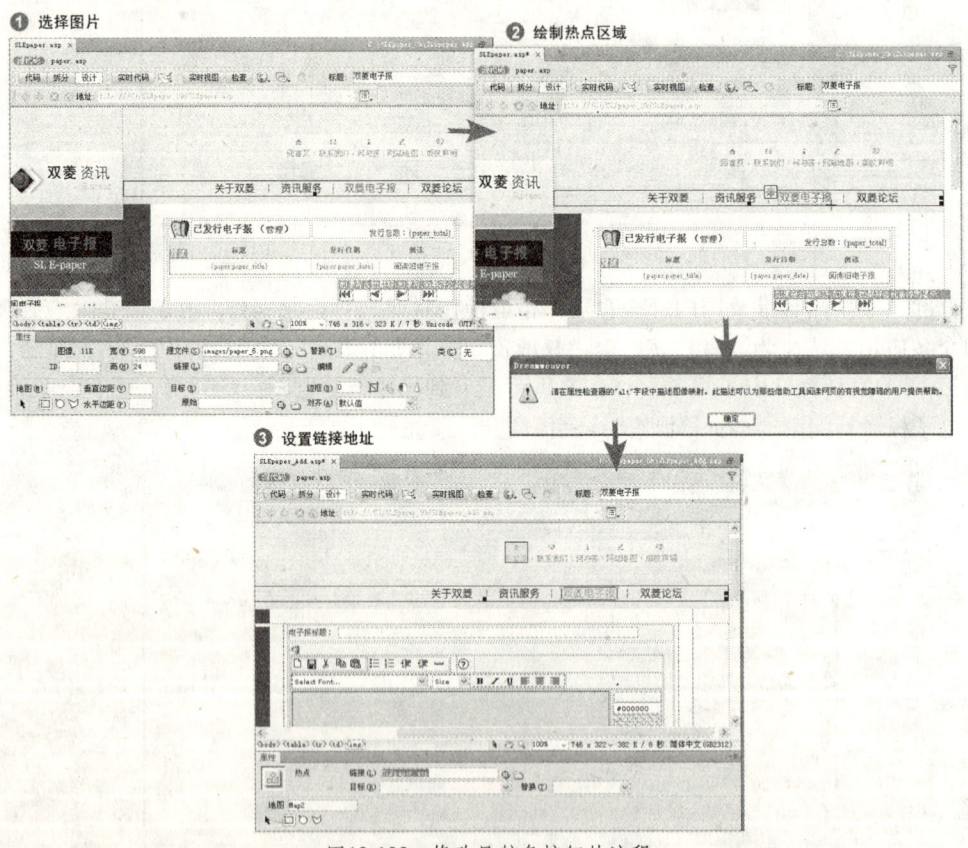

图 12-132　修改导航条按钮的流程